ASTRONOMIE GAMMA SPATIALE

ASTRONOMIE GAMMA SPATIALE

Jacques Paul
Philippe Laurent

Commissariat à l'Énergie Atomique,
Saclay, France

GORDON AND BREACH SCIENCE PUBLISHERS
Allemagne • Australie • Canada • Chine • France • Inde
Japon • Luxembourg • Malaisie • Pays-Bas • Royaume-Uni • Russie
Singapour • Suisse • Thaïlande

Amsteldijk 166
1st Floor
1079 LH Amsterdam
Pays-Bas

ISBN : 90–5699–064–0 (broché)

Illustration de couverture : Image des régions centrales de la Galaxie enregistrées par le télescope Sigma dans la bande des rayons gamma de basse énergie (CNES-CEA-CESR).

SOMMAIRE

Avant-propos

Affranchie de l'atmosphère et de l'écran opaque qu'elle constitue, l'observation astronomique spatiale connaît en cette fin de vingtième siècle une telle progression que les instigateurs de cette aventure, à la fois scientifique et technique, se doivent de partager les fruits de leurs découvertes avec tous ceux qu'intéressent les grandes avancées de la science, qu'ils soient chercheurs, ingénieurs, étudiants ou amateurs passionnés... Mais l'essor de ces nouvelles disciplines astronomiques est si soudain que les spécialistes les plus à même d'en parler sont en général accaparés par la réalisation d'équipements mettant en œuvre les acquis techniques les plus récents, ou submergés par un flot de données dont ils ont parfois du mal à mesurer la portée scientifique véritable. C'est notamment le cas de l'astronomie des rayons γ, un domaine où les chercheurs sont confrontés tout à la fois à des obstacles naturels considérables et à un champ d'investigation encore largement inexploré.

Sous l'impulsion de nouveaux astronomes, venus souvent d'autres horizons de la physique, l'astronomie gamma — la recherche et l'étude des sites cosmiques où se produisent les plus grands transferts d'énergie — est passée en moins de trente ans du stade des premières découvertes à celui des explorations approfondies. Le moment nous semble donc venu de procéder à l'état des lieux d'une discipline dont la cohésion tient autant à la particularité des processus physiques à l'œuvre dans les milieux émetteurs de rayons γ, qu'à l'originalité des dispositifs propres à détecter les astres susceptibles d'émettre ce type de rayonnement. Notre entreprise est d'autant plus motivée que grâce à deux grands observatoires spatiaux mis en orbite au tournant de la décennie, les astronomes gamma disposent maintenant de données concernant une panoplie unique de sites cosmiques, du Soleil aux plus lointains quasars.

Avec ses racines plongeant dans un terreau scientifique assez disparate, l'astronomie gamma se prête assez difficilement à une présentation de nature synthétique; c'est pourtant cette voie que nous avons pris le parti de suivre. Cette monographie ne prétend donc pas tout dire, mais plutôt brosser un tableau global des multiples facettes de cette toute nouvelle branche de l'astronomie. Sans esquiver un certain formalisme, nous nous sommes efforcer d'adopter un langage aussi clair que possible, afin qu'au delà des spécialistes du domaine, pour lesquels il sera un utile vade-mecum, ce livre ouvre un secteur de pointe de la recherche spatiale à une plus vaste communauté de chercheurs, d'ingénieurs et d'étudiants. Les observations gamma portent sur des astres qui à l'instar des pulsars, trous noirs et quasars, jouissent désormais d'une indéniable célébrité, mais dont bien peu connaissent la véritable nature. Notre démarche a donc aussi pour ambition de présenter ce nouveau bestiaire cosmique à tous les passionnés d'astronomie désireux d'en savoir plus sur les plus énigmatiques des corps célestes.

Jacques Paul
Philippe Laurent

INTRODUCTION. L'ASTRONOMIE DE L'EXTRÊME

UNE ASTRONOMIE SPATIALE DES PLUS EXIGEANTES

L'avènement de l'astronomie spatiale

À la différence de presque toutes les disciplines de la physique, fondées sur la réalisation et l'analyse d'expériences, l'astronomie est avant tout une science du regard, basée pour l'essentiel sur l'observation et l'étude du rayonnement électromagnétique que les corps célestes nous adressent. Il est vrai que les astronomes disposent aussi d'autres moyens pour étendre et compléter leurs investigations. C'est ainsi qu'ils commencent à collecter les neutrinos et les ondes gravitationnelles afin de sonder certains sites célestes qui se dérobent à jamais aux recherches menées avec les seules ondes électromagnétiques. Mais neutrinos et ondes gravitationnelles sont si difficiles à détecter qu'ils ne participent encore que d'une manière très limitée à l'exploration de l'univers.

Le ciel nous envoie encore d'autres messagers, beaucoup moins impalpables : le rayonnement cosmique et les météorites. Les rayons cosmiques — pour l'essentiel des protons et des noyaux accélérés à haute énergie — véhiculent de précieux indices sur les sites où ils sont accélérés et sur les milieux où ils se propagent. Mais dans la mesure où les champs magnétiques qui règnent dans le milieu interstellaire contribuent à dévier leurs trajectoires, les rayons cosmiques s'écartent rapidement de la direction de leurs sources. Quant aux météorites, ils constituent eux aussi une mine irremplaçable d'informations, limitée toutefois à l'étude du système solaire. Il en est d'ailleurs de même des explorations *in-situ* menées à l'occasion de quelques missions planétaires.

Ainsi tributaires des ondes électromagnétiques, les astronomes n'eurent jusqu'au milieu du vingtième siècle qu'une vision du ciel limitée au seul domaine visible, cette demi-décade[1] du spectre qui rassemblent les rayonnements propres à impressionner aussi bien la rétine de l'œil que la plupart des émulsions photographiques. Les astronomes étaient de ce fait enclins à ne s'intéresser qu'aux astres actifs dans cette unique bande spectrale, ce qui excluait de leur champ d'investigation tous les types d'objets célestes qui rayonnent très peu — ou pas du tout — dans le visible, mais qui brillent d'un vif éclat dans d'autres domaines de longueurs d'onde. C'est par exemple le cas de tous les milieux portés à des températures très différentes de celle du Soleil,

[1] Décade désigne ici tout intervalle du spectre électromagnétique dont les bornes en fréquence (ou en énergie) sont dans le rapport de 1 à 10.

l'astre à la lumière duquel notre œil s'est adapté, qu'ils soient beaucoup plus froids, comme les poussières interstellaires, ou beaucoup plus chauds, comme les disques de plasmas ceinturant les étoiles effondrées.

Ce dernier cercle de l'anthropocentrisme ne fut brisé qu'à la fin des années quarante, quand les astronomes menèrent des observations dans le domaine des ondes radioélectriques au moyen d'appareils utilisant les techniques radars développées durant le dernier conflit mondial. Mais comme l'atmosphère constitue un écran opaque à de nombreuses bandes spectrales (Figure 1), l'exploration du ciel au moyen d'observatoires terrestres ne put s'étendre à d'autres domaines spectraux que sur un nombre relativement limité de décades du côté des grandes longueurs d'onde.

Déclenchée par le lancement de *Spoutnik 1* en octobre 1957, la course à l'espace à laquelle les États-Unis et l'Union Soviétique se livrèrent jusqu'à la fin des années quatre-vingts suscita un développement fulgurant des techniques spatiales. Les astronomes en profitèrent pour placer au delà de l'atmosphère toutes sortes d'équipements aptes à observer le ciel sur une très large gamme de rayonnements. Observatoires terrestres et spatiaux se complètent désormais pour scruter le cosmos sur plus de vingt décades du spectre électromagnétique, des ondes radio jusqu'aux rayons γ. L'astronomie vit ainsi une révolution majeure, la plus considérable depuis que Galilée braqua une longue vue vers le ciel.

Les grands traits de l'astronomie gamma

On se rend compte au vu de la Figure 1 que tous les rayonnements de plus courte longueur d'onde que la lumière visible sont irrémédiablement bloqués avant d'atteindre le sol. L'atmosphère terrestre met de la sorte les êtres vivants à l'abri des effets nocifs des rayonnements ultraviolets, X et gamma. Elle contraint par là même tous les astronomes désireux d'observer le ciel dans ces trois domaines spectraux à utiliser impérativement les moyens mis à leur disposition pour s'élever au delà des couches les plus opaques de l'atmosphère, tels que ballons stratosphériques, fusées sondes et satellites artificiels.

L'astronomie gamma est sans conteste la plus ardue de ces nouvelles astronomies spatiales, en raison même des propriétés physiques qui font du rayonnement gamma un domaine bien à part du spectre électromagnétique. Pour observer dans ce domaine spectral, les astronomes doivent en effet surmonter un triple handicap :

1. Avec sa longueur d'onde très inférieure aux distances interatomiques, le rayonnement gamma ne peut pas être réfléchi : il ne se prête donc pas aux combinaisons de miroirs en usage dans tous les autres domaines du spectre électromagnétique. Or la très grande sensibilité des télescopes[2] opérant à de plus grandes longueurs d'onde provient du fait que le rayonnement émis par les astres est concentré au moyen de vastes structures réfléchissantes sur des surfaces sensibles de taille beaucoup plus

[2] Nous avons adopté le terme de télescope pour désigner tout appareil destiné à l'observation astronomique, que son optique d'entrée soit constituée ou non d'un réflecteur concave.

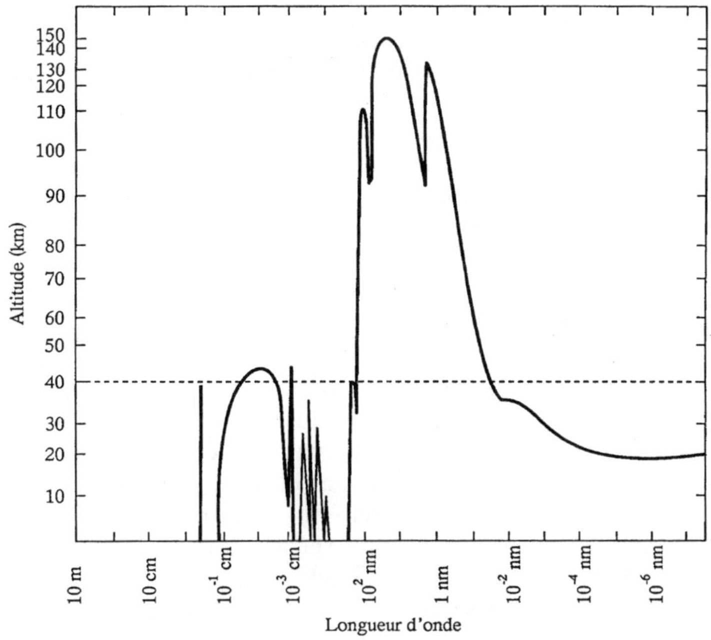

Figure 1 Atténuation par l'atmosphère du rayonnement électromagnétique émis par un objet céleste. La ligne continue dénote l'altitude à laquelle l'intensité d'un rayonnement de longueur d'onde donnée est réduite de moitié par rapport à sa valeur initiale tandis que la ligne pointillée indique l'altitude à laquelle évoluent les ballons stratosphériques les plus performants.

petite. Puisque cette approche est impraticable dans le domaine gamma, les astronomes en sont donc réduits à accroître démesurément le détecteur — l'élément le plus coûteux à réaliser et le plus complexe à mettre en œuvre — pour recueillir un signal exploitable.

2. À puissance rayonnée égale, un astre actif dans le domaine gamma émet beaucoup moins de quanta de rayonnement dans la mesure où chacun d'eux emporte une très grande quantité d'énergie. Et comme la surface collectrice des télescopes gamma reste modeste pour les raisons évoquées ci-dessus, il faut des temps d'observation qui se comptent en jours, parfois même en semaines et en mois, pour détecter avec certitude les sources célestes de rayonnement gamma et pour en faire une analyse détaillée.

3. À l'instar de la plupart des nouvelles branches de l'astronomie, celle des rayons γ doit se pratiquer pour l'essentiel à bord de véhicules spatiaux, car en dépit de leur grand pouvoir de pénétration, les rayons γ sont totalement absorbés par l'atmosphère terrestre. Les télescopes gamma et les véhicules spatiaux où ils sont embarqués sont de ce fait exposés aux particules d'origine cosmique ainsi qu'à celles piégées dans les ceintures de radiation de la Terre. Le bruit de fond intense qui en résulte est fort difficile à atténuer, même au prix de blindages massifs. Ainsi limitée par ce bruit parasite, la sensibilité des télescopes gamma ne peut s'accroître qu'en proportion de la racine carrée de leurs surfaces de détection.

Astronomie de l'impossible, l'astronomie gamma n'en reste pas moins le moyen privilégié — parfois le seul — pour découvrir et étudier les sites du cosmos où se produisent les plus grands transferts d'énergie. Il s'agit par exemple des événements explosifs affectant les étoiles, des processus d'expansion rapide de matière, des phénomènes d'accélération de particules, des chutes de matière sur des objets ultra-denses, des annihilations de particules et d'antiparticules. Et comme ils réunissent souvent les conditions propres à la synthèse des éléments, les sites en question sont aussi amenés à jouer un rôle déterminant dans l'évolution de l'univers.

En guise d'avertissement

Ce bref inventaire justifie à lui seul les efforts entrepris depuis les débuts de l'ère spatiale pour banaliser peu à peu la pratique de cette astronomie de l'extrême. Dès les premières années du prochain millénaire, la communauté des astronomes, dont beaucoup sont encore peu familiers des observations gamma, pourra étendre son champ d'investigation aux astres actifs dans ce nouveau domaine au moyen d'observatoires spatiaux ouverts aux non spécialistes. Le moment est donc venu de faire un état des lieux d'une discipline aux objectifs scientifiques certes quelque peu disparates, mais qui tire sa profonde cohésion de la particularité des processus physiques à l'œuvre dans les milieux émetteurs de rayonnements gamma et de l'originalité des dispositifs expérimentaux propres à la détection des sites émissifs.

Nous nous sommes efforcés de présenter de l'astronomie gamma spatiale un tableau aussi actuel et complet que possible, mais cette discipline évolue encore bien trop rapidement pour que certains aspects de notre bilan ne soient pas contredits un jour prochain par de nouvelles observations. Nous sollicitons donc l'indulgence de ceux de nos lecteurs qui, le moment venu, ne manquerons pas de repérer les divergences plus ou moins flagrantes qui se feront jour entre l'une ou l'autre de nos assertions et les données que collecteront les futures missions d'astronomie gamma spatiale.

Nous avons délibérément écarté de notre recensement les aspects propres aux rayonnements gamma émis au sein du système solaire lors de l'interaction des rayons cosmiques avec les atmosphères et les surfaces planétaires. Bien qu'il s'agisse là d'un authentique rayonnement gamma émis par des corps célestes, nous estimons que son étude, dont la finalité est de mesurer la composition de surface des astres en question, relève avant tout de la planétologie, même si cette forme de télédétection met en œuvre des techniques expérimentales qui sont celles de l'astronomie gamma.

Bien que l'astronomie gamma soit une activité scientifique toute récente, elle n'en est pas moins l'un des rameaux d'une discipline — l'astronomie — dont les racines plongent au plus profond de l'histoire des sciences. Derniers rejetons d'une très longue lignée d'astronomes et d'astrophysiciens, il ne nous appartient pas de remettre en cause ni ses traditions, ni même ses archaïsmes. Pour ne pas rompre avec la littérature scientifique spécialisée, nous avons donc fait largement appel à des unités relevant du système C.G.S., celui que la communauté des astronomes et des astrophysiciens utilise encore dans sa très grande majorité. Et comme c'est aussi l'usage dans cette discipline, nous avons également introduit dans les formules algébriques des symboles tels que "$\sim$", "$\propto$" et "$\approx$", sachant que le premier signifie : "est de l'ordre de", le second : "est proportionnel à" et le troisième : "est approximativement égal à".

Les lecteurs qui ne sont pas familiers du langage propre aux astronomes trouveront en fin de volume un glossaire apportant une courte définition à chacun des termes d'astronomie et d'astrophysique qu'ils rencontrent en caractères gras dans le cours du texte. Quant aux notions propres à l'astronomie gamma spatiale, elles sont indexées en fin de volume avec en caractère gras le numéro des pages où les notions ainsi répertoriées sont définies. Nous incitons enfin les lecteurs désireux de connaître les valeurs les plus précises des constantes physiques utilisées dans les formules à consulter le dictionnaire de physique dont nous fournissons la référence à la fin du présent chapitre.

LE DOMAINE GAMMA

Les bornes du domaine

Les échanges d'énergie entre matière et rayonnement s'effectuent de façon discontinue par quanta d'énergie, les photons, dont l'énergie E_γ est définie par :

$$E_\gamma = h\nu \quad \text{ou} \quad E_\gamma = \frac{hc}{\lambda} \tag{1}$$

où h est la constante de Planck, ν la fréquence de l'onde électromagnétique associée, λ sa longueur d'onde et c la célérité de la lumière. Si le photon emporte une grande énergie, comme c'est le cas de ceux du domaine gamma, ses propriétés ondulatoires n'ont en général qu'un intérêt théorique, sauf dans le cas de la concentration du rayonnement gamma, une application qui n'en est encore qu'au stade des études préliminaires (voir chapitre suivant). Considérant alors les photons γ plutôt comme des particules, les astronomes gamma n'en retiennent donc que l'énergie qu'ils expriment en multiples de l'électronvolt (symbole : eV), unité correspondant à l'énergie qu'acquiert un électron accéléré par une différence de potentiel d'un volt. La Table 1 présente les multiples les plus couramment utilisés pour désigner les énergies des photons γ, ainsi que pour mémoire les longueurs d'onde λ et les fréquences ν des rayonnements électromagnétiques qui leur sont associés.

Bien que le spectre électromagnétique rassemble des rayonnements de même nature, on a pris l'habitude de le scinder en une demi-douzaine de domaines spectraux. Les dénominations de ces derniers tiennent plus aux processus permettant d'émettre ou de détecter les rayonnements propres à chacun d'eux qu'aux longueurs d'onde des rayonnements impliqués et à l'énergie des photons associés. Il en résulte qu'à l'exception du domaine visible, les bornes des grandes divisions du spectre électromagnétique sont souvent mal définies et certains domaines spectraux se chevauchent parfois assez largement.

C'est surtout vrai des rayonnements X et gamma, découverts et dénommés bien avant que soit reconnue leur nature électromagnétique et dont les domaines se

Table 1 Les multiples de l'électronvolt.

Multiple	Énergie des photons associés (eV)	(erg)	λ (cm)	ν (Hz)
keV	10^3	$1{,}602\ 10^{-9}$	$1{,}240\ 10^{-7}$	$2{,}418\ 10^{17}$
MeV	10^6	$1{,}602\ 10^{-6}$	$1{,}240\ 10^{-10}$	$2{,}418\ 10^{20}$
GeV	10^9	$1{,}602\ 10^{-3}$	$1{,}240\ 10^{-13}$	$2{,}418\ 10^{23}$
TeV	10^{12}	1,602	$1{,}240\ 10^{-16}$	$2{,}418\ 10^{26}$
PeV	10^{15}	$1{,}602\ 10^3$	$1{,}240\ 10^{-19}$	$2{,}418\ 10^{29}$

recouvrent sur plus d'une décade. Si par exemple on qualifie de gamma tout photon émis quand le noyau d'un atome passe d'un niveau d'excitation donné vers un niveau inférieur, il s'en trouve dont l'énergie E_γ est de l'ordre de quelques kiloélectronvolts. Si par contre on qualifie de X tout photon émis lors d'une transition atomique impliquant une couche électronique fortement liée, il s'en trouve dont l'énergie est beaucoup plus élevée, comme par exemple le photon d'énergie $E_X = 87{,}3$ keV produit quand un électron d'une couche peu liée rejoint la couche K du plomb.

La confusion n'en est que plus grande s'agissant de mécanismes émissifs à spectres continus, comme ceux que l'on rencontre dans la plupart des sites cosmiques. Pour des raisons évidentes de clarté, il nous est donc apparu nécessaire de départager les domaines X et gamma par une limite en énergie choisie indépendamment de tout processus émissif. Dans ce qui suit, nous avons donc qualifié de gamma tous les photons dont l'énergie dépasse une limite de 30 keV, une énergie à laquelle est associé un rayonnement de longueur d'onde $\lambda = 4{,}133\ 10^{-9}$ cm et de fréquence $\nu = 7{,}254\ 10^{18}$ Hz. En dépit de son caractère arbitraire, une telle limite n'est pas sans traduire une certaine réalité astrophysique. Dès qu'il s'agit d'émettre des photons dont l'énergie dépasse quelques dizaines de kiloélectronvolts, les émissions de nature purement thermique, prééminentes au sein de la plupart des astres actifs dans les autres domaines spectraux, cèdent en effet le pas à des émissions de nature non thermique.

Mais cette limite est aussi de nature expérimentale. En effet, les astronomes gamma ne disposent pas encore d'instruments permettant de concentrer les photons dont l'énergie est supérieure à une dizaine de kiloélectronvolts. Les astronomes qui opèrent au delà de 30 keV mettent donc en œuvre des télescopes fort différents de ceux aptes à détecter les sources de photons moins énergétiques. Il faut également noter que les particules de haute énergie qui sillonnent l'espace induisent dans les dispositifs expérimentaux un bruit parasite qui limite sévèrement la sensibilité des télescopes amenés à observer au delà de quelques dizaines de kiloélectronvolts. Bien que le domaine gamma ne soit pas borné vers les très hautes énergies, le champ d'étude de l'astronomie gamma ne s'étend pas au delà d'une dizaine de petaélectronvolts pour des raisons tenant aux conditions d'observation des sources de photons γ cosmiques d'ultra-haute énergie (voir plus bas).

Les principales bandes spectrales

Le domaine gamma se développe donc sur près de douze décades[3] que nous avons regroupées en trois bandes spectrales en fonction des contraintes de détection propres à chacune d'elles. La bande des basses énergies rassemble sur plus de deux décades les photons γ d'énergie $E_\gamma \lesssim 10$ MeV que l'on détecte grâce aux électrons qu'ils arrachent aux atomes des milieux détecteurs. À plus haute énergie, là où on ne peut détecter les photons γ que par la paire électron-positon qu'ils engendrent au sein des atomes (voir chapitre 2), nous avons choisi de constituer deux bandes spectrales distinctes : celle des hautes énergies, qui s'étend sur plus de trois décades, jusqu'à quelques dizaines de gigaélectronvolts, et celle des photons γ de très haute — ou d'ultra-haute — énergie, qui se développe sur près de six décades, jusqu'à cette limite au delà de laquelle il devient pratiquement impossible de détecter les photons γ cosmiques en raison de leur extrême rareté.

Ce dernier découpage est justifié par des considérations purement expérimentales tenant au fait que l'expression qui décrit le nombre N_γ de photons γ d'énergie E que rayonne une source cosmique par intervalle d'énergie est souvent assimilable à une loi de puissance de la forme :

$$N_\gamma(E) \propto E^{-\alpha} \tag{2}$$

Dans bon nombre de sites émissifs, l'indice α est de l'ordre de 2. En pointant un télescope vers une source gamma d'indice spectral $\alpha \approx 2$, on détecte donc un million de fois moins de photons par décade vers 10 GeV que vers 10 MeV. Pour de simples raisons tenant à la statistique de comptage, les expériences spatiales ne peuvent donc pas opérer au delà de quelques dizaines de gigaélectronvolts, même dans le cas des sources les plus brillantes.

Observer depuis l'espace des sources de photons γ de plus haute énergie exigerait en effet des poses d'une durée incompatible avec celle des missions spatiales, ou des détecteurs d'une taille et d'une masse qui dépassent les capacités d'emport des plus grands véhicules spatiaux. Et pourtant, l'astronomie gamma bénéficie en cette fin de vingtième siècle de moyens spatiaux très importants. C'est ainsi que l'Observatoire à Rayons Gamma *Compton* fut en 1991 le satellite scientifique américain le plus massif jamais mis en orbite par la Navette Spatiale. Peu de temps auparavant, le satellite russe *Granat* avait été l'observatoire à haute énergie le plus imposant jamais placé sur une orbite très excentrique; il emportait le télescope gamma Sigma, la plus grande expérience spatiale jamais réalisée en France.

L'exception de la bande des photons γ de très haute énergie

Il n'est cependant pas nécessaire d'attendre l'avènement des stations spatiales ou des bases lunaires pour observer le ciel dans la bande des photons γ de très haute énergie.

[3] Le domaine gamma couvre ainsi autant de décades que la totalité des autres domaines spectraux utilisés de nos jours pour des observations astronomiques.

Si l'atmosphère terrestre constitue un écran infranchissable pour les photons γ, c'est que ces derniers interagissent avec les hautes couches de l'atmosphère. Alors pourquoi ne pas utiliser ce milieu comme détecteur ? Et de fait, les interactions des photons γ d'énergie supérieure à quelques gigaélectronvolts engendrent dans la haute atmosphère une gerbe de particules secondaires relativistes[4], dont la propagation dans l'air produit par effet Tcherenkov un pinceau de lumière visible. En interceptant le sol, ce pinceau de lumière y imprime un cercle d'éclairement d'une centaine de mètres de rayon dont la détection est à la portée d'un grand miroir conventionnel. Un tel miroir contrôle alors un volume de détection dont la surface efficace est d'environ 50 000 m^2, alors que celle des plus grands instruments spatiaux n'atteint pas un mètre carré.

L'étude détaillée du pinceau de lumière Tcherenkov permet de reconstituer la direction d'arrivée des photons γ de très haute énergie avec une précision meilleure qu'un degré tout en discriminant les pinceaux Tcherenkov que génèrent les photons γ de ceux, bien plus nombreux, produits par les interactions des protons de très haute énergie du rayonnement cosmique. Cette technique, dénommée "Tcherenkov atmosphérique", semble donc *a priori* très favorable à l'observation du ciel dans la bande des photons γ de très haute énergie. Il aura fallu cependant attendre 1989 pour que cette astronomie gamma au sol recueille ses premiers résultats significatifs, quand l'observatoire américain Whipple, en Arizona, détecta les photons γ de 400 GeV à 10 TeV émis par la nébuleuse du Crabe. Cette première détection fut confirmée peu après par les expériences françaises Asgat et Thémistocle qui toutes deux opèrent sur le site de l'ex-centrale solaire Thémis, dans les Pyrénées Orientales.

Quand l'énergie des photons γ cosmiques dépasse quelques centaines de téraélectronvolts, leurs interactions avec les hautes couches de l'atmosphère engendrent des gerbes de particules beaucoup plus fournies dont un grand nombre parviennent jusqu'au sol. On entreprend l'étude de ces gerbes au moyen des vastes réseaux de détecteurs de particules en service sur plusieurs sites terrestres pour étudier d'une manière plus générale le rayonnement cosmique de très haute énergie. Pour l'essentiel, la limitation de cette méthode, qui n'a pas encore abouti à des détections incontestables, provient de l'extrême rareté des photons d'ultra-haute énergie : on prévoit en effet vers 10 PeV des flux de quelques photons par kilomètre carré et par jour !

Bien que promise à un développement de plus en plus soutenu à la suite des premiers résultats positifs obtenus ces dernières années, l'astronomie gamma à très haute énergie pratiquée depuis le sol entame à peine sa phase exploratoire, alors que les observations spatiales ont déjà dépassé le stade des découvertes. En raison de cet écart très important quant à la masse de données collectées, il nous est apparu qu'un inventaire de l'astronomie gamma, telle qu'elle se présente en cette fin du vingtième siècle, gagnerait en homogénéité si nous le limitions aux seules bandes spectrales couvertes par les observations spatiales. Les lecteurs désireux d'en savoir plus sur l'état et les perspectives de l'astronomie gamma au sol trouveront néanmoins à la fin du présent chapitre les références d'ouvrages propres à satisfaire leur légitime curiosité.

---

[4] Particules qui se déplacent à des vitesses proches de celle de la lumière.

POURQUOI L'ASTRONOMIE GAMMA ?

La spécificité des processus émissifs

La plupart des sites cosmiques susceptibles d'être des objectifs de choix pour l'astronomie gamma ont tous en commun d'abriter des mécanismes émissifs spécifiques, rarement à l'œuvre au sein de milieux plus faciles à étudier dans d'autres domaines spectraux. À plus grande longueur d'onde, dans le domaine visible par exemple, la plupart des astres se signalent par une émission de nature thermique, qui se rapproche donc peu ou prou de celle d'un corps noir. Dans le domaine gamma, ce processus émissif se heurte à des contraintes telles que rares sont les sites où il peut se développer. En effet, pour qu'un astre émette un rayonnement de corps noir décelable au delà de la frontière que nous avons assignée au domaine gamma, sa température T doit être supérieure à quelques 10^7 kelvins. Mais pour entretenir un tel rayonnement, l'astre doit remplir les deux conditions suivantes :

1. Sa luminosité ne peut pas dépasser durablement la limite d'Eddington[5] au delà de laquelle les forces radiatives dépassent la force de gravité, une condition qui s'exprime comme suit :

$$4\pi R^2 \sigma T^4 \leq 10^{38} \frac{M}{M_\odot} \text{ erg s}^{-1} \quad (3)$$

où σ est la constante de Stefan, R le rayon du milieu émissif (supposé sphérique), M sa masse et $M_\odot$ la masse du Soleil.

2. Pour éviter l'état de **trou noir**, son rayon doit être supérieur à son **rayon de Schwarzschild**. Cette deuxième condition s'exprime par l'inégalité suivante (où G est la constante de la gravitation et c la célérité de la lumière) :

$$R > 2\frac{MG}{c^2} \quad (4)$$

Compte-tenu des expressions (3) et (4), le rayon R de l'astre en question doit donc satisfaire à l'inégalité suivante :

$$R < 475\, T_7^{-4} \text{ km} \quad (5)$$

où T_7 est la température du milieu exprimée en unité de 10^7 K. Il en résulte que des milieux **optiquement épais**, c'est à dire susceptibles d'émettre un rayonnement de corps noir, ne seront des cibles de choix pour l'astronomie gamma que si leurs dimensions se mesurent en kilomètre ! De tels milieux ne peuvent se rencontrer qu'au voisinage d'**étoiles à neutrons** et de **trous noirs** d'origine stellaire, les seuls astres suffisamment condensés pour confiner des milieux d'aussi petite taille.

Par contre, si le milieu est considéré comme **optiquement mince**, l'inégalité (5) ne s'applique plus. C'est ainsi que des particules accélérées à très grande vitesse peuvent émettre des photons γ dans un milieu froid et **optiquement mince**. C'est le cas des

[5] La notion de limite d'Eddington est précisée au chapitre 8.

électrons qui rayonnent des photons γ de toutes énergies par interactions électromagnétiques avec des noyaux, des photons ou des champs magnétiques intenses. Mais c'est aussi le cas des protons qui engendrent par interactions nucléaires des particules secondaires dont certaines décroissent en émettant des photons γ de haute énergie. Se retrouvent également dans la bande des hautes énergies les photons γ issus des décroissances des particules secondaires produites lors des interactions fortes entre matière et antimatière.

À coté de ces processus à spectres d'émission plus ou moins continus, il existe aussi des mécanismes d'émission de raies, dans la mesure où l'énergie de liaison des nucléons dans les noyaux atomiques tombe dans la bande des photons γ de basse énergie. D'une manière comparable aux photons d'énergie généralement bien moindre émis quand les atomes se désexcitent, la désexcitation des noyaux produit des photons γ de basse énergie. Il en résulte une émission de raies gamma qui ouvre la possibilité de pratiquer une véritable spectroscopie nucléaire des sites cosmiques. Tombe enfin dans la bande des photons γ de basse énergie le rayonnement émis par les interactions matière-antimatière entre électrons et positons au repos qui produisent deux photons γ de 511 keV chacun.

La diversité des sites émissifs

Les sites cosmiques les plus fréquemment détectés dans la bande des photons γ de basse énergie sont des milieux denses portés à très haute température, comme les bourrelets internes des disques de plasma qui ceinturent parfois les étoiles effondrées (**étoiles à neutrons** et **trous noirs** d'origine stellaire) appartenant à un **système binaire**. La presque totalité des sites de ce type déjà recensés ne se rencontrent que dans notre propre galaxie. Les processus émissifs qui y sont à l'œuvre font souvent montre d'une très grande variabilité. Ils se manifestent parfois d'une manière transitoire, éventuellement récurrente. Des processus analogues sont aussi responsables de l'émission gamma à basse énergie détectée dans les AGN (les noyaux actifs de galaxies, voir chapitre 13).

L'importance de l'astronomie gamma à basse énergie tient également à la pratique de la spectroscopie gamma, dont les objectifs sont des plus variés. Citons en premier le Soleil, susceptible d'émettre en phase éruptive un rayonnement riche en raies gamma qui se superposent à un spectre continu de photons γ émis par les particules accélérées lors de l'éruption. Citons aussi les novas et les supernovas où la désintégration de radionucléides fraîchement synthétisés s'accompagne de l'émission de raies gamma. Citons également les régions du milieu interstellaire enrichies en radionucléides relâchés par ces mêmes processus explosifs et par d'autres phénomènes à l'œuvre lors de phases moins brutales de l'évolution stellaire. Et n'oublions pas les nuages interstellaires denses, pour peu qu'ils soient bombardés par des faisceaux de protons et de noyaux accélérés.

Dans la plupart des sites énumérés ci-dessus, la radioactivité β^+ (avec émission de positons) contribue à entretenir des émissions intenses de raies gamma à 511 keV, signatures de l'annihilation électron-positon. Bien d'autres sites cosmiques sont d'ailleurs aptes à émettre ce rayonnement d'annihilation, dans la mesure où les positons sont les sous-produits de très nombreux processus à grand transfert d'énergie. On prévoit donc que pour explorer tous les sites de l'univers où des phénomènes à haute énergie sont actifs, la raie d'annihilation électron-positon à 511 keV doit jouer un rôle comparable à celui qu'a tenu la raie radio à 21 cm de l'hydrogène atomique dans l'inventaire des milieux froids et dilués.

C'est enfin dans la bande des photons γ de basse énergie que se manifeste l'un des phénomènes les plus mystérieux de l'astronomie contemporaine : les sursauts gamma. Traqués depuis plus de deux décennies, les sites d'origine de ces bouffées de photons γ, très brèves, mais très intenses, échappent encore à toutes tentatives d'identification avec des astres repérés à d'autres longueurs d'onde, ce qui ne fait qu'accentuer l'incertitude quant à leur nature.

L'astronomie gamma à haute énergie répertorie les phénomènes émissifs mettant en jeu des particules relativistes. S'agissant de sites localisés dans notre propre galaxie, on a repéré le rayonnement gamma émis par certains pulsars jeunes. On a aussi dressé la carte de toutes les régions de la Voie lactée où les électrons, protons et noyaux du rayonnement cosmique engendrent par interactions avec le gaz galactique un rayonnement riche en photons γ. On considère donc à juste titre le rayonnement gamma émis par le disque galactique comme un des plus fidèles traceurs du milieu interstellaire.

De nombreuses galaxies autres que la nôtre sont également des sources authentifiées de photons γ de haute énergie. Dans la plupart des cas, les photons en question sont produits par des faisceaux de particules relativistes confinées au sein des jets très énergétiques qui jaillissent de certains types d'AGN et que l'on détecte quand l'axe du jet pointe en direction de la Terre. En raison de leur exceptionnelle intensité, ces émissions gamma à haute énergie ont été observées jusque très loin dans l'univers.

Le pouvoir de pénétration du rayonnement gamma

Les astronomes tablent volontiers sur l'extrême pouvoir de pénétration des photons γ pour explorer bien des zones du ciel obscurcies à d'autres longueurs d'onde. Il s'agit de certaines régions du disque galactique, que des nuages interstellaires denses masquent aux observateurs opérant dans le visible, comme par exemple le centre de notre galaxie. Il s'agit également des zones les plus internes de certains astres, là où sont à l'œuvre les processus émissifs les plus fondamentaux. Ces zones sont souvent enfouies au sein de milieux d'une densité telle que seuls les photons γ peuvent en émerger sans dommage. Se rangent dans cette catégorie les supernovas jeunes et la plupart des AGN.

Plus généralement, l'univers dans son ensemble est particulièrement transparent au rayonnement gamma, si l'on excepte la bande des très hautes énergies où le cosmos devient progressivement opaque aux photons γ en raison de leurs interactions avec les photons du **rayonnement fossile** et du rayonnement infrarouge des étoiles. Une des grandes ambitions des astronomes gamma est donc de recueillir des informations sur les confins de l'univers observable. C'est ainsi que le rayonnement gamma de fond de ciel, que l'on détecte depuis les débuts des observations gamma dans toute la bande des basses énergies et jusqu'à quelques dizaines de mégaélectronvolts dans celle des hautes énergies, est généralement considéré comme produit par les émissions accumulées des AGN qui peuplent tout l'univers.

BRÈVE HISTOIRE DE L'ASTRONOMIE GAMMA SPATIALE

Une très longue gestation

Le développement fulgurant de la radioastronomie ou de l'astronomie des rayons X résulta en grande partie de la détection fortuite de sources bien plus brillantes qu'escompté. Longtemps avant leur découverte, la recherche de sites cosmiques aptes à rayonner dans le domaine gamma fut au contraire au centre des préoccupations de toute une génération de physiciens persuadés — à juste titre — que les processus nucléaires jouaient un rôle majeur dans l'univers. Ces pères fondateurs de l'astronomie gamma étaient pour la plupart issus de communautés scientifiques qui étaient alors assez éloignées de celle des astronomes. Qu'ils soient physiciens des rayons cosmiques, physiciens nucléaires ou physiciens des particules, ils disposaient en revanche de presque tous les outils théoriques pour comprendre bien avant la découverte de la première source de photons γ comment certains sites cosmiques peuvent rayonner dans le domaine gamma.

Pendant près de deux décennies, l'astronomie gamma ne reposa donc que sur des considérations purement théoriques, dont les prédictions s'avérèrent à l'usage remarquablement précises si l'on s'en tient à la nature des sources, mais souvent d'un optimisme excessif, s'agissant de leur éclat. Au cours des années cinquante, ces prédictions tirèrent tout naturellement parti des premières découvertes de la radioastronomie. Par exemple, quand les astronomes décelèrent la présence de grandes quantités d'hydrogène atomique dans tout le disque galactique à la suite des premières observations menées à 21 cm de longueur d'onde, Hayakawa (1952) envisagea aussitôt l'émission gamma qui devait inévitablement résulter de l'interaction des rayons cosmiques avec toute cette matière interstellaire.

Quelques années plus tard, recensant les sites qu'il jugeait alors les plus aptes à rayonner dans le domaine gamma, Morrison (1958) mentionna le Soleil, la nébuleuse du Crabe — un reste de supernova que les radioastronomes avaient détecté dès 1949 — ainsi qu'une autre radiosource, Cyg A, découverte tout à fait fortuitement en 1944. Il ne faut d'ailleurs pas s'étonner de cette prédilection des pères fondateurs de l'astronomie gamma pour les sites actifs dans le domaine radio : les deux extrémités du spectre électromagnétique partagent en effet le privilège de s'ouvrir à tout une gamme de rayonnements engendrés par des processus émissifs mettant en jeu des particules relativistes.

Dès les débuts de l'ère spatiale, ballons stratosphériques, fusées sondes et satellites furent mis à contribution pour détecter les photons qui devaient jaillir en abondance des sources potentielles de rayonnement gamma, mais en vain. L'échec de ces premières tentatives s'explique en partie par la taille des détecteurs, trop petits pour collecter assez de photons émis par des sources gamma dont les débits d'énergie avaient été par ailleurs assez largement surévalués. Mais ces échecs répétés eurent aussi pour cause le fait de n'avoir pas su estimer à sa juste mesure le bruit de fond que les particules énergétiques qui abondent dans l'espace génèrent au sein des détecteurs de rayons γ comme dans leur proche environnement.

Signalons cependant la première détection sûre d'un rayonnement gamma d'origine extraterrestre, à savoir celle d'une bouffée de photons γ enregistrée lors de l'éruption solaire du 20 mars 1958 (Peterson et Winckler, 1959). L'observation fut conduite avec un détecteur de type Geiger-Müller sensible aux photons de quelques centaines de kiloélectronvolts, embarqué à bord d'une nacelle portée par ballon stratosphérique. À cette occasion, l'appareil capta pendant une minute environ une impulsion de rayonnement gamma coïncidant avec un fort sursaut d'émission radio observé au début de l'éruption solaire.

Dix ans s'étaient déjà écoulés depuis le lancement de *Spoutnik 1*, quand à l'occasion d'une des premières revues exhaustives de l'astronomie gamma, Fazio (1967) avouait qu'en raison de sévères handicaps expérimentaux, on n'avait pas réussi à détecter avec certitude le moindre photon γ d'énergie supérieure à 100 keV émanant de sites localisés au delà du système solaire. Alors que l'inventaire des sources de rayons X était déjà fort de plusieurs spécimens (dont la nébuleuse du Crabe), les astronomes gamma ne pouvaient mettre en avant que la timide indication d'un rayonnement gamma diffus observé dans les données recueillies entre 100 keV et 2 MeV par les expériences de télédétection du sol lunaire embarquées au début des années soixante à bord des sondes américaines *Ranger 3* et *Ranger 5* (Arnold *et al.*, 1962).

Les premiers résultats homologués

L'année 1968 marqua le véritable début de l'astronomie gamma expérimentale, avec deux découvertes majeures, chacune intéressant une des deux bandes spectrales propres aux explorations spatiales. Cette année là en effet, une équipe américaine annonçait la découverte de l'émission gamma à haute énergie de notre galaxie (Clark *et al.*, 1968), obtenue à la suite des balayages de la voûte céleste menés pendant 16 mois avec un télescope rudimentaire monté à bord du satellite américain *Oso 3*, lancé en mars 1967. La rusticité de l'instrument ne permit pas de préciser l'origine des quelques centaines de photons γ d'énergie supérieure à 50 MeV recueillis en direction de la Voie lactée, au delà du fait qu'ils se concentraient plus particulièrement dans la direction des régions centrales de la Galaxie.

La même année, on apprenait qu'une expérience américaine, embarquée le 4 juin 1967 à bord d'une nacelle portée par ballon stratosphérique, avait détecté dans la direction de la nébuleuse du Crabe un flux de photons γ dont l'énergie était comprise entre 100 et 300 keV (Haymes *et al.*, 1968). Dans les mois qui suivirent le vol ballon en question, les radioastronomes ayant annoncé la découverte d'un pulsar radio au sein de cette même nébuleuse du Crabe, un nouvel examen des temps d'arrivée des photons γ détectés en juin 1967 révéla une périodicité en phase avec celle observée dans le domaine radio (Fishman *et al.*, 1969). Peu après, une équipe franco-italienne obtenait un résultat similaire dans la bande des hautes énergies, à la suite d'une série d'observations en ballon menées de 1969 à 1970 avec un télescope capable d'estimer la direction d'origine de chaque photon détecté (Leray *et al.*, 1972).

Quelques années plus tard, les 4 et 7 août 1972, un spectromètre apte à estimer l'énergie des photons γ dans la gamme de 300 keV à 10 MeV enregistrait à bord du satellite américain *Oso 7* le spectre détaillé de l'émission gamma du Soleil en période d'éruption (Chupp *et al.*, 1973). Révélant de nombreuses raies spectrales, parmi lesquelles on identifia la raie d'annihilation électron-positon ainsi qu'une série de raies gamma nucléaires, ces spectres sont considérés comme les premières données expérimentales de l'astronomie gamma nucléaire. Ce premier cycle de découvertes s'acheva en 1973 quand une équipe américaine annonça que plusieurs satellites militaires de la série *Vela*, lancés par les États-Unis pour contrôler le respect du traité sur l'interdiction des essais nucléaires dans l'atmosphère, avaient capté à plusieurs reprises l'arrivée d'un flux soudain de photons γ d'origine extraterrestre (Klebesadel *et al.*, 1973). L'un des 16 sursauts gamma observés de 1969 à 1972 avait été également détecté à bord du satellite soviétique *Cosmos 461* (Mazets *et al.*, 1974).

Après plus d'une décennie d'investigations infructueuses, on était parvenu en cinq ans à peine à détecter l'émission gamma du disque galactique, celle de la nébuleuse et du pulsar du Crabe, ainsi que celle du Soleil en période d'éruption, c'est à dire trois sites célestes parmi les plus souvent évoqués comme devant rayonner dans le domaine des photons γ. La voie était alors ouverte aux explorations plus approfondies dont les principales étapes sont résumées dans les pages qui suivent.

Des premières découvertes aux explorations approfondies

À la suite de la découverte de l'émission gamma galactique à haute énergie, deux satellites, l'américain *Sas 2*, lancé en novembre 1972, et l'européen *Cos B*, lancé en août 1975, explorèrent tout deux la Voie lactée au moyen de télescopes similaires, aptes à localiser avec une précision d'environ 2 degrés les sources de photons γ d'énergie supérieure à quelques dizaines de mégaélectronvolts. En dépit d'une durée de vie écourtée par une panne électrique, les données recueillies par *Sas 2* révélèrent à grands traits les sites de la Galaxie émetteurs de photons γ de haute énergie. Après sept années en orbite, le satellite *Cos B* fournit une image beaucoup plus détaillée de l'émission galactique, assortie d'un catalogue de sources gamma où figurent deux pulsars radio ainsi qu'un quasar proche, le premier AGN jamais détecté dans la bande des photons γ de haute énergie.

La bande des basses énergies, plus facilement accessible aux investigations de courte durée pratiquées à bord de ballons stratosphériques, ne fut que plus tardivement l'objet d'explorations approfondies. Il y eut d'abord une série de balayages de la voûte céleste, entrepris au moyen d'un détecteur opérant à bord du satellite américain *H.E.A.O. 1* lancé en juin 1977. Avec son champ de vue restreint par un collimateur à faible ouverture, cet appareil a fourni un premier catalogue de sources de photons γ de basse énergie, dont un grand nombre avaient déjà été identifiées dans le domaine des rayons X, à commencer par quelques AGN.

Deux ans plus tard, un spectromètre gamma entreprenait à son tour une série de balayages du ciel. Conçu pour mesurer avec une grande précision l'énergie des photons γ de basse énergie, cet appareil était monté à bord du satellite américain *H.E.A.O. 3* lancé en septembre 1979. Il permit de repérer dans la direction du centre galactique le rayonnement d'annihilation électron-positon qui avait été découvert quelques années auparavant par des spectromètres à haute résolution portés par ballons stratosphériques. Il rendit également possible la découverte d'une raie gamma nucléaire émise dans la direction des régions centrales de la Galaxie, la première à être détectée avec un haut degré de confiance en provenance d'un site localisé au delà du système solaire.

Les années quatre-vingts furent marquées par une relative disette, causée entre autres raisons par les retards du programme spatial américain suite au désastre de la navette spatiale *Challenger*. Quand *Cos B* cessa ses activités, au milieu de 1982, il n'y eu plus en orbite que le spectromètre gamma G.R.S. embarqué à bord du satellite américain *S.M.M.* qui avait été lancé en février 1980 et qui était surtout dévolu à l'observation du Soleil. En 1987 enfin les instruments montés sur le module *Kvant* de la station spatiale soviétique *Mir* entraient en service, juste à temps pour découvrir le rayonnement gamma de basse énergie émis par SN 1987a, la supernova du Grand Nuage de Magellan, dont l'émission de raies gamma nucléaires fut détectée peu après par G.R.S. et par d'autres spectromètres gamma portés par ballons stratosphériques.

Depuis le début des années quatre-vingt-dix, on assiste au contraire à une moisson de résultats scientifiques sans précédent, grâce à une nouvelle génération de télescopes gamma. Il s'agit du télescope français Sigma, lancé en décembre 1989 à bord du satellite russe *Granat*, et de l'ensemble des quatre appareils placés à bord de l'Observatoire à Rayons Gamma *Compton*, lancé en avril 1991 par la navette américaine *Atlantis*. C'est à ce nouvel âge d'or de l'astronomie gamma que nous devons la grande majorité des résultats que nous présentons en troisième partie.

La part de l'imprévu

Il ne faudrait surtout pas retenir de ce bref aperçu historique l'impression que l'astronomie gamma se singularise des autres branches de l'astronomie par un étonnant déterminisme, où les observations viendraient l'une après l'autre confirmer les prévisions théoriques. En fait, il n'en est rien : dès qu'ils furent en mesure de mener des observations couronnées de succès, les astronomes gamma n'ont pas cessé de débusquer les phénomènes les plus inattendus. Mais ils n'ont pas pour autant répondu à tous les espoirs des pères fondateurs. Rien d'étonnant à cela : en raison même de son extrême jeunesse, l'astronomie gamma reste — et restera encore longtemps — une activité scientifique encore exploratoire, avec son lot de surprises chaque fois qu'une nouvelle génération d'instruments entre en service.

C'est ainsi que l'idée de pratiquer l'astronomie gamma à haute énergie est née au cours des années cinquante de la conviction des physiciens de découvrir, après plus de quarante années d'espoirs déçus, la source — ou les sources — des rayons cosmiques. Ils furent en partie récompensés de leurs efforts à la fin des années soixante-dix, quand *Cos B* acheva de délimiter les contours de l'émission gamma produite par l'interaction des rayons cosmiques avec la matière interstellaire. Mais en ouvrant cette nouvelle fenêtre sur l'univers, ils n'avaient pas prévu que leurs observations révéleraient que certains astres de notre galaxie et que de nombreux AGN présentent la surprenante propriété de rayonner pour l'essentiel dans le domaine des rayons γ.

Une surprise d'un genre quelque peu différent fut enregistrée en 1990 dans la bande des photons γ de basse énergie, au vu des premières images à haute résolution fournies par le télescope Sigma. Sur la foi de spéculations théoriques, basées sur une interprétation abusive d'observations gamma préliminaires, on avait assigné à Sigma la mission de détecter une source de photons γ coïncidant avec la source radio compacte Sgr A* située au centre dynamique de la Galaxie, dans le but d'y confirmer la présence d'un **trou noir** ultra-massif. Quand on scruta les images transmises par Sigma, on découvrit bien un authentique candidat **trou noir**, mais de type stellaire et situé à près d'un degré de Sgr A*. Quant au **trou noir** ultra-massif au centre galactique — s'il existe vraiment — il s'avère étrangement muet dans la bande des photons γ de basse énergie.

Que l'on ne s'y trompe donc pas : en dépit d'une certaine analogie au niveau des outils théoriques et des moyens techniques, l'astronomie gamma n'est en aucun cas un sous-produit de la physique des particules, discipline scientifique où les plus grandes découvertes expérimentales sont désormais le fruit d'une scrupuleuse planification. Authentique branche de l'astronomie, celle des rayons γ est au contraire une véritable science d'observation, où l'imprévu reste la norme plutôt que l'exception.

RÉFÉRENCES

Arnold, J.R., Metzger, A.E., Anderson, E.C., et Van Dilla, M.A., (1962). *J. Geophys. Res.*, 67: 4878.

Clark, G.W., Garmire, G.P., et Kraushaar, W.L., (1968). *Astrophys. J.*, 153: L203.

Chupp, E.L., Forrest, D.J., Higbie, P.R., Suri, A.N., Tsai, C., et Dunphy, P.P., (1973). *Nature*, 241: 333.

Fazio, G.G., (1967). *Ann. Rev. Astron. Astrophys.*, 5: 481.

Fishman, G.J., Harnden Jr., F.R., Johnson III, W.N., et Haymes, R.C., (1969). *Astrophys. J.*, 158: L61.

Hayakawa, S., (1952). *Prog. Theor. Phys.*, 8: 571.

Haymes, R.C., Ellis, D.V., Fishman, G.J., Kurfess, J.D., et Tucker, W.H., (1968). *Astrophys. J.*, 151: L9.

Klebesadel, R.W., Strong, I.B., et Olsen, R.A. (1973). *Astrophys. J.*, 182: L85.

Leray, J.-P.,Vasseur, J., Paul, J., Parlier, B., Forichon, M., Agrinier, B., Boella, G., Maraschi, L., Treves, A., Buccheri, L., Cuccia A., et Scarsi, L., (1972). *Astron. Astrophys.*, 16: 443.

Mazets, E.P., Golenetskii, S.V., et Ilinskii, V.N., (1974). *JETP Letters*, 19: 126.

Morrisson, P., (1958). *Nuovo Cimento*, 7: 858.

Peterson, L.E., et Winckler, J.R., (1959). *J. Geophys. Res.*, 64: 697.

POUR EN SAVOIR PLUS

Dictionnaire de physique, J.-P. Sarmant, 1983 (Paris : Hachette).

High Energy Astrophysics, éd. J.M. Matthews, 1994 (Singapore: World Scientific Publishing Co. Plc. Ltd.).

Histoire de l'astronomie occidentale, L.M. Celnikier, 1996 (Paris : Technique et Documentation).

TeV Gamma-Ray Astrophysics, éd. H.J. Völk et F.A. Aharonian, 1996 (Dordrecht: Kluwer Academic Publishers).

PARTIE 1. DES TÉLESCOPES À NUL AUTRE PAREILS

1. OBSERVER DANS LE DOMAINE GAMMA

COLLECTER LES PHOTONS γ

La sensibilité des télescopes gamma

Dans tous les domaines spectraux où l'on peut aisément réfléchir ou réfracter le rayonnement, on accroît notablement la sensibilité des télescopes au moyen d'un collecteur de grandes dimensions, apte à concentrer par réfraction ou par réflexion le rayonnement incident sur un détecteur de petite taille. Dans le domaine gamma au contraire, la mise en œuvre de tels "concentrateurs" se heurte à des difficultés pratiquement insurmontables, dans la mesure où les distances inter-atomiques dans les solides, qui sont de l'ordre de quelques ångströms (1 Å $= 10^{-8}$ cm), sont plus grandes que les longueurs d'onde de tous les rayonnements du domaine gamma. Dans ces conditions, les astronomes gamma ont été jusqu'à présent contraints d'utiliser des télescopes où le détecteur lui-même joue le rôle de surface collectrice.

La statistique de comptage détermine la sensibilité de tout télescope gamma, comme de tout télescope où chaque photon est détecté individuellement. Prenons par exemple le cas d'un télescope rudimentaire — dépourvu de tout dispositif apte à former des images — que l'on pointe pendant un certain temps t en direction d'une source dite "ponctuelle". On dénomme ainsi une source dont le diamètre apparent est inférieur au pouvoir séparateur du télescope; dans le cas de l'instrument simpliste que nous avons envisagé ci-dessus, une source est déclarée ponctuelle si son diamètre apparent est inférieur à l'ouverture du télescope. On admet en général que la source ponctuelle la plus faible qu'un tel télescope soit en mesure de détecter doit produire un signal au moins trois fois supérieur à la déviation standard associée au bruit (un bruit statistique en l'occurrence). Dans ces conditions, le flux S_{min} de cette source, tel que mesuré au niveau du télescope, s'exprime par l'équation suivante :

$$S_{\text{min}} = 3\left(\frac{B_{\text{det}} + \Omega B_{\text{ciel}}}{A_{\text{det}}t}\right)^{\frac{1}{2}} \tag{1.1}$$

où B_{det} est la densité surfacique de taux de comptage du bruit propre au détecteur (dont l'efficacité de détection $\epsilon = 1$), B_{ciel} le flux du rayonnement gamma de fond de ciel dans la bande passante du télescope, Ω l'angle solide sous-tendu par l'ouverture du télescope et A_{det} la surface de détection.

Pour accroître la sensibilité du télescope en question — donc pour réduire son flux limite détectable S_{min} — on peut agir soit sur le temps d'observation t, soit sur la surface détectrice A_{det}. Mais dans un cas comme dans l'autre, on constate que la sensibilité n'augmente qu'en proportion de la racine carrée du temps d'observation ou de la racine carrée de la surface de détection. Il en résulte qu'un accroissement substantiel de la sensibilité d'un télescope gamma passe par des observations de très longues durées ou par des détecteurs de très grandes tailles, deux modalités qui ne sont pas toujours compatibles avec les contraintes d'une mission spatiale. Sans oublier qu'à accroître tant et plus les surfaces de détection, on augmente dans une bien plus grande mesure la complexité des détecteurs, ce qui rejaillit sur les difficultés et les délais de réalisation des télescopes et donc sur leurs coûts.

Les dispositifs aptes à former des images pallient dans une certaine mesure ce manque de sensibilité inhérent aux télescopes gamma en permettant d'observer plus d'une source ponctuelle à la fois, ou de collecter plus de photons d'une même source étendue. Dans la bande des hautes énergies, l'aptitude des télescopes à produire des images est en général basée sur la mesure de la direction d'origine de chaque photon γ détecté, ce qui conduit à exprimer le flux limite détectable $S_{\min}$ par l'équation suivante :

$$S_{\min} = 3\theta\left(\frac{\pi B}{A_{\det} t}\right)^{\frac{1}{2}} \tag{1.2}$$

où B est le flux du bruit de fond (qu'il soit d'origine céleste ou qu'il provienne de l'instrument lui-même) dans la bande passante du télescope et θ sa résolution angulaire. Comme la sensibilité d'un tel télescope est indépendante de son ouverture, on gagne à élargir au maximum son champ de vue, d'autant plus que les principes de détection utilisés par les appareils qui opèrent dans la bande des hautes énergies permettent de collecter les photons γ sur plus d'un stéradian.

Dans le domaine des photons γ de basse énergie, où les dispositifs aptes à former des images sont plutôt basés sur la collimation ou la modulation du signal incident, le flux limite détectable s'exprime toujours par l'équation (1.1). Lorsque l'on opère à des énergies de photons $E_\gamma \lesssim 100$ keV, accroître l'ouverture conduit à augmenter la contribution du rayonnement gamma de fond de ciel, ce qui réduit la sensibilité du télescope. C'est par contre dans le domaine des rayons γ de basse énergie que l'on peut le mieux contester le postulat sur l'impossibilité de réfléchir ou de réfracter les photons γ. Il nous semble donc utile d'évoquer ici les moyens propres à concentrer les photons γ dont on étudie actuellement la faisabilité technique.

La concentration des photons γ par réflexion

Dans le domaine voisin, celui des rayons X, où pourtant la réflexion du rayonnement est virtuellement impossible sous incidence normale, on parvient cependant à concentrer efficacement les photons avec des combinaisons de miroirs à incidence rasante (les optiques de type Wolter I par exemple). Grâce aux progrès accomplis dans la réalisation des surfaces réfléchissantes, cette technique s'est généralisée depuis la fin des années soixante-dix pour collecter les photons X cosmiques dont l'énergie est inférieure à une dizaine de kiloélectronvolts. Mais si l'on désire étendre cette pratique à plus haute énergie, on se heurte alors à des problèmes expérimentaux qui paraissent encore insurmontables. Les optiques de type Wolter I sont en effet gouvernées par la relation suivante :

$$E_{\max} = \kappa\left(\frac{f}{D}\right) \text{ keV} \tag{1.3}$$

où $E_{\max}$ est limite supérieure du domaine spectral accessible, D le diamètre du miroir à incidence rasante, f la distance focale du télescope et κ un coefficient fonction de la nature de la surface réfléchissante. Dans le cas de l'or, $\kappa \approx 1$.

Un télescope à incidence rasante à géométrie de type Wolter I, d'un diamètre D = 1 m, d'une distance focale f = 10 m et dont les surfaces réfléchissantes sont couvertes d'or, offre donc une bande passante dont la limite supérieure $E_{\max} \approx 10$ keV. Pour repousser cette limite à plus haute énergie, on peut soit accroître la focale du télescope, soit en diminuer le diamètre. S'agissant d'un télescope spatial, qui doit donc s'accommoder de la capacité d'emport offerte par la coiffe d'une fusée (ou par la soute d'une navette), sa plus grande dimension — et partant, sa distance focale — ne peut pas dépasser une dizaine de mètres. Quant à la diminution du diamètre du miroir, elle entraînerait une réduction inacceptable de la surface collectrice.

Sauf à faire usage de structures déployables en orbite, une technique fort difficile à mettre en œuvre, la concentration du rayonnement par incidence rasante sur des surfaces réfléchissantes de type "classique" apparaît donc impraticable au delà de la limite que nous avons assignée au domaine gamma. Reste la possibilité d'accroître la réflectivité des surfaces réfléchissantes, en utilisant par exemple des revêtements de surface de type multicouche. Des procédés de ce genre sont à l'étude dans de nombreux laboratoires; ils pourraient permettre d'étendre l'usage des concentrateurs par réflexion jusque vers 100 keV.

La concentration des photons γ par diffraction

La diffraction d'une onde électromagnétique, autrement dit la modification de son trajet au voisinage d'un obstacle, est un phénomène qui se produit à toutes longueurs d'onde. Après traversée d'une ouverture, on observe ainsi qu'une onde initialement plane se propage dans des directions différentes de la direction d'incidence. L'effet n'est cependant appréciable que si la dimension de l'ouverture n'est pas très grande comparée à la longueur d'onde du rayonnement incident. À cet égard, les cristaux sont tout à fait capables de diffracter les rayonnements à très courtes longueurs d'onde, dans la mesure où les mailles des réseaux cristallins sont de l'ordre de quelques ångströms.

Comme schématisé en Figure 1.1, un cristal plan parallèle interceptant un faisceau de rayonnement de très courte longueur d'onde λ se comporte comme un réseau de diffraction à trois dimensions. Les ondes qui se présentent sous un angle d'incidence θ, une fois diffractées par les plans réticulaires du réseau cristallin, produisent en effet par interférences constructives un rayonnement qui émerge de la face opposée sous le même angle θ, à condition que soit satisfaite la condition exprimée par l'équation suivante (condition de Bragg) :

$$\sin\theta = \frac{n\lambda}{2d} \tag{1.4}$$

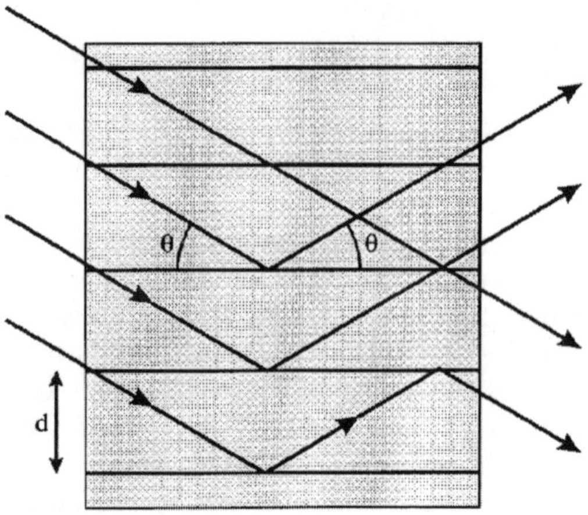

Figure 1.1 Schéma simplifié de la diffraction de Laue (d'après Naya, 1995). Les paramètres *d* et θ sont définis dans le texte.

où *n* est un entier et *d* la distance entre les plans cristallins qui concourent au processus de diffraction connu sous le nom de diffraction de Laue. Sachant par exemple que $d = 5{,}65$ Å dans le cas d'un cristal de germanium, on constate qu'un angle de diffraction encore appréciable, à savoir $\theta = 0{,}12°$, est obtenu à l'ordre $n = 1$ pour un rayonnement incident de longueur d'onde $\lambda = 2{,}43\ 10^{-2}$ Å, soit précisément la longueur d'onde du rayonnement à 511 keV issu de l'annihilation électron-positon.

Plusieurs types de concentrateurs gamma à diffraction de Laue sont actuellement à l'étude. Le projet le plus avancé consiste en une succession d'anneaux concentriques sur lesquels sont montés plusieurs centaines de cristaux cubiques de germanium d'un centimètre de côté (von Ballmoos et Smither, 1994). Les cristaux sont orientés de telle manière que chacun d'eux diffracte le rayonnement incident vers un même point focal. Au vu des premiers essais d'un modèle de laboratoire (Naya, 1995), un concentrateur gamma de ce type offrirait une surface collectrice d'environ 150 cm^2 à 511 keV, compte tenu de l'efficacité de diffraction des cristaux en question ($\sim$ 25%). Ce dispositif serait ainsi apte à concentrer les photons γ de 511 keV à une distance $f = 8{,}29$ m avec 50% du rayonnement incident rassemblé à l'intérieur d'une tache focale d'environ 1,2 cm de rayon.

Les inconvénients majeurs d'un télescope gamma muni d'un concentrateur de ce type découlent directement de la condition de Bragg telle qu'exprimée par l'équation (1.4). Il s'agit de sa bande passante étroite, de l'ordre de 6 keV à 511 keV, de son champ de vue succinct, de l'ordre de 15 secondes d'arc à 511 keV, et de la nécessité de faire varier sa distance focale en fonction de l'énergie. Ces handicaps ne devraient cependant pas entamer le remarquable potentiel des concentrateurs à diffraction de Laue, s'agissant par exemple de rechercher les émissions monochromatiques des sources ponctuelles.

DÉTECTER LES PHOTONS γ

Les principes de détection

Les photons associés aux rayonnements électromagnétiques de grandes longueurs d'onde (comme ceux du domaine radio) sont de si faible énergie qu'il est pratiquement impossible de les détecter individuellement. Ces photons sont par contre produits dans les sites cosmiques en si grande quantité que les télescopes en collectent toujours assez dans un même état pour qu'il soit possible de les mettre collectivement en évidence en utilisant l'onde qui leur est associée. Les photons γ au contraire sont toujours détectés individuellement, sans qu'il soit donc fait appel à leurs propriétés ondulatoires.

En règle générale, la détection d'un photon γ implique son interaction avec la matière. Comme détaillé au chapitre suivant, le mécanisme par lequel un photon γ interagit avec un milieu matériel est une fonction complexe du numéro atomique Z du matériau cible et de l'énergie du photon. Conformément à la démarcation que nous avons reconnu au sein du domaine gamma, les photons γ de basse énergie interagissent avec les atomes du milieu en leur arrachant un électron, tandis que les photons γ de haute énergie interagissent au sein de l'atome en s'y convertissant en une paire électron-positon. Dans un cas comme dans l'autre, tout ou partie de l'énergie du photon incident est transférée aux électrons.

Dans la pratique, les détecteurs de photons γ sont sensibles aux effets que les électrons induisent au cours de leur propagation dans les milieux matériels. Ces effets sont parfois recherchés dans le milieu même où interagissent les photons; c'est le procédé qui prévaut dans la bande des photons γ de basse énergie. Pour recueillir plus d'informations sur le mécanisme d'interaction, on préfère parfois séparer le milieu où les photons interagissent, qui prend alors le nom de convertisseur, de celui où sont détectés les électrons induits par l'interaction. Cette pratique, bien adaptée à l'effet de paire, s'est imposée dans la bande des photons γ de haute énergie.

La transparence des détecteurs

Le grand pouvoir de pénétration des photons γ, l'un de leurs meilleurs atouts s'agissant de l'exploration de l'univers, apparaît plutôt comme un handicap particulièrement sérieux quand vient le moment de les détecter. Quand un photon γ se présente face à un milieu matériel, il possède en effet une certaine probabilité d'y pénétrer assez profondément avant de subir une interaction, condition première de sa détection. Le choix d'un matériau détecteur repose donc sur son aptitude à faire interagir les photons γ, une propriété que l'on apprécie au vu du coefficient linéaire d'atténuation du matériau en question.

Considérons par exemple le cas d'un faisceau parallèle de photons qui se présente avec une intensité I_0 face à une couche d'épaisseur x d'un matériau donné, supposé parfaitement homogène. Du fait des processus d'interaction des photons γ avec la matière, l'intensité I du faisceau sera atténuée d'une quantité dI après avoir franchi une épaisseur dx du matériau considéré. Dans la mesure où les photons n'interagissent qu'avec les atomes de la matière, la quantité dI est directement proportionnelle à l'intensité I du faisceau de photons et à l'épaisseur dx de matière traversée. On a donc :

$$dI = -\mu I \, dx \tag{1.5}$$

où le coefficient μ est dénommé coefficient linéaire d'atténuation. L'intégration de l'expression (1.5) fournit donc l'intensité I du faisceau après traversée de toute la couche en question :

$$I = I_0 \, e^{-\mu x} \tag{1.6}$$

L'interaction des photons γ prenant parfois la forme d'une diffusion avec changement d'énergie (il s'agit de la diffusion Compton, détaillée au chapitre suivant), il faut donc établir une distinction entre deux manières d'envisager l'atténuation du faisceau, à savoir :

1. L'atténuation proprement dite, qui considère comme exclus du faisceau incident tous les photons ayant interagi, même ceux qui n'ont subi qu'une perte d'énergie accompagnée d'une diffusion.
2. l'absorption totale, qui ne tient pour exclus que les seuls photons totalement absorbés, qu'ils aient été ou non diffusés au préalable.

Le coefficient d'atténuation — parfois présenté sous la dénomination peu heureuse de coefficient d'absorption totale — est donc toujours supérieur au coefficient d'absorption vraie à toutes les énergies où la diffusion Compton joue un rôle appréciable, soit de 100 keV à plus de 10 MeV.

Pour tenir compte de la dépendance en densité du coefficient linéaire d'atténuation par centimètre, on lui préfère en général le coefficient massique d'atténuation μ/ρ, exprimé donc en centimètre carré par gramme, où ρ désigne la densité du milieu. À noter enfin que dans la mesure où les énergies chimiques de liaison entre les éléments sont de l'ordre de quelques électronvolts, le coefficient massique d'atténuation d'un composé chimique ou d'un mélange de matériaux est la somme des coefficients massiques d'atténuation de chaque composant, multipliée par la fraction de masse de ce composant. La Table 1.1 présente pour quelques énergies spécifiques des deux bandes du domaine gamma les coefficients massiques d'atténuation de certains matériaux parmi les plus couramment utilisés pour détecter (ou convertir) les photons γ cosmiques.

Au vu de la Table 1.1, on constate que pour détecter efficacement les photons γ, il faut leur présenter des couches de matériau détecteur dont la densité de surface atteint quelques grammes par centimètre carré, même dans le cas des milieux les plus absorbants. Comme l'accroissement de la sensibilité des télescopes gamma passe par des surfaces détectrices de plus en plus vastes, du moins avant l'avènement des concentrateurs évoqués plus haut, les astronomes gamma sont donc conduits à mettre en œuvre des détecteurs de plus en plus massifs, avec toutes les conséquences que cela comporte en termes de coûts des appareils gamma et de capacité d'emport des moyens spatiaux.

Table 1.1 Coefficients massiques d'atténuation (exprimés en $cm^2\ g^{-1}$) de l'air et de matériaux couramment utilisés dans les détecteurs de photons γ, d'après Hubbell (1969) pour l'air, le tungstène, le plomb et l'iodure de sodium (NaI), et d'après Roussin *et al.* (1983) pour le germanium. La densité ρ des matériaux détecteurs est exprimée en $g\ cm^{-2}$.

Energie (MeV)	Air	Germanium (ρ = 5,32)	Tungstène (ρ = 19,3)	Plomb (ρ = 11,4)	NaI (ρ = 3,67)
0,030	$3{,}18\ 10^{-1}$	13,8	21,8	28,4	6,86
0,050	$1{,}96\ 10^{-1}$	3,31	5,40	7,22	10,5
0,100	$1{,}51\ 10^{-1}$	$5{,}52\ 10^{-1}$	4,29	5,23	1,64
0,300	$1{,}06\ 10^{-1}$	$1{,}13\ 10^{-1}$	$3{,}02\ 10^{-1}$	$3{,}83\ 10^{-1}$	$1{,}58\ 10^{-1}$
0,500	$8{,}70\ 10^{-2}$	$8{,}21\ 10^{-2}$	$1{,}29\ 10^{-1}$	$1{,}54\ 10^{-1}$	$9{,}21\ 10^{-2}$
1,000	$6{,}36\ 10^{-2}$	$5{,}73\ 10^{-2}$	$6{,}39\ 10^{-2}$	$6{,}90\ 10^{-2}$	$5{,}80\ 10^{-2}$
3,000	$3{,}58\ 10^{-2}$	$3{,}53\ 10^{-2}$	$4{,}01\ 10^{-2}$	$4{,}16\ 10^{-2}$	$3{,}66\ 10^{-2}$
5,000	$2{,}75\ 10^{-2}$	$3{,}16\ 10^{-2}$	$4{,}06\ 10^{-2}$	$4{,}24\ 10^{-2}$	$3{,}46\ 10^{-2}$
10	$2{,}04\ 10^{-2}$	$3{,}16\ 10^{-2}$	$4{,}63\ 10^{-2}$	$4{,}84\ 10^{-2}$	$3{,}68\ 10^{-2}$
30	$1{,}62\ 10^{-2}$	$3{,}85\ 10^{-2}$	$6{,}59\ 10^{-2}$	$6{,}96\ 10^{-2}$	$4{,}84\ 10^{-2}$
100	$1{,}68\ 10^{-2}$	$4{,}89\ 10^{-2}$	$8{,}81\ 10^{-2}$	$9{,}34\ 10^{-2}$	$6{,}29\ 10^{-2}$
300	$1{,}85\ 10^{-2}$	$5{,}61\ 10^{-2}$	$1{,}02\ 10^{-1}$	$1{,}08\ 10^{-1}$	$7{,}24\ 10^{-2}$
1000	$1{,}99\ 10^{-2}$	$6{,}14\ 10^{-2}$	$1{,}09\ 10^{-1}$	$1{,}16\ 10^{-1}$	$7{,}78\ 10^{-2}$
3000	$2{,}06\ 10^{-2}$	$6{,}31\ 10^{-2}$	$1{,}12\ 10^{-1}$	$1{,}19\ 10^{-1}$	$8{,}00\ 10^{-2}$
10000	$2{,}09\ 10^{-2}$	$6{,}32\ 10^{-2}$	$1{,}14\ 10^{-1}$	$1{,}21\ 10^{-1}$	$8{,}09\ 10^{-2}$
30000	$2{,}11\ 10^{-2}$	$6{,}32\ 10^{-2}$	$1{,}14\ 10^{-1}$	$1{,}21\ 10^{-1}$	$8{,}13\ 10^{-2}$

On remarque également que les matériaux les plus absorbants, tels que le tungstène et le plomb, font montre d'une transparence maximale de quelques centaines de kiloélectronvolts à quelques mégaélectronvolts. La nécessité de recourir à des détecteurs massifs et à des blindages épais rend encore plus délicate l'exploration du ciel dans cette décade du spectre électromagnétique où les sites cosmiques sont pourtant susceptibles d'émettre la plupart des raies gamma dont l'observation est une des clés de l'astrophysique nucléaire.

OPÉRER AU DELÀ DES COUCHES DENSES DE L'ATMOSPHÈRE

L'absorption atmosphérique

De tous les handicaps qui concourent à rendre l'astronomie gamma aussi ardue, le plus sévère est sans conteste l'obligation d'opérer au delà des couches les plus denses de l'atmosphère. Si l'on excepte le cas des observations dans la bande des très hautes énergies, où l'atmosphère elle-même joue le rôle de milieu détecteur (voir chapitre précédent), le caractère absolu de cette nécessité apparaît clairement au vu de la

Table 1.1, qui présente également le coefficient massique d'atténuation de l'air pour quelques énergies spécifiques des deux bandes de l'astronomie gamma spatiale.

Même dans la bande des hautes énergies, là où l'air est le plus transparent, son coefficient massique d'atténuation reste supérieur à 1,6 10^{-2} cm^2 g^{-1}. Une couche d'air dont la densité de surface ρ_S = 100 g cm^{-2} (soit environ un dixième de la densité de surface de l'atmosphère terrestre) ne laisse donc filtrer sous incidence normale que 20% du rayonnement gamma de haute énergie émis par les corps célestes. Toujours sous incidence normale, on constate toutefois qu'une couche d'air de densité de surface ρ_S = 1 g cm^{-2} transmet 98% des photons γ cosmiques d'énergie $E_\gamma \approx 50$ MeV et 73% des photons d'énergie $E_\gamma \approx 30$ keV, ce qui ouvre la possibilité de pratiquer l'astronomie gamma à bord de nacelles portées par des ballons stratosphériques aptes à évoluer à des altitudes où l'atmosphère résiduelle au dessus du ballon se réduit à une couche d'air de densité de surface $\rho_S \sim$ 1–2 g cm^{-2}.

Le bruit induit par les particules

Cette nécessaire présence des observatoires gamma au delà des couches denses de l'atmosphère rejaillit d'emblée sur les observations, dans la mesure où elle limite les deux possibilités dont les astronomes gamma disposent pour accroître la sensibilité de leurs télescopes, à savoir augmenter la taille des instruments et la durée des poses. Bien plus, en raison même de leur présence au delà de l'écran atmosphérique, les équipements expérimentaux se trouvent de ce fait exposés à des flux de particules plus ou moins intenses, mais qui en toutes circonstances constituent la source majeure du bruit de fond des détecteurs. En raison de la grande taille des surfaces détectrices, ce bruit de fond est la cause principale de la médiocre sensibilité des télescopes gamma.

Les particules s'y prennent de deux manières distinctes pour produire un tel bruit de fond au sein des dispositifs expérimentaux :

1. *En simulant les effets des photons γ cosmiques*. Comme précisé ci-dessus, les télescopes gamma sont avant tout basés sur la détection des électrons issus des interactions des photons γ cosmiques avec les matériaux détecteurs (ou avec d'éventuels milieux convertisseur). Comme la détection des électrons passe en général par les effets ionisants qu'ils suscitent au sein des milieux détecteurs, toutes les autres particules chargées qui s'y propagent sont à même d'y produire des effets ionisants tout à fait similaires.
2. *En produisant des photons γ secondaires*. Par interactions avec les divers matériaux qui constituent le télescope et son véhicule porteur, les particules énergétiques que l'on rencontre en abondance dès les hautes couches de l'atmosphère terrestre produisent tout un spectre de photons γ de toutes énergies par le truchement de mécanismes émissifs de même nature que ceux à l'œuvre au sein des sites célestes. Les interactions impliquant les particules en question engendrent parfois des cascades de particules qui peuvent à leur tour simuler l'effet des photons γ cosmiques et produire des photons γ parasites, contribuant à accroître le bruit de fond induit par les particules qui sillonnent l'espace.

L'émission gamma des corps céleste est donc littéralement submergée par un bruit de fond qui s'avère très difficile à réduire. De ce point de vue, l'astronomie gamma s'apparente à ce que serait l'astronomie dans le visible si les astronomes s'avisaient d'observer le ciel en plein jour ! Dans ces conditions, le retour scientifique d'une observation gamma dépend avant tout de l'estimation précise du bruit de fond induit par l'environnement radiatif et de la mise en œuvre des moyens les plus judicieux propres à l'atténuer, deux aspects de l'astronomie gamma spatiale d'une importance telle que nous leur avons consacré un chapitre entier (voir chapitre 5).

Le cas des observations menées dans la stratosphère

Les télescopes portés par ballons stratosphériques sont confrontés à une source supplémentaire de bruit de fond, à savoir les photons γ produits par l'interaction du rayonnement cosmique avec les hautes couches de l'atmosphère. En abordant la Terre, le rayonnement cosmique est modulé par le champ magnétique terrestre qui ne laisse se propager vers les hautes couches de l'atmosphère que les seules particules cosmiques dont l'énergie est supérieure à une énergie de coupure fonction de la nature des particules et de la latitude géomagnétique. En s'en tenant aux seuls protons — les particules cosmiques les plus abondantes — cette coupure E_{p} s'exprime dans le cas de l'approximation dipolaire du champ géomagnétique terrestre par l'équation suivante :

$$E_{\mathrm{p}} = 15 \cos^4 l_{\mathrm{G}} \text{ GeV} \tag{1.7}$$

où l_{G} est la latitude géomagnétique. Il en résulte que l'intensité du rayonnement gamma atmosphérique produit par les protons cosmiques dépend elle aussi de la latitude géomagnétique. La modulation de l'intensité du rayonnement gamma atmosphérique s'avère toutefois de moindre amplitude que celle des protons cosmiques telle que décrite par la relation (1.7). Les particules cosmiques les plus aptes à produire un rayonnement gamma atmosphérique sont en effet celles dont l'énergie est supérieure à la coupure géomagnétique en de nombreuses régions du globe terrestre.

Détailler les processus qui conduisent à la production massive de photons γ dans l'atmosphère n'entre pas dans les objectifs que nous avons assignés à notre état des lieux de l'astronomie gamma spatiale, d'autant plus que la pratique de l'astronomie gamma dans la haute atmosphère est en régression. En dépit de l'allongement de la durée des missions stratosphériques, les temps de pose sont en effet beaucoup trop brefs pour rivaliser avec les observations spatiales. Les durées des observations gamma menées à bord de ballons stratosphériques pâtissent aussi du fait que les sources cosmiques ne peuvent être pointées avec profit que pendant les quelques heures où leur distance zénithale $\zeta \lesssim 30°$. L'absorption atmosphérique et le rayonnement gamma atmosphérique, minimum en direction du zénith, s'accroissent en effet d'une manière intolérable dès que la distance zénithale $\zeta > 30°$.

Compte-tenu de ces limitations, l'avenir des vols ballons se situe plutôt dans la mise au point des télescopes de nouvelle génération, un "créneau" bien adapté aux missions stratosphériques en raison de leurs exigences moins draconiennes en termes de coûts et de délais de réalisation.

RÉFÉRENCES

von Ballmoos, P., et Smither, R.K., (1994). *Astrophys. J. Suppl. Ser.*, 92: 663.

Hubbell, J.H., (1969). in: *Photon Cross Sections, Attenuation Coefficients, and Energy Absorption Coefficients from 10 keV to 100 GeV*, NSRDS-NBS29 (Washington: U.S. Government Printing Office).

Naya, J.E., (1995). Thèse de Doctorat de l'Université Paul Sabatier, Toulouse.

Roussin, R.W., Knight, J.R., Hubbell, J.H., et Howerton, R.J., (1983). Rapport ORNL/RSIC-46.

POUR EN SAVOIR PLUS

Imaging in High Energy Astronomy, éd. L. Bassani et G. Di Cocco, 1995 (Dordrecht: Kluwer Academic Publishers).

Astrophysique, Méthodes physiques de l'observation, P. Léna, F. Lebrun et F. Mignard, 1996 (Paris : Inter Éditions et CNRS Éditions).

2. DÉTECTER LES PHOTONS γ

PROCESSUS INTERACTIFS AU SEIN DES DÉTECTEURS

L'effet photoélectrique

Dans ce processus, un photon d'énergie E_0 disparaît complètement en éjectant un électron lié d'un atome du milieu détecteur tout en lui communiquant une énergie cinétique E_e qui s'exprime comme suit :

$$E_e = E_0 - E_{liaison} \tag{2.1}$$

où $E_{liaison}$ représente l'énergie de liaison de l'électron éjecté. La probabilité d'interaction avec un électron d'une couche électronique donnée est la plus grande quand l'énergie du photon est tout juste supérieure à l'énergie de liaison de la couche en question. L'évolution du coefficient d'absorption photoélectrique en fonction de l'énergie présente donc des discontinuités brutales aux énergies de liaison des couches K, L, etc.

Pour tout photon dont l'énergie est supérieure à l'énergie de liaison de la couche K (la couche la plus liée), l'interaction photoélectrique concerne le plus souvent les électrons de cette même couche K, la couche L ne contribuant que pour 20% environ et les couches extérieures encore moins. S'agissant de photons dont l'énergie est très largement supérieure à l'énergie de liaison de la couche K, les électrons de l'atome apparaissent tous très peu liés, ce qui rend l'effet photoélectrique beaucoup moins probable. Pour les photons en question, la section efficace photoélectrique σ_{pe} décroît rapidement en fonction de l'énergie en suivant une loi de puissance de la forme $\sigma_{pe}(E) \propto E_0^{-7/2}$.

Dans le cas d'éléments à petit numéro atomique, l'énergie de liaison de la couche K est bien inférieure à la limite en énergie de 30 keV que nous avons assignée aux photons du domaine gamma. L'effet photoélectrique y joue donc un rôle relativement peu important. Il en va tout autrement des matériaux à Z élevé, dans la mesure où la section efficace photoélectrique $\sigma_{pe} \propto Z^4$. À noter qu'un photon dont l'énergie est pratiquement égale à $E_{liaison}$ est émis par recombinaison juste après le processus d'absorption photoélectrique. Pour peu que ce photon soit à son tour absorbé par le milieu détecteur, ce dernier est alors en mesure de recueillir la totalité de l'énergie E_0 du photon incident.

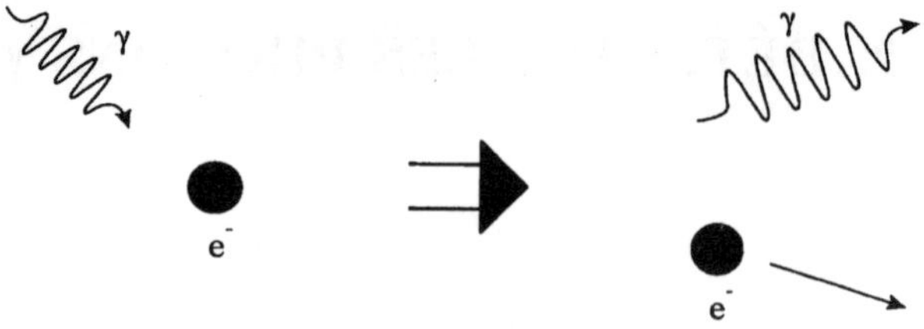

Figure 2.1 Schéma simplifié de la diffusion Compton.

La diffusion Compton

Au lieu de céder toute son énergie à l'électron qu'il éjecte de l'atome, un photon d'énergie E_0 peut très bien ne lui en transférer qu'une partie. Le photon, qui se retrouve alors avec une énergie $E_1 < E_0$, est dévié de son trajet initial comme schématisé en Figure 2.1. Comme dans le cas de l'absorption photoélectrique, un photon est également émis par recombinaison de l'atome. Mais dans la mesure où la diffusion Compton intervient sans distinction sur toutes les couches de l'atome, ce photon est généralement de basse énergie et n'a donc que peu de chances de s'échapper du milieu détecteur.

Quelques formules utiles...

L'énergie du photon diffusé E_1 est reliée à l'énergie du photon incident E_0 et à l'angle de diffusion θ par l'expression suivante :

$$E_1 = \frac{E_0}{1 + \frac{E_0(1-\cos\theta)}{m_e c^2}} \tag{2.2}$$

où m_e est la masse de l'électron et c la célérité de la lumière. Au vu de la relation (2.2), on constate que E_1 peut prendre toute valeur comprise entre E_0 et E_R, une borne inférieure en énergie qui s'exprime comme suit :

$$E_R = \frac{E_0}{1 + \frac{2E_0}{m_e c^2}} \tag{2.3}$$

Il en résulte que les électrons éjectés lors de la diffusion Compton emportent une énergie E_e qui peut prendre toute valeur inférieure à $E_C = E_0 - E_R$. En tenant compte de la relation (2.3), on obtient :

$$E_C = \frac{E_0}{1 + \frac{m_e c^2}{2E_0}} \tag{2.4}$$

On a pris l'habitude de dénommer "rétrodiffusion" le cas où les photons subissent une diffusion Compton à 180 degrés et se retrouvent ainsi avec une énergie $E_\gamma \approx E_R$. Quand la rétrodiffusion se produit au sein même du détecteur, ce dernier est en mesure de recueillir l'énergie E_C emportée par l'électron éjecté lors de la rétrodiffusion.

Dans le cas où l'électron emporte une énergie largement supérieure à son énergie de liaison ($E_e \gg E_{liaison}$), on peut supposer l'électron libre et initialement au repos. Dans ces conditions, la section efficace Compton σ_C s'identifie alors à la forme analytique σ_{KN} exprimée par l'équation suivante (Klein et Nishina, 1929) :

$$\frac{d\sigma_{KN}}{dE_1} = (E_0, E_1) = \pi N \frac{Z}{A} r_e^2 \frac{m_e c^2}{E_0 E_1} \left[1 + \left(\frac{E_1}{E_0} \right)^2 - \frac{E_1}{E_0} \sin^2 \theta \right] \tag{2.5}$$

où Z et A sont les nombres de charge et de masse du matériau, N le nombre d'Avogadro et r_e le rayon classique de l'électron.

Dans le cas où l'effet Compton se traduit par une diffusion à très petit angle, l'énergie E_e gagnée par l'électron peut très bien être de l'ordre de son énergie de liaison. L'électron ne peut donc plus être considéré comme libre et au repos et la relation (2.5) n'est plus applicable. Pour estimer la section efficace Compton il est alors nécessaire de modéliser la liaison entre l'électron et l'atome par le truchement du facteur de forme $F(E, Z)$, une fonction qui peut être déterminée pour différents modèles d'atome. La section efficace d'interaction Compton prend alors la forme suivante :

$$\frac{d\sigma_C}{dE_1} = F(E, Z) \frac{d\sigma_{KN}}{dE_1} \tag{2.6}$$

En l'absence d'expression analytique pour décrire $F(E, Z)$, on peut s'en remettre par exemple aux valeurs numérisées par Hubbell *et al.* (1975).

Matériaux diffusifs et absorbants

S'agissant de photons γ dont l'énergie est inférieure à quelques centaines de kiloélectronvolts, les matériaux peuvent être divisés en deux familles, selon l'importance relative qu'y prend l'effet Compton par rapport à l'effet photoélectrique. Les matériaux diffusifs sont ceux où l'effet Compton l'emporte sur l'effet photoélectrique. Il s'agit d'éléments simples dont les numéros atomiques sont petits, comme l'aluminium (éléments dits légers), et de matériaux composites riches en éléments légers tels que le verre et les résines. Les matériaux absorbants, ceux où l'effet photoélectrique domine l'effet Compton, sont au contraire des éléments simples à Z élevés, comme le plomb, et des cristaux incorporant des éléments lourds tels que l'iode ou le bismuth.

Les contributions respectives de l'effet photoélectrique et de l'effet Compton au coefficient massique d'atténuation, tel que défini au chapitre précédent, sont représentées en Figure 2.2 dans le cas d'un matériau diffusif (l'aluminium) et en Figure 2.3 dans le cas d'un matériau absorbant (le plomb). En raison de leur transparence, les matériaux diffusifs sont rarement choisis comme milieux détecteurs. Ils n'en jouent pas moins un rôle déterminant dans la mise en œuvre des télescopes gamma, dans la mesure où ils constituent la grande majorité de l'environnement immédiat des

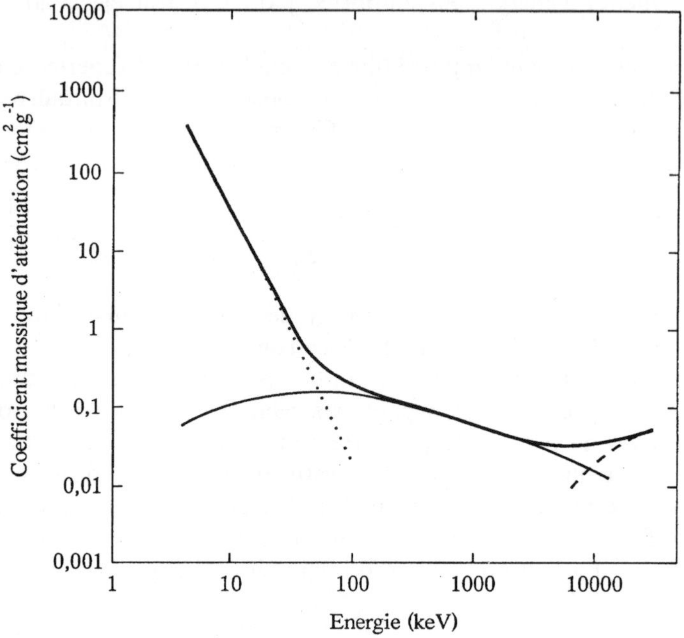

Figure 2.2 Évolution, en fonction de l'énergie des photons, du coefficient massique d'atténuation de l'aluminium (ligne continue épaisse) ainsi que des contributions de l'effet photoélectrique (ligne pointillée), de la diffusion Compton (ligne continue fine) et de l'effet de paire (tirets).

surfaces sensibles. Ils sont ainsi en mesure de diffuser vers les milieux détecteurs les photons ayant traversé sans interagir les couches détectrices, contribuant ainsi à accroître un bruit de fond déjà préoccupant.

Que les matériaux soient diffusifs ou absorbants, on constate au vu des Figures 2.2 et 2.3 que l'effet Compton l'emporte largement dans la bande spectrale qui s'étend de quelques centaines de kiloélectronvolts à quelques mégaélectronvolts. À noter qu'il s'agit là de la décade la plus fructueuse du domaine gamma, celle où se manifestent la fameuse raie d'annihilation électron-positon et la plupart des émissions monochromatiques portant signature des processus nucléaires. Les détecteurs équipant les télescopes susceptibles de jouer un rôle dans ce secteur de prédilection de l'astronomie gamma nucléaire sont donc tenus de tirer le meilleur parti de l'effet Compton tant pour identifier les photons γ que pour en estimer l'énergie, voire la direction d'origine.

L'effet de paire

Quand l'énergie E_0 du photon γ incident est telle que $E_0 > 2m_ec^2$, soit $E_0 > 1{,}022$ MeV, ce dernier est en mesure de créer une paire électron-positon dans le champ électrique intense qui règne au voisinage d'un noyau atomique. La somme des

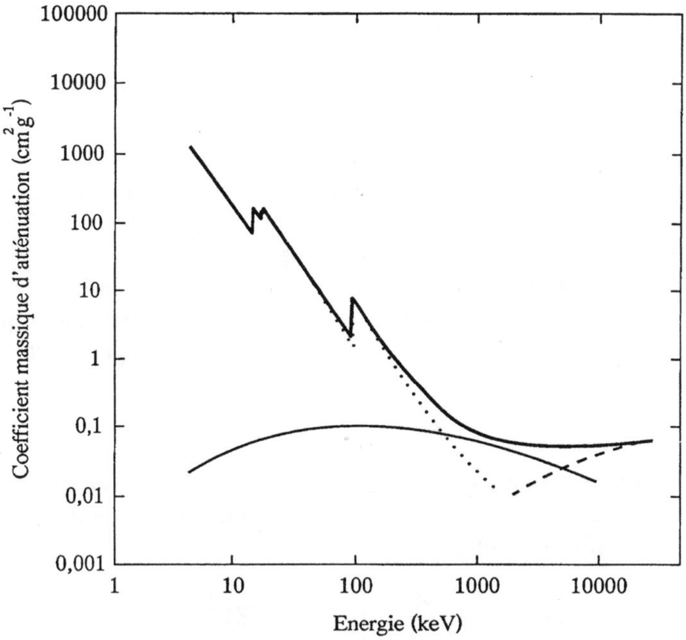

Figure 2.3 Évolution, en fonction de l'énergie des photons, du coefficient massique d'atténuation du plomb (ligne continue épaisse) ainsi que des contributions de l'effet photoélectrique (ligne pointillée), de la diffusion Compton (ligne continue fine) et de l'effet de paire (tirets).

énergies totales — addition de l'énergie de masse m_ec^2 et de l'énergie cinétique) de l'électron et du positon ainsi matérialisés par effet de paire est pratiquement égale à l'énergie du photon incident :

$$E_0 = E' + E'' + 2m_ec^2 \tag{2.7}$$

où E' et E'' représentent les énergies cinétiques de l'électron et du positon. À noter que l'effet de paire peut également survenir dans le champ électrique d'un des électrons de l'atome pour peu que $E_0 > 4m_ec^2$.

Quelques formules utiles...

La section efficace d'interaction de l'effet de paire σ_P est une fonction compliquée de l'énergie E_0 du photon γ incident. Il existe toutefois deux secteurs de la bande des photons γ de haute énergie où cette fonction peut être décrite d'une manière satisfaisante par une expression analytique. Le premier de ces deux secteurs concerne les photons γ dont l'énergie répond à la double inégalité suivante :

$$m_ec^2 \ll E_0 \ll 137m_ec^2Z^{-\frac{1}{3}} \tag{2.8}$$

où Z est le numéro atomique du matériau. Dans ce cas, la section efficace d'interaction de l'effet de paire est décrite avec une bonne précision par l'expression suivante :

$$\sigma_P = \frac{4}{137} N \frac{Z^2}{A} r_e^2 \left[\frac{7}{9} \ln \left(\frac{2E_0}{m_e c^2} \right) - \frac{109}{54} \right] \tag{2.9}$$

où Z et A sont les nombres de charge et de masse du matériau, N le nombre d'Avogadro et r_e le rayon classique de l'électron. Le secteur en énergie défini par la double inégalité (2.8) correspond au cas où l'effet d'écran des électrons de l'atome est considéré comme négligeable. Comme on le constate au vu des Figures 2.2 et 2.3, il s'agit du secteur où l'effet de paire commence à l'emporter sur l'effet Compton quand on balaye le domaine gamma par énergie croissante.

L'autre secteur du domaine gamma où la section efficace d'interaction de l'effet de paire est décrite avec une bonne précision par une expression analytique rassemble les photons les plus énergétiques, c'est à dire ceux dont l'énergie satisfait à l'inégalité suivante :

$$E_0 \gg 137 m_e c^2 Z^{-\frac{1}{3}} \tag{2.10}$$

Contrairement au précédent, il s'agit là du cas où l'effet d'écran des électrons de l'atome est total. La section efficace d'interaction de l'effet de paire est alors bien décrite par l'expression suivante :

$$\sigma_P = \frac{4}{137} N \frac{Z^2}{A} r_e^2 \left[\frac{7}{9} \ln \left(183 Z^{-\frac{1}{3}} \right) - \frac{1}{54} \right] \tag{2.11}$$

On se rend compte au vu de l'expression (2.11) que la section efficace devient alors quasiment indépendante de l'énergie du photon initial. Dans les cas intermédiaires, la section efficace doit être déterminée numériquement (voir par exemple Heitler, 1954).

LES MÉTHODES EXPÉRIMENTALES DE DÉTECTION

Les étapes du processus de détection

Dans tous les télescopes gamma, la détection d'un photon γ se décompose en deux étapes successives :

1. Le processus d'interaction, au cours duquel le photon γ éjecte un électron d'un atome de la couche détectrice par effet photoélectrique ou par diffusion Compton[1], ou alors matérialise un couple électron-positon par effet de paire au voisinage d'un atome de la couche détectrice ou d'un atome d'un milieu convertisseur placé sur la trajectoire des photons γ incidents.
2. Le processus de détection proprement dit, au cours duquel on traduit sous forme de signaux électriques les effets que les électrons en question induisent dans la couche détectrice, afin d'estimer la quantité d'énergie qu'ils y déposent et afin de déterminer,

---

[1] Dans le cas de l'effet Compton, l'interaction peut être multiple, une première diffusion pouvant être suivie d'une (ou plusieurs) autre(s) diffusion(s) et/ou d'une absorption photoélectrique.

dans la mesure du possible, l'endroit précis de la couche détectrice où se produit ce dépôt d'énergie.

Tout au long de leur trajet au sein de la couche détectrice, les électrons éjectés ou matérialisés par les photons γ perdent leur énergie en ionisant les atomes du milieu, les électrons secondaires arrachés lors de ces ionisations pouvant à leur tour ioniser d'autres atomes[2]. Les télescopes gamma spatiaux sont pour la plupart constitués d'une combinaison de couches détectrices qui toutes tirent parti de l'ionisation d'un matériau donné, mais qui diffèrent quant à la nature du matériau et du moyen utilisé pour mesurer la quantité d'ionisation induite le long du trajet des électrons. Nous présentons ci-après les traits principaux de trois dispositifs parmi les plus courants.

Les détecteurs à gaz

L'idée de collecter les charges électriques induites par le passage d'une particule ionisante au sein d'un gaz remonte à l'aube de la physique nucléaire : c'est en effet à l'aide d'une chambre à ionisation que Pierre et Marie Curie ont mené à bien leurs travaux sur la radioactivité naturelle des éléments. Les détecteurs à gaz sont tous constitués sur le même principe : un volume de gaz entre deux électrodes collectrices aux bornes desquelles on applique une tension donnée. Chaque fois qu'une particule ionisante traverse le volume de gaz, les charges électriques collectées produisent une brève impulsion dans le circuit d'alimentation de l'appareil. La Figure 2.4 montre dans le cas des électrons comment évolue l'amplitude de l'impulsion en fonction de la tension appliquée aux bornes de l'appareil.

Aux tensions les plus basses (région A du diagramme reproduit en Figure 2.4), les atomes ionisés par le passage de la particule se recombinent avant que tous les électrons qu'ils ont libérés puissent rejoindre l'anode. Pour des tensions supérieures, les recombinaisons deviennent tout à fait négligeables (région B). Si l'on augmente la tension, les électrons libérés par le passage de la particule acquièrent suffisamment d'énergie sous l'effet du champ électrique qui règne dans l'appareil pour ioniser à leur tour le gaz de la chambre. Ce phénomène d'avalanche contribue à accroître l'amplitude de l'impulsion qui devient alors plus facile à déceler.

Tant que la tension n'est pas trop grande (région C), l'amplitude de l'impulsion est proportionnelle pour une tension donnée à la quantité d'ionisation induite par le passage de la particule. Les appareils qui fonctionnent dans ce régime particulier sont dénommés "compteurs proportionnels". Pour peu que les électrodes soient constituées de nappes de fils régulièrement espacés, on peut repérer quels fils ont collecté les charges, ce qui permet de situer la zone précise où la particule ionisante s'est propagée.

[2] Un électron est aussi susceptible de perdre de l'énergie par rayonnement de freinage (Bremsstrahlung) quand il se trouve accéléré dans le champ électrique d'un noyau. Pour un électron d'énergie E_e exprimée en mégaélectronvolt, le rapport η entre perte d'énergie par rayonnement et perte par ionisation au sein d'un matériau de numéro atomique Z est $\eta \approx ZE_e/800$.

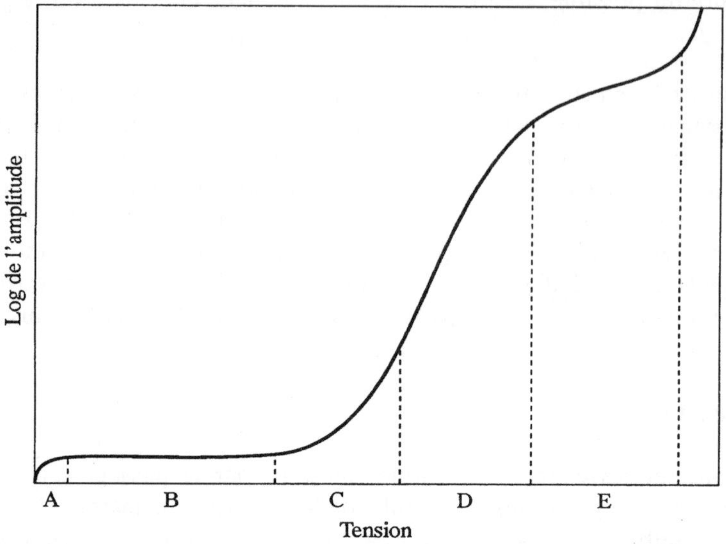

Figure 2.4 Évolution de l'amplitude de l'impulsion observée au passage d'un électron dans un détecteur à gaz en fonction de la tension appliquée aux bornes de l'appareil. Les régions A, B, C, D et E sont décrites dans le texte.

Si l'on augmente encore la tension, on sort du régime proportionnel (région D) pour atteindre progressivement un état de quasi-saturation (région E) où l'amplitude de l'impulsion est désormais indépendante de l'ionisation[3]. Finalement, si l'on augmente la tension au delà de la région de saturation, une étincelle se produit entre les deux électrodes; les appareils qui opèrent dans ce régime sont connus sous le nom de "chambre à étincelles". Comme dans le cas des compteurs proportionnels, la mise en œuvre d'électrodes constituées de nappes de fils régulièrement espacés permet de localiser le point de passage de la particule ionisante en repérant les fils intéressés par l'étincelle.

Les détecteurs à gaz sont utilisés aux deux extrémités du domaine gamma. Certains télescopes opérant à très basse énergie mettent parfois en œuvre des surfaces sensibles constituées de compteurs proportionnels de grande surface, aptes à mesurer l'énergie et à estimer le point d'impact des photons ayant interagi par effet photoélectrique avec les atomes du gaz. Pour améliorer la sensibilité de détection, on emplit les compteurs d'un gaz à numéro atomique Z élevé sous une pression pouvant atteindre 5 bars. L'utilisation des compteurs proportionnels est toutefois limitée au secteur des photons γ de très basse énergie, un régime spectral où ils sont sévèrement concurrencés par les scintillateurs et les dispositifs à semi-conducteurs. Les chambres à étincelles en revanche sont d'un usage courant dans les télescopes à effet de paire opérant dans le domaine des hautes énergies où on les utilise à suivre la propagation des couples électron-positon.

[3] Le compteur Geiger-Müller fonctionne dans ce régime particulier.

Les scintillateurs

Quand un photon γ interagit dans un solide (ou dans un liquide) et communique tout ou partie de son énergie à un ou plusieurs électrons, l'énergie de ces électrons est transférée progressivement aux atomes du milieu, soit par excitation atomique ou moléculaire d'états liés, soit dans le cas d'un cristal en excitant les vibrations du réseau cristallin. Ces états excités retombent au fondamental en émettant des photons dans le domaine visible et dans l'ultraviolet. Si le matériau est transparent à ces longueurs d'onde, on peut mesurer la scintillation ainsi créée à l'aide d'un photomultiplicateur (ou d'une photodiode) couplé au matériau scintillant afin d'estimer la perte d'énergie du photon incident. L'appareil ainsi constitué porte le nom de "scintillateur".

Pour favoriser la détection des photons γ, on utilise des cristaux scintillants qui incorporent des éléments absorbants à numéros atomiques élevés, comme l'iodure de sodium (NaI) et l'iodure de césium (CsI), ce qui favorise l'absorption totale des photons et donc la bonne estimation de leur énergie. Les cristaux sont souvent dopés avec des éléments comme le thallium afin d'améliorer leurs propriétés luminescentes. Dans certains cas, on recherche au contraire des matériaux moins absorbants et/ou plus diffusifs, ce qui conduit à mettre en œuvre des scintillateurs organiques comme l'anthracène.

À noter enfin que le principe de la détection par scintillation se prête assez bien à la détermination de l'endroit précis de la couche détectrice où se produit le dépôt d'énergie. Des dispositifs tels que les caméras à scintigraphie, où une nappe de photomultiplicateurs est couplée à une plaque d'iodure de sodium, permettent ainsi de repérer le site des dépôts d'énergie, et donc le point d'impact des photons γ, avec une précision de quelques millimètres.

Les détecteurs semi-conducteurs

Les électrons issus de l'interaction des photons γ dans un cristal semi-conducteur contribuent à y libérer des charges négatives et positives en leur communiquant assez d'énergie pour "sauter" de la bande de valence (dernier état électronique lié à l'atome) à la bande de conduction (premier état libre). Comme dans le cas d'un détecteur à gaz, on applique aux électrodes du semi-conducteur une tension propre à induire au sein du cristal un fort champ électrique pour accélérer les charges et collecter en fin de compte un signal mesurable après amplification.

Mais à la différence d'un détecteur à gaz, où des paires électron-ion sont libérées par les particules ionisantes, ces mêmes particules produisent au sein des matériaux semi-conducteurs des paires électron-trou. Un électron peut en effet occuper le "trou" laissé dans la bande de valence par l'électron qui s'en est échappé, créant ainsi un autre trou à proximité immédiate, trou pouvant lui-même être ensuite occupé par un troisième électron qui génère à son tour un nouveau trou, et ainsi de suite... Les trous semblent ainsi se propager dans une direction opposée à celle des électrons, mais à une vitesse sensiblement différente : deux fois plus faible dans le cas du silicium mais à peine plus faible dans le cas du germanium refroidi à une température $T \sim 80$ K.

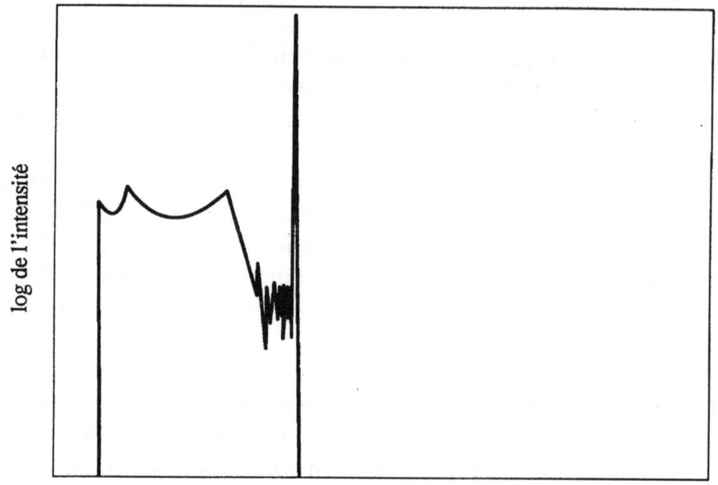

Figure 2.5 Spectre de l'amplitude des signaux recueillis au delà d'un seuil donné en sortie d'un détecteur semi-conducteur germanium refroidi, illuminé par un faisceau de photons γ monochromatiques produit par une source de césium 137. La finesse du pic témoigne de la précision avec laquelle ce dispositif permet d'estimer l'énergie des photons ayant subi une absorption totale.

Puisque le signal en sortie du semi-conducteur résulte à la fois de la collection des électrons et des trous, la forme du signal — et donc la réponse en énergie du détecteur — dépend fortement de cette différence de mobilité : plus la différence de mobilité entre les trous et les électrons est faible, meilleure est la résolution. Une mesure concomitante de l'amplitude et du temps de montée de l'impulsion permet cependant de corriger le signal par des procédés électroniques et d'améliorer ainsi les performances de certains cristaux semi-conducteurs utilisés à température ambiante, rapprochant ainsi leurs performances de celles du germanium refroidi (Lebrun *et al.*, 1995).

Comme on le constate au vu de la Figure 2.5, le principal avantage des détecteurs à semi-conducteurs sur les détecteurs à scintillation réside dans leur capacité à estimer avec précision l'énergie libérée par les photons γ. Un détecteur germanium refroidi mesure ainsi l'énergie d'un photon γ de 662 keV avec une résolution d'environ 2 keV, 30 fois meilleure que celle d'un scintillateur NaI. Cette différence est liée aux caractéristiques particulières de la création et de la collection des électrons et des trous (Fano, 1947). La possibilité de réaliser dans certains cas des détecteurs à semi-conducteurs de très petite taille (quelques millimètres de coté) permet de mettre en œuvre des mosaïques de milliers d'éléments indépendants et de mesurer sans ambiguïté la position du point d'impact des photons γ.

L'inconvénient majeur des détecteurs semi-conducteurs provient du fait que les électrons du milieu semi-conducteur peuvent passer naturellement de la bande de valence à celle de conduction par agitation thermique, ce qui constitue une forte source de bruit de fond. Minimiser ce bruit oblige alors à travailler à basse température ($T \sim 80$ K pour le germanium), une contrainte très sévère s'agissant d'un équipement spatial. Certains cristaux, comme le tellurure de cadmium (CdTe) ou l'iodure de mercure (HgI_2), permettent cependant de surmonter ce handicap en affichant à température ambiante des propriétés spectroscopiques proches de celles du germanium. Leur fabrication à un stade industriel n'en est actuellement qu'à ses prémices, mais il est d'ores et déjà acquis que ces nouveaux matériaux seront largement utilisés par les futurs télescopes gamma opérant dans la bande des photons γ de basse énergie.

RÉFÉRENCES

Fano, U., (1947). *Phys. Rev.*, 72: 26.

Heitler, W., (1954). *Quantum Theory of Radiation*, 3ème édition (New-York: Oxford University Press).

Hubbell, J.H., Veigele, W.J., Briggs, E.A., Brown, R.T., Cromer, D.T., et Howerton, R.J., (1975). *J. Phys. Chem. Ref. Data*, 4: No. 3, 471.

Klein, O., et Nishina, Y., (1929). *Zeits. für Physik*, 52: 853.

Lebrun, F., Leray, J.-P., Laurent, P., Cordier, B., et Mandrou, P., (1995). *in: Imaging in High Energy Astronomy*, éd. L. Bassani et G. Di Cocco (Dordrecht: Kluwer Academic Publishers), 339.

POUR EN SAVOIR PLUS

High Energy Particles, Rossi, B., 1956 (Englewood Cliffs: Prentice Hall, Inc).

3. LOCALISER LES SOURCES DE PHOTONS γ

LES COLLIMATEURS

Principe de fonctionnement

Certains des dispositifs que nous avons passés en revue au chapitre précédent permettent d'estimer l'énergie déposée par les électrons issus de l'interaction des photons γ, que l'interaction se soit produite dans le milieu détecteur lui-même où dans un plan convertisseur placé en amont sur la trajectoire des photons. D'autres dispositifs sont en mesure de localiser le passage de ces mêmes électrons. D'autres enfin parviennent à combiner les deux aptitudes, surtout dans la bande des photons γ de basse énergie. Mais dans la plupart des cas, les informations fournies par un unique plan détecteur, aussi précises soient-elles, ne permettent pas à elles seules de remonter à la direction d'origine des photons γ incidents.

On peut y parvenir en disposant dans le champ de vue du plan détecteur un dispositif "optique" qui tire parti du fait que les rayons γ, comme d'ailleurs tous les rayonnements électromagnétiques, se propagent en ligne droite. Les télescopes qui opèrent dans la bande des photons γ de basse énergie ont souvent recours à des montages de ce type, surtout dans le secteur des très basses énergies où l'absorption photoélectrique est l'effet dominant au sein des détecteurs. En effet, contrairement aux deux autres mécanismes interactifs à l'œuvre dans le domaine gamma, l'effet photoélectrique ne fournit aucun indice exploitable quant à la direction du photon incident.

Si l'on excepte les concentrateurs à diffraction de Laue évoqués au chapitre 1, il est impossible de modifier la trajectoire des rayons γ dans une direction donnée. Les arrangements optiques envisageables dans le domaine gamma sont donc tous basés sur des dispositifs faisant écran aux photons γ incidents. Un collimateur, tel que schématisé en Figure 3.1, est sans conteste le dispositif optique le plus simple pour déterminer la direction d'origine des photons γ incidents. Le principe en est le suivant : un tube aux parois absorbantes est disposé face au détecteur et seuls les photons se propageant plus ou moins parallèlement à l'axe du tube parviennent jusqu'au détecteur. En supposant les parois parfaitement opaques, un télescope muni d'un tel collimateur présente une fonction d'appareil à profil triangulaire dont la largeur totale à mi-hauteur θ s'exprime par l'équation suivante :

$$\theta = \arctan \frac{d}{2H} \tag{3.1}$$

où H est la hauteur du collimateur et d la distance entre les parois. L'estimation de la direction d'origine des photons est d'autant plus précise que l'ouverture θ du

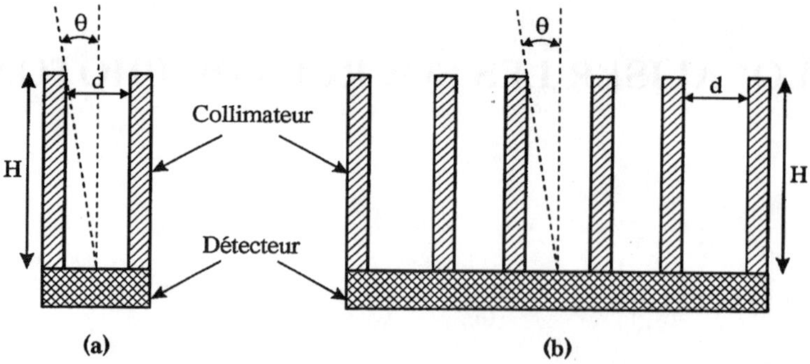

Figure 3.1 Schéma de principe d'un collimateur à ouverture simple (a) et à ouverture multiple (b). Les paramètres H, d et θ sont définis dans le texte.

collimateur est petite, ce qui conduit à accroître démesurément la hauteur H du collimateur et donc la masse de matériau faisant écran aux photons se présentant sous une incidence supérieure à 2θ.

On peut aussi disposer face au détecteur un collimateur à ouverture multiple, également schématisé en Figure 3.1. Afin d'optimiser la transmission de l'appareil aux rayonnements qui se présentent dans l'axe du collimateur, ses parois doivent être les plus minces possible, ce qui impose l'usage de matériaux à numéro atomique assez élevé pour faire écran aux photons γ de très basse énergie. En multipliant le nombre des orifices, on peut alors réduire l'ouverture θ du collimateur sans en accroître la hauteur H. Cette disposition n'est pas envisageable pour des appareils opérant aux énergies où la diffusion Compton est l'effet dominant, dans la mesure où le médiocre pouvoir d'arrêt des matériaux impliquerait des collimateurs aux parois beaucoup trop épaisses afin de bloquer efficacement les photons γ qui se présentent sous une incidence supérieure à 2θ.

Performances et limites

Pour repérer les sources de rayons γ cosmiques avec un télescope à collimateur, on peut faire pivoter l'appareil de telle façon que son axe balaye régulièrement la voûte céleste. Tout accroissement significatif du taux de comptage du détecteur dénote le passage d'un astre émetteur de rayons γ dans le champ du collimateur. Il est alors possible de localiser la source en question avec une précision d'autant plus grande que l'ouverture du collimateur est petite, avec pour seule limite la nécessité de maintenir une ouverture assez large pour que l'appareil puisse collecter un nombre significatif de photons, les flux émis par les sources gamma étant particulièrement faibles. Dans la pratique, ces dispositions permettent d'estimer la position des sources gamma avec une précision à peine meilleure qu'un degré dans le cas des plus brillantes.

S'agissant d'objectifs dont on suppose connue à l'avance la position dans le ciel et dont on veut par exemple mesurer le spectre, on peut mettre en œuvre la méthode dite du "on-off", dont le principe est le suivant :

1. On mène une première pose "on" en pointant le champ supposé contenir la source, pose au cours de laquelle on mesure un taux de comptage n_{S+B} qui combine la contribution de la source et celle du bruit de fond.
2. Puis on mène une deuxième pose "off" en pointant cette fois un champ adjacent supposé vide de source afin de mesurer la contribution n_B du seul bruit de fond au taux de comptage de l'appareil.

Le signal n_S induit par la source résulte alors de la soustraction des deux taux de comptage ainsi obtenus, à savoir $n_S = n_{S+B} - n_B$.

La méthode du "on-off" souffre de deux types de limitation. Il s'agit en premier du problème que l'on retrouve dans tous les domaines spectraux où l'on pratique ce type d'observation : la présence d'une ou plusieurs sources inconnues, tant dans le champ où se tient la source étudiée que dans le champ de référence où l'on estime le bruit de fond. Au vu de l'équation ci-dessus, on comprend sans peine que la présence de telles sources fausserait à coup sûr l'estimation du signal n_S induit par la source étudiée. À noter que ce type de limitation est particulièrement contraignant s'agissant de télescopes à haute sensibilité, donc susceptibles de détecter des sources d'autant plus nombreuses que leur éclat est plus faible.

Le deuxième type de limitation est plus spécifique du domaine gamma, où les flux émis par les sources de photons γ cosmiques sont très faibles, tandis que le bruit de fond qui affecte les mesures est proportionnellement plus intense et doit donc être estimé avec un soin particulier. Pour obtenir une bonne signification statistique, les durées des poses "on" et "off" doivent être assez longues, de l'ordre de plusieurs heures à plusieurs jours. En revanche, le bruit de fond induit par l'environnement radiatif à bord d'un véhicule spatial peut varier sur des échelles de temps beaucoup plus courtes.[1] L'intensité du bruit de fond mesurée lors de la pose "off" est alors différente de celle du bruit de fond qui s'ajoute au flux de la source lors de la pose "on", ce qui fausse gravement l'estimation du signal n_S induit par la source en question.

On peut circonvenir cette difficulté en faisant se succéder le plus rapidement possible les poses "on" et "off", avec pour inconvénient majeur la nécessité d'accroître le temps perdu à manœuvrer l'appareil d'une pose à l'autre. À noter que l'on atténue ainsi en partie une autre limitation de la méthode du "on-off", à savoir son incapacité à garantir un suivi en continu de la source observée. Cette dernière limitation affecte particulièrement l'étude des sources gamma qui sont le plus souvent très variables. En effet, dans le cas où un temps trop long s'écoule d'une pose "on" à

[1] L'intensité du bruit de fond peut également évoluer de la pose "on" à la pose "off" en raison des seules différences d'orientation du télescope par rapport à d'éventuels rayonnements d'origine céleste contribuant au bruit de fond du détecteur, à l'image du rayonnement émis par une source brillante (ponctuelle ou étendue) située hors du champ de l'appareil et que les parois du collimateur bloqueraient imparfaitement, ce qui est souvent le cas dans le domaine gamma.

la suivante, une source peut fort bien changer d'état sans qu'il soit possible de s'en rendre compte; il devient alors très difficile d'interpréter les phénomènes physiques observés.

En dépit de toutes ces limitations, les dispositifs à collimateurs restaient encore en faveur au début des années quatre-vingt-dix, dans la mesure où leur conception relativement simple se prête assez bien à la réalisation d'appareils de grandes dimensions. C'est le cas de l'expérience Osse (*Oriented Scintillation Spectrometer Experiment*) montée à bord de l'Observatoire à Rayons Gamma *Compton* mis en orbite en avril 1991. D'une masse totale de 1814 kg, ce vaste spectromètre gamma, réalisé par trois laboratoires américains et un laboratoire anglais[2], tire parti de quatre scintillateurs NaI de grande surface, associé chacun à un collimateur à ouverture multiple délimitant un champ de vue rectangulaire de 11,4° × 3,8° (Johnson *et al.*, 1993).

LES DISPOSITIFS À OUVERTURE CODÉE

Principe de fonctionnement

En raison de leur médiocre résolution angulaire, les dispositifs à collimateur favorisent les risques de confusion, ce qui restreint les possibilités d'identifier les sources nouvellement découvertes. Le fait de ne pas mesurer simultanément le signal et le bruit de fond conduit également à des mesures erronées, surtout dans le cas d'observations conduites avec des appareils dont le bruit de fond s'avère très largement supérieur au signal. Partant de ce constat, il devint évident au début des années quatre-vingts qu'il fallait concevoir une nouvelle génération de télescopes avec des résolutions angulaires améliorées de plus d'un facteur dix, ce qui passe par la mise en œuvre d'arrangements optiques beaucoup plus complexes que les collimateurs. De tous les agencements imaginés pour répondre à cet impératif, le plus judicieux — car le plus simple à mettre en œuvre — est sans conteste l'ouverture codée, un dispositif qui équipe nombre de télescopes en service ou en projet pour produire des images du ciel dans la bande des photons γ de basse énergie.

Dans son principe, un télescope à ouverture codée s'inspire de l'appareil optique qu'utilisèrent les premiers photographes : la chambre noire (ou caméra à trou d'épingle). En perçant un trou dans la face avant d'une boîte constituée d'un matériau opaque et en disposant une plaque sensible sur la face opposée, on réalise une chambre photographique très primitive, mais apte à former des images d'autant plus nettes que le trou est petit. Rien n'empêche alors de transposer ce dispositif dans le domaine gamma. Il suffit pour cela d'utiliser une face avant opaque aux photons γ, par exemple une couche épaisse d'un matériau à numéro atomique élevé et de remplacer la plaque sensible par un détecteur permettant de mesurer la position du point d'impact des photons.

---

[2] Naval Research Laboratory, Washington, Northwestern University, Evanston, Rice University, Houston, États-Unis; Royal Aerospace Establishment, Farnborough, Royaume-Uni.

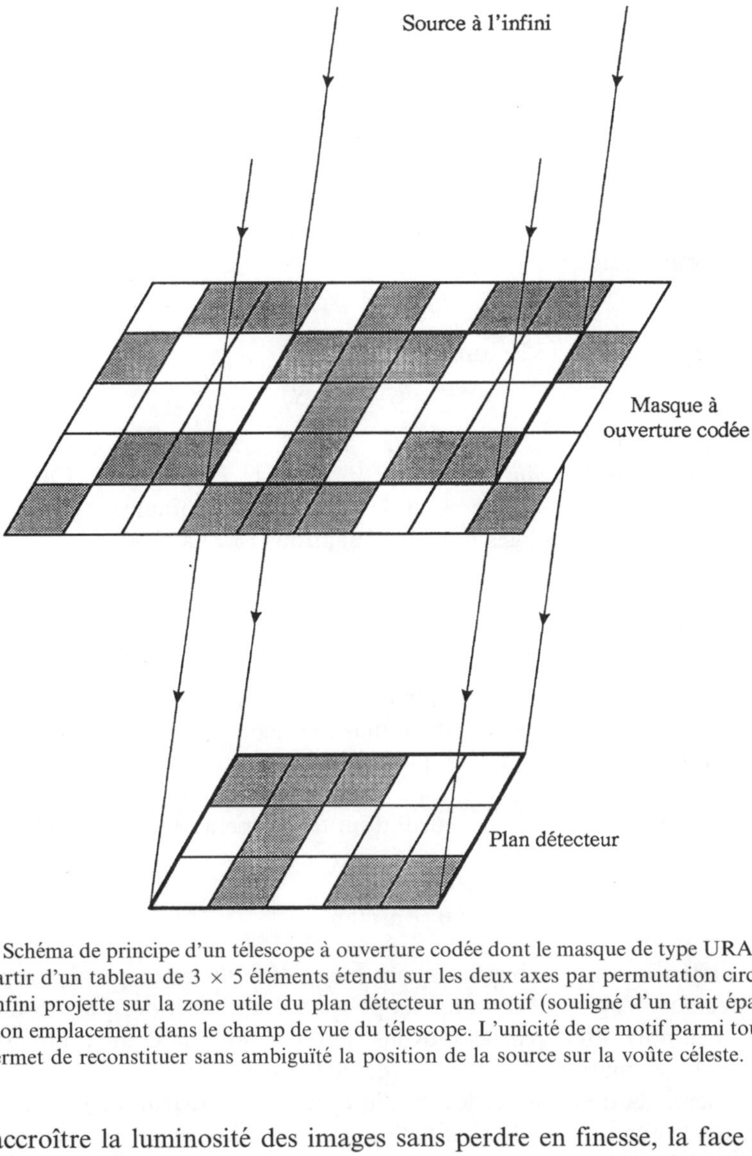

Figure 3.2 Schéma de principe d'un télescope à ouverture codée dont le masque de type URA (voir texte) est bâti à partir d'un tableau de 3×5 éléments étendu sur les deux axes par permutation circulaire. Une source à l'infini projette sur la zone utile du plan détecteur un motif (souligné d'un trait épais) caractéristique de son emplacement dans le champ de vue du télescope. L'unicité de ce motif parmi tous les autres possibles permet de reconstituer sans ambiguïté la position de la source sur la voûte céleste.

Pour accroître la luminosité des images sans perdre en finesse, la face avant est percée d'un grand nombre de trous disposés suivant un code précis. Le code est choisi afin que le décodage de l'image formée par cette ouverture codée s'effectue à l'aide d'un algorithme mathématique aussi simple que possible. Un télescope à ouverture codée, tel que schématisé en Figure 3.2, comporte un assemblage d'éléments opaques et transparents, le masque codé, qui module le rayonnement reçu par le détecteur.

Quelques formules utiles...

Soit M la matrice gouvernant la répartition des éléments opaques et transparents du masque et S_γ la distribution de l'intensité du rayonnement émis dans le champ de vue de l'instrument. En négligeant les termes liés au bruit de fond, la distribution D du signal reçu par le détecteur est :

$$D = M * S_\gamma \tag{3.2}$$

où le signe $*$ représente l'opérateur de convolution cyclique. Afin de reconstruire une image W de manière satisfaisante, il faut que la fonction de transfert M soit inversible; l'objet est ainsi reconstruit de manière unique. Cette condition est satisfaite quand il existe un tableau G tel que $G * M$ soit une fonction delta. Dans ce cas, W est reconstruit comme suit :

$$W = G * D \tag{3.3}$$

en tirant D de la relation (3.2), on obtient :

$$W = G * M * S_\gamma \tag{3.4}$$

ce qui implique bien $W = S_\gamma$ puisque $G * M = \delta$. Les masques de type URA (de l'anglais *Uniformly Redundant Array*), proposés par Fenimore et Cannon (1978), répondent aux conditions énoncées ci-dessus, tout en minimisant l'influence des termes de bruit de fond négligés dans les équations (3.2) à (3.4).

Performances et limites

Considérons deux sources dont les directions font entre elles un angle inférieur à celui sous lequel on voit un élément de masque depuis le plan de détection. En se référant à la Figure 3.2, on constate que ces deux sources sont amenées à projeter le même motif sur le détecteur; le télescope n'est donc pas en mesure de les différencier. Il en résulte que le pouvoir séparateur θ d'un télescope à ouverture codée s'exprime par l'équation suivante :

$$\theta = \arctan \frac{d}{H} \tag{3.5}$$

où d est la dimension d'un élément de masque et H la distance qui sépare le masque du plan détecteur. S'agissant d'un télescope spatial, qui doit donc s'accommoder de la capacité d'emport offert par les moyens spatiaux, sa plus grande dimension — et partant, la distance masque-détecteur — ne peut pas dépasser une dizaine de mètres. Quant aux éléments de masque, leur taille doit être supérieure à la précision avec laquelle le détecteur localise le point d'impact des photons γ, soit quelques millimètres dans le meilleur des cas[3].

En se référant à l'équation (3.5), on constate donc que les télescopes à ouverture codée sont aptes à former dans le domaine gamma des images du ciel dont la résolution angulaire peut atteindre quelques minutes d'arc. Cette aptitude est du plus

[3] Les détecteurs semi-conducteurs actuellement à l'étude afficherons dans les prochaines années des précisions de localisation de l'ordre du dixième de millimètre; associés à un masque à ouverture codée, ils seront en mesure de procurer aux télescopes gamma du futur un pouvoir séparateur de quelques secondes d'arc.

haut intérêt pour séparer des sources gamma proches l'une de l'autre sur la voûte céleste et surtout pour localiser les sources gamma nouvelles avec une précision suffisante pour entreprendre une recherche de contrepartie dans d'autres domaines spectraux, condition indispensable pour mieux comprendre les processus physiques à l'œuvre dans les sources de photons γ.

L'autre atout majeur des télescopes à ouverture codée réside dans leur capacité à mesurer simultanément le bruit de fond seul, là où la source projette les zones opaques du masque, et le bruit de fond additionné de la contribution de la source, là où se projettent les zones transparentes. La soustraction du bruit de fond échappe alors à toutes les difficultés énumérées plus haut qui limitent gravement les performances de la méthode du "on-off". À noter également que contrairement aux télescopes à collimateurs, les télescopes à ouverture codée permettent d'effectuer un suivi en continu des sources gamma et donc d'étudier sans interruption leurs évolutions temporelles.

Le télescope Sigma (*Système d'Imagerie Gamma à Masque Aléatoire*) fut la première expérience spatiale à ouverture codée opérant dans le domaine gamma. Fruit d'une collaboration entre deux laboratoires français[4], le télescope Sigma, d'une masse de 1050 kg, à été réalisé sous la maîtrise d'œuvre du Cnes (le Centre National d'Études Spatiales, l'agence française de l'espace). Mis en orbite le 1er décembre 1989 à bord du satellite russe *Granat*, Sigma comporte un masque à ouverture codée (voir Figure 3.3) disposé à 2,5 m d'un plan détecteur dont le principe est inspiré de celui des caméras à scintigraphie. Cet arrangement, qui confère au télescope Sigma un pouvoir séparateur théorique de 13 minutes d'arc dans la gamme d'énergie de 35 keV à 1,3 MeV, permet de localiser les sources de photons γ avec une précision qui peut atteindre 30 secondes d'arc dans le cas des plus brillantes (Paul *et al.*, 1991).

Les télescopes à ouverture codée ne sont cependant pas exempts de facteurs limitatifs, à commencer par la nécessité de bloquer environ 50% du flux incident dans le cas des masques de type URA. Cette restriction n'est d'ailleurs pas plus sévère que celle qui affecte les appareils à collimateurs contraints de n'observer que la moitié du temps le champ où se trouve la source. Un autre type de limitation tient au principe même des télescopes à ouverture codée, qui sont par essence optimisés pour des sources dont le diamètre angulaire n'est pas trop largement supérieur à l'angle sous lequel un élément de masque est vu depuis le plan détecteur. Il en résulte que les télescopes à ouverture codée ne sont pas adaptés à l'observation de zones émissives dont l'extension angulaire se rapproche du champ de l'instrument.

S'agissant d'un télescope à ouverture codée, la notion de champ est d'ailleurs assez complexe. Le champ totalement codé en occupe le centre : une source ponctuelle qui y est localisée projette sur le détecteur une permutation du motif de base du masque. Le champ partiellement codé s'étend à la périphérie : toute source qu'il contient projette un motif incomplet. Lors du traitement de l'image, la source en question est reconstituée à l'intérieur du champ totalement codé, à une position "miroir" de sa position réelle dans le ciel, mais avec une intensité restituée d'autant

---

[4] Service d'Astrophysique du Commissariat à l'Énergie Atomique, Saclay, Centre d'Étude Spatiale des Rayonnements, Toulouse, France.

Figure 3.3 Canevas de l'ouverture codée du télescope Sigma. Il s'agit d'un masque de type URA (voir texte) construit à partir d'un tableau de 29 × 31 éléments étendu sur les deux axes par permutation circulaire.

plus faible par rapport à son intensité réelle qu'elle se situe loin de l'axe du télescope. Cette dernière particularité complique quelque peu l'analyse des images produites dans le cas où le télescope observe une région particulièrement encombrée.

MÉTHODES BASÉES SUR L'ÉTUDE DES PROCESSUS INTÉRACTIFS

Les dispositifs à diffusion Compton

S'agissant d'un télescope à ouverture codée, les motifs projetés sur le détecteur sont moins contrastés et les sources sont plus difficiles à détecter dans la région du mégaélectronvolt, là où la transparence des zones opaques d'un masque est maximum. En accroissant l'épaisseur du masque, il reste cependant possible d'utiliser une ouverture codée dans ce secteur du domaine gamma. Pour estimer la direction d'origine des photons, les spécialistes qui opèrent au delà de quelques mégaélectronvolts ont pourtant choisi de ne pas recourir à des dispositifs modulant le

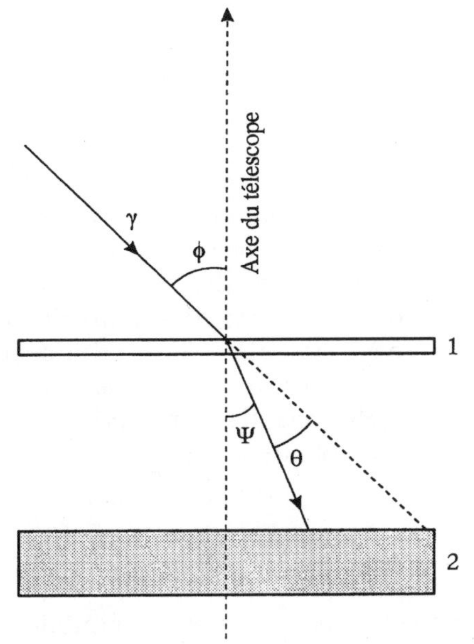

Figure 3.4 Schéma de principe d'un télescope Compton. Les angles ϕ, ψ et θ sont définis dans le texte.

rayonnement incident. Ce choix est en partie déterminé par le souci de ne pas encombrer le champ de vue des appareils avec des matériaux absorbants qui se révèlent de redoutables sources de bruit de fond une fois plongés dans l'environnement radiatif que l'on rencontre dans l'espace. Mais il tient aussi au fait que les processus interactifs à l'œuvre au delà de quelques centaines de kiloélectronvolts fournissent des informations précises sur la direction d'origine des photons incidents.

C'est le cas des télescopes Compton qui tirent parti de la diffusion des photons incidents pour en fournir leur direction d'origine. Un télescope Compton, tel que schématisé en Figure 3.4 est constitué de deux plans détecteurs largement espacés. Le premier est un détecteur sensible à la position, constitué d'une substance diffusive — à petit numéro atomique Z (voir chapitre précédent) — pour favoriser la diffusion Compton au détriment de l'effet de paire et de l'absorption photoélectrique. Le deuxième niveau comprend au contraire un détecteur à Z élevé pour permettre l'absorption complète des photons. Dans le cas idéal, un photon γ, ayant diffusé dans le premier plan détecteur, se propage vers le deuxième où il est absorbé. Pour déterminer l'angle d'incidence et l'énergie du photon incident, il suffit de mesurer les dépôts d'énergie dans chaque plan détecteur ainsi que la trajectoire du photon après sa diffusion par le premier plan.

Quelques formules utiles...

Dans le cas idéal décrit ci-dessus, on détermine l'énergie E_0 et l'angle d'incidence ϕ du photon incident (c'est à dire l'angle entre la trajectoire du photon incident et l'axe du télescope) au moyen du système d'équations suivant :

$$
\begin{aligned}
E_0 &= E_1 + E_2 \\
\phi &= \Psi + \theta \\
\cos\theta &= 1 - \frac{E_1 m_e c^2}{E_0 E_2}
\end{aligned}
\tag{3.6}
$$

où m_e est la masse de l'électron, c la célérité de la lumière, E_1 l'énergie que le photon incident abandonne par diffusion Compton dans le premier plan détecteur, E_2 l'énergie abandonnée dans le deuxième plan où le photon diffusé est absorbé et Ψ l'angle entre la trajectoire du photon après diffusion dans le premier plan détecteur et l'axe du télescope. Ces trois derniers paramètres, à savoir E_1, E_2 et Ψ, sont mesurés grâce au dispositif schématisé en Figure 3.4. Si une source ponctuelle est à l'origine des photons incidents, elle est localisée sur un cône de demi-angle au sommet ϕ dont l'axe se confond avec celui du télescope. Il suffit en principe de détecter trois photons pour localiser la source sans la moindre ambiguïté.

Performances et limites

Un télescope Compton est particulièrement apte à produire des images du ciel dans une gamme d'énergie où les autres méthodes rencontrent les plus grandes difficultés du fait de la prédominance de l'effet Compton. Basé sur un processus interactif mettant en jeu deux plans détecteurs distincts, il s'affranchit ainsi dans une très large mesure du bruit de fond induit dans les deux détecteurs en tirant parti de la coïncidence temporelle entre les informations fournies par les deux détecteurs en question.

Malgré une résolution spatiale médiocre, comparée aux dispositifs à ouverture codée, et une faible efficacité de détection, cette technique présente l'attrait de permettre des observations à faible bruit de fond dans un champ très vaste. L'expérience Comptel (*Compton Telescope*) à bord de l'Observatoire à Rayons Gamma *Compton* est l'exemple le plus achevé d'un télescope de type Compton. Fruit d'une collaboration entre trois laboratoires européens et un américain[5], ce télescope Compton, d'une masse de 1460 kg et d'un champ de vue d'environ un stéradian, observe le ciel dans la gamme de 700 keV à 30 MeV avec une résolution angulaire de 3 à 5 degrés et avec une résolution spectrale de 5 à 10% (Schönfelder *et al.*, 1993).

Les deux détecteurs à scintillation qui constituent un télescope Compton mesurent les énergies déposées et la position des sites de dépôt d'énergie avec une précision assez moyenne. L'exploitation de ce procédé est donc pour l'instant loin d'être optimale. L'utilisation dans le futur de plans détecteurs segmentés à base de semi-conducteurs pourra grandement améliorer la performance des télescopes de type Compton (voir chapitre conclusif). Un autre facteur limitatif lié à ce principe de formation d'image provient du fait que les interactions successives d'un photon de plusieurs mégaélectronvolts ne se conforment pas toujours au cas idéal décrit plus

[5] Max Planck Institut für Extraterrestrische Physik, Garching bei München, Allemagne; Laboratory for Space Research, Leiden, Space Science Division of the European Space Agency, Noordwijk, Pays-Bas; University of New Hampshire, Durham, États-Unis.

haut. Il faut alors mettre en jeu toutes sortes de simulations numériques pour ne fournir en fin de compte que les paramètres les plus probables du photon incident, ce qui rend les algorithmes de reconstruction d'images particulièrement lourds et complexes.

Les dispositifs à effet de paire

Plus encore que la diffusion Compton, l'effet de paire se prête à la réalisation d'instruments aptes à reconstituer la direction d'origine du photon incident. Les dispositifs à effet de paire tirent parti du fait que la trajectoire des particules matérialisées lors de l'interaction s'écarte assez peu de celle du photon incident quand l'énergie de ce dernier est largement supérieure à l'énergie de masse de l'électron. L'estimation de la trajectoire des particules générées par effet de paire offre donc l'opportunité d'estimer celle du photon γ incident avec une précision d'autant plus grande que l'énergie du photon est importante. L'ensemble expérimental le plus couramment utilisé pour y parvenir, tel que schématisé en Figure 3.5, met en œuvre les cinq dispositifs suivants, qui chacun d'eux concourt à identifier et à décrire l'événement que constitue l'interaction d'un photon γ de haute énergie.

1. Une série de plans convertisseur disposés parallèlement les uns aux autres. Constitués d'un matériau à numéro atomique Z élevé (du tungstène, par exemple), ils contribuent ainsi à convertir avec une probabilité optimale un photon γ incident en une paire électron-positon.
2. Une série de chambres à étincelles intercalées entre les plans convertisseur. Elles permettent de visualiser la trajectoire des deux particules de la paire afin d'en estimer la direction de propagation de la manière décrite ci-dessous.
3. Un "hodoscope", constitué de deux plans détecteurs minces (des scintillateurs organiques à faible coefficient d'absorption). Monté en dessous de l'ensemble formé par les chambres à étincelles et les plans convertisseur, l'hodoscope fournit aux chambres une impulsion de haute tension chaque fois que les deux plans détecteurs détectent en coïncidence le passage d'au moins une des deux particules de la paire. Cette impulsion de tension parvient aux chambres alors que le gaz qu'elles renferment est encore ionisé tout au long du parcours suivi par les deux particules de la paire. Les étincelles qui éclatent alors permettent de visualiser le passage des deux particules et donc d'en estimer les trajectoires.
4. Un "calorimètre", fait d'un plan détecteur épais constitué d'un matériau absorbant (un scintillateur NaI ou CsI par exemple). Monté sous l'hodoscope, il absorbe les deux particules de la paire afin d'en estimer l'énergie et partant celle du photon γ incident.
5. Un dôme dit d'anticoïncidence, fait d'une surface détectrice mince constituée d'un matériau de type scintillateur organique à faible coefficient d'absorption. Enveloppant la majeure partie de l'ensemble expérimental, il détecte les particules chargées susceptibles de déclencher intempestivement les chambres à étincelles. Toute particule chargée traversant les deux plans de l'hodoscope est en effet censée traverser le dôme d'anticoïncidence : ce dernier est alors en mesure de susciter l'émission d'un

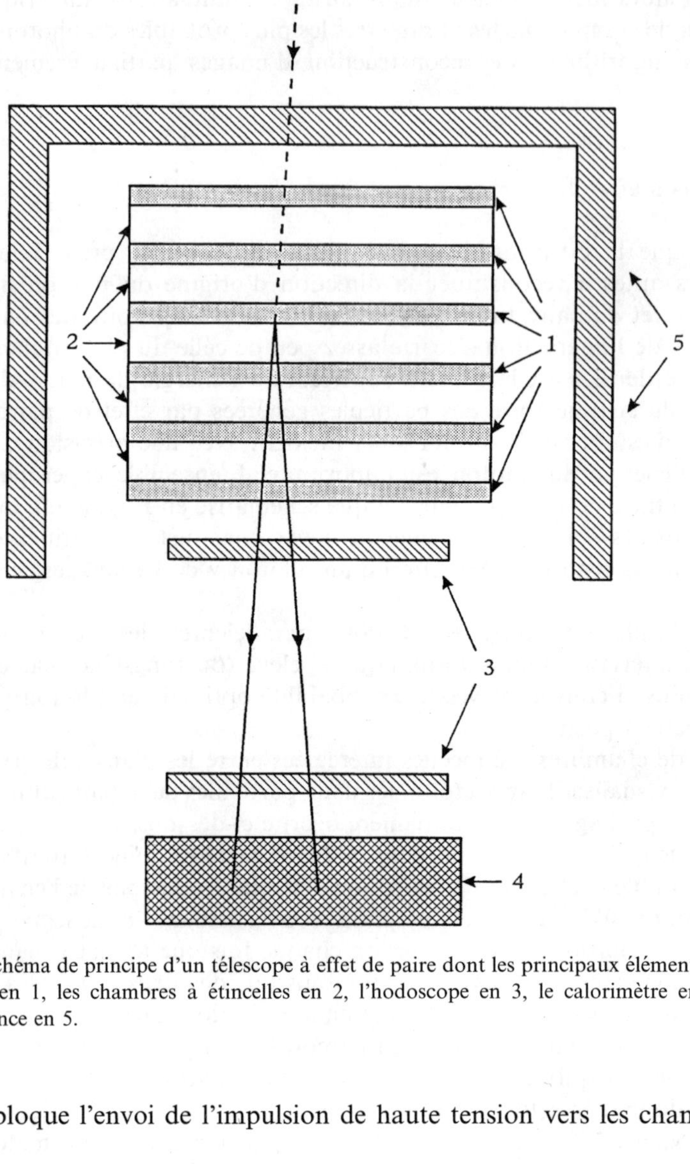

Figure 3.5 Schéma de principe d'un télescope à effet de paire dont les principaux éléments sont les plans convertisseur en 1, les chambres à étincelles en 2, l'hodoscope en 3, le calorimètre en 4 et le dôme d'anticoïncidence en 5.

signal qui bloque l'envoi de l'impulsion de haute tension vers les chambres à étincelles.

Reste le cas des particules chargées qui parviennent à traverser les deux plans de l'hodoscope sans être détectées par le dôme d'anticoïncidence. Il s'agit par exemple de particules se propageant de bas en haut et qui sont absorbées par l'un ou l'autre des plans convertisseur. De telles particules sont alors tout à fait aptes à simuler l'effet d'un authentique photon γ interagissant dans le plan convertisseur en question. Afin de les identifier, on insère parfois entre les deux scintillateurs de l'hodoscope un plan détecteur à effet Tcherenkov, dispositif dont le principe est décrit dans les lignes qui suivent.

Lorsqu'une particule chargée se propage dans un milieu diélectrique, elle attire ou repousse selon son signe les électrons des noyaux qui se trouvent sur son passage. Pendant un court moment, le milieu traversé est alors polarisé jusqu'à ce que les noyaux retrouvent leur configuration initiale. Si la particule chargée se propage à une vitesse largement inférieure à la célérité de la lumière, elle crée un champ de polarisation parfaitement symétrique qui n'induit aucun effet électromagnétique à grand échelle. Si par contre la vitesse de la particule est proche de la célérité de la lumière, le champ de polarisation prend une forme allongée le long de la trajectoire de la particule et produit alors par effet Tcherenkov une bouffée de rayonnement électromagnétique dont la longueur d'onde tombe dans le domaine visible.

Dans la plupart des cas, les ondes provenant des différents points de la trajectoire suivie par la particule chargée interfèrent de manière destructive. Il existe toutefois des directions privilégiées, proches de la trajectoire de la particule, où les différentes bouffées d'ondes forment un front cohérent que l'on peut détecter grâce à un système optique judicieusement disposé. Un tel dispositif à effet Tcherenkov ne détecte donc que les particules se propageant dans une direction donnée, du haut vers le bas s'agissant par exemple du plan détecteur à effet Tcherenkov inséré entre les deux scintillateurs de l'hodoscope. En déclenchant les chambres à étincelles en coïncidence avec ce troisième plan détecteur, l'hodoscope garantit alors qu'il s'agit bien de particules se propageant vers le bas, à l'instar de celles que les photons de haute énergie génèrent par effet de paire dans les plans convertisseur.

Une autre méthode, consistant à mesurer le temps de vol des particules, permet de déterminer le sens de propagation des particules détectées par l'hodoscope. En mesurant avec une très grande précision l'instant auquel chacun des deux plans détecteurs de l'hodoscope détecte le passage d'une particule, et pour peu que les deux plans soient suffisamment espacés, il est alors possible de déterminer sans ambiguïté lequel des deux fut le premier à détecter la particule. On identifie ainsi les particules se propageant du haut vers le bas, en particulier celles créées dans les plans convertisseur.

Performances et limites

Après *Sas 2* et *Cos B*, le dernier en date des télescopes à effet de paire basés sur le principe décrit plus haut est l'expérience Egret (*Energetic Gamma Ray Experiment Telescope*) montée à bord de l'Observatoire à Rayons Gamma *Compton*. Réalisé par trois laboratoires américains et un allemand[6], cet appareil, d'une masse totale de 1815 kg, opère de 20 MeV à 30 GeV. Un vaste ensemble de chambres à étincelles intercalées entre des plans convertisseur, d'un volume total de $80 \times 80 \times 45$ cm^3, lui confère dans la gamme de 200 MeV à 1 GeV une surface sensible efficace d'environ 1500 cm^2 à faible incidence (à comparer à 80 cm^2 dans le cas de *Cos B*), tandis que son hodoscope à temps de vol lui procure un champ de vue ouvert jusqu'à 40° de l'axe (Kanbach *et al.*, 1988).

---

[6] Nasa Goddard Space Flight Center, Greenbelt, Stanford University, Stanford, Grumman Aerospace Corporation, Bethpage, États-Unis; Max Planck Institut für Extraterrestrische Physik, Garching bei München, Allemagne.

L'expérience Egret permet d'estimer la direction d'arrivée de chaque photon γ avec une précision d'environ un degré, ce qui est suffisant pour localiser les sources de photons γ de haute énergie les plus brillantes avec une précision de l'ordre de 5 à 10 minutes d'arc. Un calorimètre constitué d'un ensemble de scintillateurs NaI très épais (20 cm), apte à absorber la totalité de l'énergie emportée par les deux particules émergeant du volume de détection, lui permet d'estimer l'énergie des photons avec une résolution spectrale d'environ 25% dans la gamme de 200 MeV à 1 GeV.

Comme les télescopes Compton, les dispositifs à effet de paire présentent l'attrait de permettre des observations à faible bruit de fond dans un champ très vaste, tout en maintenant une bonne efficacité sur un vaste domaine spectral. Leur résolution angulaire plutôt moyenne constitue cependant un handicap certain pour fournir la position des sources ponctuelles de photons γ de haute énergie avec une précision suffisante pour entreprendre leur identification dans d'autres registres spectraux, surtout quand il s'agit des zones les plus encombrées du ciel (les régions centrales de la Galaxie, par exemple).

Quelques formules utiles...

S'agissant de mesurer la direction d'origine des photons γ incidents, les télescopes à effet de paire tels que décrits ci-dessus sont encore loin de tirer le meilleur parti de cet effet. Un électron (ou un positon) d'énergie E_1 matérialisé lors de l'interaction d'un photon γ d'énergie E_0 avec un atome d'un milieu de numéro atomique Z, suit en effet une trajectoire qui fait avec celle du photon incident un angle θ dont la valeur quadratique moyenne, exprimée en radian, est définie par l'expression suivante (Stearns, 1949) :

$$(<\theta^2>)^{\frac{1}{2}} = q(E_0, E_1, Z)\frac{m_e c^2}{E_0}\ln\left(\frac{E_0}{m_e c^2}\right) \tag{3.7}$$

où m_e est la masse de l'électron, c la célérité de la lumière et q une fonction toujours assez voisine de l'unité. C'est ainsi que dans le cas où un photon γ dont l'énergie $E_0 = 100$ MeV engendre un électron et un positon d'égale énergie, la trajectoire de chacune des deux particules fait avec celle du photon incident un angle moyen de l'ordre de 1,5 degrés.

Cependant, à partir du point même où la paire se matérialise, les particules subissent une série de diffusions coulombiennes dans le plan convertisseur où l'interaction s'est produite ainsi que dans tous les autres plans convertisseur où elles se propagent avant de traverser l'hodoscope. Or pour estimer les trajectoires des particules, on mesure la position des étincelles qui éclatent tout au long de leurs parcours, donc après qu'elles aient traversé plusieurs plans convertisseur. La mesure des trajectoires souffre alors des diffusions multiples que les particules subissent : l'estimation de la direction d'origine des photons γ incidents s'en trouve bien moins précise que suggéré par l'équation (3.7).

C'est précisément là que se situe le péché originel de tout télescope à effet de paire : les plans convertisseur doivent être assez épais pour que l'efficacité du télescope soit assez élevée, mais pas trop pour ne pas accroître l'imprécision avec laquelle on peut estimer la trajectoire des particules de la paire et partant la direction d'origine du photon γ incident. L'idéal serait de pouvoir mesurer la trajectoire de la paire dès que cette dernière émerge du plan convertisseur où elle se matérialise. Pour y parvenir, il convient de mettre en œuvre des chambres à étincelles dont les électrodes sont écartées d'une distance $d \gtrsim 3$ cm (Akimov *et al.*, 1977). Les étincelles se développent alors le long des trajectoires suivies par les particules chargées, même quand ces dernières se présentent sous une grande incidence, tandis que dans le cas contraire ($d \approx 1$ cm) les étincelles suivent un chemin perpendiculaire aux électrodes, quelque soit l'angle d'incidence des particules.

La mesure de la déviation moyenne des particules de la paire dans les plans convertisseur permet en principe d'estimer l'énergie de ces particules et par conséquent l'énergie du photon incident. Cette estimation, rendue cependant très difficile par la nécessaire minceur des plans convertisseur pour minimiser cette même diffusion, est fondée sur l'inversion de l'expression suivante :

$$<\theta^2> = \left(\frac{21}{E_1}\right)^2 \frac{x}{X_0} \qquad (3.8)$$

où E_1 est l'énergie de la particule exprimée en mégaélectronvolts, $<\theta^2>$ la valeur quadratique moyenne de la déviation de sa trajectoire, x la distance qu'elle parcourt dans le plan convertisseur et X_0 la longueur de radiation du matériau qui constitue le plan convertisseur. Au vu de l'expression (3.8), on constate que l'estimation de l'énergie est d'autant plus précise que la particule diffusante est peu énergétique.

LES DISPOSITIFS D'OBSERVATION À TRÈS GRAND CHAMP

Le cas particulier des sursauteurs gamma

Tous les télescopes gamma décrits ci-dessus présentent des champs de vue plus ou moins restreints : 3,8° × 11,4° dans le cas du spectromètre Osse, de l'ordre de 17° × 18° dans le cas de Sigma et jusqu'à un stéradian environ dans le cas de Comptel. Cela signifie que le télescope doit être pointé en direction d'une région donnée du ciel supposée à priori contenir une source potentielle de rayonnement gamma. Mais toutes les sources de photons γ ne se prêtent pas à ce type d'observation, à commencer par les sursauteurs gamma, ces mystérieux sites cosmiques aptes à produire des bouffées intenses de photons γ, aussi soudaines que brèves (voir chapitre 11). Ces phénomènes, qui se manifestent pendant une durée extrêmement limitée (à peine quelques millisecondes pour certains d'entre eux), peuvent en effet apparaître inopinément en un quelconque point de la voûte céleste.

On comprend donc la nécessité de disposer d'instruments dont le champ est aussi vaste que possible afin d'observer simultanément la quasi-totalité de la voûte céleste, pour repérer et si possible localiser les sursauteurs gamma. Les mystérieux sursauts gamma se manifestent principalement dans le bande des photons γ de basse énergie; les moyens aptes à localiser les sursauteurs gamma sont donc basés sur des détecteurs classiques à scintillation, mis en œuvre dans le cadre de méthodes de localisation de sources à sursauts dont les pages suivantes présentent les traits les plus significatifs.

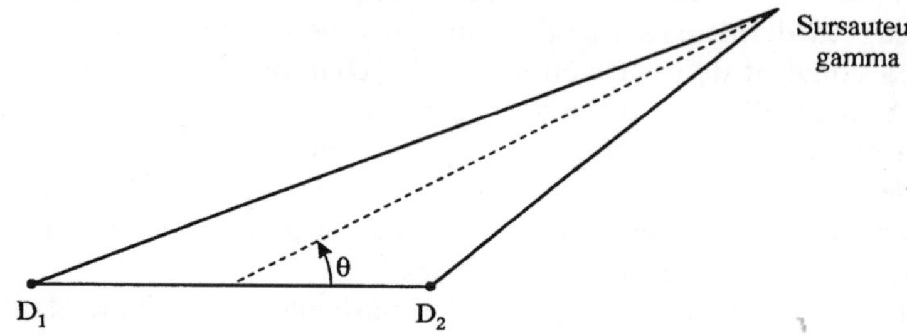

Figure 3.6 Schéma de principe de la méthode de localisation des sursauteurs gamma dite par triangulation à partir de deux véhicules spatiaux D_1 et D_2.

La localisation des sursauteurs gamma par triangulation à partir de plusieurs véhicules spatiaux. Depuis l'époque de la découverte des sursauts gamma, au début des années soixante-dix, une surveillance permanente du ciel est pratiquée au moyen de réseaux de détecteurs à très grand champ de vue placés à bord plusieurs véhicules spatiaux (satellites et sondes planétaires). Quand une bouffée de photons γ est détectée par plusieurs de ces appareils, on peut déterminer la position du sursauteur sur la voûte céleste en pratiquant une sorte de triangulation qui tire parti des décalages des temps d'arrivée du sursaut sur chacun des détecteurs.

Comme schématisé en Figure 3.6, si la direction du sursauteur fait un angle θ avec la droite $D_1\,D_2$ joignant deux véhicules spatiaux porteurs chacun d'un détecteur gamma à très grand champ, la différence τ entre les temps d'arrivée de la bouffée de photons γ sur les deux détecteurs est donnée par l'expression suivante :

$$\tau = \frac{\overline{D_1 D_2} \cos\theta}{c} \tag{3.9}$$

où c est la célérité de la lumière et $\overline{D_1 D_2}$ la distance entre les deux détecteurs. La mesure de τ permet de localiser le sursauteur sur un petit cercle de la voûte céleste sous-tendu par un cône d'axe $D_1\,D_2$ et de demi-angle au sommet θ. Pour peu qu'un troisième détecteur soit en service à bord d'un troisième véhicule spatial, on peut tracer deux petits cercles distincts sur la voûte céleste et contraindre ainsi le sursauteur à se trouver dans la direction définie par l'une ou l'autre des intersections des deux petits cercles en question. Pour lever l'ambiguïté, il suffit de disposer d'un quatrième détecteur. Cette méthode de localisation, dite par triangulation, permet de fournir la position du sursauteur gamma avec une précision $\Delta\theta$ telle que :

$$\Delta\theta = \frac{c}{\overline{D_1 D_2} \sin\theta} \Delta\tau \tag{3.10}$$

où $\Delta\tau$ exprime la précision avec laquelle on mesure le temps d'arrivée de la bouffée de photons γ. Dans le cas des sursauts les plus soudains, pour lesquels $\Delta\tau$ est minimum, la précision de localisation peut descendre en dessous d'une minute d'arc pour peu que des sondes fort distantes l'une de l'autre participent à la détection.

La localisation des sursauteurs gamma par comparaison d'amplitude. Au lieu de mettre en œuvre un réseau de détecteurs à très grand champ de vue à bord de plusieurs véhicules spatiaux, on les monte tout autour d'une même plate-forme, chaque détecteur couvrant un vaste secteur de la voûte céleste. Quand un sursaut gamma se produit quelque part dans le ciel, on localise alors le sursauteur en comparant le nombre de coups enregistrés par chacun des détecteurs dont les champs de vue englobent la direction où le sursaut est apparu. Un sursaut induit en effet dans un détecteur donné un taux de comptage d'autant plus élevé que le sursauteur est voisin de l'axe du champ de vue du détecteur en question.

Cette méthode permet d'estimer la position des sursauteurs gamma avec une précision assez médiocre (quelques degrés), mais sans impliquer la détection simultanée du même événement par d'autres appareils. C'est sur ce principe que fonctionne l'expérience Batse (*Burst and Transient Source Experiment*), réalisée par trois laboratoires américains[7]. L'expérience Batse, décrite en détail par Fishman *et al.* (1989) met ainsi en œuvre un réseau de huit gros scintillateurs NaI, chacun d'environ 2000 cm^2 de surface, montés aux huit coins de la plate-forme spatiale qui emporte l'Observatoire à Rayons Gamma *Compton*.

Les autres dispositifs à très grand champ

Les sursauts gamma ne sont pas les seules émissions éphémères de photons γ à se manifester inopinément ici ou là sur la voûte céleste. Les astronomes gamma ont en effet recensés bien d'autres phénomènes transitoires, aux constantes de temps les plus diverses. Il en va ainsi des novas gamma (voir chapitre 11), ces événements qui voient l'éclat d'une source de photons γ de basse énergie s'accroître d'une manière spectaculaire en quelques jours avant de décliner ensuite en quelques mois. Pour fulgurantes qu'elles soient, ces manifestations ne sont cependant pas assez soudaines pour déclencher les réseaux de détecteurs conçus pour repérer les sursauteurs proprement dits dont l'éclat varie beaucoup plus rapidement.

Reste à mettre au point des télescopes à très grand champ aptes à effectuer une surveillance complète de la voûte céleste dans le domaine gamma afin de donner l'alerte en cas d'événements exceptionnels, comme l'émergence d'une nova. On peut par exemple envisager des appareils basés sur la modulation du rayonnement incident, comparables dans leurs principes aux télescopes à ouverture codée décrits cidessus. Mais comme un dispositif de ce type n'est pas à même de couvrir toute la voûte céleste à lui tout seul, il faut en monter plusieurs à bord d'une même plateforme spatiale pour effectuer une surveillance complète du ciel. Chacun des systèmes de l'ensemble doit être alors de taille relativement réduite, afin de ne pas surcharger le véhicule spatial.

Une solution visant à réduire le poids de chaque appareil consiste à mettre en œuvre un modulateur tournant, ce qui a pour effet de simplifier le plan détecteur dans la mesure où l'information sur la position des sources ne résulte plus de l'analyse spatiale du rayonnement ainsi modulé mais de l'étude de son comportement

[7] Nasa Marshall Space Flight Center, Huntsville, University of Alabama, Huntsville, University of California, San Diego.

dans le temps. S'agissant d'un satellite en orbite basse, on peut également profiter de la modulation du rayonnement gamma incident par le globe terrestre. Cette méthode, dite d'occultation terrestre, permet à des appareils comme Batse de pratiquer une surveillance complète du ciel (Zhang *et al.*, 1993) avec une capacité à localiser les sources assez médiocre (de l'ordre de quelques degrés) et avec un certain risque de confusion dans les régions les plus complexes de la voûte céleste (Cordier *et al.*, 1994). Concevoir un authentique télescope gamma à très grand champ doté d'un excellent pouvoir séparateur reste encore un grand défi proposé aux astronomes gamma.

RÉFÉRENCES

Akimov, V., Bazer-Bachi, R., Bonfand, E., Galper, A., Gorisse, M., Gros, M., Kalinkin, L., Kirillov-Ugryumov, V., Kozlov, V., Lavigne, J.-M., Leray, J.-P., Lutchkov, B., Mougin, B., Nesterov, V., Ozerov, Y., Paul, J., Popov, A., Prochkin, V., Raviart, A., Serra, G., Veselova, G., et Voronov, S., (1977). *Nuclear Instruments and Methods*, 147: 329.

Cordier, B., Paul, J., Mandrou, P., et Roques, J.-P., (1994). *Nature*, 368: 698.

Fenimore, E.E., et Cannon, T.M., (1978). *Applied Optics*, 17: 337.

Fishman, G.J., Meegan, C.A., Wilson, R.B., Paciesas, W.S., Parnell, T.A., Austin, R.W., Rehage, J.R., Matteson, J.L., Teegarden, B.J., Cline, T.L., Schaefer, B.E., Pendelton, G.N., Berry, Jr., F.A., Horack, J.M., Storey, S.D., Brock, M.N., et Lestrade, J.-P., (1989). *in: Proceedings of the Gamma Ray Observatory Science Workshop*, éd. W.N. Johnson (Washington : Naval Research Laboratory), (2)39.

Johnson, W.N., Kinzer, R.L., Kurfess, J.D., Strickman, M.S., Purcell, W.R., Grabelsky, D.A., Ulmer, M.P., Hillis, D.A., Jung, G.V., et Cameron, R.A., (1993). *Astrophys. J. Suppl. Series*, 86: 693.

Kanbach, G., Bertsch, D.L., Favale, A., Fichtel, C.E., Hartman, R.C., Hofstadter, R., Hughes, E.B., Hunter, S.D., Hughlock, B.W., Kniffen, D.A., Lin, Y.C., Mayer-Hasselwander, H.A., Nolan, P.L., Pinkau, K., Rothermel, H., Schneid, E., Sommer, M., et Thompson, D.J., (1988). *Space Science Review*, 49: 69.

Paul, J., Mandrou, P., Ballet, J., Cantin, M., Chabaud, J.-P., Cordier, B., Ehanno, M., Goldwurm, A., Lambert, A., Landé, J., Laurent, P., Lebrun, F., Leray, J.-P., Ména, B., Niel, M., Roques, J.-P., Rouaix, G., Salotti, L., Souleille P., et Vedrenne, G., (1991). *Adv. in Space Res.*, 11: N8, (8)289.

Schönfelder, V., Aarts, H., Bennett, K., De Boer, H., Clear, J., Collmar, W., Connors, A., Deerenberg, A., Diehl, R., von Dordrecht, A., Den Herder, J.W., Hermsen, W., Kippen, M., Kuiper, L., Lichti, G., Lockwood, J., Macri, J., McConnell, M., Morris, D., Much, R., Ryan, J., Simpson, G., Snelling, M., Stacy, G., Steinle, H., Strong, A., Swanenburg, B.N., Taylor, B., De Vries, C., et Winkler, C., (1993). *Astrophys. J. Suppl. Series*, 86: 657.

Stearns, M., (1949). *Phys. Rev.*, 76: 836.

Zhang, S.N., Fishman, G.J., Harmon, B.A., et Paciesas, W.S., (1993). *Nature*, 366: 245.

POUR EN SAVOIR PLUS

Imaging in High Energy Astronomy, éd. L. Bassani et G. Di Cocco, 1995 (Dordrecht: Kluwer Academic Publishers).

4. ÉTALONNER LES TÉLESCOPES GAMMA

UNE IMPÉRIEUSE NÉCESSITÉ

Une réponse instrumentale particulièrement intriquée

Les télescopes gamma sont tels que la manière dont ils répondent aux sources célestes est en général une fonction complexe de l'énergie et de l'angle d'incidence des photons qui sollicitent l'appareil. Pour connaître la réponse de leurs télescopes, les astronomes gamma sont alors conduits à estimer les deux grandeurs suivantes :

1. La fonction d'appareil du télescope, pour savoir comment le dispositif expérimental répond à un faisceau parallèle de rayons γ issus d'une source ponctuelle supposée à l'infini.
2. La réponse en énergie, pour savoir comment le dispositif expérimental en question répond à une source de photons γ monoénergétiques.

Contrairement à une pratique d'usage courant dans d'autres domaines spectraux, on ne peut pas se contenter d'estimer la réponse instrumentale des télescopes gamma avec les seuls photons émis par les sites cosmiques eux-mêmes. Les sources gamma célestes émettent en effet beaucoup trop peu de photons et sont pour la plupart d'entre elles beaucoup trop variables pour garantir un étalonnage satisfaisant des télescopes. Sans oublier qu'un photon γ aborde le plus souvent le plan détecteur d'un télescope gamma après avoir traversé au préalable divers milieux matériels, comme ceux qui enveloppent les détecteurs eux-mêmes. Il en résulte une absorption du rayonnement incident qu'il convient d'estimer avec soin. Avant la mise en orbite, il est donc nécessaire de mesurer la réponse instrumentale d'un appareil en l'exposant à des faisceaux de rayons γ produits au sol, tout en développant un programme de simulation numérique afin de modéliser le plus précisément possible cette même réponse instrumentale.

Le cas particulier de la réponse en énergie

Quand un astronome gamma observe une source, le spectre de coups qu'il recueille présente souvent un rapport plus ou moins lointain avec le spectre de photons de la source en question. Comme illustré en Figure 4.1, un télescope gamma fournit en effet un spectre de coups assez complexe en réponse à une source monoénergétique. On peut néanmoins tenter de qualifier la réponse en énergie de l'appareil par le

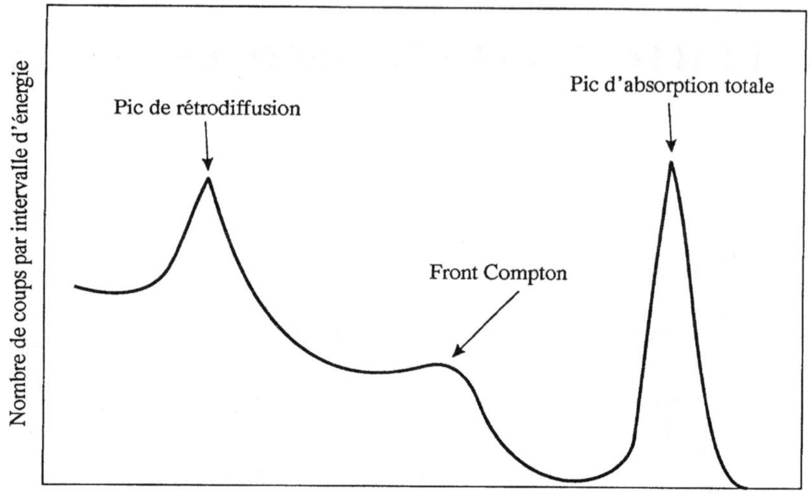

Figure 4.1 Évolution, en fonction de l'énergie E, du nombre de coups enregistrés dans l'intervalle $(E, E+\delta E)$ en sortie d'un scintillateur CsI couplé à une photodiode, le dispositif en question étant illuminé par un faisceau de photons γ monochromatiques produits par une source de césium 137.

truchement de la résolution en énergie, un paramètre que l'on peut définir comme la largeur à mi-hauteur ΔE (mesurée en multiples de l'électronvolt) du pic correspondant à l'absorption totale des photons γ, pic que l'on observe dans le spectre en coups (voir Figure 4.1). À noter que l'on exprime souvent la résolution en énergie d'un appareil à une énergie donnée E par l'expression $E/\Delta E$.

La complexité de la réponse en énergie, surtout dans le régime où la diffusion Compton est le mécanisme interactif dominant (voir Figure 4.1) est cependant telle qu'il serait illusoire de vouloir reconstituer le spectre effectif d'une source de photons γ active dans ce régime en se contentant de diviser le taux de comptage mesuré dans l'intervalle $(E, E+\delta E)$ par la surface efficace du télescope à cette même énergie E.

Dans tout le domaine gamma, en particulier dans la bande des photons γ de basse énergie, la relation entre le spectre de coups S_{T} que fournit le télescope et le spectre de photons S_{E} de la source s'obtient plutôt par le truchement de la matrice de la réponse en énergie de l'instrument. Cette matrice, notée M, est définie par la relation matricielle suivante :

$$S_{\mathrm{T}} = M * S_{\mathrm{E}} \tag{4.1}$$

Il suffit donc d'inverser M pour obtenir S_{E} connaissant S_{T}. Cette procédure n'est pas sans poser de sérieux problèmes, la matrice M n'étant généralement pas assez régulière pour être inversée à l'aide de méthodes numériques simples. Dans la pratique, un étalonnage du télescope avant la mise en orbite permet d'estimer la réponse en énergie du télescope, à condition toutefois que la matrice M telle que mesurée au sol soit identique à celle qui prévaut une fois le télescope mis en orbite, ce qui n'est pas toujours le cas.

LES ÉTALONNAGES AU SOL

Les étalonnages au moyen de sources radioactives

Les sources de rayons γ à base d'isotopes radioactifs ne sont pas en mesure de produire des photons dont l'énergie dépasse quelques mégaélectronvolts. L'étalonnage des télescopes gamma au moyen de sources radioactives n'est donc envisageable que pour des appareils opérant dans la bande des photons γ de basse énergie. On expose tout d'abord le télescope à diverses sources étalon dont la Table 4.1 fournit les caractéristiques s'agissant des plus couramment utilisées. Mais les sources radioactives ne permettent pas de fournir tous les spectres étalon qu'il faut réunir pour élaborer la matrice de la réponse en énergie de l'instrument. On est donc amené à produire une série de spectres intermédiaires en interpolant les spectres enregistrés avec les sources étalon.

Il faut alors tenir compte du fait que les différentes composantes de la réponse en énergie du télescope à une source monoénergétique (voir Figure 4.1) n'évoluent pas de la même manière en fonction de l'énergie des photons incidents. C'est ainsi que l'énergie à laquelle le front Compton apparaît s'accroît en fonction de l'énergie des photons incidents, tandis que le pic de rétrodiffusion se situe toujours aux mêmes énergies. Une interpolation directe des spectres étalon fournirait alors un résultat peu satisfaisant, avec une déformation du front Compton comme illustré en Figure 4.2b. Pour éviter une telle altération, il convient de modifier l'échelle des énergies afin de pouvoir aligner tous les fronts Compton pendant l'interpolation avant de retourner à l'échelle initiale.

Il s'ensuit un bien meilleur résultat s'agissant du front Compton, comme illustré en Figure 4.2d, avec toutefois une déformation du pic de rétrodiffusion. Il est donc préférable de découper chaque spectre en deux zones — chacune correspondant à une des composantes en question — et d'effectuer dans chaque zone les changements d'échelle appropriés, comme illustré en Figure 4.2e et 4.2f. On effectue alors le traitement évoqué ci-avant dans chacune des zones, avec changement d'échelle, interpolation et retour à l'échelle initiale. Cette méthode d'interpolation des spectres présente l'avantage de ne reposer que sur des données mesurées (aucune hypothèse *a priori*) et d'utiliser relativement peu de temps calcul : elle est donc assez facile à mettre en œuvre.

Quand il s'agit d'estimer la fonction d'appareil des télescopes gamma, les étalonnages pratiqués au moyen de sources radioactives sont loin d'offrir des conditions satisfaisantes. Sauf à mettre en œuvre des sources très intenses, que l'on peut donc disposer à grande distance de l'instrument, les faisceaux de rayons γ émis par les sources radioactives sont beaucoup trop divergents pour simuler l'effet d'une source cosmique située à l'infini. Ce type d'étalonnages permet cependant de préciser la réponse angulaire d'appareils dotés de dispositifs optiques simplistes, comme les collimateurs, ainsi que d'estimer l'effet des rayonnements que les télescopes sont susceptibles de collecter en dehors de leur champ de vue nominal.

Table 4.1 Principales caractéristiques des sources radioactives parmi les plus couramment utilisées pour étalonner les télescopes gamma.

Nucléide	Demi-vie	Énergie des photons émis par des transitions	
		atomiques (keV)	nucléaires (MeV)
^{241}Am	433 ans	13,9–17,8–20,8	0,060
^{139}Ce	138 jours	33–38	0,166
^{203}Hg	46,6 jours	71–73–83	0,279
^{51}Cr	27,7 jours	5	0,320
^{85}Sr	64,9 jours	13–15	0,514
^{137}Cs	30,2 ans	31,8–32,2–36,3	0,662
^{54}Mn	312 jours	5–6	0,835
			0,014
^{57}Co	272 jours	6	0,122
			0,136
^{22}Na	950 jours		0,511
	(2,60 ans)		1,275
^{60}Co	1925 jours		1,173
	(5,27 ans)		1,333
^{88}Y	107 jours	14–16	0,898
			1,836
			0,053
			0,080
			0,081
^{133}Ba	10,5 ans	31–35–36	0,161
			0,276
			0,303
			0,356
			0,384

L'influence de l'environnement lors des étalonnages

Elle se fait d'autant plus sentir que l'on étalonne un télescope opérant dans le secteur où la diffusion Compton est l'effet dominant. Outre les photons γ émis par la source, le télescope recueille en effet tous ceux ayant diffusé un peu partout dans la salle d'étalonnage (sol, murs et plafond) et dans les matériaux qui constituent le conditionnement même de la source. Tous ces milieux plus ou moins diffusifs perturbent gravement les spectres enregistrés lors des phases d'étalonnage du télescope et des principaux sous-systèmes scientifiques. À titre d'exemple, la Figure 4.3 montre

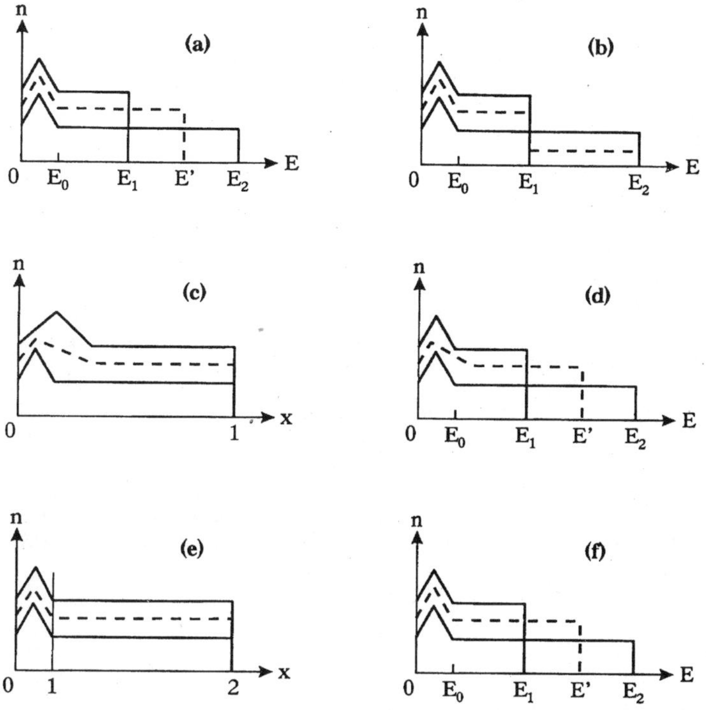

Figure 4.2 Principe de la méthode d'interpolation des spectres étalon proposée par Dupont (1977). Sont schématisés en (a) deux spectres étalons dont les fronts Compton se présentent aux énergies E_1 et E_2 (lignes continues) ainsi que le spectre interpolé dont le front Compton est attendu à une énergie $E' = (E_1 + E_2)/2$ (ligne pointillée), les pics de rétrodiffusion des trois spectres se manifestant tous jusqu'à l'énergie E_0. On schématise en (b) l'interpolation directe entraînant une déformation du front Compton, en (c) le changement d'échelle global $E \rightarrow x = E/E_2$, en (d) le retour à l'échelle initiale avec déformation du pic de rétrodiffusion, en (e) les changements d'échelle par zone, à savoir $E \rightarrow x = E/E_0$ dans la zone 0-1 du pic de rétrodiffusion et $E \rightarrow x = 1 + (E - E_0)/(E_2 - E_0)$ dans la zone 1-2 jusqu'au front Compton. L'interpolation correcte finalement obtenue est schématisée en (f).

comment évolue l'amplitude du pic de rétrodiffusion des spectres enregistrés par la caméra à scintigraphie du télescope Sigma en fonction de la distance entre la source étalon et le plafond de la salle d'étalonnage.

L'amplitude du pic de rétrodiffusion, l'une des composantes majeures du spectre, dépend donc au premier chef des conditions de mesure. Il n'est donc pas possible d'utiliser tels quels les spectres enregistrés lors des phases d'étalonnage pour estimer la réponse en énergie de l'appareil une fois en orbite. On peut certes pallier cette dépendance à l'égard des conditions de mesure en pratiquant les étalonnages dans des salles aussi vastes que possible. Une autre approche consiste à entreprendre une modélisation numérique précise des phases d'étalonnage afin de bien séparer les composantes induites par l'environnement. On peut ainsi disposer de spectres étalon corrigés d'où l'on a soustrait les diverses contributions dues à l'environnement du télescope.

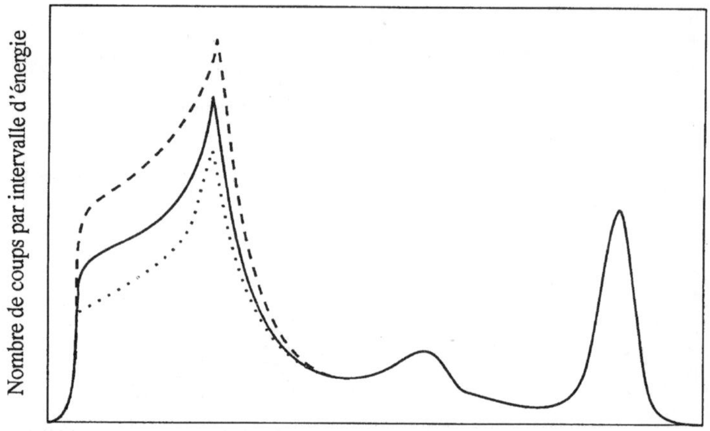

Figure 4.3 Spectres en coups enregistrés par la caméra à scintigraphie du télescope Sigma en réponse aux photons γ monochromatiques émis par une source radioactive de césium 137 disposée sur le plafond même de la salle d'étalonnage (tirets), à un mètre (ligne continue) et à deux mètres (ligne pointillée) de ce même plafond.

Les étalonnages auprès d'accélérateurs de particules

Les sources radioactives n'étant pas en mesure d'émettre des photons γ d'énergie supérieure à quelques mégaélectronvolts, l'étalonnage des télescopes opérant au delà de cette limite impose donc de produire des rayons γ en bombardant une cible avec des particules fournies par des accélérateurs. Ce procédé, relativement lourd à mettre en œuvre, est le seul utilisable au delà de quelques mégaélectronvolts pour obtenir la réponse des télescopes gamma à des photons γ monoénergétiques. Ces photons sont obtenus de deux manières différentes, selon que l'accélérateur produit des faisceaux de protons ou d'électrons.

1. En bombardant une cible mince faite d'un matériau donné avec des protons accélérés à des énergies judicieusement ajustées, on parvient à exciter les noyaux du matériau cible. Par retour à l'état fondamental, ces noyaux émettent alors par désexcitation nucléaire des photons γ monoénergétiques dont l'énergie peut atteindre une vingtaine de mégaélectronvolts.
2. En bombardant une cible mince avec des électrons relativistes d'énergie E_0 fournis par un accélérateur de particules, on engendre par Bremsstrahlung un faisceau de photons γ d'énergie $E_\gamma \lesssim E_0$. Grâce au dispositif schématisé en Figure 4.4, on sélectionne parmi les électrons émergeant de la cible ceux d'énergie E_1. On est alors en mesure de produire un signal électronique chaque fois que la cible rayonne un photon γ d'énergie donnée $E_\gamma = E_0 - E_1$. On désigne les photons en question par le terme de "photons étiquetés".

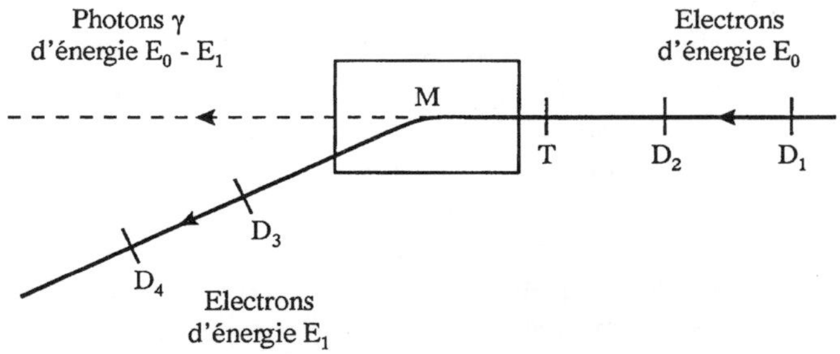

Figure 4.4 Schéma du dispositif apte à fournir un signal électronique quand un photon d'énergie E_γ donnée est rayonné par une cible T placée sur la trajectoire d'un faisceau d'électrons relativistes d'énergie E_0. Le signal est produit quand les plans détecteurs D_1, D_2, D_3 et D_4 détectent en coïncidence le passage d'une même particule. L'intensité du champ magnétique de l'aimant M est ajustée de manière à dévier en direction de l'alignement des détecteurs D_3 et D_4 un électron d'énergie E_1 ayant donc perdu dans le milieu cible une énergie $E_\gamma = E_0 - E_1$.

Les photons γ rayonnés par désexcitation de noyaux bombardés par des protons émergent des cibles sous les angles les plus variés. Les photons produits par freinage d'électrons relativistes constituent au contraire un faisceau quasiment parallèle de photons γ étiquetés dont l'énergie n'a pas d'autre limite que celle des électrons produits par l'accélérateur. Les faisceaux de photons γ étiquetés sont donc largement utilisés pour étalonner aussi bien la réponse en énergie que la fonction d'appareil des télescopes à effet de paire opérant dans la bande des photons γ de haute énergie.

SIMULATIONS NUMÉRIQUES ET ÉTALONNAGES EN ORBITE

L'apport des simulations numériques

Aussi complets qu'ils soient, les étalonnages au sol ne permettent pas de fournir dans toute sa diversité la réponse instrumentale d'un télescope gamma en orbite. Pour ne pas accroître la durée des phases d'étalonnage au sol et pour des raisons de disponibilité de sources étalon, il n'est pas possible de mesurer au sol la réponse instrumentale à toutes les énergies et sous tous les angles d'incidence possibles. Comme précisé plus haut, il faut aussi tenir compte du fait que la réponse d'un télescope opérant dans la bande des photons γ de basse énergie est fortement affectée par tout ce qui constitue son environnement lors des phases d'étalonnage.

Pour compléter les résultats d'étalonnage des télescopes gamma aux énergies où il n'y a pas de source disponible, ainsi que pour préciser la contribution de l'environnement, on est conduit à entreprendre une modélisation numérique aussi précise que possible des télescopes et de tous les matériaux situés à proximité (y compris ceux qui constituent la salle de mesure), toujours dans le but d'identifier les composantes rayonnées par l'entourage. Cette modélisation s'appuie sur les données collectées lors des étalonnages, y compris ceux pratiqués au niveau des sous-systèmes du télescope.

Pour des raisons évidentes de complexité des logiciels et de temps calcul, les simulations ne peuvent fournir qu'une vision approchée de la réalité.

Tout au long d'une simulation numérique de type "Monte-Carlo", on suit pas à pas le parcours d'un photon se propageant dans le dispositif expérimental et/ou son proche environnement jusqu'à son absorption dans le milieu ou son échappement du système considéré. On suit également le parcours des particules secondaires éventuellement créées par le photon en question. Chaque fois qu'un photon γ se présente face à une couche de matériau où il doit effectuer un parcours de longueur l_T , on détermine la distance l_I que le photon parcourt effectivement avant de subir une interaction. Dans le but d'estimer cette longueur l_I , on pratique un tirage aléatoire selon la loi de probabilité exprimée par l'équation suivante (où λ est le libre parcours moyen dans le milieu considéré) :

$$P(l_I) = \frac{1}{\lambda} e^{-\frac{l_I}{\lambda}} \tag{4.2}$$

Si l_I est supérieure à l_T, le photon s'échappe. Dans le cas contraire, il y a une interaction dont on détermine la nature (effet photoélectrique, effet Compton ou effet de paire) en pratiquant un tirage uniforme entre 0 et 1, chaque interaction de nature i ayant une probabilité σ_i / σ_{tot} de se produire, σ_i étant la section efficace de l'interaction de type i et σ_{tot} la somme des sections efficaces de toute nature. À partir des caractéristiques de l'interaction, on détermine alors l'énergie et la direction des particules secondaires issues du mécanisme interactif, particules que l'on suit jusqu'à leur absorption, leur annihilation ou leur échappement.

Contrairement aux photons, les particules secondaires, quand elles sont chargées électriquement, interagissent de très nombreuses fois avant de s'arrêter, de s'annihiler ou de s'échapper. C'est ainsi qu'un électron d'énergie $E_e \sim 1$ MeV subit près de 10 000 diffusions coulombiennes quand il se propage sur un centimètre au sein d'un milieu détecteur. Un traitement statistique s'avère alors nécessaire, car il serait totalement illusoire de vouloir comptabiliser chaque diffusion comme dans le cas des photons. Ce traitement s'effectue à partir d'abaques qui fournissent pour une interaction donnée l'énergie perdue en moyenne par une particule d'énergie initiale E_i ayant parcouru une distance donnée.

On obtient ainsi la distance Δl parcourue en moyenne par une particule d'énergie initiale $E_i = E_0$ ayant subit une perte d'énergie ΔE (pour des raisons purement informatiques, on adopte en général ou $\Delta E = E_0/64$ ou $\Delta E = E_0/128$). On peut également prévoir où se trouve la particule, dans la mesure où les modèles d'interaction prédisent aussi l'angle de diffusion moyen $\Delta\theta$ subit par une particule ayant parcouru une distance Δl. Puis on recommence à partir de cette nouvelle position, l'énergie initiale de la particule étant maintenant $E_i = E_0 - \Delta E$, et ainsi de suite, jusqu'à ce que la particule s'arrête, s'annihile ou s'échappe. On utilise parfois des algorithmes plus élaborés, aptes à fournir la loi de probabilité de l'angle de diffusion $\Delta\theta$ et/ou permettant de prendre en compte des événements exceptionnels, comme des diffusions à très grand angle.

Si on effectue le tirage d'un grand nombre de photons incidents d'énergie donnée selon des directions aléatoires dans un angle solide donné, on obtient au bout du compte une estimation de la réponse du dispositif expérimental à une source monoénergétique. Les progrès de l'informatique permettant aujourd'hui de faire des calculs complexes sur des systèmes souples et autonomes, on peut refaire un nouveau tirage en quelques heures à peine après avoir modifié les paramètres des algorithmes de simulation. En raison de la nécessité de prendre en compte l'environnement lors des phases d'étalonnage des télescopes gamma, les méthodes numériques sont devenues désormais incontournables s'agissant de la mise au point et de l'estimation des performances des dispositifs expérimentaux opérant dans le domaine des rayons γ (Barret et Laurent, 1991).

L'apport des étalonnages en orbite

Les étalonnages en orbite complètent ceux menés au sol en fournissant le moyen de vérifier que la réponse en énergie et la fonction d'appareil d'un télescope gamma sont compatibles avec les estimations qui résultent des séances d'étalonnages et des simulations numériques évoquées ci-dessus. Ces phases de vérification s'effectuent en pointant l'instrument en direction d'une source gamma brillante dont l'éclat varie le moins possible, dont le spectre de photons est assez bien connu et dont on connaît la position sur la voûte céleste. Une seule source répond à cette triple contrainte : la nébuleuse du Crabe, active surtout à basse énergie, et le pulsar radio qu'elle renferme, dont l'émission s'étend jusqu'aux limites du domaine dévolu à l'astronomie gamma spatiale.

L'apport essentiel des étalonnages en orbite concerne la mesure *in situ* du bruit de fond du télescope afin de prévoir les temps de pose qui seront nécessaires pour détecter une source gamma donnée. Même si on peut tenter de l'estimer par le truchement de modélisations numériques du type de celles évoquées ci-dessus, le bruit de fond en question reste très difficile à prédire avant le lancement. S'agissant d'instruments opérant à basse énergie, les raies gamma que l'on identifie dans le spectre du bruit de fond contribuent également à affiner l'estimation de la réponse en énergie du télescope et de son évolution dans le temps, complétant ainsi les données fournies par les sources radioactives d'étalonnage en vol que l'on dispose parfois à bord du dispositif expérimental.

RÉFÉRENCES

Barret, D., et Laurent, P., (1991). *Nuclear Instruments and Methods in Physics Research*, A307: 512.

Dupont, A., (1977). Thèse de Doctorat n°2041, Université Paul Sabatier, Toulouse.

5. OPÉRER EN ORBITE

L'ENVIRONNEMENT RADIATIF ORBITAL

L'environnement géomagnétique

Une fois en orbite, un télescope gamma se trouve en butte à des flux de radiations de toute nature. Les effets des radiations en question au sein du télescope et de sa plate-forme spatiale sont à l'origine du sévère bruit de fond qui grève lourdement les performances des instruments opérant dans le domaine gamma. Les milieux les plus nuisibles se rencontrent dans les ceintures de radiations de la Terre où des particules chargées sont confinées par l'effet du champ magnétique terrestre. Ces ceintures de radiations, connues également sous le nom de "ceintures de Van Allen", sont constituées pour l'essentiel d'électrons et de protons dont les énergies atteignent respectivement quelques mégaélectronvolts et quelques centaines de mégaélectronvolts.

Les ceintures de Van Allen forment deux zones distinctes de la magnétosphère terrestre, telle que schématisée en Figure 5.1. Il s'agit d'une part des ceintures internes, riches en protons énergétiques, qui s'étendent à quelques milliers de kilomètres de la Terre, et d'autre part des ceintures externes, qui se développent à plus haute altitude, jusqu'à plusieurs dizaines de milliers de kilomètres du globe. Comme le centre du dipôle géomagnétique ne coïncide pas avec le centre de la Terre, les satellites artificiels rencontrent des radiations beaucoup plus intenses dans une région particulière de l'environnement électromagnétique terrestre, à savoir l'anomalie sud-Atlantique, située à la verticale de l'océan Atlantique sud.

Les protons et électrons qui constituent les ceintures internes de radiation proviennent pour l'essentiel de la désintégration de neutrons. Ces derniers ont pour origine des interactions nucléaires dans les hautes couches de l'atmosphère mettant surtout en jeu les protons du rayonnement cosmique ainsi que les protons accélérés lors des éruptions solaires. Quant aux ceintures externes, elles sont peuplées en majorité par des particules du **vent solaire** (essentiellement des protons et des électrons) qui pénètrent dans la magnétosphère où elles se font piéger par le champ magnétique terrestre.

Les particules accélérées lors des éruptions solaires

Le Soleil relâche de temps à autre des bouffées de particules chargées (électrons, protons et atomes ionisés) accélérées dans la couronne solaire (voir chapitre 9). Celles qui n'interagissent pas sur place rejoignent l'**héliosphère**, une partie d'entre elles se retrouvant dans l'environnement terrestre où les télescopes gamma sont en

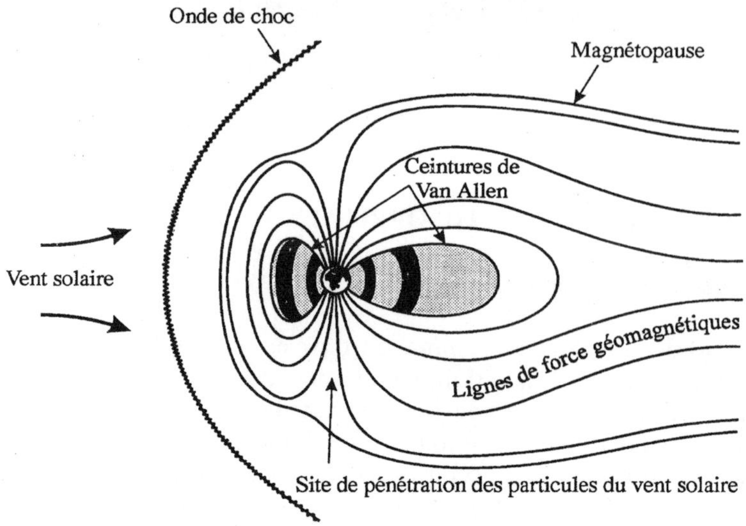

Figure 5.1 Coupe schématique de la magnétosphère terrestre.

orbite. Déjà irradié par les rayons γ et les neutrons émis lors des interactions de particules qui se produisent au sein même du site de l'éruption solaire, un satellite non protégé par le champ magnétique terrestre est alors soumis à un flux intense de particules chargées relâchées par l'éruption. S'agissant d'un télescope gamma, les particules les plus nocives sont les protons les plus énergétiques, aptes à déposer à haute dose au sein des détecteurs des quantités d'énergie atteignant parfois plusieurs centaines de mégaélectronvolts, donc tout à fait aptes à accroître le vieillissement des milieux en question.

Le rayonnement cosmique primaire

Contrairement aux particules relâchées sporadiquement lors des éruptions solaires, le rayonnement cosmique primaire est une source persistante de particules chargées à laquelle se trouve également confronté tout équipement susceptible de s'élever au delà des couches denses de l'atmosphère terrestre. Constitué pour l'essentiel de protons de haute énergie, le rayonnement cosmique emporte également des particules α — des noyaux d'hélium — qui représentent environ 12% des particules du rayonnement cosmique, ainsi que des noyaux d'atomes à numéro atomique plus élevé (moins de 2% des particules cosmiques). La contribution des particules α est donc loin d'être négligeable, dans la mesure où contenant chacune quatre nucléons, elles emportent près de 30% des nucléons du rayonnement cosmique. Pour mémoire, le rayonnement cosmique primaire emporte aussi des électrons de haute énergie (environ 1% des particules cosmiques).

En dépit des données de plus en plus précises recueillies sans interruption pendant les dernières décennies, on ignore encore quels sont les sites célestes qui abritent les processus propres à accélérer les rayons cosmiques. Il est cependant bien établi, en particulier grâce aux observations pratiquées dans le domaine des rayons gamma (voir plus bas, chapitre 12), que le rayonnement cosmique primaire provient dans sa grande majorité des régions actives du disque de la Galaxie où se retrouvent étoiles massives et vestiges de supernovas. Telles qu'observées à bord d'un satellite évoluant loin de l'effet du champ magnétique terrestre, les particules du rayonnement cosmique primaire semblent provenir de toutes les directions, formant ainsi un flux isotrope.

À l'approche du système solaire, les moins énergétiques des rayons cosmiques se heurtent au champ magnétique transporté par le **vent solaire** et ne parviennent pas jusqu'à la Terre. Ce phénomène, dont l'amplitude dépend de l'activité solaire tout au long de son cycle de onze ans, module donc l'intensité du rayonnement cosmique primaire mesurée au niveau de l'orbite terrestre. Du fait de la modulation solaire, le flux intégré F_P des particules du rayonnement cosmique primaire passe de $F_P \approx 1$ particule cm^{-2} s^{-1} en période de forte activité du Soleil à $F_P \approx 2$ particules cm^{-2} s^{-1} en période de Soleil calme. Au vu de la Figure 5.2, on constate qu'au delà de 10 GeV par nucléon, les spectres des particules du rayonnement cosmique primaire (en particulier ceux des protons) sont assez bien décrits par une loi de puissance de la forme :

$$N(E) \propto E^{-\alpha} \tag{5.1}$$

où $N(E)$ est le nombre de particules recueillies par unité de temps, de surface, d'énergie et d'angle solide, l'indice spectral α valant environ 2,6. À plus basse énergie, les spectres observés s'écartent de plus en plus de la loi de puissance exprimée par la relation (5.1), en grande partie sous l'effet de la modulation solaire évoquée ci-dessus.

Le flux des particules du rayonnement cosmique primaire est certes d'une moindre intensité que celui des particules relâchées sporadiquement par les éruptions solaires, mais deux raisons majeures imposent toutefois de prendre en compte l'effet du rayonnement cosmique primaire lors de la conception d'un télescope gamma spatial :

1. Emportant chacune beaucoup plus d'énergie que les particules solaires, les particules du rayonnement cosmique primaire peuvent traverser des couches de n'importe quel matériau de plusieurs centimètres d'épaisseur; pour des raisons évidente de masse des télescopes, on ne peut donc pas protéger les détecteurs au moyen d'un blindage à même de bloquer les particules cosmiques.
2. Les protons et noyaux du rayonnement cosmique sont susceptibles d'engendrer au sein des milieux détecteurs toutes sortes de réactions nucléaires qui s'avèrent une source majeure de bruit de fond et qui à la longue peuvent perturber gravement le fonctionnement des détecteurs.

Tout comme les protons accélérés par le Soleil, les protons cosmiques — les particules les plus abondantes du rayonnement cosmique primaire — sont les plus nuisibles pour un télescope gamma embarqué à bord d'un véhicule spatial. Les électrons du rayonnement cosmique primaire sont certes des particules aux effets ionisants comparables, mais du fait de leur rareté la modeste composante électron du rayonnement cosmique peut être négligée dans l'étude de l'environnement radiatif d'un satellite.

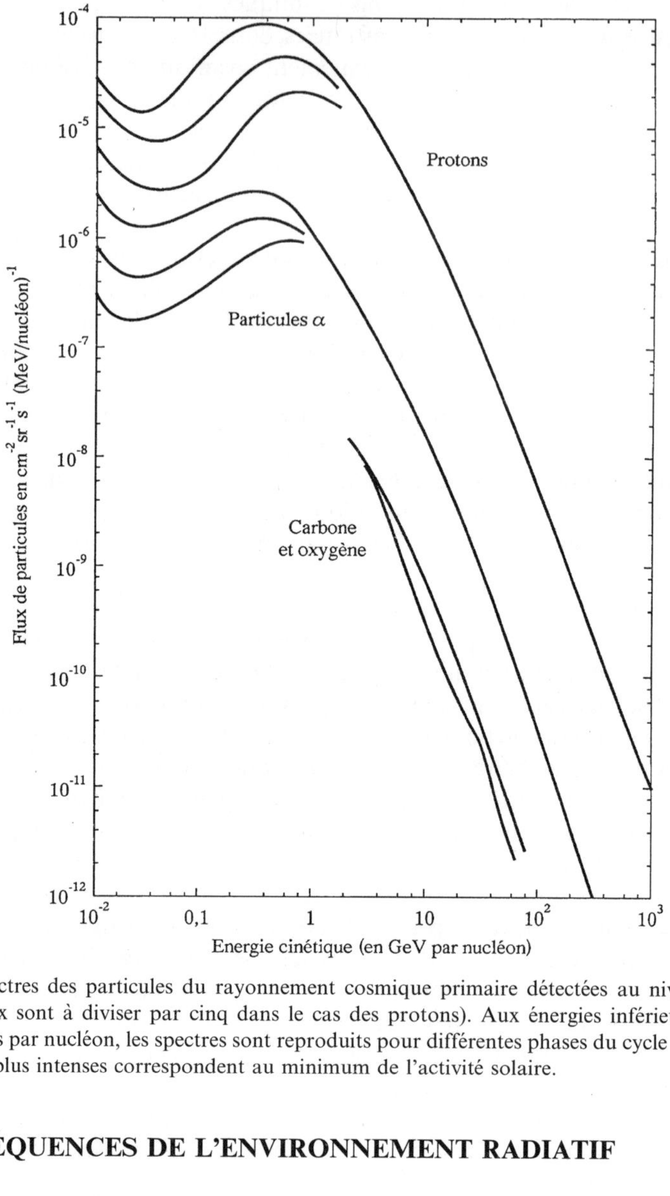

Figure 5.2 Spectres des particules du rayonnement cosmique primaire détectées au niveau de l'orbite terrestre (les flux sont à diviser par cinq dans le cas des protons). Aux énergies inférieures à quelques gigaélectronvolts par nucléon, les spectres sont reproduits pour différentes phases du cycle solaire, sachant que les flux les plus intenses correspondent au minimum de l'activité solaire.

LES CONSÉQUENCES DE L'ENVIRONNEMENT RADIATIF

L'importance des différents types d'orbites

L'environnement radiatif au sein duquel un satellite artificiel est plongé dépend fortement de son orbite. Placé sur une orbite circulaire basse, dont l'apogée se situe à une altitude $z \lesssim 500$ km, un satellite évolue juste en dessous des ceintures de Van Allen. Le satellite en question se trouve également dans une zone où le champ magnétique terrestre le protège des protons cosmiques et solaires d'énergie inférieure à une énergie de coupure E_p qui dépend de la latitude géomagnétique du lieu où il se trouve, comme exprimé plus haut par la relation (1.7). Dans la mesure où l'angle entre l'axe des pôles magnétiques et l'axe de rotation du globe terrestre est assez faible, un satellite en orbite basse est donc soumis à un environnement radiatif d'autant moins intense qu'est petite l'inclinaison de l'orbite, à savoir l'angle θ que fait son plan orbital avec l'équateur terrestre.

Pour peu que la valeur de θ dépasse quelques degrés, le satellite est amené à traverser les régions dominées par l'anomalie sud-Atlantique où il rencontre en abondance un flux de protons dont le spectre s'étend jusque vers 100 MeV. Les satellites placés sur des orbites basses encore plus fortement inclinées sont exposés à des flux élevés de rayons cosmiques qu'ils rencontrent aux hautes latitudes géomagnétiques. Dans le cas où $\theta \approx 90°$, ils sont en plus contraints de traverser les zones de la magnétosphère terrestre considérées comme les sites de pénétration des particules énergétiques du **vent solaire** (voir Figure 5.1).

Un satellite évoluant sur une orbite plus excentrique est quant à lui obligé de traverser régulièrement les zones les plus actives des ceintures de Van Allen, où il est bien sûr exclu de mettre en œuvre un télescope gamma dont les détecteurs seraient totalement saturés. Mais en raison de la deuxième loi de Kepler, un satellite placé sur une orbite très excentrique peut évoluer très longtemps au sein de zones plus calmes, pour peu que l'apogée de son orbite se situe bien au delà des ceintures de Van Allen. Entre deux plongées au sein des ceintures de radiation, on peut ainsi entreprendre de longues périodes d'observation au cours desquelles le télescope est exposé de temps à autre aux particules relâchées par les éruptions solaires et au flux plus faible, mais persistant, de la totalité du rayonnement cosmique primaire qui parvient au niveau de l'orbite terrestre.

En plus des orbites basses équatoriales (donc avec $\theta \approx 0°$), assurément les mieux adaptées du seul point de vue de l'environnement radiatif, les orbites très excentriques recueillent également les faveurs des astronomes gamma, surtout qu'au prix d'une grande inclinaison de l'orbite ($\theta > 60°$) et d'un relèvement de l'altitude z du périgée ($z \gtrsim 15\ 000$ km), on parvient à minimiser l'effet des ceintures de Van Allen. L'orbite géostationnaire se développe à environ 36 000 km de la Terre, donc au delà des zones les plus denses des ceintures externes de radiation. Il s'agit cependant de régions où la densité des électrons piégés par le champ géomagnétique est encore beaucoup trop importante pour que l'orbite géostationnaire soit fréquentée par des véhicules spatiaux portant des télescopes opérant dans le domaine des photons γ.

Les critères qui président au choix d'une orbite où doit évoluer un satellite porteur d'un télescope gamma ne se résument cependant pas toujours à des considérations tenant à la qualité de l'environnement radiatif. C'est ainsi que l'orbite basse équatoriale, la plus favorable de ce seul point de vue, n'est pas sans inconvénient pour un télescope gamma : un télescope opérant en orbite basse se trouve en effet dans l'impossibilité de pointer une source céleste sans qu'elle soit régulièrement occultée par le globe terrestre. Il faut aussi prendre en compte les problèmes posés par la collecte des données recueillies par des télescopes spatiaux opérant en orbite basse[1].

---

[1] Un satellite en orbite basse n'évolue que pendant un laps de temps assez bref en vue d'une même station sol; sauf à disposer de satellites relais, il faut donc enregistrer les données à bord ou multiplier le nombre des stations sol.

Il faut enfin se soumettre au choix des agences spatiales dont la plupart rechignent à développer des lanceurs aptes à placer des satellites sur des orbites qui à l'instar de l'orbite basse équatoriale ne présentent aucun intérêt commercial ou militaire.

Les effets de l'environnement sur les équipements spatiaux

L'environnement radiatif en orbite (Daly, 1988) est en mesure de perturber tous les équipements qui composent un télescope gamma. il peut même endommager d'une manière irréversible les milieux détecteurs ainsi que les circuits électroniques qui en assurent le fonctionnement. Les dommages concernant les circuits électroniques ne sont pas propres aux seuls télescopes gamma; ils affectent en effet tous les équipements embarqués à bord de véhicules spatiaux dont les composants électroniques peuvent être sérieusement dégradés par les rayonnements rencontrés en orbite. Les dégradations en question proviennent soit de l'ionisation induite par toutes les particules chargées[2], soit de l'effet des interactions (déplacements et spallations) mettant en jeu les seuls nucléons.

Lorsqu'une particule ionisante traverse un circuit intégré, que ce soit un microprocesseur ou un élément de mémoire, il peut libérer suffisamment de charges pour faire "sauter" un bit, c'est à dire le faire passer de 0 à 1, un phénomène connu sous la dénomination d'origine anglo-saxonne de "bit-flip". Les logiciels embarqués, aujourd'hui employés massivement pour gérer les équipements spatiaux, sont particulièrement sensibles à ce type d'avatars, en général réversibles. Un autre effet dû à l'ionisation du matériau par une particule chargée, effet désigné lui aussi par une expression d'origine anglo-saxonne (celle de "latch-up"), peut conduire à des effets irréversibles. Le latch-up se caractérise par la création d'une ligne de courant parasite le long de la trajectoire suivie par la particule au sein d'un composant donné, ce qui peut entraîner un claquage suivi de la destruction du composant en question.

D'autres effets apparaissent lorsqu'une particule accélérée peut transférer assez d'énergie aux atomes du milieu pour les déplacer. Il se crée alors des défauts ou des lacunes dans le matériau qui peuvent avoir diverses conséquences selon le type de composants. S'agissant par exemple d'un semi-conducteur, ces défauts se traduisent par un bruit électronique, voire par des pertes d'information. Les défauts en question sont plus ou moins transitoires, un cyclage thermique pouvant dans certains cas les éliminer. La probabilité de créer de tels défauts augmentant lorsque l'énergie de la particule incidente diminue, on comprend mieux le côté particulièrement nuisible des flux intenses de protons de quelques mégaélectronvolts relâchés lors des éruptions solaires.

En fragmentant les noyaux des matériaux où ils se propagent, les protons et noyaux du rayonnement cosmique primaire sont quant à eux susceptibles de produire des noyaux qui du fait de leur faible énergie — et donc de leur fort pouvoir ionisant — déclenchent les effets nuisibles décrits ci-dessus. Et comme les noyaux en

[2] Même dans le cas d'interactions de neutrons, l'ionisation induite par le noyau de recul peut être suffisante pour dégrader un composant électronique.

question sont en général très instables, ils se réorganisent en émettant toute sorte de particules secondaires (photons γ, électrons, positons, neutrons, particules α). Au sein des milieux détecteurs, toutes ces particules secondaires sont susceptibles de simuler l'effet d'authentiques photons γ cosmiques, contribuant à accroître de nouveau le bruit de fond des télescopes gamma en orbite.

L'influence de l'environnement sur le bruit de fond des détecteurs

L'environnement radiatif des satellites submerge donc tout télescope gamma d'un flux de particules aptes à induire au sein des milieux détecteurs un taux de comptage bien plus intense que celui produit par les seuls rayons γ cosmiques. Dès la conception d'un télescope gamma, il est donc impératif de veiller à minimiser la présence au voisinage des détecteurs de tout matériau susceptible d'être activé par les particules cosmiques et donc d'éblouir les détecteurs en question. Évaluer ainsi tous les facteurs qui contribuent au bruit de fond d'un télescope gamma impose de connaître la nature et le flux des particules qu'il rencontrera une fois dans l'espace. On peut alors tenter de prédire quel sera son taux de comptage en orbite, compte-tenu de sa réponse instrumentale et de l'efficacité des dispositifs de blindage.

Il est bien sûr nécessaire de prévoir quelle sera l'évolution de ce bruit de fond tout au long de l'orbite. On pourra ainsi définir les secteurs où il faudra éteindre le télescope afin d'éviter sa saturation sous l'effet des flux excessifs de particules auxquels il sera exposé (au sein des ceintures de Van Allen, par exemple). Une fois en orbite, il s'avère souhaitable de connaître à tout instant l'environnement radiatif du télescope, même quand ce dernier n'est pas en service. Pour ce faire, il convient de monter à bord du véhicule spatial un petit détecteur de particules apte à mesurer les flux les plus intenses. Ainsi renseigné en permanence sur le flux des particules qui baignent le télescope, on évite d'activer ce dernier en présence de flux aussi excessifs qu'inattendus, comme ceux auxquels le satellite est confronté dans les heures et les jours qui suivent une éruption solaire.

COMMENT SE PRÉMUNIR DE L'ENVIRONNEMENT RADIATIF ?

Atténuer les effets indésirables des radiations nuisibles...

Pour un télescope gamma, les radiations "nuisibles" — par opposition aux seuls rayons γ "utiles" issus des sources célestes — constituant l'environnement radiatif des véhicules spatiaux sont la cause principale de perte de sensibilité. Il est donc crucial de prémunir autant que faire se peut les télescopes gamma de l'effet des radiations nuisibles. Le procédé le plus simple consiste à les bloquer par des couches de matériaux denses à numéro atomique élevé, tels que le plomb ou le tungstène. Mais comme il convient aussi de minimiser la masse d'un équipement spatial, ces matériaux doivent être utilisés avec la plus grande parcimonie. De tels blindages sont mis en œuvre sous la forme d'écran de petite taille afin de protéger les composants électroniques les plus sensibles. Ils sont aussi déployés en couches plus minces afin de limiter le champ de vue des télescopes opérant dans la bande des rayons γ de basse énergie.

Une autre méthode consiste à détecter le passage des radiations nuisibles sans chercher à les bloquer. Dans ce but, on enveloppe les couches sensibles du dispositif expérimental par un blindage dit "actif", constitué le plus souvent de scintillateurs censés produire un signal interrompant l'acquisition des données pendant une durée prédéfinie; on évite ainsi de comptabiliser les événements que les radiations nuisibles produisent dans les détecteurs. Cette méthode est compatible avec l'emploi d'équipements moins massifs, un atout majeur s'agissant d'un télescope spatial. Mais ce procédé n'est pas sans inconvénients :

1. Il est inopérant dans le cas où les radiations nuisibles induisent au sein des blindages actifs des effets d'une amplitude inférieure au seuil de détection des scintillateurs qui constituent les blindages en question. C'est par exemple le cas assez fréquent où les radiations nuisibles sont des rayons γ de basse énergie.
2. Comme ils ne bloquent pas toutes les radiations nuisibles, les blindages actifs ne protègent pas les détecteurs et les composants électroniques des éventuelles détériorations que l'environnement radiatif ne manque pas d'y provoquer.
3. Exposés à des radiations nuisibles trop intenses, les blindages actifs produisent des signaux en si grand nombre que l'un d'eux a de bonnes chances d'être généré avant que le précédent ait fini d'interrompre l'acquisition des données, ce qui réduit grandement le temps utile d'observation.
4. Les blindages actifs ne sont pas en mesure de détecter les rayonnements nuisibles émis par les matériaux disposés entre eux-mêmes et les milieux détecteurs (tels que les éléments de structure où les composants électroniques).

Pour pallier ce dernier handicap, qui affecte surtout les appareils opérant dans la bande des rayons γ de basse énergie, on utilise des détecteurs "phoswich" basés sur la mise en œuvre de deux plans scintillateur accolés l'un à l'autre[3] et dont les scintillations sont collectées par un même tube photomultiplicateur. Dans l'exemple schématisé en Figure 5.3, la couche supérieure est un cristal NaI dopé au thallium, tandis que la couche inférieure est un cristal CsI dopé au sodium (Gehrels *et al.*, 1988). En tirant parti du fait que les scintillations produites par les deux cristaux en question décroissent avec des constantes de temps très différentes, on peut déterminer dans quelle couche la scintillation s'est produite, c'est à dire dans quelle couche un rayonnement a interagi.

On ne comptabilise dans un détecteur phoswich que les scintillations produites dans la couche supérieure, celle censée détecter les rayons γ émis par les sources célestes; tous les autres événements sont considérés comme produits par des radiations nuisibles. D'un concept identique au cas général d'un détecteur protégé par un blindage actif, ce procédé présente l'avantage de ne pas impliquer la présence de matériau entre la couche dévolue à la détection des authentiques rayons γ cosmiques

[3] Le montage en question justifie pleinement sa dénomination de phoswich, de l'anglais *phosphor sandwich*, littéralement : "sandwich phosphorescent".

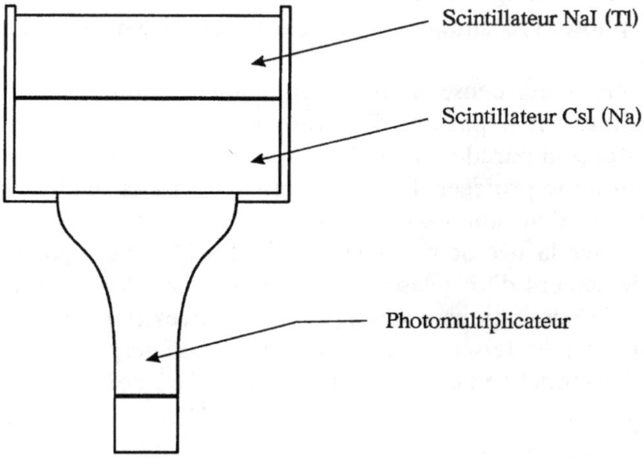

Figure 5.3 Schéma de principe d'un détecteur phoswich. En raison de la transparence des deux scintillateurs, le photomultiplicateur est en mesure de collecter les scintillations produites dans l'une ou l'autre couche.

et celle chargée d'identifier les radiations nuisibles. Les détecteurs phoswich font montre d'un bruit de fond très faible, mais ils ne sont efficaces que dans le cas de photons d'énergie $E_\gamma \lesssim 200$ keV, les spécimens de plus haute énergie ayant une plus grande probabilité d'interagir dans la couche inférieure. Des détecteurs phoswich sont à l'œuvre au sein de l'expérience allemande Hexe montée à bord du module *Kvant* arrimé à la station spatiale russe *Mir* (Reppin *et al.*, 1985).

On peut aussi tenter d'identifier l'origine des événements — événements produits par des authentiques photons γ cosmiques ou événements induits par les radiations nuisibles — en s'appuyant sur les données fournies par les détecteurs eux-mêmes, données qui permettent éventuellement d'éliminer les événements ne portant pas la marque d'un authentique photon γ venant du ciel. Ce procédé n'est efficace que dans le cas où la détection des photons implique la diffusion Compton ou l'effet de paire, deux mécanismes interactifs dont il est possible de reconnaître la signature.

... sans accroître la production de radiations parasites

À force de vouloir réduire le bruit de fond induit par les radiations nuisibles au moyen de blindages, qu'ils soient passifs ou actifs, on est conduit à envelopper les milieux détecteurs d'une quantité de matériau telle que le remède s'avère parfois pire que le mal. Comme évoqué plus haut, en fragmentant les noyaux des milieux où ils se propagent, les protons du rayonnement cosmique primaire produisent des noyaux radioactifs qui se désintègrent parfois très longtemps après avoir été produits. Les radiations secondaires qui en résultent ne sont donc pas systématiquement comptabilisées comme nuisibles. C'est ainsi que les radiations secondaires retardées — celles qui ne sont pas émises pendant l'interruption de prise de données déclenchée par les blindages actifs — sont susceptibles d'être considérés comme d'authentiques photons cosmiques, à moins d'être elles-mêmes détectées par les blindages actifs.

Plus un matériau est dense et plus son numéro atomique est élevé, plus la radioactivité induite par le passage des protons est importante. On se trouve donc confronté à la situation paradoxale où le fait de blinder le plus efficacement possible un détecteur afin de le protéger des radiations nuisibles engendre par radioactivité induite des radiations nuisibles secondaires plus intenses encore. Il est donc indispensable d'optimiser la géométrie et la nature des blindages passifs ou actifs qui ceinturent les détecteurs d'un télescope gamma donné. Cette optimisation peut se faire au moyen de simulations numériques complétées par des étalonnages où le télescope est exposé à des faisceaux de protons dont les énergies sont voisines de ceux qui constituent l'essentiel de l'environnement radiatif où doit évoluer le télescope en question.

SURFACES EXPOSÉES ET FACTEURS DE FORME

Le taux de comptage d'un détecteur (ou d'un blindage actif) plongé dans un flux de particules passantes — c'est à dire aptes à traverser le détecteur sans subir d'interactions autres que la simple ionisation du milieu — est une fonction complexe de la géométrie du détecteur considéré, qui s'exprime toutefois dans certains cas particuliers par une expression analytique simple.

Cas d'un détecteur sphérique

Le taux de comptage dN d'un détecteur infinitésimal de surface $d\vec{S}$, exposé à un rayonnement de flux f_Ω émis par une source étendue contenue dans un angle solide élémentaire $d\Omega$ autour de la direction $\vec{n}$, est défini par l'expression suivante :

$$dN = 2\pi\, f_\Omega d\vec{S} \cdot \vec{n}\; d\Omega \tag{5.2}$$

Dans le cas d'un détecteur sphérique de rayon R exposé à un rayonnement isotrope (une situation ou f_Ω ne dépend pas de θ), l'équation (5.2) s'intègre sans aucune difficulté. En posant $S = \pi R^2$, le taux de comptage N du détecteur en question s'exprime alors comme suit :

$$N = 2\pi S \int_{-\frac{\pi}{2}}^{\frac{\pi}{2}} f_\Omega \sin\theta\; d\theta \quad \text{soit} \quad N = 4\pi f_\Omega S \tag{5.3}$$

Une autre façon d'exprimer le taux de comptage consiste à introduire l'intensité moyenne J définie par la relation suivante :

$$J = 2\pi \int_{-\frac{\pi}{2}}^{\frac{\pi}{2}} f_\Omega \sin\theta\; d\theta \quad \text{soit} \quad J = 4\pi f_\Omega \tag{5.4}$$

Comme la surface d'une sphère $A = 4S$, l'équation établissant le taux de comptage d'un détecteur sphérique exposé à un flux isotrope s'énonce alors de la manière suivante :

$$N = \frac{AJ}{4} \tag{5.5}$$

On exprime aussi la relation (5.4) sous la forme suivante :

$$N = FF \times J \tag{5.6}$$

où FF est dénommé facteur de forme. Dans le cas d'un détecteur sphérique, la relation entre facteur de forme et surface exposée s'exprime donc de la manière suivante :

$$FF = \frac{A}{4} \tag{5.7}$$

Cas d'un détecteur fait d'un disque mince

En désignant par $\vec{S}$ un vecteur perpendiculaire au détecteur et de norme égale à la surface du disque, l'équation (5.2) devient :

$$N = 2\pi \int_{\Omega} f_{\Omega} \vec{S} \cdot \vec{n} \, d\Omega \tag{5.8}$$

En s'en tenant encore au cas d'un rayonnement isotrope où f_{Ω} ne dépend donc pas de θ, l'intégration de l'équation (5.8) s'effectue alors comme établi par l'équation suivante :

$$N = 2\pi S \int_{-\frac{\pi}{2}}^{\frac{\pi}{2}} f_{\Omega} \cos\theta \sin\theta \, d\theta \quad \text{soit} \quad N = 2\pi f_{\Omega} S \tag{5.9}$$

Une autre façon d'exprimer le taux de comptage consiste à introduire la quantité F_P, souvent dénommée éclairement[4], définie comme suit :

$$F_P = 2\pi \int_{-\frac{\pi}{2}}^{\frac{\pi}{2}} f_{\Omega} \cos\theta \sin\theta \, d\theta \quad \text{soit} \quad F_P = 2\pi f_{\Omega} \tag{5.10}$$

Dans la mesure où le rayonnement est isotrope, il éclaire les deux côtés du détecteur : la surface totale exposée est donc $A = 2S$. L'équation qui définit le taux de comptage d'un détecteur fait d'un disque mince exposé à un rayonnement isotrope s'énonce alors de la manière suivante :

$$N = \frac{AF_P}{2} \tag{5.11}$$

[4] En toute rigueur, l'éclairement E d'une surface dS est $E = dP/dS$, où dP est la puissance du rayonnement reçu; F_P est donc l'éclairement divisé par l'énergie moyenne que le rayonnement en question dépose par unité de temps.

En introduisant la notion de facteur de forme, l'équation (5.11) s'exprime aussi de la manière suivante :

$$N = FF \times F_{\mathrm{P}} \tag{5.12}$$

Il en résulte que dans le cas d'un détecteur fait d'un disque mince, la relation entre facteur de forme et surface exposée s'exprime comme suit :

$$FF = \frac{A}{2} \tag{5.13}$$

Cas d'un détecteur fait d'un disque épais

Les relations (5.11) à (5.13) s'appliquent également au cas d'un détecteur fait d'un disque épais, à condition de définir la surface exposée A et le facteur de forme FF de la manière suivante :

$$\begin{aligned} A &= 2S + hP \\ FF &= S + \frac{hP}{2} \end{aligned} \tag{5.14}$$

où h et P sont respectivement l'épaisseur et le périmètre du détecteur en question.

RÉFÉRENCES

Daly, E.J., (1988). *ESA Journal*, 12: 229.

Gehrels, N., Crannel, C.J., Forrest, D.J., Lin, R.P., Orwig, L.E., et Starr, R., (1988). *Solar Physics*, 118: 233.

Reppin, C., Pietsch, W., Trümper, J., Kendziorra, E., et Staubert, R., *in: Non-Thermal and Very High Temperature Phenomena in X-Ray Astronomy*, éd. G.C. Perola et M. Salvati, 1985 (Roma : Istituto Astronomica Roma), 279.

PARTIE 2. LA NATURE DES SOURCES DE RAYONS γ COSMIQUES

6. LA PRODUCTION DES RAYONS γ COSMIQUES

MÉCANISMES À BASE DE RAYONNEMENTS D'ACCÉLÉRATION

Les rayonnements d'accélération

L'électrodynamique quantique nous apprend que toute particule chargée animée d'un mouvement de vecteur accélération non nul produit un rayonnement électromagnétique dont la longueur d'onde est d'autant plus courte que l'énergie de la particule est élevée (Landau et Lifchitz, 1972). Ce rayonnement, dénommé rayonnement d'accélération, est le mode le plus général de production de photons γ à spectres continus. Les particules chargées les plus courantes dans l'univers sont les protons et les électrons. Avec leur masse 1836 fois plus petite que celle des protons, les électrons sont beaucoup plus facilement soumis aux processus d'accélération et de décélération aptes à les faire rayonner. S'agissant d'émettre des photons γ à base d'électrons accélérés ou freinés, le rayonnement d'accélération se manifeste sous les appellations suivantes :

1. *Le Bremsstrahlung et l'effet Compton inverse*, deux mécanismes basés sur la diffusion des électrons, respectivement sur les ions et les photons. Dans le cas d'un électron qui subit une forte décélération lors de sa collision avec un atome, on parle de rayonnement de freinage (également connu sous la dénomination germanique de *Bremsstrahlung*). Il s'agit d'un rayonnement pouvant s'étendre largement au delà de la limite inférieure que nous avons assignée au domaine gamma. De même, par collision avec un photon de basse énergie, un électron énergétique peut lui communiquer par effet Compton une énergie suffisante pour le "muer" en photon γ.
2. *L'effet synchrotron et le rayonnement de courbure*, deux mécanismes liés à la présence d'un fort champ magnétique. Par analogie avec le rayonnement émis par les électrons qui décrivent des trajectoires circulaires à l'intérieur d'un accélérateur de particules — et donc subissent une accélération — on dénomme synchrotron le rayonnement émis par les électrons qui se propagent en spirale autour des lignes du champ magnétique lié à certains objets célestes. Quant au rayonnement de courbure, il est produit par des électrons qui se propagent dans les champs magnétiques intenses que l'on rencontre auprès de certains astres. Les électrons en question sont astreints à suivre les lignes du champ, ce qui courbe leur trajectoire : même si son module n'évolue pas d'une manière sensible, leur vecteur vitesse change de direction. les électrons rayonnent alors des photons pouvant tomber dans le domaine gamma.

La production de photons γ cosmiques par Bremsstrahlung

Comme évoqué ci-dessus, un rayonnement de freinage (ou Bremsstrahlung) est émis lorsqu'un électron est freiné du fait de sa collision avec un atome ou un ion. S'agissant de la production de photons γ cosmiques, le Bremsstrahlung est à l'œuvre dans les sites suivants :

1. Le milieu interstellaire, lors de l'interaction des électrons du rayonnement cosmique avec les atomes ou les ions de la matière interstellaire.
2. Les plasmas portés à haute température (température électronique $T_e \sim 10^9$–10^{10} K), où les électrons accélérés par agitation thermique peuvent acquérir une énergie suffisante pour créer des photons γ par collisions avec les ions, les électrons et éventuellement les positons confinés dans le plasma.

Quelques formules utiles

La section efficace de création par Bremsstrahlung d'un photon γ d'énergie E_γ par un électron d'énergie totale (somme de l'énergie cinétique et de l'énergie de masse) E_e au voisinage d'un noyau comportant Z protons s'exprime par l'équation suivante (Rossi, 1956) :

$$\sigma(E_e, E_\gamma) = \frac{4}{137} Z^2 r_e^2 F(E_e, \eta) \frac{dE_\gamma}{E_\gamma} \qquad (6.1)$$

où r_e est le rayon classique de l'électron, $\eta = E_\gamma / E_e$, tandis que $F(E_e, \eta)$ est défini par l'expression suivante :

$$F(E_e, \eta) = \left[1 + (1-\eta)^2 - \frac{2}{3}(1-\eta)\right]\left[\ln\left(\frac{2E_e}{m_e c^2}\frac{1-\eta}{\eta}\right) - \frac{1}{2}\right] \qquad (6.2)$$

où m_e est la masse de l'électron et c la célérité de la lumière. La relation (6.2) s'applique lorsque l'atome est totalement ionisé, ou lorsque l'on peut négliger l'écrantage du champ du noyau par les électrons périphériques, c'est à dire quand la condition suivante est satisfaite :

$$E_e \ll 100 m_e c^2 \frac{\eta}{1-\eta} Z^{-\frac{1}{3}} \qquad (6.3)$$

Dans le cas contraire, $F(E_e, \eta)$ est défini par l'expression suivante :

$$F(E_e, \eta) = \left[1 + (1-\eta)^2 - \frac{2}{3}(1-\eta)\right] \ln\left(183 Z^{-\frac{1}{3}}\right) + \frac{1}{9}(1-\eta) \qquad (6.4)$$

Si on veut prendre aussi en compte le Bremsstrahlung induit par freinage sur les électrons du cortège atomique de l'atome, il suffit de remplacer Z^2 par $Z(Z+1)$ dans l'expression (6.1).

S'il s'agit d'électrons relativistes du rayonnement cosmique interagissant avec le milieu interstellaire, le nombre de photons γ d'énergie E_γ émis par Bremsstrahlung est fourni par l'équation suivante :

$$q_\gamma = 4{,}7\,10^{-25} n_i \frac{J_e(E_\gamma)}{E_\gamma} \text{ cm}^{-3} \text{ s}^{-1} \text{ MeV}^{-1} \quad (6.5)$$

où n_i est la densité volumique du milieu interstellaire en protons par centimètre cube, tandis que le flux d'électrons $J_e(E_\gamma)$ est défini par l'expression suivante :

$$J_e(E_\gamma) = \int_{E_\gamma}^{\infty} N_e(E) dE \text{ cm}^{-2} \text{ s}^{-1} \text{ sr}^{-1} \quad (6.6)$$

Si le spectre des électrons d'énergie supérieure à E_γ est assimilable à une loi de puissance de la forme $N_e(E) \propto E^{-\alpha}$, ce qui est le cas des électrons de haute énergie du rayonnement cosmique, le spectre des photons γ ainsi émis par Bremsstrahlung est également assimilable à loi de puissance avec le même indice spectral α.

S'il s'agit par contre d'électrons thermiques confinés dans un plasma chaud de température électronique T_e, la quantité d'énergie qu'ils rayonnent sous forme de photons γ de basse énergie est fourni par l'équation suivante (d'après Frank *et al.*, 1985) :

$$q_\gamma = 1{,}3\,10^{-18} n_i n_e T_e^{-1/2} e^{\left(-\frac{E_\gamma}{kT_e}\right)} \text{ erg cm}^{-3} \text{ s}^{-1} \text{ MeV}^{-1} \quad (6.7)$$

où n_i est la densité des ions et n_e celle des électrons. Comme une distribution de type Maxwell-Boltzmann s'établit plus rapidement au sein des électrons qu'au sein des ions, la formule (6.7) est en général encore valable même lorsque le plasma n'est pas en équilibre thermodynamique.

La production de photons γ cosmiques par effet Compton inverse

Ce mécanisme se rencontre dans les mêmes sites cosmiques que ceux propices au Bremsstrahlung, à savoir :

1. Le milieu interstellaire, où l'effet Compton inverse met en œuvre les électrons ultra-relativistes du rayonnement cosmique interagissant avec des photons de basse énergie. Supposons par exemple qu'un électron d'énergie totale E_0 heurte un photon d'énergie ϵ. Dans le référentiel de l'électron, l'énergie du photon après diffusion est de l'ordre de $\gamma\ \epsilon$ avec $\gamma = E_e/m_e c^2$ (m_e étant la masse de l'électron et c la célérité de la lumière), tandis que dans le référentiel du laboratoire, l'énergie du photon devient $E_\gamma \approx \gamma^2 \epsilon$ si $\gamma^2 \epsilon < E_e$. C'est ainsi que par interaction Compton inverse avec un électron dont l'énergie $E_e = 1$ GeV ($\gamma = 2000$), un photon du domaine visible, de longueur d'onde 4000 Å et d'énergie $\epsilon = 3$ eV, se mue en un photon γ dont l'énergie $E_\gamma \sim 12$ MeV.
2. Les plasmas portés à haute température, où le photon peut se retrouver avec une énergie comparable à l'énergie initiale de l'électron.

Quelques formules utiles

Quand $\gamma^2 \epsilon \ll m_e c^2$, la valeur asymptotique de la section efficace de diffusion Compton σ_C d'un électron d'énergie E_e sur un photon d'énergie ϵ est (d'après Lang, 1980) :

$$\sigma_C \rightarrow \sigma_T = \frac{8}{3}\pi r_e^2 \tag{6.8}$$

où σ_T est la section efficace de Thomson (σ_T = 6,65 10^{-25} cm^2) et r_e le rayon classique de l'électron. Par contre, quand $\gamma^2\epsilon \gg m_e c^2$, la valeur asymptotique de la section efficace de diffusion Compton s'exprime par l'équation suivante :

$$\sigma_C = \frac{3}{8}\sigma_T \frac{m_e c^2}{\gamma\epsilon}\left[\frac{1}{2} + \ln\left(\frac{2\gamma\epsilon}{m_e c^2}\right)\right] \tag{6.9}$$

Dans l'hypothèse déjà avancée ci-dessus où le spectre des électrons est assimilable à une loi de puissance de la forme $N_e(E) \propto E^{-\alpha}$, on peut montrer que le spectre des photons γ émis par effet Compton inverse est lui aussi assimilable à une loi de puissance, mais avec cette fois un indice spectral $\beta = (\alpha + 1)/2$.

L'effet Compton inverse actif au sein d'un plasma à haute température met en œuvre les électrons confinés dans le plasma. Si U est la densité d'énergie du champ de rayonnement, un électron non relativiste d'énergie E_e subit au cours du temps une perte d'énergie qui s'exprime par la relation suivante :

$$\frac{dE}{dt} \approx \frac{8}{3}\sigma_T U \frac{E_e}{m_e c} \text{ erg s}^{-1} \tag{6.10}$$

La quantité d'énergie rayonnée sous forme de photons γ par effet Compton inverse s'exprime alors par l'équation suivante :

$$q_\gamma = \frac{8}{3}\sigma_T U \frac{E_e}{m_e c} n_e(E_e) \text{ erg cm}^{-3}\text{ s}^{-1}\text{ MeV}^{-1} \tag{6.11}$$

où $n_e(E_e)$ est la densité d'électrons dont l'énergie comprise entre E_e et $E_e + dE_e$. S'agissant d'un plasma très chaud, peu dense et baignant dans un flux intense de photons, l'effet Compton inverse se présente comme le mécanisme dominant quant à la production de photons γ de basse énergie.

La production de photons γ cosmiques par effet synchrotron

Un électron (ou un positon) non relativiste d'énergie E_0 qui décrit une trajectoire en spirale autour des lignes de force d'un champ magnétique $\vec{B}$ émet un rayonnement électromagnétique à la fréquence de Larmor ν_L , exprimée par l'équation suivante :

$$\nu_L = \frac{eB}{m_e c} \tag{6.12}$$

où m_e et e sont respectivement la masse et la charge de l'électron et c la célérité de la lumière. Quand la vitesse de l'électron s'accroît, celui ci, devenant de plus en plus relativiste, émet d'abord un rayonnement monochromatique à la fréquence $\nu = \gamma\nu_L$ (avec $\gamma = E_e/m_e c^2$), puis un rayonnement à spectre continu à l'intérieur d'un cône étroit axé sur le vecteur vitesse de la particule. Les champs magnétiques que l'on rencontre dans la magnétosphère de certains pulsars sont assez intenses pour que les mécanismes de nature synchrotron qui y sont à l'œuvre produisent des rayonnements tombant dans le domaine gamma.

Quelques formules utiles

L'intensité du rayonnement continu de nature synchrotron émis par un électron d'énergie totale $E_e = \gamma\, m_e\, c^2$, évoluant dans un champ magnétique uniforme $\vec{B}$, et dont le vecteur vitesse fait un angle θ avec la direction des lignes de champ, s'exprime par l'équation suivante :

$$I_\gamma(E_\gamma) = \frac{\sqrt{3}e^3}{m_e c^2}\frac{B\sin\theta}{E_C} n_e(E)_e \int_{\frac{E_\gamma}{E_C}}^{\infty} K_{5/3}(\nu)d\nu \ \mathrm{cm^{-2}\, s^{-1}\, MeV^{-1}} \qquad (6.13)$$

où $n_e(E_e)$ est la densité d'électrons ayant un vecteur vitesse parallèle à la ligne de visée et une énergie comprise entre E_e et $E_e + dE_e$, $K_{5/3}$ une fonction de Bessel modifiée du deuxième type, tandis que E_C est défini par l'équation suivante :

$$E_C = \frac{3heB\sin\theta}{4\pi m_e c}\left(\frac{E_e}{m_e c^2}\right)^2 \qquad (6.14)$$

où h est la constante de Planck. L'intensité du rayonnement de nature synchrotron à spectre continu exprimée par l'équation (6.13) passe par un maximum à l'énergie E_M définie par l'expression suivante :

$$E_M = 5B_{12}\left(\frac{\gamma}{10^3}\right)^2 \sin\theta \ \mathrm{GeV} \qquad (6.15)$$

où B_{12} est l'intensité du champ magnétique exprimée en unité de 10^{12} gauss. Comme dans le cas de l'émission par effet Compton inverse (voir ci-dessus), en supposant que le spectre des électrons est assimilable à une loi de puissance de la forme $N_e(E) \propto E^{-\alpha}$, on peut montrer que le spectre des photons γ émis par effet synchrotron est également assimilable à une loi de puissance d'indice spectral $\beta = (\alpha + 1)/2$.

La production de photons γ cosmiques par rayonnement de courbure

Ce mécanisme est surtout à l'œuvre dans les magnétosphères de certains pulsars où règne un champ magnétique intense. Contraintes de suivre les lignes de champ, les particules qui suivent alors des trajectoires courbes sont donc amenées à rayonner. Des électrons ultra-relativistes sont ainsi susceptibles d'émettre par rayonnement de courbure un faisceau de photons γ collimaté le long de leur direction de propagation.

Une formule utile

Un électron d'énergie totale $E_e = \gamma\, m_e\, c^2$, se propageant au sein d'un champ magnétique $\vec{B}$ le long d'une ligne de champ de rayon de courbure ρ exprimé en centimètre, émet un rayonnement centré autour d'une énergie caractéristique E_γ définie par l'expression suivante :

$$E_\gamma = 0,3\left(\frac{\gamma}{10^7}\right)^3\left(\frac{\rho}{10^8}\right)^{-1} \ \mathrm{GeV} \qquad (6.16)$$

MECANISMES D'ÉMISSION DES RAIES GAMMA NUCLÉAIRES

Alors que les mécanismes électromagnétiques détaillés plus haut sont à l'origine de la plupart des émissions à spectres continus observées dans le domaine gamma, des mécanismes mettant en jeu les forces nucléaires sont à même de peupler les niveaux excités des noyaux atomiques dont les désexcitations produisent des émissions quasi monochromatiques : les raies gamma nucléaires.

À la suite de désintégrations de radionucléides

La stabilité d'un noyau atomique, constitué de nucléons (protons et neutrons) résulte de la compétition entre la force forte qui "colle" les nucléons les uns aux autres et la force électromagnétique qui a tendance à repousser les protons les uns des autres. Lorsqu'ils présentent un surplus de protons ou de neutrons, les noyaux d'un nucléide X sont instables : ils se désintègrent alors pour former les noyaux d'un nouveau nucléide Y. Cette désintégration s'assortit en général de l'émission d'un rayonnement électromagnétique de haute énergie (photon γ) et de particules animées de vitesses élevées.

De telles désintégrations s'effectuent suivant une loi qui stipule que s'agissant d'un milieu contenant N_0 noyaux du nucléide X à la date 0, le nombre N de noyaux du nucléide X restant à la date t décroît d'une manière exponentielle. On appelle durée de vie (ou vie moyenne) du nucléide X la constante τ définie par la relation suivante :

$$N = N_0 e^{-\frac{t}{\tau}} \tag{6.17}$$

La durée T au bout de laquelle la moitié des noyaux d'un nucléide X s'est désintégrée, dénommée (très improprement) période radioactive ou demi-vie, est fournie par l'équation suivante :

$$\frac{N_0}{2} = N_0 e^{-\frac{T}{\tau}} \tag{6.18}$$

ce qui implique $T = \tau \ln 2$ soit $T = 0{,}693147\tau$. Les durées de vie des nucléides dits radioactifs (ou radionucléides) valent d'une fraction de seconde à plusieurs millions d'années.

La désintégration des nucléides X trop riches en neutrons s'effectue par la transformation dans le noyau d'un neutron en proton. Ce phénomène (dénommé radioactivité β^-) s'accompagne de l'émission d'un électron ${}_{-1}^{0}e$ (ou particule β^-) et d'un antineutrino selon la réaction suivante :

$${}_{Z}^{A}X \rightarrow {}_{Z+1}^{A}Y + {}_{-1}^{0}e + {}_{0}^{0}\bar{\nu} \tag{6.19}$$

Dans le cas contraire des nucléides présentant un excès de protons, la désintégration s'effectue par la transformation d'un proton en neutron. Ce phénomène (dénommé radioactivité β^+) s'accompagne de l'émission d'un positon ${}_{1}^{0}e$ (ou particule β^+) et d'un neutrino ν selon la réaction suivante :

$${}_{Z}^{A}X \rightarrow {}_{Z-1}^{A}Y + {}_{1}^{0}e + {}_{0}^{0}\nu \tag{6.20}$$

Les nucléides dont le numéro atomique Z est élevé peuvent également se désintégrer en relâchant un noyau d'hélium ${}^4_2$He (ou particule α). Ce phénomène (dénommé radioactivité α) s'effectue selon la réaction suivante :

$$ {}^A_Z X \rightarrow {}^{A-4}_{Z-2} Y + {}^4_2\mathrm{He} \tag{6.21} $$

Si le nucléide "fils" est lui-même instable, il se désintègre en un troisième nucléide pouvant à son tour se désintégrer, la chaîne de réactions continuant ainsi jusqu'à atteindre un nucléide stable. Le plus souvent, les noyaux des nucléides fils issus des désintégrations α, β^- et β^+ se retrouvent dans des états nucléaires excités.

Par retour à l'état fondamental, les noyaux en question émettent alors des raies gamma de désexcitation. Le spectre en énergie de ces émissions est un spectre de raies que l'on peut comparer à celui des émissions qui résultent des transitions entre les niveaux d'énergie de l'atome, à la différence que les écarts en énergie entre les niveaux sont de l'ordre de l'électronvolt dans le cas des atomes et de l'ordre du mégaélectronvolt dans celui des noyaux. À noter (voir section suivante) que les positons émis lors des désintégrations β^+ peuvent également susciter une émission de raie gamma (raie d'annihilation à 511 keV).

Comme détaillé au chapitre 10, des nucléides radioactifs sont synthétisés tout au long de l'évolution des étoiles. Cette nucléosynthèse se produit soit lors des phases d'équilibre hydrostatique, soit lors des phases explosives, que ces dernières marquent le terme des étoiles les plus massives (supernovas de type II et de type Ib), ou qu'elles ponctuent l'évolution d'étoiles de plus petite masse en système double (novas et supernovas de type Ia).

À la suite de collisions impliquant des noyaux

Lorsque des protons accélérés à haute énergie interagissent avec des noyaux d'atomes au repos, ils peuvent leur céder une énergie telle que ces noyaux se retrouvent également dans des états nucléaires excités. Toujours par retour à l'état fondamental, les noyaux en question émettent à leur tour des raies gamma de désexcitation. La collision inverse, où un noyau atomique accéléré heurte un proton ou une particule α (un noyau d'hélium) initialement au repos, se traduit aussi par l'émission de raies gamma de désexcitation.

Dans les deux cas, les raies gamma ainsi produites sont plus ou moins élargies par l'**effet Doppler** dû aux mouvements des noyaux excités. Dans le premier cas, où les particules cible sont des noyaux au repos, ces derniers sont mis en mouvement du fait même de la collision, tandis que dans le deuxième cas, où les cibles sont des protons ou des particules α au repos, les noyaux étaient déjà en mouvement avant les collisions excitatrices. Des raies fines peuvent néanmoins apparaître lorsque les noyaux cible sont piégés dans une structure plus massive, comme par exemple ceux qui se trouvent au sein de grains interstellaires bombardés par les protons du rayonnement cosmique (Lingenfelter et Ramaty, 1977).

Les collisions entre protons énergétiques et noyaux au repos, tout comme les interactions inverses, peuvent également conduire à des réactions de spallation au cours desquelles la fragmentation des noyaux impliqués génère de nouveaux noyaux et des neutrons. Les nucléides ainsi créés sont en général instables et se désintègrent comme décrit ci-dessus. Les noyaux des nucléides radioactifs produits par de telles collisions se retrouvant tout naturellement animés de vitesses élevées, les raies gamma qui sont alors produites sont élargies par **effet Doppler**, sauf si la durée de vie de ces nucléides radioactifs est assez longue pour que les noyaux soient fortement freinés avant de se désintégrer.

À la suite de captures de neutrons

Quand un milieu cible est soumis à un flux intense de neutrons, ces derniers sont susceptibles d'être capturés par les noyaux des nucléides qui constituent le milieu en question. Les noyaux des nouveaux nucléides ainsi formés, variétés isotopiques des nucléides du milieu cible, se retrouvent dans des états excités. Ils se désexcitent donc en émettant une ou plusieurs raies gamma nucléaires. Afin qu'elles soient assez intenses pour qu'on puisse les détecter, ces raies gamma doivent être produites dans un milieu à la fois assez dense pour favoriser les captures neutroniques, tout en étant assez dilué pour que les photons γ puissent s'en échapper. Comme détaillé au chapitre 11, la **photosphère solaire** remplit ces conditions : des raies gamma résultant de captures neutroniques ont été effectivement détectées lors d'éruptions solaires.

ANNIHILATION ET DÉCROISSANCE DE PARTICULES

Annihilation matière-antimatière

Au début des années soixante-dix, alors que certains astrophysiciens exploraient des modèles d'univers constitués à part égale de matière et d'antimatière, on se tourna vers l'astronomie gamma afin de détecter les flots de photons γ que devraient émettre en abondance les zones du cosmos où matière et antimatière seraient en contact. Bien que les développements ultérieurs de la physique des particules et de la cosmologie aient ruiné cette hypothèse[1], les processus qui conduisent à des productions massives d'antiparticules dans un univers exclusivement composé de matière sont suffisamment prolifiques pour que l'annihilation d'une particule avec son antiparticule compte parmi les plus féconds des mécanismes émissifs de photons γ cosmiques.

Annihilation électron-positon

Les mécanismes susceptibles de produire des positons (l'antiparticule de l'électron) sont si actifs dans l'univers que l'étude de la raie d'annihilation électron-positon est

[1] Aux tout premiers instants de l'univers, la baryosynthèse, c'est à dire la mise en place des éléments constitutifs des nucléons, se serait accompagnée d'une sorte de perte de symétrie dont le résultat serait un colossal excès de matière.

l'un des sujets phares de l'astronomie gamma. Parmi les processus les plus prolifiques, citons la radioactivité β^+, évoquée ci-dessus, ainsi que la décroissance des pions π^+ engendrés par les chocs inélastiques des protons du rayonnement cosmique avec les atomes du milieu interstellaire. Des annihilations massives de positons se produisent également au sein des plasmas dont la température est telle qu'il s'y établit des relations d'équilibre du type $\gamma + \gamma \rightleftarrows e^- + e^+$ entre photons γ énergétiques et paires électron-positon.

En général, les positons ne peuvent pas s'annihiler aux énergies auxquelles ils sont produits (quelques centaines de kiloélectronvolts jusqu'à quelques dizaines de mégaélectronvolts). Ils sont d'abord "thermalisés", c'est à dire ralentis jusqu'à l'énergie thermique des électrons du milieu ambiant, avec lesquels ils vont pouvoir s'annihiler. L'annihilation peut alors s'effectuer directement, produisant deux photons γ de 511 keV chacun. Toutefois, quand la température T du milieu n'est pas trop élevée ($T < 10^6$ K), l'électron et le positon peuvent s'associer pour former un système de deux particules analogue à l'atome d'hydrogène : le positonium (Ps).

Le positonium se forme par échange de charge avec un atome ou une molécule du milieu de type $e^+ + H_2 \rightarrow Ps + H_2^+$, ou par recombinaison radiative de type $e^+ + e^- \rightarrow Ps + photon$. Dans 25% des cas, le positonium est formé à l'état singulet (état quantique de spin $^1S_0$ ou para-positonium) qui s'annihile en un peu plus de 10^{-10} s en deux photons gamma de 511 keV chacun. Sinon, dans 75% des cas, le positonium se forme à l'état triplet (état quantique de spin $^3S_1$ ou ortho-positonium) qui lui s'annihile au bout de 1,5 10^{-7} s en trois photons γ dont les énergies sont inférieures à 511 keV, la somme des énergies des trois photons en question étant égale à 1,022 MeV. La Figure 6.1 montre le spectre des photons γ ainsi produits par annihilation à trois photons γ.

Quelques formules utiles

Lorsque le positon d'énergie totale E_e est non relativiste, la section efficace d'annihilation directe électron-positon σ_A est défini par la relation suivante :

$$\sigma_A = \frac{3}{8}\frac{\sigma_T}{\sqrt{\gamma^2 - 1}} \tag{6.22}$$

où σ_T est la section efficace de Thomson et $\gamma = E_e m_e c^2$. Par contre, lorsque le positon est ultra-relativiste, la section efficace d'annihilation électron-positon est alors fournie par l'expression suivante (Stecker, 1975) :

$$\sigma_A = \frac{3}{8}\sigma_T\left[\frac{\ln(2\gamma) - 1}{\gamma}\right] \tag{6.23}$$

Cette section efficace implique un libre parcours moyen exprimé par l'équation suivante :

$$\lambda_A = 3280\left(\frac{n_e}{10^{-2}}\right)^{-1}\left(\frac{\gamma}{100}\right)\left[\frac{\ln(2\gamma) - 1}{4,3}\right]^{-1} \text{Mpc} \tag{6.24}$$

où n_e est la densité électronique du milieu, exprimée en particule par centimètre cube. Dans le milieu interstellaire, le libre parcours moyen est si grand ($\lambda \sim 5500$ Mpc

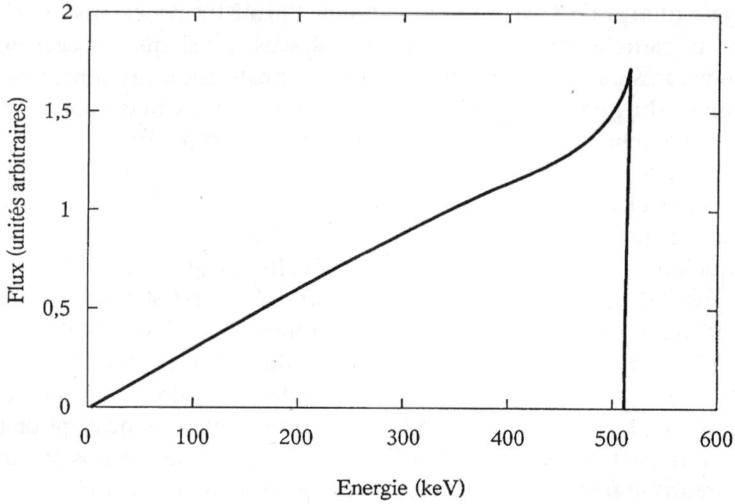

Figure 6.1 Spectre des photons γ produits par l'annihilation à trois photons de l'ortho-positonium (d'après Ore et Powell, 1949).

pour un positon de 100 MeV) que les positons ont largement le temps d'être ralentis avant de pouvoir s'annihiler; la raie d'annihilation à 511 keV qu'ils produisent n'est que très modérément élargie par **effet Doppler**.

La situation est bien différente dans les plasmas confinés auprès de certains astres effondrés. Au sein de ces milieux, la densité électronique peut en effet atteindre 10^{20} particules par centimètre cube, alors que l'énergie moyenne par positon n'est que de l'ordre de 50 à 100 keV. Le libre parcours moyen est alors défini par la relation suivante :

$$\lambda_A \approx \frac{0,6}{n_e \sigma_T} \quad \text{soit} \quad \lambda_A \approx 9\,10^3 \left(\frac{n_e}{10^{20}}\right)^{-1} \text{cm} \tag{6.25}$$

Le libre parcours moyen est donc bien inférieur aux dimensions de la zone où les paires sont confinées (voir chapitre 8). Ainsi contraintes de s'annihiler dans un plasma aussi chaud, les paires électron-positon contribuent à former une raie d'annihilation à 511 keV fortement élargie par l'**effet Doppler** dû à l'agitation thermique des particules. Lorsque la température électronique du milieu s'élève au delà de 10^{10} K, la largeur de la raie est telle qu'elle se confond avec le spectre continu sous-jacent.

Annihilation proton-antiproton

Dans un univers de matière, on peut également envisager des mécanismes de nature à créer des antiprotons, mais dans la mesure où ces processus requièrent de bien plus grands transferts d'énergie que ceux aptes à produire des positons, les antiprotons cosmiques sont donc considérablement moins abondants. Citons pour mémoire les antiprotons du rayonnement cosmique, créés lors des collisions des protons du rayonnement cosmique avec la matière interstellaire. Quand ils interagissent à leur tour avec la matière interstellaire, les antiprotons du rayonnement cosmique génèrent, tout comme les protons (voir plus bas), une kyrielle de particules instables dont certaines décroissent en formant des photons γ de haute énergie. Mais en raison de la très faible abondance relative des antiprotons en question, le rayonnement gamma qu'ils induisent est tout à fait négligeable comparé à celui dû aux protons du rayonnement cosmique.

Décroissance des particules issues des interactions de rayons cosmiques

C'est l'un des mécanismes les plus prolifiques pour produire des photons γ cosmiques de haute énergie. Les chocs inélastiques des protons du rayonnement cosmique avec les atomes du milieu interstellaire (interactions *p–p*) engendrent en effet de nombreuses particules secondaires instables, telles que les mésons (pions et kaons) et les hypérons. La décroissance de certaines de ces particules est susceptible de produire des photons γ de haute énergie, à commencer par la décroissance électromagnétique des pions π^0, les plus abondantes des particules secondaires produisant des photons γ. La décroissance des pions π^0 suit le cheminement suivant :

$$\pi^0 \rightarrow \gamma + \gamma \tag{6.26}$$

La création de pions π^0 par interactions *p–p* requiert des protons du rayonnement cosmique dont l'énergie est supérieure à une énergie seuil E_S définie par l'expression suivante :

$$E_S = m_p c^2 + 2 m_\pi c^2 \left(1 + \frac{m_\pi}{4 m_p}\right) \quad \text{soit} \quad E_S \approx 1,2 \text{ GeV} \tag{6.27}$$

où c est la célérité de la lumière, m_p la masse du proton et m_π la masse du pion π^0 ($m_\pi = 134{,}972$ MeV).

Les interactions mettant en jeu les particules α (noyaux d'hélium) du rayonnement cosmique (interactions p–α), ainsi que celles impliquant des atomes d'hélium du milieu interstellaire (interactions α–p), produisent elles aussi des photons γ comme décrit ci-dessus. Compte-tenu de la prééminence du processus de décroissance décrit par l'équation (6.26), le spectre des photons γ issus des interactions du rayonnement cosmique avec la matière interstellaire passe par un maximum à une énergie E_γ^π définie par l'expression suivante :

$$E_\gamma^\pi = \frac{m_\pi}{2} c^2 \quad \text{soit} \quad E_\gamma^\pi \approx 70 \text{ MeV} \tag{6.28}$$

RÉFÉRENCES

Frank, J., King, A.R., et Raine, D.J., (1985). *Accretion Power in Astrophysics* (Cambridge: Cambridge University Press).

Landau, L., et Lifchitz, E., (1972). *Théorie Quantique Relativiste* (Moscou : Editions Mir).

Lang, K.R., (1980). *Astrophysical Formulæ*, 2ème édition (Berlin: Springer Verlag).

Lingenfelter, R.E., et Ramaty, R., (1976). *Astrophys. J.*, 211: L19.
Ore, A., et Powell, J.L., (1949). *Phys. Rev.*, 75: 1696.
Rossi, B., (1956). *High Energy Particles* (Englewood Cliffs: Prentice Hall, Inc).
Stecker, F.W., (1975). *Origin of Cosmic Rays* (Dordrecht: Reidel).

POUR EN SAVOIR PLUS

Nous recommandons de consulter les ouvrages classiques de Landau et Lifchitz, de Rossi et de Stecker dont les références sont mentionnées ci-dessus.

7. LES INTERACTIONS DES RAYONS γ COSMIQUES

Les mécanismes actifs à l'œuvre dans les détecteurs gamma, à savoir l'absorption photoélectrique, la diffusion Compton et l'effet de paire, le sont également dans les différents milieux célestes au sein desquels les photons γ cosmiques se propagent avant d'être détectés. En dépit du grand pouvoir de pénétration des rayons γ, ces mécanismes ont parfois pour effet de modifier plus ou moins profondément le spectre du rayonnement gamma émis par les sources célestes. Les trois effets en question ayant déjà été décrits au chapitre 2, nous n'abordons ici que leurs principales implications astrophysiques.

L'ABSORPTION PHOTOÉLECTRIQUE

Les milieux au sein desquels les photons γ cosmiques se propagent sont principalement constitués d'hydrogène. L'absorption photoélectrique intervient donc fort peu dans le cas de photons dont l'énergie est supérieure à quelques dizaines de kiloélectronvolts. Contrairement à ce qui se passe dans la bande des photons X de basse énergie, l'absorption photoélectrique n'est donc pas un phénomène prépondérant dans le domaine gamma, même dans la bande des basses énergies. Ce pouvoir de pénétration permet donc d'étudier certains astres enfouis au sein de milieux où seul le rayonnement gamma peut se propager sans être altéré. C'est ainsi que les photons γ d'énergie supérieure à 100 keV traversent sans interagir les **vents stellaires** les plus denses.

LA DIFFUSION COMPTON

Comme décrit ci-avant (voir chapitre 6), l'effet Compton joue un rôle majeur comme mécanisme émissif de photons γ de basse énergie au sein de certains milieux chauds — à température électronique $T_e \gtrsim 10^9$ K — où les électrons cèdent par effet Compton inverse une partie de leur énergie à des photons ambiants qui se retrouvent ainsi dans le domaine gamma. S'agissant maintenant des mécanismes aptes à perturber le rayonnement gamma de basse énergie, la faible **métallicité** des milieux où se propagent les photons γ cosmiques, si elle désavantage l'absorption photoélectrique, favorise au contraire les processus interactifs impliquant la diffusion Compton.

La comptonisation

Il s'agit du mécanisme à l'œuvre dans un milieu fortement diffusif faisant écran à la propagation des photons γ. Le spectre des photons est alors plus ou moins profondément altéré par les diffusions multiples qu'ils subissent dans le milieu en question au point que le spectre émergeant s'avère parfois très différent du spectre source. Ce phénomène, dit de "comptonisation", a été modélisé analytiquement dans la bande des rayons X durs et des rayons γ de très basse énergie par Sunyaev et Titarchuk (1980). Le modèle de Sunyaev et Titarchuk (dénommé ci-après modèle ST) s'applique au cas de milieux écran à géométrie simple, comme une sphère ou un disque, et dont la température électronique T_e est telle que $T_e \lesssim 10^8$ K.

Puisqu'il s'agit d'un milieu que l'on peut qualifier de froid, la section efficace Compton est alors constante et égale à la section efficace de Thomson σ_T. Deux paramètres clés régissent le processus de comptonisation dans le modèle ST : le paramètre x fournit l'énergie à partir de laquelle la diffusion Compton domine, tandis que le paramètre y, dénommé également paramètre de comptonisation, représente l'ampleur de l'échange d'énergie entre les photons et les électrons. Les paramètres x et y s'expriment par les équations suivantes :

$$x = \frac{h\nu_c}{kT_e} \tag{7.1}$$

$$y = \frac{\Delta E}{E} n_D \quad \text{soit} \quad y = \frac{4kT_e}{m_e c^2} \max(\tau, \tau^2) \tag{7.2}$$

où h et k sont respectivement les constantes de Planck et de Boltzmann, m_e la masse de l'électron, c la célérité de la lumière, $\Delta E/E$ la variation relative moyenne d'énergie des photons à chaque diffusion, n_D le nombre moyen de diffusions, τ la profondeur optique du milieu diffusif, tandis que la fréquence ν_C correspond à l'énergie E_C pour laquelle $y = 1$, c'est à dire telle que :

$$\max[\tau(E_C),\ \tau^2(E_C)] = \frac{m_e c^2}{4kT_e} \tag{7.3}$$

Selon les valeurs respectives de x et y, les situations suivantes peuvent alors se présenter :

1. Si $y \ll 1$, le modèle ST implique que le spectre incident est peu modifié par le milieu diffusif.
2. Si $y \gg 1$ et $x \ll 1$, l'effet des électrons devient très important, transformant le spectre incident en un spectre de Wien à la température T_e.
3. Si $y \gg 1$ et $x \approx 1$, les diffusions multiples que subissent les photons incidents modifient le spectre source et lui confèrent l'allure d'un spectre en loi de puissance avec une coupure à haute énergie, un profil spectral que la Figure 7.1 illustre d'un exemple concret.

Utilisé en un premier temps pour interpréter les observations menées dans le domaine des rayons X, le modèle ST est aujourd'hui d'usage courant pour décrire les spectres de nombreuses sources de photons γ de basse énergie. Le modèle ST doit cependant être utilisé avec précaution, car bien des hypothèses qu'il admet sont parfois contestables, surtout dans le domaine gamma :

1. En toute généralité, la vitesse des électrons ne peut pas être tenue pour négligeable; on ne peut donc pas supposer *a priori* que les électrons du milieu diffusant soient au repos.
2. Dans le domaine gamma, la section efficace Compton ne peut plus être considérée comme égale à la section efficace de Thomson car cette dernière s'avère alors dépendante des énergies des photons et des électrons mis en jeu dans le processus interactif.
3. Toujours dans le domaine gamma, la variation relative d'énergie des photons $\Delta E/E$ ne peut plus être considérée comme largement inférieure à l'unité.

La manière dont les milieux très diffusifs modifient les rayonnements émis dans le domaine des photons γ de basse énergie reste cependant qualitativement semblable à celle décrite ci-dessus; le modèle ST permet donc d'obtenir une solution analytique approchée au problème posé par le transfert du rayonnement gamma de basse énergie par les milieux très diffusifs. Au vu de la Figure 7.1, on constate toutefois que les prédictions du modèle ST présentent un déficit marqué au delà de quelques centaines de kiloélectronvolts.

Les raies de rétrodiffusion

Comme détaillé au chapitre 2, les photons γ qui interagissent par effet Compton diffusent préférentiellement soit vers l'avant, en perdant très peu d'énergie, soit vers l'arrière, en abandonnant alors une bien plus grande fraction de leur énergie initiale. Quand le rayonnement émis par une source cosmique de photons γ monoénergétiques interagit dans certaines conditions bien précises avec un milieu diffusif, on peut voir apparaître dans le spectre du rayonnement émergeant une structure spectrale qui prend parfois l'apparence d'une raie d'émission, d'où le nom de raie de rétrodiffusion qu'on attribue parfois à la pseudo-raie en question.

Ce fut semble-t-il le cas au sein de Nova Muscæ 1991, comme on peut le constater au vu du spectre bâti à la suite des observations menées en janvier 1991 par le télescope Sigma à bord du satellite *Granat* (Goldwurm *et al.*, 1992). On estime en effet que la pseudo-raie que l'on remarque vers 170 keV dans le spectre reproduit en Figure 7.2 pourrait bien correspondre aux rétrodiffusions des photons rayonnés par le site émetteur de la raie observée à plus haute énergie[1]. Il en va de même de la pseudo-raie détectée dans le spectre du rayonnement recueilli dans la direction des régions centrales de la Galaxie et qui résulte probablement de la rétrodiffusion d'un rayonnement d'annihilation électron-positon (Smith *et al.*, 1993).

[1] Une interprétation plus détaillée des données collectées par Sigma lors de l'observation de Nova Muscæ 1991 est présentée au chapitre 11.

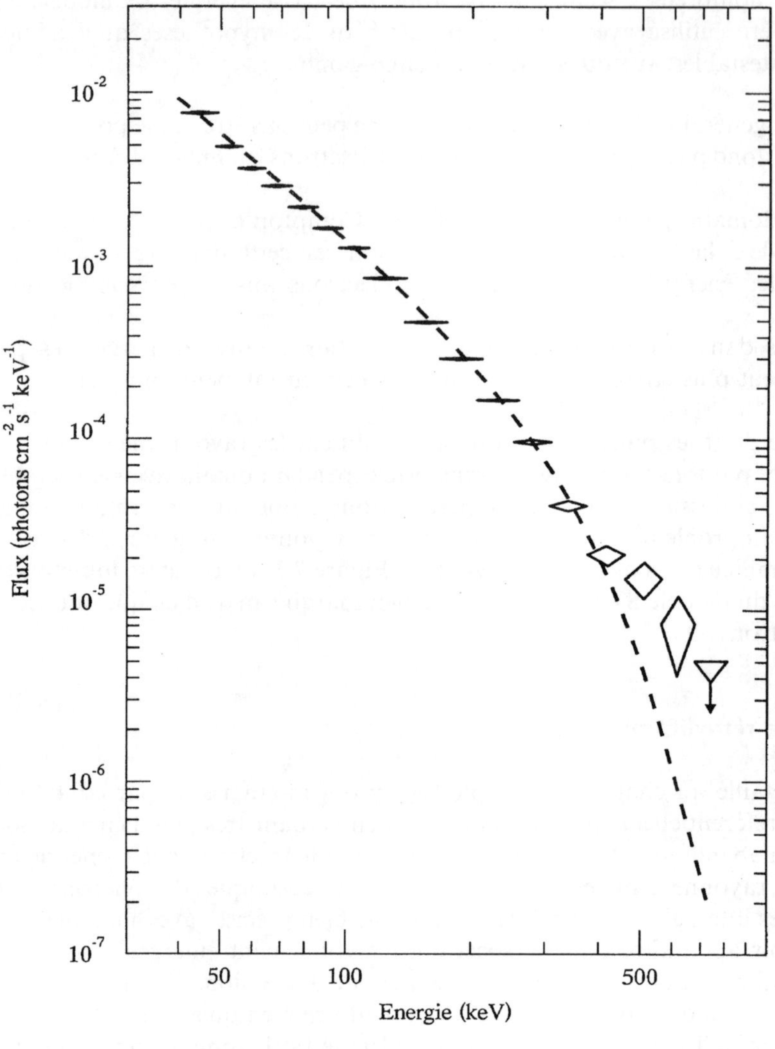

Figure 7.1 Spectre de Nova Persei 1992 ($\equiv$ GRO J0422 + 32), bâti à partir des données recueillies par le télescope Sigma à bord du satellite *Granat* (d'après Roques *et al.*, 1994). Les tirets dénotent le spectre prédit par le modèle ST qui s'ajuste le mieux aux données d'observation.

Les raies de rétrodiffusion ne peuvent être émises que dans des dispositions géométriques très particulières du milieu diffusif et dans des conditions physiques non moins particulières du milieu en question (comme par exemple une température du milieu inférieure à 10^7 kelvins). L'étude des raies de rétrodiffusion permet donc d'obtenir des renseignements très importants sur les caractéristiques physiques et géométriques du proche environnement des sources gamma où on peut les observer.

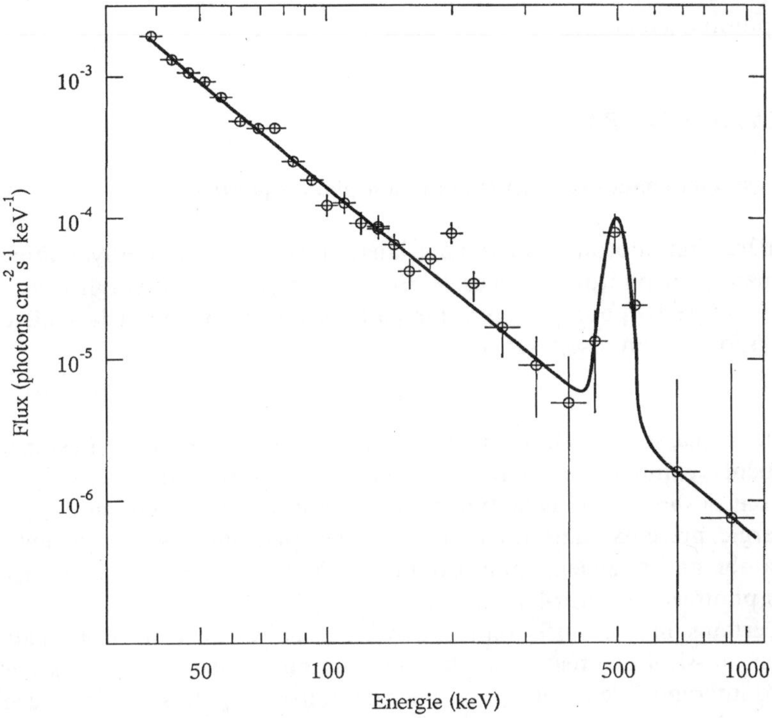

Figure 7.2 Spectre de Nova Muscæ 1991, bâti à partir des données recueillies en janvier 1991 par le télescope Sigma à bord du satellite *Granat* (d'après Goldwurm *et al.*, 1992). Une pseudo-raie se détache vers 170 keV au dessus de la ligne continue qui dénote le meilleur ajustement aux données obtenu par une modélisation combinant un spectre en loi de puissance et un profil gaussien introduit pour rendre compte de la structure spectrale observée vers 480 keV.

Les raies cyclotron

Au voisinage d'un pulsar, autrement dit une **étoile à neutrons** fortement magnétisée en rotation rapide, l'effet Compton est profondément modifié par le fort champ magnétique induit par l'étoile effondrée. La section efficace présente alors des résonances à des fréquences voisines des fréquences cyclotron (voir chapitre 6). Ce phénomène est une conséquence de la quantification du rayon de l'hélice que l'électron parcourt autour d'une ligne de champ lorsque ce champ devient intense (niveaux de Landau). Le premier niveau de quantification correspond à l'énergie E_1 exprimée par l'équation suivante :

$$E_1 = 11{,}6 B_{12} \text{ keV} \tag{7.4}$$

où B_{12} est l'intensité du champ magnétique exprimée en unité de 10^{12} gauss. Les spectres des photons émis par ce type de sources peuvent alors présenter une raie principale à l'énergie E_1 ainsi qu'un certain nombre d'harmoniques. Ces raies, dénommées raies cyclotron, ont été détectées à plusieurs reprises dans les spectres de certains pulsars accrétants.

LA CRÉATION DE PAIRES

En présence d'un champ radiatif (interaction photon-photon)

À la manière d'un photon γ qui se matérialise au voisinage d'un noyau atomique par effet de paire, un photon γ d'énergie E_1 est susceptible d'interagir avec un autre photon d'énergie E_2 pour produire une paire électron-positon, à la seule condition que la relation suivante soit satisfaite :

$$E_1 E_2 > (m_e c^2)^2 \tag{7.5}$$

où m_e est la masse de l'électron et c la célérité de la lumière. Les spectres des rayonnements gamma émis par certaines sources cosmiques peuvent être ainsi modifiés par des interactions de type photon-photon mettant en jeu des photons de basse énergie présents dans les milieux où les photons γ se propagent, que ces photons ambiants appartiennent aux domaines X, UV, visible, voire infrarouge dans le cas des photons γ d'ultra-haute énergie.

Dans certains milieux suffisamment denses, les paires électron-positon ainsi créées s'annihilent aussitôt en créant des photons γ de plus basse énergie, eux-mêmes susceptibles d'interagir à leur tour pour créer de nouvelles paires, et ainsi de suite... Le profil spectral du rayonnement ainsi produit se modifie en fonction du paramètre de "compacité" du milieu émissif en question. Permettant donc d'estimer dans quelle mesure l'effet de paire modifie le spectre du rayonnement émergeant, le paramètre de compacité l s'exprime par l'expression suivante (d'après Lightman et Zdziarski, 1987) :

$$l = \frac{L\sigma_T}{m_e c^3 R} \tag{7.6}$$

où m_e est la masse de l'électron, c la célérité de la lumière, σ_T la section efficace de Thomson, R le rayon du milieu émissif et L sa luminosité totale. Comme illustré en Figure 7.3, les situations suivantes peuvent alors se présenter, selon la valeur du paramètre de compacité l :

1. Si $l \ll 1$, l'effet de la création de paires par interaction photon-photon est totalement négligeable.
2. Si $l \sim 1$, la profondeur optique du milieu pour la création de paires par interactions photon-photon est de l'ordre de l'unité. Le profil spectral du rayonnement émergeant commence à subir les effets de la création de paires et une raie d'annihilation électron-positon apparaît à 511 keV.
3. Si $l \gg 1$, la création de paires due aux interactions photon-photon modifie profondément le profil spectral du rayonnement émergeant en accroissant son flux aux énergies $E_\gamma < m_e c^2$ et en faisant surgir une raie intense à 511 keV. Dans la mesure ou les éventuels photons d'énergie supérieure à quelques mégaélectronvolts ont les plus

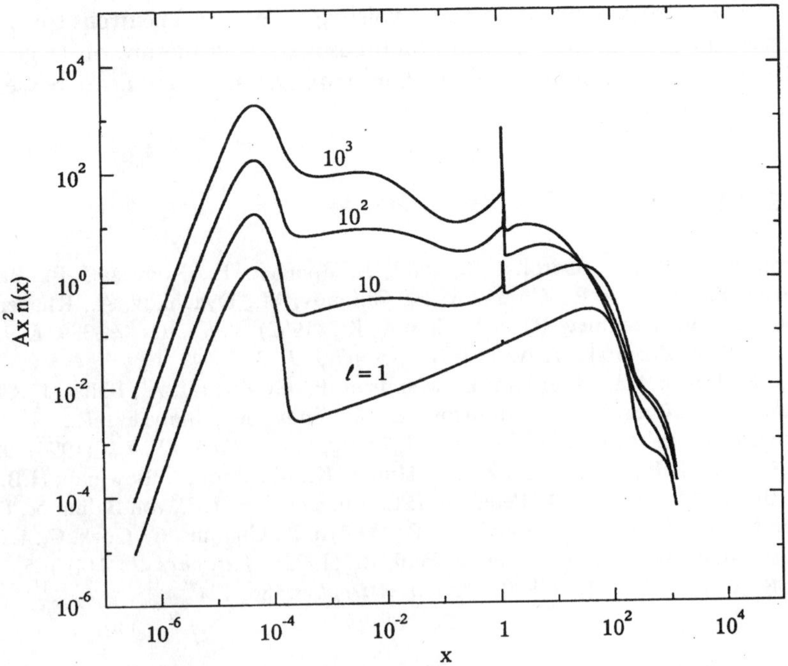

Figure 7.3 Spectres du rayonnement émergeant d'un site où les photons γ sont produits par effet Compton inverse dans un milieu de compacité l où sont injectés d'une manière continue des photons de corps noir, à une énergie pic $\epsilon = 3 \times 10^{-5} m_e c^2 \approx 15\,\text{eV}$, et des électrons relativistes, à une énergie $E_e = 1{,}2 \times 10^3 m_e c^2 \approx 600\,\text{MeV}$ (d'après Lightman et Zdziarski, 1987). L'énergie E_{ph} des photons émergents est représentée en abscisse en unité de 511 keV au moyen de l'expression $x = E_{ph}/m_e c^2$ tandis que le nombre de photons $n(x)$ rayonnés par intervalle d'énergie est représenté en ordonnée par l'expression $Ax^2 n(x)$ avec $A = 4\pi R^2 \sigma_T / 3c$, c étant la célérité de la lumière, σ_T la section efficace de Thomson et R le rayon du milieu émissif.

grandes chances d'interagir avec les photons ambiants, le spectre du rayonnement émergeant chute fortement au delà de quelques mégaélectronvolts.

En présence d'un champ magnétique intense

L'effet de paire est également envisageable en présence d'un champ magnétique intense, comme on en rencontre au voisinage de certains pulsars. Un photon γ peut ainsi se matérialiser en une paire électron-positon, à condition que son énergie soit supérieure à une énergie seuil E_S définie par l'expression suivante :

$$E_S = 2 m_e c^2 \left(\frac{44}{B_{12} \sin \theta} \right) \tag{7.7}$$

où m_e est la masse de l'électron, c la célérité de la lumière, B_{12} l'intensité du champ magnétique exprimée en unité de 10^{12} gauss et θ l'angle entre le champ magnétique et la direction de propagation du photon γ. Au vu de l'équation (7.7), on constate que ce phénomène ne peut se produire qu'au voisinage d'**étoiles à neutrons** très fortement magnétisées, au demeurant fort peu nombreuses dans la mesure où la grande majorité des pulsars font montre d'un champ magnétique qui ne dépassent guère quelques 10^{12} gauss.

RÉFÉRENCES

Goldwurm, A., Ballet, J., Cordier, B., Paul, J., Bouchet, L., Roques, J.-P., Barret, D., Mandrou, P., Sunyaev, R., Churazov, E., Gilfanov, M., Dyachkov, A., Khavenson, N., Kovtunenko, V., Kremnev, R., et Sukhanov, K., (1992). *Astrophys. J.*, 389: L79.

Lightman, A.P., et Zdziarski, A.A., (1987). *Astrophys. J.*, 319: 643.

Roques, J.-P., Bouchet, L., Jourdain, E., Mandrou, P., Goldwurm, A., Ballet, J., Claret, A., Lebrun, F., Finogenov, A., Churazov, E., Gilfanov, M., Sunyaev, R., Novikov, B., Chulkov, I., Kuleshova, N., et Tserenin, I., *Astrophys. J. Suppl. Series*, (1994). 92: 451.

Smith, D.M., Lin, R.P., Feffer, P., Slassi, S., Hurley, K., Matteson, J., Bowman, H.B., Pelling, R.M., Briggs, M., Gruber, D., Peterson, L.E., Lingenfelter, R.E., von Ballmoos, P., Malet, I., Niel, M., Vedrenne, G., Durouchoux, P., Wallyn, P., Chapuis, C., Cork, C., Landis, D., Luke, P., Madden, N., Malone, D., et Pehl, R., (1993). *Astrophys. J.*, 414: 165.

Sunyaev, R., et Titarchuk, L., (1980). *Astron. Astrophys.*, 86: 121.

POUR EN SAVOIR PLUS

Photons X et Gamma et Processus Non Thermiques, comptes rendus de la onzième école de Goutelas, éd. A. Baglin et M. Barthelémy, 1987 (Paris : Société Française des Spécialistes d'Astronomie).

8. LE CAS DES PLASMAS À HAUTE TEMPÉRATURE

UN MÉCANISME DE CHAUFFAGE : L'ACCRÉTION

Lorsqu'une particule de masse m tombe sur un corps céleste, elle acquiert de l'énergie cinétique en puisant dans le réservoir d'énergie potentielle de nature gravitationnelle de l'astre en question. Le rendement η de ce processus — le rapport entre le gain d'énergie ainsi obtenu et l'énergie de masse de la particule — s'exprime de la manière suivante :

$$\eta = \frac{\delta E}{mc^2} \quad \text{ou} \quad \eta = \frac{GM}{Rc^2} \quad \text{ou} \quad \eta = \frac{R_S}{2R} \tag{8.1}$$

où M et R sont respectivement la masse et le rayon de l'astre, R_S son **rayon de Schwarzschild**, G la constante de la gravitation et c la célérité de la lumière. S'agissant d'une étoile de type solaire, ce rendement est très faible ($\eta \approx 10^{-5}$). Il est par contre d'environ 10 % dans le cas d'une **étoile à neutrons**, de masse $M \approx 1,4\ M_\odot$ pour un rayon $R \approx 10$ km. Une particule tombant dans le champ gravitationnel d'un astre effondré (une **étoile à neutrons** ou mieux, un **trou noir**) peut donc gagner un surcroît d'énergie égal (voire supérieur) à 10% de son énergie de masse.

Pour désigner le processus suivant lequel un gaz acquiert ainsi de l'énergie dans le champ de gravitation d'un corps céleste, le terme "accrétion" s'est peu à peu imposé dans la littérature astrophysique. Avec son préfixe en a- (du latin *ad*, marquant la "direction vers"), la signification de ce terme se rapproche ainsi de celui d'agglomération (dont le sens premier dénote l'action de constituer une entité cohérente à partir d'éléments dispersés), à condition d'y adjoindre l'idée d'attraction par un centre. Les astrophysiciens ont donc fait du terme accrétion l'expression même du processus de capture de matière par un corps céleste, par opposition aux phénomènes d'éjection.

En ne relâchant qu'environ 0,7 % de l'énergie de masse des particules qu'elles font fusionner, les réactions de fusion thermonucléaire affichent un rendement bien moindre que l'accrétion quand elle précipite ces mêmes particules sur un astre compact. L'accrétion de matière par un astre effondré se présente donc *a priori* comme un processus très efficace pour convertir la matière en énergie. Reste à expliquer comment un tel corps céleste parvient à tirer parti de ce mécanisme pour susciter les abondants débits d'énergie que l'on observe dans les domaines des rayonnements X et gamma.

L'accrétion sphérique

Il s'agit de la situation la plus simple que l'on puisse imaginer de prime abord, celle où un corps céleste de masse M et de rayon R se trouve plongé dans un milieu gazeux qui s'étend jusqu'à l'infini. Comme la matière tombe de façon radiale sur l'astre en question, l'accrétion se résume alors à un problème à une seule dimension qui se résout à l'aide de deux équations (Bondi, 1952).

1. La première équation, à savoir la loi de conservation de la masse, s'exprime de la manière suivante :

$$\dot{M} = 4\pi r^2 \rho |u| \tag{8.2}$$

où $\dot{M}$ est le taux de matière accrétée, tandis que ρ et u sont respectivement la masse volumique et la vitesse du flot de matière accrétée à une distance r de l'astre accrétant.
2. La deuxième équation, à savoir l'équation de Bernoulli pour un polytrope vérifiant $P \propto \rho^\gamma$, s'exprime de la manière suivante :

$$\epsilon_0 = \frac{u^2}{2} + \frac{\gamma}{\gamma - 1}\frac{P}{\rho} - \frac{GM}{r} \quad \text{avec} \quad \gamma \neq 1 \tag{8.3}$$

où P et ϵ_0 sont respectivement la pression et la densité d'énergie du gaz à une distance r de l'astre, G la constante de la gravitation et γ l'indice adiabatique du milieu où se situe l'astre accrétant ($\gamma = 5/3$ si le milieu est assimilable à un gaz parfait).

Afin de résoudre ce système d'équations, il convient d'en préciser les conditions aux limites. C'est ainsi qu'à une distance $r = \infty$ (soit à grande distance) de l'astre, là où son influence gravitationnelle est négligeable, la vitesse du flot en accrétion est nulle ($u = 0$), la densité ρ du milieu prend la valeur donnée ρ_∞, tandis que la célérité c_{son} du son dans le milieu, définie par $c_{\text{son}}^2 = \gamma\, P/\rho$, prend également la valeur donnée c_∞. La densité d'énergie du gaz s'exprime alors par l'équation suivante :

$$\epsilon_0 = \frac{c_\infty^2}{\gamma - 1} \tag{8.4}$$

Il est alors possible de calculer la vitesse u du flot en accrétion et la célérité c_{son} du son en tout point du milieu situé à une distance r de l'astre en résolvant numériquement le système suivant de deux équations à deux inconnues u et c_{son} :

$$\frac{u^2}{2} + \frac{(c_{\text{son}}^2 - c_\infty^2)}{\gamma - 1} = \frac{GM}{r} \tag{8.5}$$

$$u = \frac{\dot{M}}{4\pi\rho_\infty r^2}\left(\frac{c_\infty}{c_{\text{son}}}\right)^{\frac{2}{\gamma-1}} \tag{8.6}$$

Le flot de matière accrétée, qui s'avère bien évidemment subsonique à grande distance (où $u = 0$), peut devenir supersonique ($u > c_{\text{son}}$) au voisinage de l'astre. Les équations (8.5) et (8.6) montrent en effet que le flot est accéléré par la force gravitationnelle du corps céleste accrétant.

Cette tendance est toutefois contrariée par l'intensité des forces de pression qui s'accroissent au fur et à mesure que le flot s'approche de l'astre accrétant, jusqu'à être en mesure de contrebalancer la force gravitationnelle. Cette limite constitue une sphère critique de rayon r_C où la relation suivante est *grosso modo* vérifiée :

$$\rho(c_{\text{son}}^2 - c_\infty^2) \approx \rho \frac{GM}{r_C} \tag{8.7}$$

Lorsque le taux d'accrétion n'est pas trop élevé, les forces de pression finissent par l'emporter. Ainsi ralenti au voisinage de l'astre, le flot de matière accrétée est alors partout subsonique. Au fur et à mesure que le taux d'accrétion s'accroît, les forces de pression sont de moins en moins aptes à contrebalancer l'accrétion. Le flot de matière peut alors devenir supersonique en deçà de r_C avant de tomber finalement en chute libre sur l'astre accrétant.

Un calcul plus précis (Frank *et al.*, 1985) montre que r_C s'exprime par l'équation suivante :

$$r_C = \frac{GM}{2c_{\text{son}}^2(r_C)} \quad \text{soit} \quad r_C = (5 - 3\gamma)\frac{GM}{4c_\infty^2} \tag{8.8}$$

On se rend alors compte que la sphère critique (de rayon r_C) n'existe que pour $\gamma <$ 5/3. Lorsque γ vaut exactement 5/3, la sphère critique se confond donc avec le point $r = 0$; au delà, le flot est partout subsonique. D'autre part, là où le flot devient supersonique, le terme de pression dans l'équation (8.5), à savoir $(c_{\text{son}}^2 - c_\infty^2)/(\gamma - 1)$, peut être négligé : la matière tombe en chute libre comme décrit précédemment. À une distance r de l'astre accrétant, la vitesse u du flot de matière accrétée est alors défini par l'équation suivante :

$$u \approx \sqrt{\frac{2GM}{r}} \quad \text{ou} \quad u \approx c\sqrt{\frac{R_S}{r}} \tag{8.9}$$

où c est la célérité de la lumière et R_S le **rayon de Schwarzschild** de l'astre accrétant. En déduisant la valeur de la célérité du son au niveau de la sphère critique à partir des relations (8.8) et en utilisant les équations suivantes :

$$\rho = \left(\frac{c_{\text{son}}^2}{\gamma}\right)^{\frac{1}{\gamma-1}} \tag{8.10}$$

$$\dot{M} = 4\pi r^2 \rho u \quad \text{soit} \quad \dot{M} = 4\pi r_C^2\ \rho(r_C)\ c_{\text{son}}(r_C) \tag{8.11}$$

on peut obtenir la valeur du taux d'accrétion en fonction des valeurs à grande distance de la densité du milieu et de la célérité du son. Par exemple, dans le cas d'une **étoile à neutrons** au repos accrétant le milieu interstellaire ambiant, cette valeur s'exprime par la relation suivante :

$$\dot{M} \approx 2{,}7\,10^{11} \rho_\infty c_\infty \text{ g s}^{-1} \tag{8.12}$$

où ρ_∞ et c_∞, les valeurs de la densité du milieu et de la vitesse du son à une distance $r = \infty$ — autrement dit, dans le milieu interstellaire où se trouve l'astre accrétant — sont exprimées respectivement en unité de 10^{-24} g cm^{-3} et de 10 km s^{-1}.

Pour des valeurs usuelles de température (10^4 kelvins) et de densité (un atome d'hydrogène par centimètre cube) du milieu interstellaire, la relation (8.12) conduit à des taux d'accrétion beaucoup trop faibles pour entretenir les débits d'énergie des sources de rayons X et de rayons γ de basse énergie. Il est donc nécessaire d'envisager des cas plus favorables, comme par exemple celui où un astre en **système binaire** accrète de la matière par transfert de masse à partir de son étoile compagnon.

Ce processus d'accrétion entre les deux composantes d'un **système binaire** est toutefois assez éloigné de l'accrétion sphérique telle que décrite ci-dessus. Dans un tel système, où l'astre accrétant capte les couches externes de son étoile compagnon, la matière accrétée possède en effet un moment cinétique non nul induit par la rotation de l'étoile en question. La conservation du moment cinétique impose alors que la matière ne tombe pas directement sur l'astre accrétant, mais spirale plutôt à son approche en le ceinturant d'un anneau de plasma, le disque d'accrétion.

Dans la mesure où les disques d'accrétion sont dans certains cas des sites favorables à l'émission massive de rayons γ cosmiques de basse énergie, nous leur consacrons une section entière de ce chapitre (voir ci-après). Auparavant, il convient toutefois de s'intéresser aux aspects du processus général d'accrétion énumérés ci-dessous dont nous détaillons dans les pages suivantes les principales implications s'agissant de l'émission de rayonnements tombant dans le domaine gamma.

1. Il est d'abord nécessaire d'évaluer comment un éventuel rayonnement émis au voisinage de l'astre accrétant influence l'accrétion, ce qui amène à définir un paramètre clé de tout processus d'accrétion : la "luminosité d'Eddington".
2. Il faut également envisager le cas où la matière accrétée aborde la surface d'un astre non magnétisé à une vitesse supersonique. Le choc violent qui en résulte dépose en effet une grande quantité d'énergie à la surface même de l'astre. Il se constitue alors à sa surface une couche limite dont la température peut s'élever au point de rayonner dans le domaine des rayons X durs, voire des rayons γ de basse énergie. Il s'agit là d'un phénomène qui ne devrait pas se produire dans le cas où l'astre accrétant est un **trou noir**, *a priori* dépourvu de surface solide.
3. S'agissant cette fois d'un astre fortement magnétisé, il convient d'évaluer l'influence du champ magnétique sur la configuration du flot accrété. Il faut cependant noter que l'interaction entre matière accrétée et champ magnétique est très difficile à interpréter du fait de la multitudes d'instabilités qui peuvent se développer dans un plasma traversant la magnétosphère de l'astre en question.
4. Il est enfin important d'estimer les propriétés du processus d'accrétion quand l'astre accrétant n'est pas au repos (contrairement au cas décrit ci-dessus), ou quand le milieu présente une vitesse non nulle à grande distance.

La luminosité d'Eddington

Dans la mesure où la matière accrétée est constituée d'atomes ionisés, ce qui est généralement le cas des sources accrétantes rayonnant dans les domaines des rayons X durs et des rayons γ de basse énergie, la matière en question interagit, principalement par diffusion Thomson, avec le rayonnement éventuellement émis au voisinage de l'astre accrétant. La pression des photons s'exerce alors préférentiellement sur les électrons, beaucoup plus légers que les protons. Le rayonnement de luminosité L émis au voisinage de l'astre accrétant exerce alors à une distance r une force F_R répulsive sur les électrons accrétés qui s'exprime par l'équation suivante :

$$F_R = \frac{L\sigma_T}{4\pi r^2 c} \tag{8.13}$$

où σ_T est la section efficace de Thomson et c la célérité de la lumière. Cette force répulsive est communiquée aux ions par l'intermédiaire de l'attraction coulombienne entre ions et électrons. Elle s'oppose ainsi à la force gravitationnelle F_G qui elle s'exprime par la relation suivante :

$$F_G = \frac{GM(m_p + m_e)}{r^2} \quad \text{soit} \quad F_G \approx \frac{GMm_p}{r^2} \tag{8.14}$$

où m_p et m_e sont respectivement la masse de l'électron et du proton, G la constante de la gravitation et M la masse de l'astre accrétant. Ces deux forces s'exerçant toutes deux en raison de l'inverse du carré de la distance à l'astre accrétant, il existe une luminosité critique où elles s'équilibrent dans tout l'espace où l'accrétion se manifeste. Cette luminosité, dénommée luminosité d'Eddington, s'exprime par la relation suivante :

$$L_{Edd} = \frac{4\pi GMm_p c}{\sigma_T} \quad \text{soit} \quad L_{Edd} \approx 1{,}3\ 10^{38} \frac{M}{M_\odot}\ \text{erg s}^{-1} \tag{8.15}$$

Dans le cas d'une **étoile à neutrons** dont la masse est $M \approx 1,4\ M_\odot$, la luminosité d'Eddington est égale à $L_{Edd} \approx 1{,}8\ 10^{38}$ erg s^{-1}. Si la luminosité induite par le processus d'accrétion est plus faible que la luminosité d'Eddington, l'accrétion n'est pas troublée par le rayonnement suscité par l'astre compact. Si par contre elle approche L_{Edd} (on dit alors que l'astre accrète à la limite d'Eddington), le rayonnement s'oppose à la matière accrétée au point de la repousser vers l'extérieur, pouvant ainsi annuler le processus d'accrétion.

La couche limite à la surface d'un astre non magnétisé

Si on suppose que l'indice adiabatique γ du milieu interstellaire est de l'ordre de 1,4 (une valeur couramment admise), l'équation (8.8) précise que la valeur du rayon de la sphère critique r_C s'exprime par la relation suivante :

$$r_C = \frac{5\ 10^8}{c_\infty^2}\ \text{km} \tag{8.16}$$

où c_∞ est exprimée en unité de 10 km s^{-1}. S'agissant d'une **étoile à neutrons** dont le rayon $R \approx 10$ km est en général très inférieur à la valeur du rayon critique tel que déduit de l'équation (8.16), le flot de matière accrétée est largement supersonique en abordant la surface de l'astre. L'équation (8.9) stipule ainsi que ce flot atteint une vitesse d'environ 175 000 km s^{-1}, soit plus de la moitié de la célérité de la lumière. En supposant que l'énergie cinétique des particules est totalement transformée en rayonnement, l'énergie moyenne E des photons émis s'exprime alors par l'équation suivante :

$$E = (\gamma - 1)mc^2 \tag{8.17}$$

où m est la masse des particules en question. On obtient ainsi $E = 115$ keV dans le cas d'un électron et $E = 210$ MeV dans le cas d'un proton. On se rend ainsi bien compte que l'interface entre le flot accrété et la surface d'une **étoile à neutrons** pourrait être émetteur de rayons γ. Les processus à l'œuvre au sein de cette couche limite sont toutefois beaucoup plus complexes; pour en obtenir une modélisation plus réaliste, il faut prendre en compte les différentes interactions entre matière et rayonnement (telles que Bremsstrahlung et diffusion Compton), comme développé plus en détail à la fin de ce chapitre.

L'influence du champ magnétique induit par l'astre accrétant

Étudier l'interaction entre le gaz ionisé accrété et le champ magnétique induit par l'astre accrétant est une entreprise particulièrement ardue en raison des très nombreuses instabilités magnétohydrodynamiques qui peuvent se développer dans le flot en accrétion. Nous nous contentons donc ici d'aborder le cas le plus simple, celui où un flot de matière de densité ρ s'écoulant à une vitesse u tombe d'une manière isotrope sur un astre magnétisé. Il s'agit là d'une situation qui généralise le cas de l'accrétion sphérique décrite en début de chapitre.

Lorsqu'un gaz ionisé est accrété par un astre magnétisé, l'action du champ magnétique se fait sentir à une distance r_{M} où la valeur de la pression magnétique est *grosso modo* de l'ordre des termes prépondérants dans l'équation de Bernoulli — l'équation (8.3) — qui décrit le flot de matière accrétée. Le flot étant largement supersonique au voisinage de l'astre accrétant, on peut négliger le terme de pression. On constate alors que si les autres termes de l'équation de Bernoulli relatifs respectivement à l'énergie cinétique globale des particules, à la force de gravité et au champ magnétique, sont tous trois du même ordre de grandeur, on obtient l'enchaînement de relations suivant :

$$\frac{\rho u^2}{2} \approx \frac{GM\rho}{r_{\mathrm{M}}} \approx \frac{B^2}{8\pi} = \frac{\mu^2}{8\pi r_{\mathrm{M}}^6} \tag{8.18}$$

où B est l'intensité du champ magnétique supposé dipolaire de moment $\mu = Br^3$, G la constante de la gravitation et M la masse de l'astre accrétant. De ce système de deux équations à trois inconnues u, ρ et r_{M}, on tire les deux relations suivantes :

$$r_{\mathrm{M}} = \frac{(8\pi GM\rho)^{1/5}}{\mu^{2/5}} \quad \text{et} \quad u \approx \sqrt{\frac{2GM}{r_{\mathrm{M}}}} \tag{8.19}$$

Au moyen d'une troisième équation, la relation (8.2) relative à la loi de conservation de la masse, on obtient une estimation du rayon r_{M} par la relation suivante :

$$r_{\mathrm{M}} \approx 2000\ \dot{M}_{16}^{-\frac{2}{7}}\ M^{-\frac{1}{7}} \mu_{30}^{\frac{4}{7}}\ \mathrm{km} \tag{8.20}$$

où $\dot{M}$ est le taux d'accrétion exprimé en unité de 10^{16} g s^{-1}, M la masse de l'astre accrétant en masse solaire et μ_{30} le moment magnétique en unité de 10^{30} G cm^{-3}. Le rayon r_M , dénommé rayon d'Alvén, correspond donc *grosso modo* au rayon de la magnétosphère de l'astre magnétisé comprimé par le flot accrété. Au vu des équations précédentes, on constate que pour $r < r_M$, la pression magnétique augmente beaucoup plus rapidement que les autres termes de pression. Le flot de matière accrétée est donc largement dominé par le champ magnétique dès qu'il passe le rayon d'Alvén.

Dans le cas détaillé plus bas, où le processus d'accrétion s'effectue par l'intermédiaire d'un disque, on peut encore faire allusion à une surface d'Alvén. Comme dans le cas précédent, cette surface correspond *grosso modo* à la limite de la magnétosphère de l'astre magnétisé. Fortement comprimée par le disque, la surface d'Alvén, qui n'est donc plus vraiment sphérique, présente un rayon moyen $r_{MD} \approx 0{,}5 r_M$ qui correspond approximativement au rayon interne du disque d'accrétion ceinturant l'astre magnétisé. S'agissant par exemple d'une **étoile à neutrons** accrétant par le truchement d'un disque à un taux $\dot{M} = 10^{16}$ g s^{-1}, il apparaît que $r_{MD} \approx 1000$ km pour $B = 10^{12}$ G et $r_{MD} \approx 20$ km pour $B = 10^9$ G.

On constate ainsi que la matière accrétée comprime très fortement la magnétosphère d'une **étoile à neutrons** faiblement magnétisée, c'est à dire telle que $B \sim 10^9$ G. Pour un taux d'accrétion $\dot{M} > 10^{17}$g s^{-1}, la surface d'Alvén se confond avec celle de l'étoile et le champ magnétique n'a alors que peu d'influence sur l'accrétion. Le rayon interne du disque est dans ce cas très proche de la surface de l'étoile, ce qui entraîne la formation entre l'étoile et le disque d'une couche limite, *a priori* très turbulente et qui peut s'avérer émettrice de rayonnement gamma. Au contraire, quand l'**étoile à neutrons** est fortement magnétisée, les lignes du champ magnétique canalisent le flot de matière accrétée en direction des pôles magnétiques de l'étoile. Il se forme alors une colonne de matière à la verticale des pôles, la "colonne d'accrétion", susceptible aussi de rayonner dans la bande des photons γ de basse énergie.

Toujours dans le cas où l'accrétion se fait par l'intermédiaire d'un disque, la matière aborde en spirale la magnétosphère de l'astre magnétisé. Si la matière accrétée tourne plus vite que la magnétosphère (cette dernière étant entraînée par la rotation de l'astre), elle s'emploie à accroître la vitesse angulaire de la magnétosphère et par conséquence celle de l'astre en question. À l'inverse, lorsque l'astre tourne plus vite que le disque d'accrétion, les phénomènes de friction qui apparaissent entre le disque et la magnétosphère ont tendance à diminuer la vitesse angulaire de l'astre (Ghosh et Lamb, 1979). Dans le cas extrême d'une **étoile à neutrons** tournant beaucoup plus vite que son disque d'accrétion, la force centrifuge qui en résulte est en mesure de repousser la matière accrétée, annulant ainsi par effet d'hélice le processus d'accrétion (Illiaronov et Sunyaev, 1975).

L'accrétion par un astre en mouvement

Le processus d'accrétion se complique également lorsque l'astre accrétant se déplace par rapport à la matière accrétée, ou inversement lorsque cette matière a une vitesse non nulle à grande distance de l'astre. Considérons par exemple le cas d'un astre effondré (**étoile à neutrons** ou un **trou noir**) en **système binaire**, le compagnon étant une supergéante relâchant un puissant **vent stellaire**. Ce dernier étant tout à la fois très intense et hautement supersonique, on peut négliger les forces de pression lors du processus d'accrétion. La matière se comporte alors comme un ensemble de particules tombant dans le puits de potentiel de l'astre compact.

Il y a donc accrétion quand l'énergie potentielle de la particule placée dans le champ de gravité de l'astre accrétant est supérieure à son énergie cinétique. Les particules accrétées se trouvent alors dans un cylindre de rayon r_{acc} dont la valeur est fournie par la relation suivante :

$$r_{acc} \approx \frac{2GM}{u_{rel}^2} \tag{8.21}$$

où G est la constante de la gravitation, M la masse de l'astre accrétant et u_{rel} sa vitesse relative par rapport au **vent stellaire** définie par l'équation suivante :

$$u_{rel} = \sqrt{u_E^2 + u_{vent}^2} \tag{8.22}$$

où u_E est la vitesse de l'astre effondré et u_{vent} la vitesse du vent. Il faut cependant noter que cette définition de r_{acc} est assez simpliste. Une définition plus rigoureuse de r_{acc} serait celle du rayon de la zone où un choc se produit autour de l'**étoile à neutrons** ou du **trou noir**, le **vent stellaire** étant très largement supersonique. La modélisation de ce choc nécessitant l'emploi de simulations numériques est toutefois trop complexe pour être abordée ici.

On peut néanmoins avoir une idée du taux d'accrétion sur l'objet compact dans un cas simple, par exemple lorsque $u_E \ll u_{vent}$. On peut alors estimer la portion de **vent stellaire** accrétée en calculant le rapport entre la surface du disque de rayon r_{acc} et la surface de la sphère contenant l'orbite de l'objet compact. Le taux d'accrétion s'exprime alors par la relation suivante :

$$\dot{M} = \frac{\pi r_{acc}^2}{4\pi r_{orb}^2}\dot{M}_{vent} \quad \text{ou} \quad \dot{M} = \frac{G^2M^2}{r_{orb}^2 u_{vent}^4}\dot{M}_{vent} \tag{8.23}$$

où r_{orb} est le rayon de l'orbite de l'astre compact et M_{vent} le taux de perte de masse du compagnon. L'équation (8.23) se présentant comme une expression en u_{vent}^{-4}, on se rend compte que l'accrétion devient très rapidement peu efficace au fur et à mesure que la vitesse du **vent stellaire** augmente. Quand par exemple $u_{vent} \approx 1000$ km s^{-1}, $\dot{M} \sim 10^{-3}$ à $10^{-4}\dot{M}_{vent}$. Dans ce cas, seul des **vents stellaires** très intenses ($\dot{M} \approx 10^{-5} M_\odot$ an^{-1}, soit $\dot{M} \approx 6\ 10^{20}$ g s^{-1}) permettent d'engendrer un taux d'accrétion suffisant pour soutenir une émission détectable dans les domaines X et gamma.

On retrouve des relations similaires dans le cas d'un astre en mouvement accrétant de la matière au repos (par exemple, une **étoile à neutrons** ou un **trou noir** qui se propage au sein d'un nuage interstellaire). L'accrétion est là aussi inversement proportionnelle à la puissance quatrième de la vitesse de l'astre, vitesse dont la valeur peut atteindre 500 km s^{-1} ou plus. L'accrétion est alors beaucoup trop peu efficace pour que le rayonnement émis soit détectable par les télescopes actuels opérant dans les domaines X et gamma.

LES DISQUES D'ACCRÉTION

Le modèle standard

En raison du moment cinétique non nul emporté par la matière soutirée à l'étoile compagnon, l'accrétion dans un **système binaire** n'est généralement pas sphérique, mais passe par l'intermédiaire d'un disque d'accrétion. Pour décrire ces structures, étudiées au début des années soixante-dix par de nombreux auteurs, nous nous en remettons au modèle décrit par Shakura et Sunyaev (1973), connu également sous le nom de modèle standard. La difficulté principale liée à la construction d'un tel modèle provient de notre méconnaissance totale de la manière dont la viscosité s'exerce au sein des disques d'accrétion. Le mérite du modèle standard de Shakura et Sunyaev est d'avoir résumé notre ignorance à un seul facteur, le paramètre α. C'est ce modèle que nous détaillons ci-dessous.

Structure verticale du disque d'accrétion dans le modèle standard

On suppose d'abord que l'épaisseur du disque à une distance r de l'astre accrétant est très petite devant r. Puis, on postule que le disque est en équilibre hydrostatique selon l'axe Z perpendiculaire au plan du disque, c'est à dire que la composante verticale de la force gravitationnelle contrebalance la force exercée par la pression P du gaz de densité ρ constituant le disque, ce qui se traduit par l'équation suivante :

$$\frac{1}{\rho}\frac{dP}{dz} = -\frac{GM}{r^3}z \tag{8.24}$$

où G est la constante de la gravitation, M la masse de l'astre accrétant et z la distance au plan du disque ($z \ll r$). On suppose de plus que le disque est isotherme selon z, ce qu'exprime l'équation suivante :

$$T(r,z) = T_0(r) \tag{8.25}$$

où $T_0(r)$ est la température du disque à la hauteur $z = 0$ et à la distance r de l'astre accrétant. En postulant enfin que le milieu constituant le disque d'accrétion est assimilable à un gaz parfait et que la pression de radiation y est négligeable (l'importance de cette hypothèse est discutée plus bas), on justifie l'équation suivante :

$$P = kT_0\frac{\rho}{m} \tag{8.26}$$

où k est la constante de Boltzmann et m la masse moyenne des atomes composant le disque. On est alors en mesure d'estimer la célérité du son dans le disque, qui s'exprime de la manière suivante :

$$c_{\text{son}} = \sqrt{\frac{kT_0}{m}} \quad \text{soit} \quad c_{\text{son}} = \sqrt{\frac{P}{\rho}} \tag{8.27}$$

Les équations (8.24), (8.26) et (8.27) fournissent alors le moyen de décrire la structure verticale du disque par l'entremise de l'équation suivante :

$$\frac{dP}{P} = -\frac{zdz}{H^2} \quad \text{soit} \quad P(r, z) = P_0(r)e^{-\frac{z^2}{2H^2}} \tag{8.28}$$

où $P_0(r)$ est la pression du gaz à $z = 0$ à une distance r de l'astre accrétant et H l'échelle de hauteur caractéristique du disque. Ce dernier paramètre, qui correspond *grosso modo* à la demi-hauteur du disque, s'exprime donc par l'équation suivante :

$$H = c_{\text{son}}\sqrt{\frac{r^3}{GM}} \quad \text{soit} \quad \frac{H}{r} = c_{\text{son}}\sqrt{\frac{r}{GM}} \tag{8.29}$$

Compte-tenu de l'hypothèse initiale d'un disque mince ($H \ll r$), on est alors conduit à proposer l'inégalité suivante :

$$\frac{c_{\text{son}}}{u_{\text{K}}} \ll 1 \quad \text{avec} \quad u_{\text{K}} = \sqrt{\frac{GM}{r}} \tag{8.30}$$

où u_{K} est la vitesse keplerienne, c'est à dire la vitesse qu'aurait un corps parcourant une orbite circulaire de rayon r autour d'un astre central de masse M. L'inégalité (8.30) implique alors que $u_{\text{K}} \gg c_{\text{son}}$; la vitesse keplerienne est donc largement supersonique.

Quant à la vitesse tangentielle u_{T} des particules du disque, elle est la résultante de la vitesse keplerienne u_{K} et d'une vitesse u_θ qui résulte de l'agitation thermique locale du gaz. Dans la mesure où u_θ est très certainement inférieure à la vitesse du son, u_θ est aussi négligeable devant u_{K}. Il en résulte que $u_{\text{T}} \approx u_{\text{K}}$, ce qui permet de fournir une estimation de la vitesse de rotation Ω du disque, qui s'exprime alors par la relation suivante :

$$\Omega(r) = \frac{u_{\text{T}}}{r} \approx \frac{u_{\text{K}}}{r} \quad \text{soit} \quad \Omega(r) \approx \sqrt{\frac{GM}{r^3}} \tag{8.31}$$

Structure radiale du disque d'accrétion dans le modèle standard

La structure radiale du disque résulte des échanges de moment cinétique le long du disque, échanges dus principalement à la viscosité (Shakura et Sunyaev, 1973). Afin d'établir la loi de variation du moment cinétique en question, il est pratique d'utiliser la densité de surface Σ, définie comme la masse par unité de surface d'un anneau compris entre le rayon r et le rayon $r + dr$. La densité de surface s'exprime donc par l'équation suivante :

$$\Sigma = \frac{2H\rho \times 2\pi r\, dr}{2\pi r\, dr} \quad \text{soit} \quad \Sigma = 2\rho H \tag{8.32}$$

Considérons donc maintenant deux anneaux adjacents, chacun de largeur dr, s'étendant entre r et $r + 2dr$. Le moment dynamique, qui exprime la variation dans le temps du moment cinétique, est égal au moment des forces appliquées entre ces deux anneaux. Ces forces, dues ici à la viscosité du disque, s'expriment par l'équation suivante (d'après Frank *et al.*, 1985) :

$$F(r) = 2\pi r^2 \nu_{\text{cin}} \Sigma \frac{d\Omega}{dr} \tag{8.33}$$

où ν_{cin} est le coefficient de viscosité cinétique, proportionnel au produit de la longueur caractéristique l_C sur laquelle le moment cinétique est transporté entre les deux anneaux en question par la vitesse caractéristique u_C à laquelle se fait cet échange. Ces deux quantités étant inconnues, on pose par définition :

$$\nu_{cin} = \alpha c_{son} H \tag{8.34}$$

Il est important de noter que la définition du paramètre α est une simple convention d'écriture introduite afin de faciliter la résolution des équations décrivant le disque. Rien n'impose *a priori* que le paramètre α soit constant à travers le disque et d'ailleurs le calcul présenté ici ne le nécessite pas. Il est au contraire raisonnable de postuler que ce paramètre dépend des autres facteurs utilisés pour décrire le disque, tels que r, T_0 et M. Cependant, comme la longueur caractéristique l_C est inférieure à la demi-hauteur H du disque, et comme la vitesse u_C est très probablement inférieure à la célérité du son c_{son}, le paramètre α doit être inférieur à l'unité.

On peut alors appliquer le théorème du moment dynamique, qui exprime la variation du moment cinétique en fonction du temps par l'équation suivante :

$$\frac{d(\delta\sigma)}{dt} = M^t(r+dr) - M^t(r) \quad \text{soit} \quad \frac{d(\delta\sigma)}{dt} = \frac{dM^t}{dr}dr \tag{8.35}$$

où σ est le moment cinétique et M^t le moment des forces appliquées entre les deux anneaux évoqués ci-dessus, soit $M^t = rF(r)$. On établit alors l'équation suivante, dans le cas d'un astre accrétant à un taux $\dot{M}$:

$$\frac{d(\delta\sigma)}{dt} = \dot{M}\frac{d(r^2\Omega)}{dr}dr \tag{8.36}$$

qui amène à son tour l'équation suivante :

$$\dot{M}\Omega r^2 = 2\pi r^3 \nu_{cin}\Sigma\frac{d\Omega}{dr} + Const \tag{8.37}$$

où la constante d'intégration est déterminée par les conditions physiques régnant au centre du disque. Supposons d'abord que le disque soit en rotation autour d'un astre non magnétisé de rayon R_*. À sa surface, la force centrifuge induite par la vitesse angulaire Ω_* de l'astre ne doit pas être supérieure à la force de gravitation, sous peine de le faire exploser. Cette condition se traduit par l'inégalité suivante :

$$R_*\Omega_*^2 < \frac{GM}{R_*^2} \quad \text{donc} \quad \Omega_* < \frac{u_K(R_*)}{R_*} = \Omega_K(R_*) \tag{8.38}$$

où Ω_K est la vitesse angulaire keplerienne. La vitesse angulaire de l'astre est donc forcément inférieure à la vitesse angulaire keplerienne en $r = R_*$. En s'approchant de l'astre le long d'un rayon du disque d'accrétion, on passe donc par un point P_{max} situé à une distance r_{max} où la vitesse angulaire du disque, égale à la vitesse angulaire keplerienne, comme exprimée par la relation (8.31), atteint un maximum avant de décroître jusqu'à atteindre la valeur Ω_* de la vitesse angulaire de l'astre. Cette situation s'exprime de la manière suivante :

$$\frac{d\Omega(r_{max})}{dr} = 0 \tag{8.39}$$

Le point P_{max} étant très proche de la surface de l'astre, r_{max} est peu différent de R_*. En appliquant l'équation (8.37) à $r = r_{max}$, on obtient alors une estimation de la constante d'intégration qui s'exprime donc par l'équation suivante :

$$Const = \dot{M}\sqrt{GMR_*} \tag{8.40}$$

d'où il résulte finalement l'équation suivante :

$$\nu_{cin}\Sigma = \frac{\dot{M}}{3\pi}\left(1 - \sqrt{\frac{R_*}{r}}\right) \tag{8.41}$$

Sachant que la vitesse radiale u_R du disque est telle que $\dot{M} = 2\pi r\Sigma u_R$, l'équation (8.41) permet d'établir la relation suivante :

$$u_R = \nu_{cin}\frac{3}{2r}\left(1 - \sqrt{\frac{R_*}{r}}\right)^{-1} \tag{8.42}$$

On peut démontrer qu'on obtient des résultats analogues dans le cas d'un disque en rotation autour d'un **trou noir**, en remplaçant R_* par 3 R_S, où R_S est le **rayon de Schwarzschild** du **trou noir** en question. Par contre, la situation est beaucoup plus complexe dans le cas d'une **étoile à neutrons** fortement magnétisée (voir par exemple Lipunov, 1992, pour trouver plus de détails sur le sujet). S'agissant de résoudre les équations du disque standard, nous nous limitons donc par la suite au cas d'un astre faiblement magnétisé.

Bilan énergétique du disque d'accrétion dans le modèle standard

Au sein d'un disque d'accrétion, à une distance r de l'astre accrétant, la source principale d'énergie provient du travail des forces visqueuses $F(r)$ dans la portion de disque considérée de moment cinétique $M^t(r)$. Ce travail s'exprime par l'équation suivante :

$$dW = M^t\, d\Omega \quad \text{donc} \quad dW = 2\pi r^3 \nu_{cin}\Sigma\frac{d\Omega}{dr}d\Omega \tag{8.43}$$

En divisant par $4\pi\, r\, dr$ (chaque portion de disque comprise entre r et $r + dr$ ayant deux faces, chacune de surface $2\pi r\, dr$) et en utilisant les équations (8.31) et (8.41), on obtient l'équation suivante, qui exprime le taux de production d'énergie par unité de surface :

$$\epsilon(r) = \nu_{cin}\Sigma\frac{r^2}{2}\left(\frac{d\Omega}{dr}\right)^2 \quad \text{soit} \quad \epsilon(r) = \frac{3GM\dot{M}}{8\pi r^3}\left(1 - \sqrt{\frac{R_*}{r}}\right) \tag{8.44}$$

En intégrant $\epsilon(r)$ sur tout le disque d'accrétion, soit de $r = R_*$ à $r = \infty$ (le rayon extérieur du disque étant très grand devant son rayon intérieur), on obtient la luminosité du disque, qui s'exprime par la relation suivante :

$$L = \int_{R_*}^{\infty} \epsilon(r) 4\pi\, r\, dr \quad \text{soit} \quad L = \frac{GM\dot{M}}{2R_*} \quad \text{donc} \quad L = \frac{1}{2}L_{acc} \tag{8.45}$$

où L_{acc} est l'énergie que le processus d'accrétion fournit au disque. Au vu de l'équation (8.45), on se rend compte que le disque rayonne la moitié de l'énergie gagnée par la matière accrétée. Quant à l'autre moitié, elle est transportée jusqu'aux zones les plus internes du disque, à l'interface entre celui-ci et l'astre accrétant. Cette région recueille donc une énorme quantité d'énergie, égale à la luminosité totale du disque d'accrétion. La température peut donc y atteindre des valeurs extrêmement élevées.

La perte d'énergie par unité de surface étant largement tributaire des processus de rayonnement, l'équation (8.44) permet d'établir la relation suivante :

$$\frac{4\sigma}{3\tau} T_0^4 = \frac{3GM\dot{M}}{8\pi r^3}\left(1 - \sqrt{\frac{R_*}{r}}\right) \tag{8.46}$$

où σ est la constante de Stefan et τ la profondeur optique du milieu. La valeur de τ est fonction du mécanisme de perte par rayonnement prépondérant dans la portion de disque considérée, lequel mécanisme dépend lui-même des conditions physiques régnant dans la partie du disque en question. Un disque d'accrétion s'organise en général en trois zones, comme détaillé ci-dessous :

La zone 1 correspond aux régions internes du disque ($r < r_1$) où la pression de radiation P_R est supérieure à la pression P_G du gaz. La température est telle que dans ce milieu où les atomes sont totalement ionisés, les électrons du plasma perdent principalement leur énergie par diffusion Thomson — voire par diffusion Compton si la température du milieu dépasse 10^8 K. La profondeur optique τ dans la zone 1 s'exprime alors par la relation suivante :

$$\tau = \rho H \sigma_T \tag{8.47}$$

où σ_T est la section efficace de Thomson, tandis que la limite avec la zone 2 s'établit à une distance $r = r_1$ vérifiant l'équation suivante :

$$P_R \approx P_G \quad \text{soit} \quad \frac{\rho k T_0}{m} = \frac{4\sigma_T}{3c} T_0^4 \tag{8.48}$$

où k est la constante de Boltzmann, m la masse moyenne des atomes composant le disque et c la célérité de la lumière.

La zone 2 correspond aux régions intermédiaires du disque ($r_1 < r < r_2$), où la pression du gaz prend le dessus sur la pression de radiation. La diffusion Thomson reste le processus de refroidissement des électrons jusqu'à la limite de la zone 2 au delà de laquelle les processus Bremsstrahlung deviennent prépondérants. La profondeur optique τ s'exprime toujours par l'équation (8.47), tandis que la limite avec la zone 3 s'établit à une distance $r = r_2$ vérifiant l'équation suivante (où m_p est la masse du proton) :

$$\frac{\sigma_T}{m_p} = 6{,}6\ 10^{22}\ \rho T_0^{-\frac{7}{2}} \quad \text{soit} \quad \rho(r_2) T_0^{-\frac{7}{2}}(r_2) = 6{,}06\ 10^{-24} \tag{8.49}$$

La zone 3 correspond aux régions externes du disque ($r > r_2$), où la pression du gaz domine totalement la pression de radiation. Les électrons y perdent leur énergie par Bremsstrahlung. La profondeur optique dans la zone 3 s'exprime par la relation suivante :

$$\tau = \rho H \sigma_{\mathrm{T}} \quad \text{soit} \quad \tau = 6{,}6\ 10^{22}\ \rho^2 H T_0^{-\frac{7}{2}} \tag{8.50}$$

où σ_{T} est la section efficace de Thomson. Dans les régions les plus externes du disque d'accrétion, la température peut descendre au dessous de 10 000 K, entraînant la recombinaison de l'hydrogène. Il convient alors d'entreprendre un calcul de transfert de rayonnement suffisamment précis pour déterminer le spectre d'émission de ces régions.

Estimation quantitative des paramètres d'un disque a

L'ensemble des équations (8.24), (8.27), (8.29), (8.32), (8.34), (8.41), (8.46) associés à l'équation (8.50), (8.49) ou (8.47) — l'équation (8.48) remplaçant alors (8.28) dans l'ensemble ci-dessus — constitue respectivement pour les zones 3, 2 et 1 telles que détaillées ci-dessus un système algébrique de huit équations à huit inconnues (ρ, Σ, H, T_0, c_{son}, P, τ, et ν_{cin}) que l'on peut résoudre avec un peu de patience. C'est ainsi que les équations présentées ci-après fournissent l'estimation quantitative des grandeurs physiques d'un "disque α", autrement dit la solution du système d'équations en question dans la seule zone 3 (voir Frank *et al.*, 1985) en fonction du paramètre α et de la distance r à un astre de masse M accrétant à un taux d'accrétion $\dot{M}$.

1. Hauteur du disque :

$$H = 1{,}7\ 10^8\ \alpha^{-\frac{1}{10}}\ \dot{M}_{16}^{-\frac{3}{20}}\ M^{-\frac{3}{8}}\ r_{10}^{\frac{9}{8}}\ f^{\frac{3}{5}}\ \mathrm{cm} \tag{8.51}$$

2. Rapport hauteur sur rayon :

$$\frac{H}{r} = 1{,}7\ 10^{-2}\ \alpha^{-\frac{1}{10}} \dot{M}_{16}^{\frac{3}{20}}\ M^{-\frac{3}{8}}\ r_{10}^{\frac{1}{8}}\ f^{\frac{3}{5}} \tag{8.52}$$

3. Densité de surface :

$$\Sigma = 5{,}2\ \alpha^{-\frac{4}{5}} \dot{M}_{16}^{\frac{7}{10}}\ M^{\frac{1}{4}}\ r_{10}^{-\frac{3}{4}}\ f^{\frac{14}{5}}\ \mathrm{g\,cm^{-2}} \tag{8.53}$$

4. Masse volumique :

$$\rho = 1{,}5\ 10^{-8}\ \alpha^{-\frac{7}{10}}\ \dot{M}_{16}^{\frac{11}{20}}\ M^{\frac{5}{8}}\ r_{10}^{-\frac{15}{8}}\ f^{\frac{11}{5}}\ \mathrm{g\,cm^{-3}} \tag{8.54}$$

5. Vitesse du son :

$$c_{\mathrm{son}} = 1{,}1\ 10^6\ \alpha^{-\frac{1}{5}}\ \dot{M}_{16}^{\frac{3}{10}}\ M^{\frac{1}{4}}\ r_{10}^{-\frac{3}{4}}\ f^{\frac{6}{5}}\ \mathrm{cm\,s^{-1}} \tag{8.55}$$

6. Température à $z = 0$:

$$T_0 = 1{,}5\ 10^4\ \alpha^{-\frac{1}{5}}\ \dot{M}_{16}^{\frac{3}{10}}\ M^{\frac{1}{4}}\ r_{10}^{-\frac{3}{4}}\ f^{\frac{6}{5}}\ \mathrm{K} \tag{8.56}$$

7. Coefficient de viscosité cinétique :

$$\nu_{\mathrm{cin}} = 1{,}8\ 10^{14}\ \alpha^{\frac{4}{5}}\ \dot{M}_{16}^{\frac{3}{10}}\ M^{-\frac{1}{4}}\ r_{10}^{\frac{3}{4}}\ f^{\frac{6}{5}}\ \mathrm{cm^2\,s^{-1}} \tag{8.57}$$

8. Profondeur optique :

$$\tau = 13\ \alpha^{-\frac{4}{5}}\ \dot{M}_{16}^{\frac{1}{5}}\ f^{\frac{4}{5}} \tag{8.58}$$

9. Vitesse radiale du flot de matière accrétée :

$$u_R = 2{,}7\ 10^4\ \alpha^{\frac{4}{5}}\ \dot{M}_{16}^{\frac{3}{10}}\ M^{-\frac{1}{4}}\ r_{10}^{-\frac{1}{4}}\ f^{-\frac{14}{5}}\ \mathrm{cm\,s^{-1}} \tag{8.59}$$

10. Vitesse tangentielle :

$$u_T = 1{,}1\ 10^8\ \dot{M}_{16}^{\frac{1}{2}}\ r_{10}^{-\frac{1}{2}}\ \ \mathrm{cm\,s^{-1}} \tag{8.60}$$

11. Rayon de la limite entre les zones 1 et 2 :

$$r_1 = 14\ \alpha^{\frac{2}{21}}\ \dot{M}_{16}^{\frac{16}{21}}\ M^{\frac{23}{21}}\ \ \mathrm{km} \tag{8.61}$$

12. Rayon de la limite entre les zones 2 et 3 :

$$r_2 = 8700\ \dot{M}_{16}^{\frac{2}{3}}\ M^{\frac{1}{3}}\ \ \mathrm{km} \tag{8.62}$$

Dans les équations (8.51) à (8.62), le taux d'accrétion $\dot{M}$ est exprimé en unité de 10^{16} g s^{-1}, la masse M de l'astre accrétant est exprimée en masse solaire, la distance à l'astre accrétant r_{10} est exprimée en unité de 10^{10} cm tandis que le facteur f est défini par l'équation suivante :

$$f = \left(1 - \sqrt{\frac{R_*}{r}}\right)^{\frac{1}{4}} \tag{8.63}$$

où R_* est le rayon de l'astre accrétant, sachant que dans le cas d'un disque ceinturant un **trou noir**, on est encouragé à remplacer R_* par 3 R_S, où R_S est le **rayon de Schwarzschild** du **trou noir** en question. On constate *a posteriori* que les différentes grandeurs caractérisant le disque, telles qu'estimées dans les équations (8.51) à (8.62), dépendent assez peu du paramètre α; ces estimations numériques devraient donc être assez représentatives d'une situation authentique, en dépit de notre méconnaissance de la manière dont le paramètre α évolue le long du disque.

Au vu de l'équation (8.52), on constate que pour des valeurs courantes des paramètres du système accrétant ($\dot{M} \sim 10^{16}$ g s^{-1} et $M \sim 1\ M_\odot$), le rapport hauteur sur rayon est effectivement inférieur à l'unité, ce qui est conforme à l'hypothèse de départ d'un disque mince. Toujours pour les même valeurs courantes des paramètres du système accrétant, et comme l'équation (8.55) suggère que $c_{son} \sim 11$ km s^{-1}, les équations (8.59) et (8.60) confirment que la vitesse radiale $u_R \sim 0{,}3$ km s^{-1}, est effectivement subsonique, alors que la vitesse tangentielle $u_T \sim 1100$ km s^{-1}, est largement supersonique.

Dans le cas d'une **étoile à neutrons** dont la masse $M = 1{,}4\ M_\odot$ et qui accrète de la matière à un taux $\dot{M} = 10^{16}$ g s^{-1}, les équations (8.61) et (8.62) suggèrent que $r_1 = 20$ km et $r_2 = 9700$ km. On a vu plus haut que s'agissant d'une étoile fortement magnétisée, sa surface d'Alvén (correspondant à la limite de sa magnétosphère) s'étend jusqu'à une distance $r_{MD} \approx 1000$ km pour un champ magnétique d'intensité $B = 10^{12}$ G. Ces conditions excluent la formation de la zone 1, qui, comme détaillé plus loin, s'avère la plus favorable à l'émission de photon γ. Au sein des systèmes accrétants en question, le rayonnement gamma émane plutôt de la colonne d'accrétion qui se constitue aux pôles de l'**étoile à neutrons**. Au contraire, dans le cas d'un **trou noir** ou d'une **étoile à neutrons** faiblement magnétisée, la zone 1 correspond à la couche limite définie plus haut entre le rayon interne du disque et la surface de l'astre effondré.

Stabilité d'un disque d'accrétion

Le temps moyen qu'il faut à la matière pour tomber sur l'astre accrétant, à savoir le temps de viscosité t_{vis} , est la plus longue des trois échelles de temps qui caractérisent le processus d'accrétion. Le temps de viscosité est défini par la relation suivante :

$$t_{\mathrm{vis}} \approx \frac{r}{u_{\mathrm{R}}} \quad \text{soit} \quad t_{\mathrm{vis}} \approx \frac{r^2}{\nu_{\mathrm{cin}}} \quad \text{donc}$$
$$t_{\mathrm{vis}} \approx 3\ 10^5\ \alpha^{-\frac{4}{5}}\ \dot{M}_{16}^{-\frac{3}{10}}\ M^{\frac{1}{4}}\ r_{10}^{\frac{5}{4}}\ f^{-\frac{6}{5}} \cdot \mathrm{s} \qquad (8.64)$$

En fonction des valeurs du paramètre α, du taux d'accrétion $\dot{M}$ et de la distance r_∞ à laquelle commence le processus d'accrétion, la valeur du temps de viscosité t_{vis} est de l'ordre de quelques jours à quelques semaines.

Une instabilité thermique très localisée, se produisant à une distance r de l'astre accrétant, peut provoquer une brusque augmentation de la viscosité qui entraîne la chute sur l'étoile de la plus grande partie de la zone du disque située en deçà du cercle de rayon r. Il se produit alors un brusque accroissement de la luminosité du système en un temps caractéristique $t = t_{\mathrm{vis}}$ de une à trois semaines (voir Frank *et al.*, 1985, pour plus de détails). Ce phénomène, observé par le télescope Sigma sur *Granat* et par l'expérience Batse sur l'Observatoire à Rayons Gamma *Compton* (voir plus bas, chapitre 11) est parfois connu sous le nom de nova gamma, par similarité avec les novas observées dans le visible.

Le temps thermique est le temps moyen qu'il faut au disque pour retrouver son équilibre thermodynamique après une perturbation. Le temps thermique vaut de quelques minutes à quelques dizaines de minutes en fonction de la distance radiale. Quant au temps dynamique, il correspond *grosso modo* au temps mis par le disque pour revenir à son état antérieur après avoir subi une perturbation verticale. Le temps dynamique peut se définir par la relation suivante :

$$t_{\mathrm{dyn}} \approx \frac{H}{c_{\mathrm{son}}} \quad \text{soit} \quad t_{\mathrm{dyn}} \approx \frac{1}{\Omega_{\mathrm{K}}} \quad \text{donc}$$
$$t_{\mathrm{dyn}} \approx 100\ M^{-\frac{1}{2}}\ r_{10}^{\frac{3}{2}} \quad \mathrm{s} \qquad (8.65)$$

où Ω_{K} est la vitesse angulaire keplerienne. Cette échelle de temps caractérise également les phénomènes qui se déroulent dans la zone 1 du disque, donc à proximité de l'astre accrétant. C'est ainsi que les émissions X et γ produites par certains systèmes accrétants suscités par des candidats **trou noir** sont susceptibles de varier en quelques millisecondes, une valeur à rapprocher du temps dynamique $t_{\mathrm{dyn}} \approx 1$ ms qui, d'après l'équation (8.65), caractérise la zone interne d'un disque ($r \approx 100$ km) ceinturant une masse accrétante $M = 5\ \mathrm{M}_\odot$ typique d'un **trou noir** d'origine stellaire.

PROCESSUS ÉMISSIFS AU SEIN DES DISQUES D'ACCRÉTION

Rayonnement émis par la zone externe d'un disque d'accrétion

Dans la grande majorité des cas, les valeurs des rayons r_1 et r_2 sont très inférieures à celle du rayon extérieur r_∞ du disque défini comme la distance séparant l'astre accrétant du point d'égale attraction entre l'astre en question et son étoile compagnon ($r_\infty \approx 10^6$ km). La zone 3 ($r > r_2$) s'avère donc la plus ample du disque. Pour en caractériser l'émission dans le cadre d'un disque α, on suppose que chaque portion du disque comprise entre r et $r + dr$ rayonne comme un corps noir, ce qui se traduit par l'équation suivante :

$$I_\nu(r) = \frac{2h\nu^3}{c^2} \frac{1}{\left[e^{\frac{h\nu}{kT(r)}} - 1\right]} \text{ erg s}^{-1}\text{cm}^{-2}\text{Hz}^{-1}\text{ sr}^{-1} \tag{8.66}$$

où h est la constante de Planck, c la célérité de la lumière, ν la fréquence du rayonnement, k la constante de Boltzmann et $T(r)$ la température du disque à une distance r de l'astre accrétant telle que définie par l'équation (8.56). Chaque portion en question rayonnant sur une surface égale à $2\pi r\, dr$, le flux total attendu sur Terre s'exprime alors par l'équation suivante :

$$F_\nu = \frac{2h\nu^3}{c^2} \frac{\cos i}{D^2} \int_{r_2}^{r_\infty} \frac{2\pi r dr}{\left[e^{\frac{h\nu}{kT(r)}} - 1\right]} \text{ erg s}^{-1}\text{ cm}^{-2}\text{ Hz}^{-1} \tag{8.67}$$

où i est l'inclinaison du plan du disque d'accrétion (supposé confondu avec le plan orbital du **système binaire** constitué par l'astre accrétant et son étoile compagnon) par rapport à la ligne de visée et D la distance entre le système en question et la Terre. Au vu de la Figure 8.1, on constate que le rayonnement émis — qui atteint un maximum pour des photons d'énergie $E = kT$ telle que $T \sim 10^5$–10^6 K — est donc observable surtout dans les domaines UV et X. Il en résulte que l'éventuel rayonnement gamma de basse énergie qu'un disque d'accrétion est susceptible d'émettre ne peut pas provenir de la région externe.

Rayonnement émis par la zone intermédiaire d'un disque d'accrétion

S'agissant de la zone 2, où les électrons perdent leur énergie par diffusion Thomson et où la pression du gaz est supérieure à la pression de radiation, la résolution des équations du disque standard permet d'établir les équations suivantes qui offrent la possibilité d'estimer d'une manière quantitative certains paramètres du disque dans la zone en question.

1. Rapport hauteur sur rayon :

$$\frac{H}{r} = 6{,}4\ 10^{-3}\ \alpha^{-\frac{1}{10}}\ \dot{M}_{16}^{\frac{2}{10}}\ M^{-\frac{7}{20}}\ r_8^{\frac{1}{20}}\ f^{\frac{4}{5}} \tag{8.68}$$

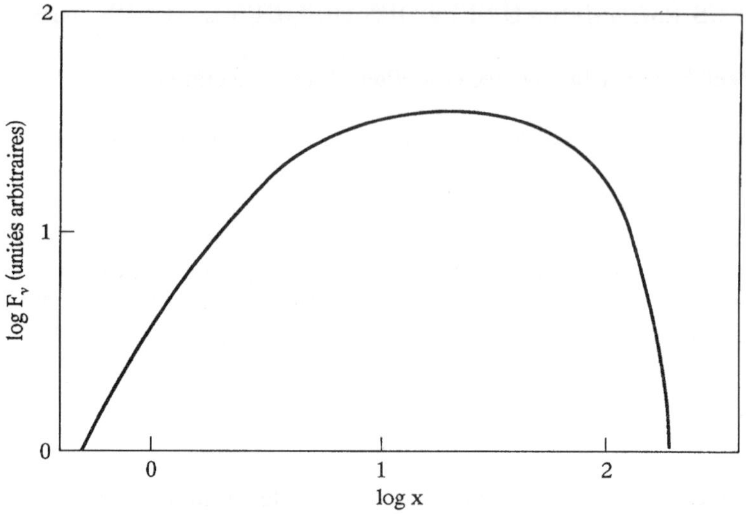

Figure 8.1 Spectre du rayonnement F_ν émis par la zone 3 d'un disque d'accrétion dont les paramètres physiques sont ceux du disque α (D'après Frank *et al.*, 1985). L'énergie $E = h\nu$ des photons ainsi rayonnés est représentée en abscisse par l'expression $x = h\nu/kT_{ext}$ où T_{ext} est la température du disque à une distance radiale $R_{ext} = 250R_*$, soit $T_{ext} \approx 10^4 K$.

2. Température à $z = 0$:

$$T_0 = 6{,}6\ 10^5 \alpha^{-\frac{1}{5}}\ \dot{M}_{16}^{\frac{2}{5}}\ M^{\frac{3}{10}}\ r_8^{-\frac{9}{10}} f^{\frac{8}{5}} K \tag{8.69}$$

3. Profondeur optique :

$$\tau = 90\ \alpha^{-\frac{4}{5}}\ \dot{M}_{16}^{\frac{3}{5}}\ M^{\frac{2}{5}}\ r_8^{-\frac{3}{5}} f^{\frac{12}{5}} \tag{8.70}$$

Dans les équations (8.68) à (8.70), le taux d'accrétion $\dot{M}$ est exprimé en unité de 10^{16} g s^{-1}, la masse M de l'astre accrétant est exprimée en masse solaire, la distance à l'astre accrétant r_8 est exprimée en unité de 10^8 cm tandis que le facteur f est toujours défini par l'équation (8.63). Les équations (8.68) à (8.70) impliquent que la température de chaque tranche de disque est de l'ordre de 10^6 à 10^7 kelvins et que les milieux en question sont **optiquement épais**. Ils sont donc conduit à émettre des rayonnements riches en photons dont les énergies tombent dans la gamme de 0,1 à 1 keV, c'est à dire dans la bande des rayons X mou. La seule région d'un disque d'accrétion ceinturant un **trou noir** ou une **étoile à neutrons** faiblement magnétisée *a priori* favorable à l'émission de photons γ ne peut donc être que la zone 1, la plus interne du disque.

Processus à l'œuvre dans la zone centrale d'un disque d'accrétion

Même si les processus d'accrétion au sein d'un **système binaire** peuvent se dérouler selon des scénarios très divers, il semble donc admis que l'accrétion n'est en mesure de susciter un rayonnement gamma intense que dans deux sites bien particuliers :

1. Les régions centrales d'un disque d'accrétion ceinturant une **étoile à neutrons** faiblement magnétisée ou un **trou noir**.
2. La colonne d'accrétion qui se constitue lorsque l'astre accrétant est fortement magnétisé.

Pour que ces sites soient des sources intenses de photons γ, il convient donc de démontrer que la température du plasma qui y est confiné peut atteindre — voire dépasser — un milliard de kelvins. L'accrétion reste bien sûr la source principale d'énergie en transformant l'énergie gravitationnelle de l'astre accrétant en énergie cinétique des particules accrétées. Les particules communiquent alors par diffusion coulombienne tout ou partie de cette énergie au plasma confiné à proximité de l'astre accrétant. Quant aux processus émissifs, ils contribuent plutôt à refroidir le plasma en question.

Le Bremsstrahlung et l'effet Compton inverse que nous avons détaillés au chapitre 6 sont les principaux mécanismes de perte d'énergie à l'œuvre au sein des plasmas susceptibles de rayonner dans le domaine gamma. Il convient maintenant de déterminer les conditions physiques (telles que température, densité de matière et densité de rayonnement) qui font que l'un ou l'autre de ces deux mécanismes s'impose au sein du plasma émissif, ce qui permet ensuite d'esquisser les processus qui prévalent à proximité d'un astre accrétant. Nous suivons en cela le raisonnement que Zeldovich et Shakura (1969) proposèrent dès la fin des années soixante.

Ne sont abordés dans les pages qui suivent que les seuls systèmes accrétants dont la luminosité est inférieure ou égale à la luminosité d'Eddington. Les régimes où l'accrétion dépasse la limite d'Eddington, que l'on dénomme "super eddingtoniens", sont beaucoup trop complexes pour être détaillés ici. Ils se traduisent par de forte éjections de matière qui peuvent se manifester selon les caractéristiques du système soit par un vent générant un halo de matière autour de l'astre accrétant, soit sous la forme de jets de matière plus ou moins collimatés.

Un mécanisme de chauffage

L'énergie fournie par la matière accrétée est convoyée principalement par les protons et les ions, beaucoup plus lourds que les électrons. Les protons et les ions communiquent leur énergie aux électrons du plasma lors de diffusions coulombiennes multiples qui contribuent à freiner les particules accrétées. Avant de s'arrêter, un proton parcourt ainsi une longueur caractéristique l_M qui, en fonction de son énergie cinétique initiale E_C et de la quantité de matière traversée, s'exprime par la relation suivante :

$$l_M = 200 E_C^2 \rho^{-1} \text{ km} \tag{8.71}$$

où E_C est exprimée en unité de 200 MeV et ρ en unité de 10^{-6} g cm^{-3}. Ces valeurs numériques sont représentatives du voisinage d'une **étoile à neutrons** à la surface de laquelle les protons accrétés se présentent avec une énergie cinétique de l'ordre de 210 MeV, ainsi què suggéré par l'équation (8.17).

La relation (8.71) ne s'applique que dans le cas où l'on peut négliger le champ magnétique de l'astre accrétant. Lorsque l'intensité B du champ magnétique est relativement faible ($B \approx 10^9$ G), il s'instaure le même type de dépendance entre l_M, E_C et ρ, mais la valeur de la longueur caractéristique l_M est alors inférieure d'un facteur 10 à celle fournie par la relation (8.71), soit $l_M \approx 20$ km en s'en tenant aux valeurs numériques évoquées ci-dessus. En effet, comme les particules spiralent autour des lignes de champ, elles ne se propagent plus en ligne droite et pénètrent donc beaucoup moins profondément dans le plasma. Lorsque le champ magnétique est beaucoup plus intense ($B \approx 10^{12}$ G), les interactions entre protons et électrons s'effectuent préférentiellement selon une direction perpendiculaire aux lignes de champ, ce qui diminue le rythme des diffusions coulombiennes. Toujours en s'en tenant aux valeurs numériques évoquées ci-dessus, la longueur caractéristique reprend alors une valeur $l_M \approx 200$ km (Harding, 1994).

Si on suppose que les particules ont toutes la même énergie cinétique incidente E_C, elles sont alors toutes tenues de s'arrêter à la même profondeur l_0 dans le plasma. Si on postule de plus que la perte d'énergie par unité de temps et de masse est uniforme jusqu'à la profondeur l_0, le terme de chauffage Q est alors défini par la relation suivante :

$$\int_0^{l_0} Q\, \rho\, A\, dz = L^1_{\mathrm{acc}} \quad \text{soit} \quad Q = \frac{L^1_{\mathrm{acc}}}{A y_0} \tag{8.72}$$

où A est la surface de plasma exposée, L^1_{acc} l'énergie fournie par le processus d'accrétion dans la zone 1 du disque, et où y_0 est défini par l'équation suivante :

$$y_0 = \int_0^{l_0} \rho\, dz \tag{8.73}$$

Deux mécanismes de refroidissement

Refroidissement par Bremsstrahlung. Dans des plasmas du type de ceux évoqués ci-dessus, les électrons adoptent très rapidement une distribution en énergie de type Maxwell-Boltzmann, et ce quelle que soit leur distribution initiale. On est donc le plus souvent en présence d'un milieu dont les caractéristiques sont celles d'un plasma d'électrons de masse volumique ρ en équilibre thermique à la température électronique T_e. L'émissivité Bremsstrahlung J_B d'un tel plasma par unité de temps et de masse s'exprime alors par la relation suivante :

$$J_B \approx 7{,}2\, 10^{20}\, \rho \sqrt{T_e}\ \mathrm{erg\, s^{-1}\, g^{-1}} \tag{8.74}$$

Refroidissement par comptonisation. Dans un champ de rayonnement de densité d'énergie U, un électron non relativiste d'énergie E subit par effet Compton une perte d'énergie par unité de temps qui s'exprime par la relation suivante :

$$-\dot{E} \approx \frac{8}{3} \sigma_T U \frac{E}{m_e c} \tag{8.75}$$

où σ_T est la section efficace de Thomson, m_e la masse de l'électron et c la célérité de la lumière. Dans la mesure où $E \approx 3/2kT_e$ (où k est la constante de Boltzmann), l'émissivité Compton J_C par unité de temps et de masse s'exprime alors par la relation suivante (où m_p est la masse du proton) :

$$J_C = 4\frac{\sigma_T U}{m_p}\frac{kT_e}{m_e c} \quad \text{soit} \quad J_C \approx 8UT_e \text{ erg s}^{-1}\text{ g}^{-1} \tag{8.76}$$

Comparaison des deux mécanismes de refroidissement. La comptonisation est le mécanisme de refroidissement prépondérant si $J_C > J_B$, donc si l'inégalité suivante est vérifiée :

$$\frac{J_C}{J_B} > 1 \quad \text{soit} \quad 1{,}1\,10^{-20}\frac{U\sqrt{T_e}}{\rho} > 1 \tag{8.77}$$

La comptonisation s'avère donc le mécanisme dominant dans le cas de plasmas très chauds (T_e grand), peu denses (ρ petit) et baignés par un champ de radiation U particulièrement intense.

APPLICATION À DES SITUATIONS COSMIQUES CONCRÈTES

Les sections précédentes ont présenté les principaux "outils" aptes à décrire les processus physiques à l'œuvre au sein d'un plasma à haute température ceinturant un astre accrétant. Le maniement de ces nombreux outils peut toutefois s'avérer quelque peu malaisé. C'est pourquoi les pages qui suivent détaillent la manière d'utiliser les outils en question dans le cas de cinq situations astrophysiques supposées *a priori* comme les plus actives dans les domaines X et gamma.

Étoile à neutrons peu magnétisée à taux d'accrétion élevé

La température d'un disque d'accrétion augmentant quand la distance à l'astre accrétant diminue, la zone 1, la plus proche de l'astre accrétant, donc la plus chaude, semble alors la plus apte à émettre des photons γ. Le modèle de disque α, qui fournit une solution quantitative s'agissant des zones 2 et 3 du disque, n'est toutefois pas toujours applicable dans la zone la plus interne. L'hypothèse d'un disque mince, hypothèse fondatrice du modèle de disque α, n'est en effet plus vérifiée dans la zone 1 (où la pression est dominée par la pression de radiation) lorsque la luminosité du disque est proche de la luminosité d'Eddington.

Pour vérifier qu'il en est bien ainsi, il convient de considérer les équations (8.27), (8.32), (8.46), (8.47) et (8.48) qui permettent d'obtenir :

$$\begin{aligned} c_{\text{son}}^2 &= \frac{3GM\dot{M}H\sigma_T}{8\pi c R^3}\left(1-\sqrt{\frac{R_*}{r}}\right) \\ \text{donc} \quad H &= \frac{3\dot{M}\sigma T}{8\pi m_p c}\left(1-\sqrt{\frac{R_*}{r}}\right) \end{aligned} \tag{8.78}$$

On constate alors que la demi-hauteur H du disque peut s'exprimer en fonction du taux d'accrétion critique $\dot{M}_{\text{Edd}}$ défini comme le taux d'accrétion susceptible d'induire

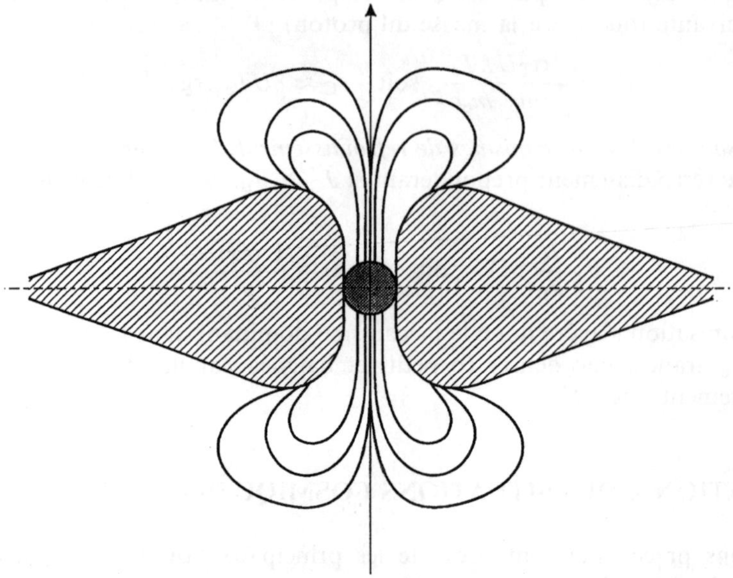

Figure 8.2. Configuration géométrique du processus d'accrétion dans un **système binaire** dont l'une des composantes est une **étoile à neutrons** faiblement magnétisée accrétant à la limite d'Eddington.

une luminosité du disque égale à la luminosité d'Eddington L_{Edd}. Ce taux critique s'exprime par la relation suivante :

$$\dot{M}_{\text{Edd}} = \frac{L_{\text{Edd}} R_*}{2\eta GM} \quad \text{soit} \quad \dot{M}_{\text{Edd}} = 1{,}5\,10^{18} R_* \left(\frac{\eta}{0{,}1}\right)^{-1} \text{g s}^{-1} \tag{8.79}$$

où le rayon R_* de l'astre accrétant est exprimé en unité de 3 km et où η est le rendement de l'accrétion, qui vaut environ 0,1 comme précisé au début de ce chapitre. La demi-hauteur H du disque peut donc finalement s'exprimer par l'équation suivante :

$$H = \frac{3R_*}{4\eta} \frac{\dot{M}}{\dot{M}_{\text{Edd}}} \left(1 - \sqrt{\frac{R_*}{r}}\right) \quad \text{soit} \quad H = 75\dot{M}_{18} \left(1 - \sqrt{\frac{R_*}{r}}\right) \text{km} \tag{8.80}$$

où $\dot{M}_{18}$ est le taux d'accrétion exprimé en unité de 10^{18} g s^{-1}. On constate donc que H est de l'ordre de r quand le taux de perte de masse est proche de sa valeur critique. S'agissant donc d'une **étoile à neutrons**, on constate que dans ce cas le rayon limitant la zone 1 est d'environ 680 km. Le disque, toujours mince à la transition entre la zone 2 et la zone 1, s'épaissit une centaine de kilomètres vers l'intérieur (voir Figure 8.2).

L'étude des conditions physiques qui règnent au sein des disques épais est fort ardue et peu d'auteurs ont tenté de les entreprendre (voir par exemple Hoshi, 1984, et Frank *et al.*, 1985, pour plus de détails). En partant du principe rappelé ci-dessus, à savoir que la température du disque doit s'accroître au fur et à mesure que l'on s'approche de l'astre accrétant, on peut explorer les conditions qui règnent à quelques kilomètres au dessus de la surface d'une **étoile à neutrons**. On peut ainsi se faire une idée de la densité du plasma dans la zone limite en question d'après l'équation de continuité, en supposant que les particules tombent sur la surface de l'**étoile à neutrons** avec une vitesse u_R proche de celle de la lumière. Il s'agit là d'ailleurs d'une supposition tout à fait licite dans la mesure où cette zone limite se situe à quelques **rayons de Schwarzschild** du centre de l'étoile, comme indiqué par la relation (8.9). On en déduit la relation suivante qui fournit donc une estimation de la densité du milieu au voisinage de l'**étoile à neutrons** :

$$\dot{M} = 4\pi r H \rho u_R \quad \text{soit} \quad \dot{M} \approx 4\pi r^2 c\rho \qquad \text{donc} \quad \rho \approx 10^{-6}\ \text{g cm}^{-3} \tag{8.81}$$

S'agissant également d'une **étoile à neutrons** faiblement magnétisée, l'équation (8.20) implique que le rayon d'Alvén est de l'ordre de 10 km, soit la valeur du rayon de l'**étoile à neutrons** : l'influence du champ magnétique sur le flot de matière accrétée est donc totalement négligeable. Non soumises à l'influence de la magnétosphère, un grand nombre de particules percutent donc la surface de l'**étoile à neutrons**, provoquant son chauffage, et partant l'émission de photons X de basse énergie (photons X que l'on dit mous ou froids).

Quant à la densité d'énergie U de ces photons X froids, elle s'exprime par la relation suivante :

$$U \approx \frac{f_X L^1_{acc}}{Afc} \tag{8.82}$$

où L^1_{acc} est l'énergie fournie par le processus d'accrétion dans la zone 1 du disque, f_X est la fraction de l'énergie fournie par l'accrétion que l'**étoile à neutrons** rayonne dans la bande des photons X froids, A est la surface de l'**étoile à neutrons** en question ($A = \pi R_*^2$), et f la fraction de cette surface susceptible d'émettre les photons mous. On en déduit la relation suivante :

$$\frac{J_C}{J_B} = 3{,}6\ 10^{-31} \frac{f_X L^1_{acc} \sqrt{T_e}}{Af\rho} \tag{8.83}$$

Comme précisé plus haut à la suite de la relation (8.45), l'énergie disponible dans les zones internes du disque (la zone 1 en l'occurrence) est égale à la luminosité totale du système, on a donc $L^1_{acc} \approx 10^{38}$ erg s^{-1}. En posant $f = 1$, $f_X \approx 1$, $A = 1{,}2\ 10^{13}$ cm^2, $\rho \approx 10^{-6}$ g cm^{-3} et enfin $T_e \approx 2\ 10^8$ K (une valeur de la température justifiée ci-dessous), on obtient la relation suivante :

$$\frac{J_C}{J_B} \approx 20\,000 \quad \text{soit} \quad \frac{J_C}{J_B} \gg 1 \tag{8.84}$$

Le processus de comptonisation constitue donc le mécanisme prépondérant de refroidissement. L'équilibre entre le terme de chauffage Q tel que fourni par l'équation (8.72) et le terme de refroidissement J_C tel que défini ci-dessus conduit à établir la relation suivante :

$$Q = J_C \quad \text{soit} \quad Q = \frac{L^1_{acc}}{Ay_0} \quad \text{donc} \quad T_e = \frac{fc}{8y_0 f_X} \tag{8.85}$$

Avec $y_0 \approx \rho l_M \approx 20$, donc en s'en tenant aux valeurs numériques évoquées à l'occasion de la relation (8.71), on obtient $T_e = 1{,}9\,10^8$ K. On justifie ainsi *a posteriori* la valeur de la température adoptée ci-dessus pour déterminer quel est le mécanisme de refroidissement prépondérant.

Cette température, de l'ordre de 15 keV, n'est donc pas suffisante pour que ces milieux rayonnent en abondance dans le domaine gamma, même si leurs luminosités dans le domaine X s'avèrent proches de la luminosité d'Eddington. Le refroidissement des électrons par diffusion Compton des photons X froids réémis par l'**étoile à neutrons** est en effet bien trop efficace pour que la température du plasma atteigne la valeur requise pour émettre des photons γ. En atteste le fait que les télescopes opérant dans la bande des photons γ de basse énergie se sont avérés incapables de détecter les sources X binaires les plus lumineuses parmi celles connues pour abriter une **étoile à neutrons** faiblement magnétisée (voir chapitre 11).

Cette première utilisation des outils aptes à décrire les processus physiques à l'œuvre au sein d'un plasma à haute température ceinturant un astre accrétant n'en débouche pas moins sur deux conclusions importantes s'agissant de l'émission des disques d'accrétion au delà de la limite que nous avons assignée au domaine des photons γ :

1. Le disque se refroidit préférentiellement par comptonisation, même dans le cas où les valeurs qui décrivent les conditions physiques du disque s'écartent notablement de celles adoptées ci-dessus. Il n'est donc pas douteux que la comptonisation soit le mécanisme effectivement à l'œuvre à proximité immédiate d'une **étoile à neutrons** accrétante faiblement magnétisée.
2. Il est également acquis que la température du plasma à proximité immédiate d'une **étoile à neutrons** accrétante faiblement magnétisée ne dépend pas directement du taux d'accrétion dans le cas où ce dernier est élevé. Au vu de l'équation (8.85), on constate plutôt que la température électronique T_e de ce plasma dépend du taux de réémission des photons X froids, et donc de la géométrie de la couche limite qui conditionne les facteurs f et f_X impliqués dans la détermination de T_e.

Étoile à neutrons peu magnétisée à taux d'accrétion faible

Quand le taux d'accrétion diminue, il en va de même de la luminosité totale du disque qui est d'ailleurs pratiquement égale à la quantité d'énergie L_X rayonnée dans le domaine des rayons X. Mais tant que la géométrie de la couche limite à la surface de l'**étoile à neutrons** reste plus ou moins la même, la température du plasma à proximité immédiate de l'**étoile à neutrons** accrétante ne change pas quand le taux d'accrétion diminue. Par exemple, quand $L_X \approx 10^{37}$ erg s^{-1}, le disque est encore considéré comme épais et le champ magnétique est encore dominé par la pression du flot de matière accrétée. La température électronique du plasma est donc encore trop basse pour que le système soit détectable dans la bande des photons γ de basse énergie.

En revanche, dès que $L_X \lesssim 10^{36}$ erg s^{-1}, la géométrie du système change radicalement (voir Figure 8.3). Le disque peut être alors considéré comme mince et la pression induite par le champ magnétique est en mesure de dominer celle qu'exerce le flot de matière accrétée, même dans le cas d'une **étoile à neutrons** faiblement

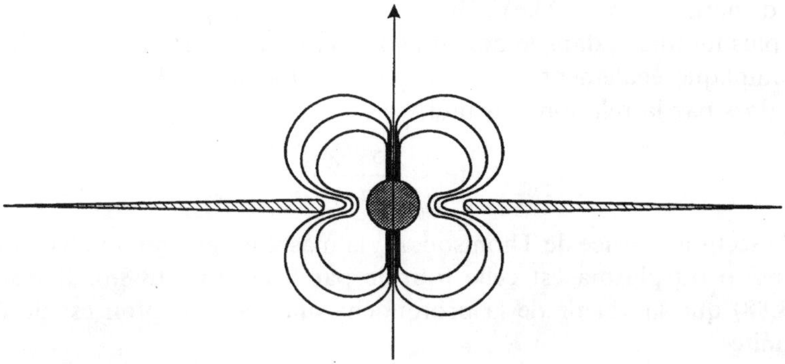

Figure 8.3 Configuration géométrique du processus d'accrétion dans un système binaire dont l'une des composantes est une **étoile à neutrons** accrétant à un taux très largement inférieur à la limite d'Eddington.

magnétisée. Le flot de matière accrétée s'écoule alors tout au long du disque d'accrétion jusqu'à sa rencontre avec la magnétosphère de l'**étoile à neutrons** où il se morcelle en de multiples composantes avant de rejoindre la surface de l'**étoile à neutrons**. Ce processus assez complexe, détaillé par Hayakawa (1985), est basé sur l'idée que les conditions qui prévalent au voisinage de l'interface entre le disque d'accrétion et la magnétosphère produisent un choc qui ralentit et échauffe la matière accrétée.

Sous l'effet d'instabilités hydrodynamiques (de type Rayleigh-Taylor), la matière accrétée se divise donc en globules qui tombent en pluie sur toute la surface de l'**étoile à neutrons**. Le champ magnétique n'étant pas assez fort pour canaliser la matière vers les pôles magnétiques de l'**étoile à neutrons**, l'accrétion est donc quasi sphérique. En supposant à nouveau que les particules atteignent l'étoile à une vitesse moitié de la célérité de la lumière, l'équation de conservation fournit une estimation de la masse volumique ρ de la matière accrétée qui s'exprime par la relation suivante :

$$\dot{M} \approx 2\pi r^2 c\rho \quad \text{soit} \quad \rho \approx 10^{-6}\ \mathrm{g\,cm^{-3}} \tag{8.86}$$

En posant alors $L^1_{\mathrm{acc}} \approx 10^{36}$ erg s^{-1}, $T_\mathrm{e} \approx 10^9$ K (une valeur justifiée ci-dessous) et $f = f_\mathrm{X} = 1$, l'équation (8.83) implique la relation suivante :

$$\frac{J_\mathrm{C}}{J_\mathrm{B}} \approx 700 \quad \text{donc} \quad \frac{J_\mathrm{C}}{J_\mathrm{B}} \gg 1 \tag{8.87}$$

Le processus de comptonisation est encore le mécanisme prépondérant de refroidissement. On est donc encore en droit d'utiliser les équations (8.76) et (8.82) pour obtenir l'estimation de la température effective du plasma. Mais comme les particules sont contraintes de spiraler autour des lignes du champ magnétique, elles parcourent une plus grande distance dans le plasma où elles déposent donc plus d'énergie. Il en résulte une diminution de la valeur du paramètre l_M et corrélativement du paramètre y_0 entrant dans l'équation (8.85) : la température électronique du plasma peut alors s'élever jusqu'à $T_\mathrm{e} \approx 10^9$ K.

À condition donc que l'accrétion se produise à un taux relativement faible, impliquant une luminosité $L_\mathrm{X} \lesssim 10^{36}$ erg s^{-1}, le processus d'accrétion suscité par une **étoile à neutrons** faiblement magnétisée peut donc conduire à des émissions de photons γ d'énergie $E_\gamma \approx 100$ keV. On n'attend toutefois pas que ces systèmes soient beaucoup plus lumineux dans le domaine des photons γ que dans celui des photons X, ce qui implique également $L_\gamma \approx 10^{36}$ erg s^{-1}. La profondeur optique Compton s'exprime alors par la relation suivante :

$$\tau_C \approx \frac{\rho \sigma_T l_M}{m_p} \tag{8.88}$$

où σ_T est la section efficace de Thomson, m_p la masse du proton, tandis que la valeur de la densité ρ du plasma est celle fournie par l'équation (8.86). Il résulte de la relation (8.88) que la valeur de la profondeur optique Compton est de l'ordre de quelques unités.

Accrétion suscitée par un trou noir d'origine stellaire

Dans la mesure où un **trou noir** n'a pas de champ magnétique propre, le processus d'accrétion de la matière par un **trou noir** d'origine stellaire en **système binaire** s'apparente à celui décrit dans le cas du disque à fort taux d'accrétion ceinturant une **étoile à neutrons** faiblement magnétisée. La température du plasma à proximité de l'astre accrétant s'exprime donc par une relation analogue à l'équation (8.85). Mais comme un **trou noir** est dépourvu de surface solide, la chute des particules accrétées n'induit aucune émission en retour de photons X froids. La valeur du paramètre f_X qui exprime la fraction d'énergie rayonnée en retour dans la bande des photons X froids est donc largement inférieure à l'unité. Par exemple, si f_X se situe dans l'intervalle 0,1–0,5, l'équation (8.85) implique que $T_e \approx 0{,}5 - 2\,10^9$ K.

Ceinturé d'un plasma pouvant donc atteindre — voire dépasser — un milliard de kelvins, un **trou noir** accrétant peut donc susciter un rayonnement qui s'étend largement au delà de la limite que nous avons assignée au domaine des photons γ. La Figure 8.4 montre l'allure du spectre comptonisé correspondant. Comme détaillé dans la section précédente, la température du plasma à proximité immédiate de l'astre accrétant ne change pas si le taux d'accrétion diminue (donc si la luminosité du disque diminue dans la bande X), du moins tant que la structure du bourrelet interne du disque reste plus ou moins la même. L'allure du spectre du rayonnement gamma émis par un disque d'accrétion ceinturant un **trou noir** n'est donc pas susceptible d'évoluer en fonction de la luminosité X du système. À noter cependant que le comportement de certains systèmes accrétants réputés contenir un authentique candidat **trou noir** n'est pas conforme à cette tendance, ce qui montre les limites du modèle décrit ci-dessus.

Si la valeur de f_X s'avère encore plus petite, le plasma peut s'échauffer au point que l'énergie des photons γ rayonnés dépasse le seuil de création de paires électron-positon. Il se forme alors un plasma de paires électron-positon où s'instaure une compétition entre les deux types d'équilibre suivant :

1. Un équilibre thermodynamique qui gouverne la température électronique du plasma. Cet équilibre est analogue à celui détaillé ci-dessus, à ceci près que le taux de production des photons qui résultent de l'annihilation des paires électron-positon

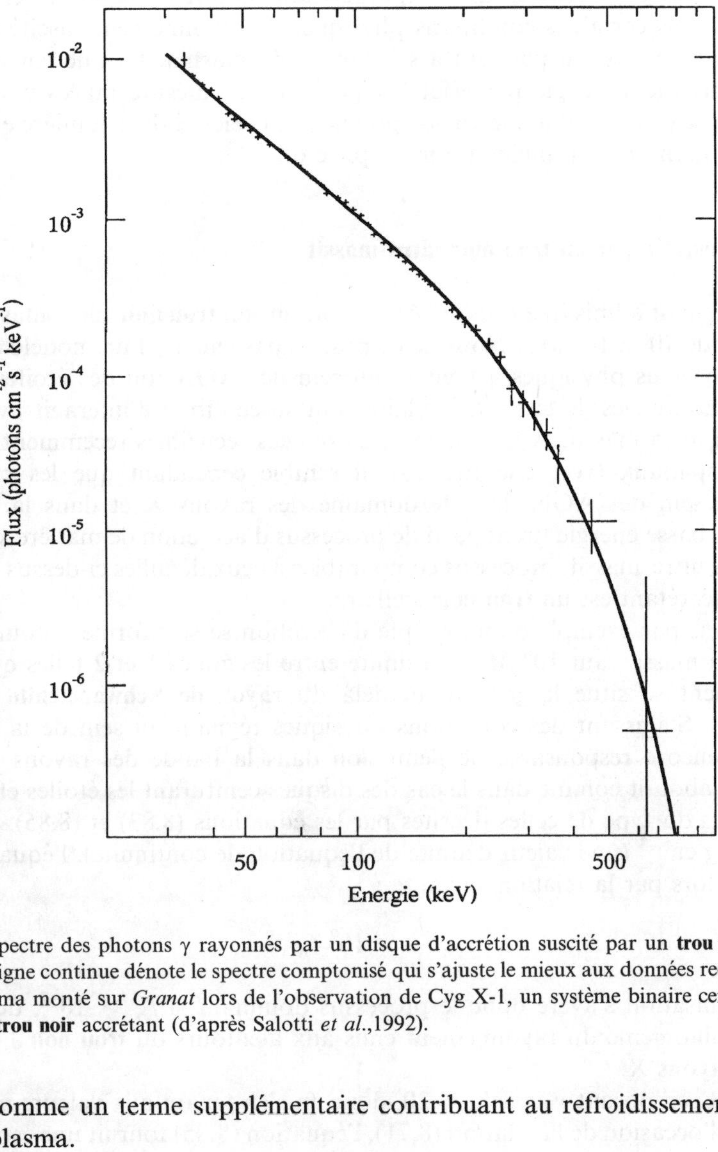

Figure 8.4. Spectre des photons γ rayonnés par un disque d'accrétion suscité par un **trou noir** d'origine stellaire. La ligne continue dénote le spectre comptonisé qui s'ajuste le mieux aux données recueillies par le télescope Sigma monté sur *Granat* lors de l'observation de Cyg X-1, un système binaire censé abriter un authentique **trou noir** accrétant (d'après Salotti *et al.*,1992).

apparaît comme un terme supplémentaire contribuant au refroidissement des électrons du plasma.

2. Un équilibre entre la création et l'annihilation des paires qui dépend étroitement de la température électronique du milieu en question.

Les deux paramètres clés du plasma, à savoir la température et la densité de positons, sont donc intrinsèquement liés par les deux processus d'équilibre mentionnés ci-dessus. Des effets complexes de rétroaction surviennent dès que l'un ou l'autre de ces paramètres évolue, ce qui complique la description des processus physiques à l'œuvre au sein de ces systèmes qui sont également très sensibles aux conditions extérieures, comme la fraction de photons X parvenant aux abords de l'astre accrétant. Il semble néanmoins que les processus de comptonisation président encore à l'émission des photons γ. Sous certaines conditions physiques, le rayonnement suscité par l'annihilation électron-positon parvient à s'échapper du plasma. La raie correspondante est alors fortement élargie par **effet Doppler** dans la mesure où les particules qui s'annihilent se propagent à une vitesse proche de la célérité de la lumière en raison de l'agitation thermique du milieu (voir chapitre 6).

Accrétion suscitée par un trou noir ultra-massif

Il est maintenant admis que tous les AGN abritent un **trou noir** ultra-massif, dont la masse vaut de 10^6 à 10^9 $M_\odot$. Nous ne disposons pas encore d'un modèle complet de tous les processus physiques à l'œuvre au sein des AGN, où des étoiles de toutes masses et des nuages de gaz interstellaire sont susceptibles d'interagir avec un **trou noir** central ultra-massif. À la lumière des données recueillies récemment par divers télescopes spatiaux (voir chapitre 13), il semble cependant que les mécanismes émissifs au sein des AGN dans le domaine des rayons X et dans la bande des rayons γ de basse énergie tirent parti de processus d'accrétion de matière suscités par un **trou noir** ultra-massif, processus comparables à ceux détaillés ci-dessus dans le cas où l'objet accrétant est un **trou noir** stellaire.

Supposons par exemple qu'un disque d'accrétion se soit formé autour d'un **trou noir** dont la masse vaut 10^6 $M_\odot$. La limite entre les zones 1 et 2 telles que définies précédemment se situe largement au delà du **rayon de Schwarzschild** de l'objet en question. S'agissant des conditions physiques régnant au sein de la zone 1 du disque, là encore responsable de l'émission dans la bande des rayons γ de basse énergie, on aboutit comme dans le cas des disques ceinturant les étoiles effondrées à des relations du type de celles décrites par les équations (8.83) et (8.85). En posant $\rho x \approx 10^{-11}$ g cm^{-3} (une valeur déduite de l'équation de continuité), l'équation (8.83) s'exprime alors par la relation suivante :

$$\frac{J_C}{J_B} \approx 10^7 f_X \tag{8.89}$$

La comptonisation s'avère donc le processus dominant si $f_X > 10^{-7}$, donc si plus d'un dix-millionième du rayonnement émis aux alentours du **trou noir** l'est sous la forme de rayons X.

De même, en posant $y_0 \approx \rho l_M \approx 20$, donc en s'en tenant aux valeurs numériques évoquées à l'occasion de la relation (8.71), l'équation (8.85) fournit une estimation de la température électronique du plasma situé au voisinage du **trou noir**, qui s'exprime alors par la relation suivante :

$$T_e \approx \frac{2\,10^8}{f_X}\ \mathrm{K} \tag{8.90}$$

Si on suppose $f_X \ll 1$, la température est telle qu'un plasma de paires se forme autour du **trou noir**, induisant donc un mécanisme supplémentaire de refroidissement du plasma. Une étude prenant en compte les effets des paires montre alors que la température du plasma se stabilise vers 10^9 K, indépendamment des paramètres de départ (Pietrini et Krolik, 1995). Ce résultat est en accord avec les observations effectuées dans la bande des photons γ de basse énergie qui montrent que le spectre du rayonnement émis par certains AGN présente une cassure vers 50 keV, impliquant bien une température du plasma de l'ordre d'un milliard de kelvins.

Il convient toutefois de réitérer les remarques faites au début de cette dernière section quant à la modélisation des AGN. C'est ainsi que la mise en évidence de jets émis par nombre de ces sites semble démontrer que l'accrétion s'effectue à un taux dépassant celui compatible avec la limite d'Eddington, ce qui conduit à des processus qui sortent du cadre des modèles abordés dans ce chapitre.

Étoile à neutrons très magnétisée (pulsar accrétant)

En raison du champ magnétique intense régnant au voisinage de l'**étoile à neutrons**, la matière accrétée est dirigée vers les pôles magnétiques de l'astre où elle forme ce que nous avons convenu de nommer une colonne d'accrétion. On peut se faire une idée de la structure de cette colonne en considérant qu'elle est modelée par le tube de champ magnétique qui joint l'un des deux pôles magnétiques de l'**étoile à neutrons** à cette zone située à $r = r_M$ où la surface d'Alvén intercepte le plan orbital du **système binaire** auquel appartient l'**étoile à neutrons**. Dans le cas où le processus d'accrétion forme un disque, cette zone correspond approximativement au bord interne du disque d'accrétion.

La colonne s'apparente à un cylindre de hauteur h_C et de rayon R_C. Ce cylindre peut être creux ou plein selon la manière dont l'accrétion se déroule (formation ou non d'un disque et, dans ce dernier cas, possibilité d'un écart angulaire λ entre l'axe des pôles magnétiques et l'axe du disque en question). La hauteur h_C de la colonne s'accroît en fonction du taux d'accrétion : dans le cas d'un taux d'accrétion faible, la colonne, plus large que haute, rayonne principalement par son sommet (modèle dit du crayon). Dans le cas contraire (fort taux d'accrétion) la colonne est plus haute que large : l'essentiel du rayonnement est alors émis par son pourtour (modèle dit du ventilateur).

Pour estimer la valeur du rayon R_C de la colonne d'accrétion, on utilise l'équation des lignes de champ dans l'approximation dipolaire, qui s'exprime de la manière suivante :

$$r = r_M \cos^2 \lambda \tag{8.91}$$

où on postule donc que la ligne de champ issue du pôle magnétique de l'**étoile à neutrons** traverse le plan orbital du système en $r = r_M$. À la surface de l'**étoile à neutrons** ($r = R_*$), on obtient alors la relation suivante :

$$\begin{gathered} R_* = r_M \cos^2 \lambda \quad \text{et} \quad \cos \lambda = \frac{R_C}{R_*} \\ \text{soit} \quad R_C = R_* \sqrt{\frac{R_*}{r_M}} \end{gathered} \tag{8.92}$$

La relation (8.20) impliquant $r_M \approx 2000$ km, on obtient donc $R_C \approx 1$ km pour $R_* \approx 10$ km. Quant à la valeur moyenne de la densité de la colonne d'accrétion, elle est à nouveau fournie par l'équation de continuité, qui implique la relation suivante :

$$\rho \approx \frac{\dot{M}}{\pi \frac{c}{2} R_C^2} \tag{8.93}$$

où c est la célérité de la lumière. En posant $\dot{M} \approx 10^{16}$ g s^{-1}, on obtient $\rho \approx 10^{-4}$ g cm^{-3}. Au vu de l'équation (8.83), on est alors en mesure de montrer que la comptonisation est une fois encore le mécanisme prépondérant de refroidissement. Dans ces conditions, la température électronique du plasma confiné dans la colonne d'accrétion s'exprime par la relation suivante :

$$T_e = \frac{fc}{8 y_0 f_X} \quad \text{avec} \quad f = \left(\frac{R_C}{R_*}\right)^2 \tag{8.94}$$

S'agissant d'une situation où l'influence du champ magnétique ne peut pas être négligée, il convient de poser $y_0 \approx 200$ en s'en tenant aux valeurs numériques évoquées à l'occasion de la relation (8.71); on obtient alors $T_e \approx 2\ 10^5$ K, une température à l'évidence bien trop faible pour que la colonne d'accrétion puisse rayonner dans le domaine gamma.

Pour expliquer pourquoi maints systèmes de ce type ont été détectés dans la bande des photons γ de basse énergie, il est donc nécessaire d'introduire un nouveau mécanisme de chauffage du plasma. Celui que l'on évoque le plus souvent fait appel à la notion de choc, une notion abordée dans le prochain chapitre. L'existence même et les caractéristiques de ce choc, profondément lié à la présence d'un fort champ magnétique, ont été le sujet de nombreuses études débouchant sur un débat toujours d'actualité (voir par exemple Basko et Sunyaev, 1976; Langer et Rappaport, 1982; Wang et Frank, 1982).

En s'en tenant à des considérations générales, on escompte qu'un tel choc modifie les conditions physiques au sein de la colonne en chauffant brutalement les protons accrétés qui chauffent à leur tour les électrons avoisinants. Dans le cas le plus probable d'un choc qualifié de fort (voir chapitre suivant), les ions et les électrons atteignent respectivement après le choc une température ionique T_i et une température électronique T_e qui s'expriment par les relations suivantes (d'après Hayakawa, 1985) :

$$\begin{aligned} kT_i &= \frac{3}{16} m_i u_i^2 \quad \text{soit} \quad kT_i \approx 40 \text{ MeV} \\ kT_e &= \frac{5}{16} m_e u_i^2 \quad \text{soit} \quad kT_e \approx 40 \text{ keV} \end{aligned} \tag{8.95}$$

où k est la constante de Boltzmann, m_i la masse des ions, m_e celle des électrons et u_i la vitesse des ions avant le choc, de l'ordre de la moitié de la célérité de la lumière. Le plasma, dont la profondeur optique $\tau \approx \rho \sigma_T R_C \approx 4$, est donc amené à émettre un rayonnement caractérisé par un spectre comptonisé qui s'avère *grosso modo* compatible avec les spectres observés.

Ce modèle, comme d'ailleurs tous ceux détaillés ci-avant, est avant tout destiné à fournir une description qualitative des phénomènes à l'œuvre au voisinage des objets compacts accrétants. Une analyse plus quantitative serait beaucoup plus ardue, dans la mesure où il conviendrait alors de prendre en compte des processus complexes, comme les instabilités magnétohydrodynamiques qui accompagnent le processus d'accrétion. Il conviendrait également de ne pas négliger les effets relativistes, dans la mesure où les particules abordent les astres accrétants à des vitesses proches de la célérité de la lumière[1]. Un traitement relativiste est d'autant plus nécessaire que l'influence gravitationnelle de l'astre accrétant est également loin d'être négligeable.

S'agissant enfin des **étoiles à neutrons** fortement magnétisées, le champ magnétique intense qui règne à proximité de l'étoile ($B \approx 10^{12}$ G) modifie les propriétés du plasma en induisant des phénomènes de quantification qui se manifestent dans les spectres des rayonnements émis par des raies de nature cyclotron. Ce champ magnétique intense induit également une très forte anisotropie, tant au niveau des mécanismes régissant l'ensemble du système qu'à celui des résonances dans les sections efficaces d'interaction.

RÉFÉRENCES

Basko, M.M., et Sunyaev, R.A., (1976). *Mon. Not. R. Astr. Soc.*, 175: 395.

Bondi, H., (1952). *Mon. Not. R. Astr. Soc.*, 112: 195.

Frank, J., King, A.R., et Raine, D.J., (1985). *in: Accretion Power in Astrophysics* (Cambridge: Cambridge University Press).

Ghosh, P., et Lamb, F.K., (1979). *Astrophys. J.*, 234: 296.

Harding, A.K., (1994). *in* : AIP Conference Proceedings 308, *The Evolution of X-ray Binaries*, éd. S.S. Holt et C.S. Day (New York: American Institute of Physics), 429.

Hayakawa, S., (1985). *Physics Report*, 121: 6.

Hoshi, R., (1984). *Pub. Astron. Soc. Japan*, 36: 785.

Illiaronov, A.F., et Sunyaev, R.A., (1975). *Astron. Astrophys.*, 39: 185.

Langer, S.H., et Rappaport, S., (1982). *Astrophys. J.*, 257: 733.

Pietrini, P., et Krolik, J.H., (1995). *Astrophys. J.*, 447: 526.

Salotti, L., Ballet, J., Cordier, B., Lambert, A., Bonazzola, S., Mereghetti, S., Mandrou, P., Roques, J.-P., Sunyaev, R., Gilfanov, M., Churazov, E., Chulkov, I., Kuznetzov, A., Dyachkov, A., Khavenson, N., et Novikov, B., (1992). *Astron. Astrophys.*, 253: 145.

Shakura, N.I., et Sunyaev, R.A., (1973). *Astron. Astrophys.*, 24: 337.

Wang, Y.M., et Frank, J., (1982). *Astron. Astrophys.*, 93: 255.

Zeldovich, Y.B., et Shakura, N.I., (1969). *Astron. Zhurnal*, 46: 225.

POUR EN SAVOIR PLUS

Astrophysics of Neutron Stars, Lipunov, V.M., 1992 (Heidelberg: Springer-Verlag).

Nous recommandons également de consulter l'ouvrage de Frank, King et Raine dont la référence est mentionnée ci-dessus.

[1] Comme évoqué au chapitre 7, les équations décrivant les processus de comptonisation doivent également être modifiées lorsque les particules mises en jeu atteignent des vitesses relativistes.

9. LE CAS DES PARTICULES ACCÉLÉRÉES

L'ACCÉLÉRATION DES PARTICULES PAR ONDES DE CHOC

Les ondes de choc

Quand la vitesse d'un flot de gaz passe d'une vitesse quasi nulle à une vitesse largement supérieure à la célérité du son dans le gaz en question, cette transition — dite supersonique — produit généralement une onde de choc qui décélère le flot afin de le rendre à nouveau subsonique. Pour illustrer ce phénomène, on a souvent recours à l'exemple d'un piston comprimant de plus en plus rapidement un gaz contenu dans une culasse. Au fur et à mesure de la progression du piston, la couche de gaz directement située juste en avant de celui-ci s'accélère et se densifie. La célérité du son augmente donc dans cette même couche, ce qui amplifie la compression. Il se crée alors deux zones distinctes :

1. Une zone dense et comprimée, que l'on qualifie de choquée.
2. Une zone où le gaz n'a pas encore été influencé par le choc.

Ces deux zones sont séparées par un secteur qui progresse en même temps que le piston et dont l'épaisseur est de plus en plus mince au fur et à mesure de la progression du piston. L'interface ainsi formée porte le nom d'onde de choc.

Pour apprécier plus précisément les conditions qui prévalent de part et d'autre du choc, il convient tout d'abord de se placer dans le référentiel lié à ce dernier, comme schématisé en Figure 9.1. On pose ensuite que le choc est infiniment mince, et que le gaz est stationnaire avant comme après la zone choquée, une hypothèse généralement vérifiée dans les sites cosmiques propres à former des ondes de choc. Les conditions physiques que l'on rencontre en amont du choc (notées 1), de même que celles en aval (notées 2), sont alors fournies par les équations de Rankine-Hugoniot.

On établit les équations en question en introduisant tout d'abord la conservation de la masse du flot de gaz s'écoulant au travers du choc, une condition qui s'exprime par la relation suivante :

$$\rho_1 u_1 = \rho_2 u_2 \tag{9.1}$$

où ρ est la densité du gaz et u sa vitesse. On introduit ensuite la conservation de la quantité de mouvement, une deuxième condition qui s'exprime par la relation suivante, où P est la pression du gaz :

$$P_1 + \rho_1 u_1^2 = P_2 + \rho_2 u_2^2 \tag{9.2}$$

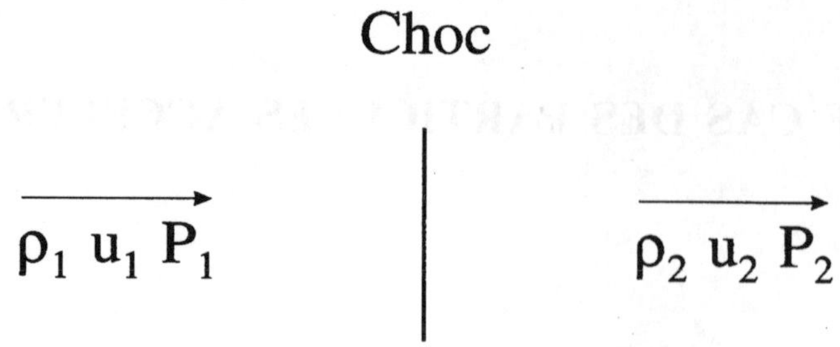

Figure 9.1 Représentation schématique de l'écoulement d'un flot de gaz de part et d'autre d'un choc afin de préciser la notation des conditions physiques qui règnent au sein du gaz, à savoir ρ_1 , u_1 et P_1, la densité, la vitesse et la pression en amont du choc et ρ_2, u_2 et P_2, la densité, la vitesse et la pression en aval.

On introduit enfin la conservation de l'énergie en supposant que les pertes par rayonnement ou par conduction sont négligeables — hypothèse dite de "choc adiabatique" — et que le milieu est assimilable à un gaz parfait (indice adiabatique $\gamma = 5/3$), une condition qui s'exprime par la relation suivante :

$$\frac{u_1^2}{2} + \frac{5}{2}\frac{P_1}{\rho_1} = \frac{u_2^2}{2} + \frac{5}{2}\frac{P_2}{\rho_2} \tag{9.3}$$

On introduit ensuite le nombre de Mach M_1 défini comme étant le rapport entre la vitesse u_1 du flot de gaz et la célérité du son c_{son}^1 en amont du choc, et qui s'exprime donc par l'équation suivante :

$$M_1 = \frac{u_1}{c_{\text{son}}^1} \quad \text{soit} \quad M_1 = u_1\sqrt{\frac{3}{5}\frac{\rho_1}{P_1}} \tag{9.4}$$

À partir des équations (9.1) à (9.4), on peut établir, après un peu d'algèbre, les conditions physiques qui prévalent en aval du choc en fonction des caractéristiques du flot en amont du choc. Ces conditions s'expriment en fonction du nombre de Mach M_1 par les équations suivantes :

$$\rho_2 = \frac{4M_1^2}{M_1^2+3}\rho_1 \quad \text{et} \quad u_2 = \frac{M_1^2+3}{4M_1^2}u_1$$
$$P_2 = \frac{5M_1^2-1}{4}P_1 \tag{9.5}$$
$$T_2 = \frac{(5M_1^2-1)(M_1^2+3)}{16M_1^2}T_1$$

Au vu des équations (9.5), on constate que le flot de gaz en aval du choc se ralentit ($u_2 < u_1$), et s'échauffe ($T_2 > T_1$). Un choc transforme donc en chaleur l'énergie cinétique des particules, en accord avec le deuxième principe de la thermodynamique. La dissipation de cette énergie s'effectue par des mécanismes différents selon la nature du milieu choqué. S'agissant par exemple d'un plasma, le flot de matière choquée peut évacuer son énergie par viscosité moléculaire ou turbulente du plasma et par d'éventuelles interactions entre les particules du plasma et les ondes magnétohydrodynamiques qui s'y propagent.

Pour finir ce rapide tour d'horizon des propriétés des ondes de choc, il faut savoir que l'on classe généralement les chocs en différentes catégories (chocs parallèles, obliques et perpendiculaires) selon la valeur de l'angle entre la normale locale au choc et la direction du flot incident. La configuration analysée ci-dessus correspond donc au cas le plus simple et le plus couramment étudié, celui du choc parallèle.

Les ondes de choc dans les sites cosmiques

Les ondes de choc se rencontrent dans de nombreux sites cosmiques dont une liste (non exhaustive) est présentée ci-dessous :

1. Le site le mieux étudié se situe à l'interface entre le **vent solaire** — largement supersonique — et la magnétosphère terrestre (voir Figure 5.1). Cette zone est en effet explorée *in situ* depuis les débuts de l'ère spatiale par de nombreuses expériences embarquées à bord de satellites artificiels comme ceux de la série *I.S.E.E.* (Tsurutani et Rodriguez, 1981).
2. Des chocs se forment également lors des éruptions solaires, comme en témoignent les observations pratiquées dans la bande des ondes radio (Cane et Reames, 1988). Ces chocs pourraient être à l'origine des flux intenses de particules accélérées auxquels les satellites artificiels en orbite autour de la Terre sont confrontés lors des éruptions solaires (Mandzhavidze et Ramaty, 1993).
3. Les étoiles massives sont à l'origine d'éjections de matière à des vitesses largement supersoniques, que ce soit d'une manière explosive, lors des explosions de supernovas, où d'une manière continue, sous la forme de **vents stellaires**. Dans les deux cas, les interfaces entre le milieu interstellaire et la matière ainsi éjectée à une vitesse supersonique comptent parmi les sites cosmiques les plus favorables à la formation de chocs. Et de fait, il semble bien que les vestiges de supernovas comme les **vents stellaires** engendrent des chocs aptes à accélérer des particules, comme évoqué plus loin dans ce chapitre.
4. Il est enfin probable que des chocs se développent dans les jets hautement supersoniques produits par les **trous noirs** accrétants, qu'ils soient de masse stellaire au sein de **systèmes binaires** ou ultra-massifs au cœur des AGN.

Contrairement à ce qui se passe dans des milieux dont les conditions physiques s'apparentent à celles qui prévalent sur Terre, les chocs dans les sites cosmiques sont pour la plupart "non-collisionnels", c'est à dire que l'épaisseur du choc est largement inférieure au libre parcours moyen des particules. Celles-ci subissent donc très peu de collisions à la traversée du choc. La dissipation de l'énergie dans le choc s'effectue alors principalement par interactions entre particules et ondes de plasma. La physique de ces chocs non-collisionnels est des plus complexes; comme résumé ci-après, il a fallu attendre les quinze dernières années pour bien en comprendre les principaux traits.

Lorsque le nombre de Mach M_1 est très grand (cas d'un choc fort), les équations du choc telles que décrites par les équations (9.5) s'expriment alors par les relations simplifiées suivantes :

$$\rho_2 = 4\rho_1$$
$$u_2 = \frac{u_1}{4} \tag{9.6}$$

Puis, à partir des équations (9.1), (9.2) et (9.4), on obtient la relation suivante :

$$M_1^2 = \frac{3}{5}\frac{\rho_1 u_1^2}{P_1} \gg 1 \quad \text{donc} \quad P_1 \ll \rho_1 u_1^2 \tag{9.7}$$

d'où il résulte la relation suivante :

$$P_2 \approx \rho_1 u_1^2 - \rho_2 u_2^2 = \rho_1 u_1 (u_1 - u_2) \quad \text{donc} \quad P_2 \approx \frac{3}{4}\rho_1 u_1^2 \tag{9.8}$$

Compte tenu de la loi des gaz parfaits, on peut alors formuler la relation suivante :

$$kT_2 = \frac{mP_2}{\rho_2} \quad \text{soit} \quad kT_2 = \frac{3}{16} m u_1^2 \tag{9.9}$$

où k est la constante de Boltzmann et m la masse des particules qui constituent le flot de matière. À noter que l'on justifie ainsi la relation (8.97) utilisée au chapitre précédent pour décrire les conditions qui s'instaurent au voisinage d'une **étoile à neutrons** accrétante fortement magnétisée, dans le cas où des chocs forts se développent dans le flot de matière accrétée.

L'accélération de Fermi

Afin d'expliquer l'allure du spectre du rayonnement cosmique primaire, Fermi (1949) fut le premier à proposer un moyen par lequel certains sites cosmiques seraient aptes à accélérer des particules. Bien que ne faisant pas explicitement référence à des chocs, cette étude eut cependant le mérite d'établir les fondements des théories qui se développèrent plus tard autour des processus d'accélération par ondes de choc.

L'étude de Fermi suppose en effet que les particules de vitesse V du rayonnement cosmique subissent des collisions avec des irrégularités du champ magnétique ambiant, ces dernières se propageant à une vitesse u petite devant V. Du fait de cette différence de vitesse, les chocs frontaux sont favorisés par rapport aux chocs de poursuite : en moyenne, il y a donc accélération des particules. Mais comme le taux moyen d'accélération par unité de temps est proportionnel à $(u/V)^2$, ce mécanisme, dénommé accélération de Fermi du deuxième ordre, est trop lent pour être efficace dans les sites cosmiques.

La même année 1949, en étudiant les éruptions solaires, Darwin (1949) proposa que des chocs pourraient être à l'origine de l'accélération des particules du **vent solaire**. Quelques années plus tard, Fermi (1954) avançait un moyen de rendre son mécanisme beaucoup plus efficace en posant que les particules relativistes se propagent dans un milieu où il existe de forts gradients de champ magnétique, gradients pouvant eux-mêmes être créés par des chocs hydrodynamiques. Avec ce mécanisme, dénommé accélération de Fermi du premier ordre, s'imposait l'idée que les processus à base de chocs sont des mécanismes favorables à l'accélération des particules dans les sites cosmiques.

De nombreuses difficultés restaient encore à résoudre, et ce n'est qu'à la fin des années soixante-dix qu'une théorie cohérente de l'accélération par ondes de choc vit le jour, avec par exemple les travaux menés par Krymsky (1977), Blandford et Ostriker (1978), Bell (1978a,b). Ces différentes approches abordèrent le problème autant sous ses aspects liés aux particules que d'un point de vue statistique. Le mérite principal de ces théories d'accélération par ondes de choc fut de prédire que les particules après accélération présentent un spectre de la forme $N(E) \propto E^{-\alpha}$, avec un indice spectral α fixé par la physique du choc et fourni par l'expression suivante :

$$\alpha = \frac{r+2}{r-1} \tag{9.10}$$

où r, le rapport de compression, s'exprime par l'équation suivante :

$$r = \frac{u_1}{u_2} \tag{9.11}$$

où u_1 et u_2 sont les vitesses du flot en amont et en aval du choc telles que définies précédemment. Comme les chocs qui s'instaurent au sein des sites cosmiques sont pour la plupart qualifiés de chocs forts, les équations (9.6) et (9.9) impliquent alors $r = 4$ et donc $\alpha = 2$.

Si les particules cosmiques sont accélérées par des processus du type mécanisme de Fermi du premier ordre, leur spectre à la source est donc de la forme $N(E) \propto E^{-2}$. Cette constatation semble d'ailleurs corroborée s'agissant des rayons cosmiques d'énergie $E \lesssim 10^{15}$ eV : leur spectre en énergie tel que mesuré au voisinage de la Terre présente en effet un indice spectral $\alpha \approx 2{,}6$ (voir Figure 5.2), une valeur impliquant un spectre à la source d'indice $\alpha \approx 2$ compte tenu des pertes d'énergie que les rayons cosmiques subissent tout au long de leur parcours au sein du disque galactique (principalement par collisions avec le gaz interstellaire).

L'observation semble donc fournir une assise solide à la théorie d'accélération par ondes de choc. Reste cependant à comprendre comment s'accélèrent les rayons cosmiques d'ultra-haute énergie, ceux que l'on observe dans la gamme de 10^{15} à 10^{20} eV (et même au delà), énergies incompatibles avec les modèles standards d'accélération à la Fermi. Il faut toutefois noter que dans la plupart des modèles, les particules sont accélérées au passage de chocs parallèles ou quasi parallèles. Un moyen d'accroître l'énergie maximale disponible pourrait être alors de considérer des configurations où les chocs sont obliques, voire perpendiculaires (Ostrowski, 1988).

L'ACCÉLÉRATION AU VOISINAGE DES ÉTOILES À NEUTRONS

La densité de charges de Goldreich et Julian

On se place dans le cas d'une **étoile à neutrons** isolée dont l'axe de rotation se confond avec l'axe joignant ses pôles magnétiques. À noter toutefois que les conclusions présentées ci-après seraient qualitativement les mêmes dans le cas général où les deux axes présentent un quelconque écart angulaire. On admet ensuite que l'**étoile à neutrons** est entourée d'un plasma sans doute fortement ionisé et présentant donc une très grande conductivité électrique σ. D'après la loi d'Ohm généralisée, la densité de courant j en présence d'un champ électrique E et d'un champ magnétique B s'exprime par l'équation suivante :

$$\vec{j} = \sigma\left(\vec{E} + \frac{\vec{u} \wedge \vec{B}}{c}\right) \tag{9.12}$$

où u est la vitesse d'ensemble des particules du plasma et c la célérité de la lumière. La densité de courant j étant de valeur finie, le fait que la valeur de la conductivité électrique σ soit très élevée implique la relation suivante :

$$\vec{E} \approx \frac{-\vec{u} \wedge \vec{B}}{c} \tag{9.13}$$

La valeur de la conductivité électrique du plasma est suffisamment élevée pour que les conditions de la magnétohydrodynamique (MHD) dite "parfaite" s'appliquent sans restriction. Le plasma est donc fortement lié aux lignes de champ (principe dit du flux gelé), ce qui le met en corotation avec l'**étoile à neutrons**, tout au moins jusqu'au cylindre de lumière, c'est à dire le lieu des points situés à une distance r_c de l'axe de rotation définie par $r_c = c/\Omega$, où Ω est la vitesse angulaire de rotation de l'**étoile à neutrons**. Le champ électrique à une distance r de l'**étoile à neutrons** est alors fourni par la relation suivante :

$$\vec{E}(r) \approx \frac{-\vec{\Omega} \wedge \vec{r}}{c} \wedge \vec{B} \tag{9.14}$$

On définit alors une densité volumique de charges ρ_{GJ} qui s'exprime par l'équation suivante :

$$\rho_{GJ} = (n_+ - n_-)e \tag{9.15}$$

où n_+ (respectivement n_-) est le nombre de particules chargées positivement (respectivement négativement) par unité de volume et e la charge électrique élémentaire. L'équation de Maxwell-Gauss implique que la densité volumique de charges s'exprime par la relation suivante :

$$\rho_{GJ} = \frac{\vec{\nabla} \cdot \vec{E}}{4\pi} \tag{9.16}$$

Compte-tenu de la relation (9.14), l'équation (9.16) s'écrit alors de la manière suivante :

$$\rho_{GJ} = \frac{-\ \vec{\nabla} \cdot \left[(\vec{\Omega} \wedge \vec{r}) \wedge \vec{B}\right]}{4\pi c} \quad \text{soit} \quad \rho_{GJ} = \frac{-\vec{\Omega} \cdot \vec{B}}{2\pi c} \tag{9.17}$$

Le paramètre ρ_{GJ}, tel qu'introduite par Goldreich et Julian (1969), précise donc la densité volumique de charges que l'on peut rencontrer dans la magnétosphère d'une **étoile à neutrons** isolée. Au voisinage de l'**étoile à neutrons**, la valeur absolue de la densité de Goldreich et Julian s'exprime par l'équation suivante :

$$\rho_{GJ} = 7\ 10^{10}\ \mu_{30} r_6^{-3} P^{-1}\ \text{cm}^{-3} \tag{9.18}$$

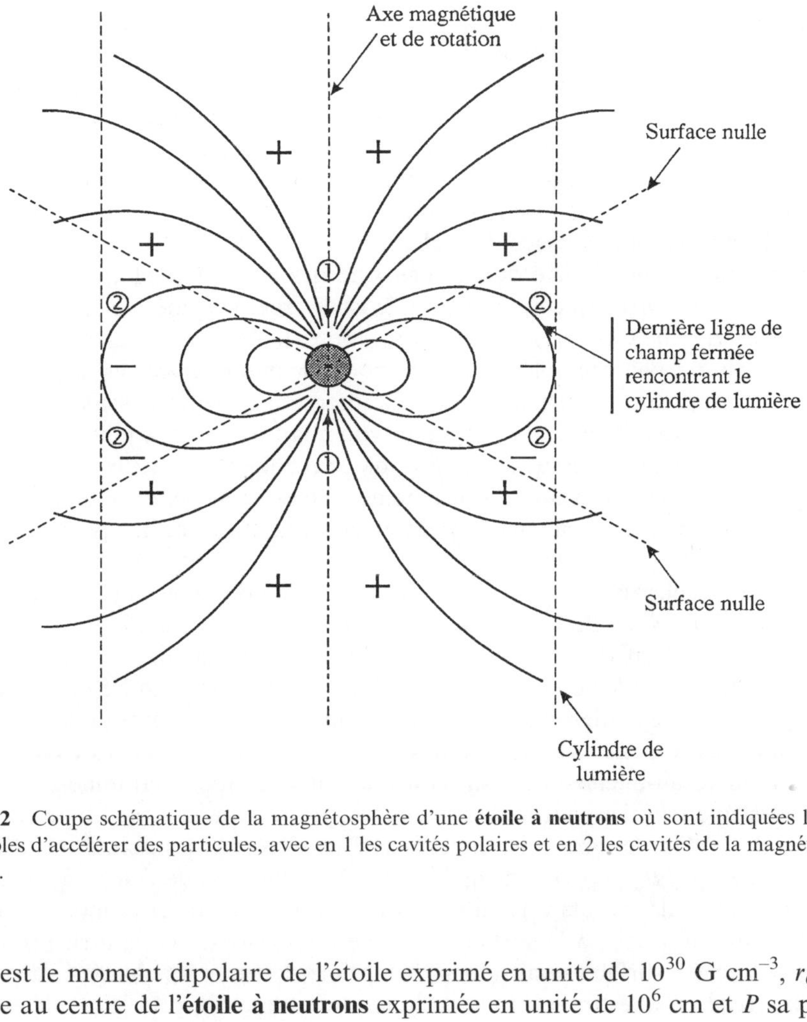

Figure 9.2 Coupe schématique de la magnétosphère d'une **étoile à neutrons** où sont indiquées les zones susceptibles d'accélérer des particules, avec en 1 les cavités polaires et en 2 les cavités de la magnétosphère lointaine.

où μ_{30} est le moment dipolaire de l'étoile exprimé en unité de 10^{30} G cm^{-3}, r_6 est la distance au centre de l'**étoile à neutrons** exprimée en unité de 10^6 cm et P sa période en seconde.

Au vu de la relation (9.17), on constate que suivant le signe du produit $\vec{\Omega} \cdot \vec{B}$ il existe dans la magnétosphère d'une **étoile à neutrons** (voir Figure 9.2) des zones chargées positivement ($n_+ > n_-$) ou négativement ($n_- > n_+$). Lorsque la densité des particules $n = n_+ + n_-$ est inférieure à 10^{10} cm^{-3}, on parle de séparation de charges, une condition généralement vérifiée au voisinage d'une **étoile à neutrons** isolée, mais qui ne l'est plus s'agissant d'**étoiles à neutrons** accrétantes.

Les cavités accélératrices

Dans la configuration de Goldreich et Julian, où $\vec{B} \cdot \vec{E} \approx -\vec{B} \cdot (\vec{v} \wedge \vec{B}/c)$, on a $\vec{B} \cdot \vec{E} \approx 0$: le champ électrique E, étant ainsi perpendiculaire au champ magnétique

B, n'est donc pas en mesure d'accélérer des particules puisque ces dernières suivent les lignes du champ magnétique.

Afin de susciter un processus d'accélération, on peut toujours postuler une modification locale de la densité des charges par rapport à la valeur que prescrit la relation (9.18), que ce soit en ajoutant ou en retranchant des charges. Cet excès (ou ce défaut) de charges induit aussitôt un champ électrique additionnel, apte à accélérer les particules alentour. Mais un tel mouvement de charges rétablit rapidement la densité initiale ρ_{GJ} ainsi que le champ électrique initial E, ce qui a pour conséquence de stopper le processus d'accélération.

Il semble alors plus réaliste de postuler que des charges s'échappent de la magnétosphère, ce qui provoque l'apparition de vastes régions vides de charges, au sein desquelles $\vec{B} \cdot \vec{E} \neq 0$. Ces cavités sont donc potentiellement aptes à accélérer les particules, comme par exemple celles qui pourraient être injectées sous forme de paires électron-positon matérialisées par les interactions entre des photons γ et les champs magnétiques intenses qui y règnent (voir chapitre 7). Si ce taux d'injection de charges est modéré, le processus d'accélération contribue à maintenir les cavités vides de charge. Dans le cas contraire, la densité de charges redevient rapidement égale à ρ_{GJ}, ce qui sature à nouveau les cavités et en annihile donc les propriétés accélératrices.

Ces cavités accélératrices ne peuvent survivre qu'en des zones bien précises de la magnétosphère d'une **étoile à neutrons** telle que schématisée en Figure 9.2. Afin de permettre l'évacuation des particules qui suivent les lignes de champ, ces zones doivent se situer là où les lignes de champ s'ouvrent vers le cylindre de lumière. La surface que constitue les dernières lignes de champ fermées rencontrant le cylindre de lumière se présente donc comme une des frontières naturelles de ces cavités, le cylindre de lumière lui-même en constituant une autre frontière naturelle.

Une troisième frontière naturelle des cavités en question se situe aux environs de la surface nulle. On désigne ainsi la surface constituée par les points où le vecteur champ magnétique $\vec{B}$ est perpendiculaire à l'axe de rotation de l'**étoile à neutrons**. Il s'agit donc du lieu des points vérifiant $\vec{B} \cdot \vec{\Omega} = 0$, donc du lieu des points où $\rho_{GJ} = 0$. En effet, si les conditions à la surface frontière d'une cavité accélératrice sont telles que $\rho_{GJ} \neq 0$, cette surface serait alors susceptible d'attirer les charges au point de saturer la cavité en question et donc de la rendre inapte à accélérer les particules.

Il résulte de toutes ces contraintes que les seules cavités "viables" sont situées près des pôles magnétiques de l'étoile et en certaines zones de la magnétosphère lointaine (voir Figure 9.2), deux situations décrites dans les pages qui suivent.

Les sites polaires d'accélération

Un électron placé au voisinage immédiat d'un pôle magnétique d'une **étoile à neutrons** subit les effets antagonistes des champs électriques et gravitationnels intenses induits par l'astre compact. C'est ainsi qu'une **étoile à neutrons** de masse M_* et de rayon R_* exerce sur un électron de masse m_e situé à proximité d'un des pôles de l'étoile une force gravitationnelle attractive F_G qui s'exprime par l'équation suivante :

$$F_G = \frac{GM_* m_e}{R_*^2} \tag{9.19}$$

où G est la constante de la gravitation. La même **étoile à neutrons**, supposée en rotation rapide à une vitesse angulaire Ω, engendre le long de l'axe des pôles un champ électrique E défini par la relation (9.14). Le champ en question exerce alors sur ce même électron de charge électrique unité e une force répulsive F_E qui s'exprime par l'équation suivante :

$$F_E = \frac{e\Omega B_S R_*}{c} \tag{9.20}$$

où B_S est l'intensité du champ magnétique à la surface de l'**étoile à neutrons** et c la célérité de la lumière. Le rapport des deux forces s'exprime donc par l'équation suivante :

$$\frac{F_E}{F_G} = \frac{e\,\Omega B_S R_*^3}{GM_* m_e c} \tag{9.21}$$

Si l'on adopte les valeurs les plus couramment admises des paramètres figurant dans l'équation (9.21), on obtient $F_E/F_G \approx 10^{13}$: aux pôles d'une **étoile à neutrons**, l'effet du champ électrique domine très largement celui de la gravité. Les électrons qui y sont matérialisés par effet de paire sont donc fortement accélérés et s'éloignent rapidement de l'étoile.

Dans les conditions de vacuité définies ci-dessus, on se trouve donc en présence d'un site parfaitement favorable à l'accélération des particules. L'accélérateur polaire en question s'étend sur toute la cavité accélératrice polaire dont la longueur L est fournie par l'équation suivante (Goldreich et Julian, 1969) :

$$L = \frac{\Omega R_*^2}{c} \tag{9.22}$$

La différence de potentiel ΔV entre le pôle et le sommet de l'accélérateur s'exprime alors par l'équation suivante :

$$\Delta V = \frac{\Omega B_S R_* L}{c} \tag{9.23}$$

En s'en tenant toujours aux valeurs les plus couramment admises des paramètres figurant dans les équations (9.22) et (9.23), on constate donc que la différence de potentiel ΔV au sommet de l'accélérateur est d'environ 10^{15} volts. Une telle cavité accélératrice serait donc *a priori* susceptible de communiquer aux électrons accélérés une énergie maximale de 10^{15} eV.

À noter cependant que des électrons aussi énergétiques sont susceptibles de créer par rayonnement de courbure de véritables cascades électromagnétiques riches en photons γ de haute énergie. Ces derniers se matérialisent à leur tour en paires électron-positon par interactions avec les champs magnétiques intenses qui règnent au voisinage de l'**étoile à neutrons**. Ces paires, d'autant plus nombreuses que l'énergie de la particule initiale est élevée, saturent le milieu à partir d'une certaine hauteur au delà de laquelle la cavité n'est donc plus apte à accélérer les particules. Dans ces

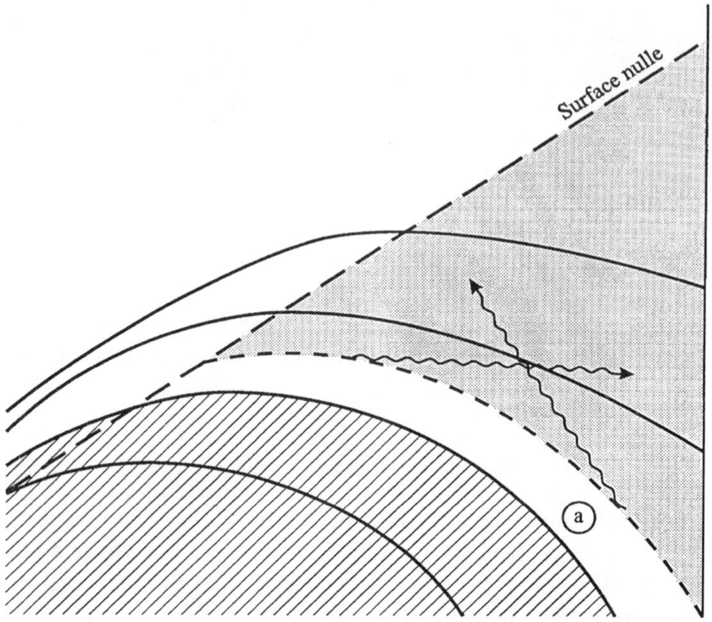

Figure 9.3 Coupe schématique d'une cavité accélératrice dans la magnétosphère lointaine d'une **étoile à neutrons** (d'après Cheng *et al.* 1986a). Les lignes de champ fermées se trouvent dans la zone hachurée. La cavité accélératrice (notée a) se déploie le long de la dernière ligne de champ fermée en repoussant les charges vers la zone en grisé. Les segments ondulés symbolisent les photons γ que les électrons accélérés le long des lignes de champ émettent par rayonnement de courbure.

conditions, l'énergie des électrons ainsi accélérés ne peut pas dépasser 10^{12} eV (Harding, 1981; Harding et Daugherty, 1992).

Les sites d'accélération localisés dans la magnétosphère lointaine

On suppose maintenant qu'une cavité accélératrice se forme dans une zone initialement remplie de particules de même signe, des particules chargées négativement par exemple. Pour garantir les propriétés accélératrices de la cavité, on suppose en outre que ces charges négatives sont expulsées de la cavité en question le long de lignes de champ ouvertes. Il se crée alors une zone artificiellement positive — puisque déficiente en charges négatives — qui repousse toutes les charges environnantes. Comme schématisé en Figure 9.3, la cavité tend à se développer perpendiculairement à la ligne de champ le long de laquelle elle se déploie. Cette croissance est toutefois stoppée par une abondante création de paires électron-positon produites par les électrons relativistes accélérés le long des lignes de champ.

Par rayonnement de courbure, les électrons en question émettent en effet des photons γ de haute énergie dans un cône étroit centré autour de leurs directions de propagation (voir Figure 9.3). Par interactions avec les champs magnétiques intenses qui règnent dans la magnétosphère des pulsars, ces photons se matérialisent aussitôt en paires électron-positon injectées de préférence du coté convexe des lignes de champ sur lesquelles circulaient les particules accélérées. La quantité de paires ainsi créées croît donc avec l'épaisseur de la cavité, dans la mesure où cette dernière renferme un nombre croissant de lignes de champ aptes à faire rayonner les particules vers l'intérieur de la cavité. Cette dernière se trouve donc saturée dès que son épaisseur atteint une valeur donnée.

D'après Cheng *et al.* (1986a,b), une cavité de ce type peut développer des différences de potentiel de l'ordre de 10^{15} volts, ce qui en ferait un site plus efficace que l'accélérateur polaire. Les astrophysiciens spécialistes étant encore divisés quant aux mérites respectifs de l'un ou l'autre type d'accélérateurs, il ne nous appartient pas ici de prendre parti, d'autant plus que chacun des deux mécanismes permet d'expliquer certaines données d'observation. Il se peut même que les deux types d'accélérateurs coexistent et se complètent au sein de la magnétosphère d'une même **étoile à neutrons** (Cheng *et al.*, 1986a,b). Des particules accélérées dans des cavités lointaines peuvent ainsi redescendre vers les pôles et contribuer à l'injection des particules au sein des cavités polaires. De même, des particules accélérées aux pôles peuvent être ré-accélérées dans les cavités lointaines de la magnétosphère, ce qui permet à leur énergie d'atteindre des valeurs beaucoup plus élevées.

Du fait de l'accrétion, la densité des particules à proximité d'un pulsar accrétant est très largement supérieure à la densité de Goldreich et Julian : la condition dite de séparation de charges n'est plus satisfaite. Les mécanismes accélérateurs tels que décrits précédemment ne sont donc pas à l'œuvre dans la magnétosphère des pulsars accrétants. D'autres processus aptes à accélérer les particules peuvent cependant se développer dans l'environnement des **étoiles à neutrons** accrétantes, découlant par exemple de l'interaction entre le disque d'accrétion et la magnétosphère de l'étoile (Kluzniak *et al.*, 1988; Ghosh et Lamb, 1979).

L'ÉMISSION GAMMA DES PARTICULES ACCÉLÉRÉES

Pour peu qu'elles se propagent dans un milieu adéquat, les particules accélérées ne manquent pas de rayonner dans le domaine des photons γ par l'un ou l'autre des processus décrits au chapitre 6. Dans cette section, nous passons succinctement en revue quelques sites cosmiques où les mécanismes accélérateurs évoqués ci-dessus sont susceptibles de produire de puissantes émissions de rayonnement gamma, les résultats des observations qui les ont mis en évidence étant présentés dans la troisième partie.

Lors des éruptions solaires

Sans prétendre détailler les mécanismes à l'origine des éruptions solaires, il nous paraît cependant utile de fournir quelques indications sur les processus à l'origine des particules chargées que le Soleil relâche de temps à autre et qui sont à l'origine d'intenses bouffées de rayons γ. Ces particules sont accélérées dans la **couronne**

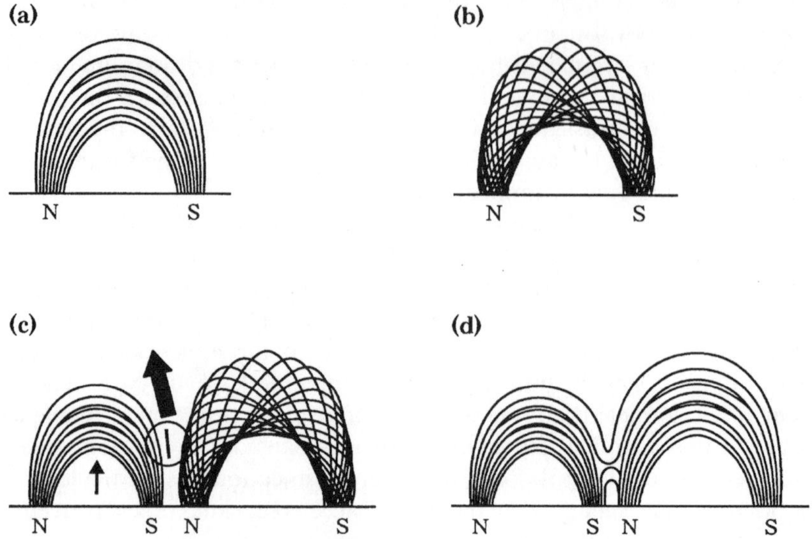

Figure 9.4 Phases successives d'une éruption solaire (d'après Lantos, 1994). Une boucle représentée en (a) avec ses pieds nord (N) et sud (S) évolue en (b) en constituant un réservoir de particules. L'éruption, déclenchée en (c) par l'émergence d'une boucle de polarité opposée, réorganise en (d) la structure du champ magnétique.

solaire, zone de l'atmosphère supérieure du Soleil qui s'étend au-dessus de la **photosphère solaire**. En s'élevant dans l'atmosphère solaire, on rencontre d'abord un plasma où la pression du gaz domine celle exercée par le champ magnétique. Puis au fur et à mesure que l'on progresse dans la **couronne solaire**, la pression magnétique devient prépondérante.

Le déclenchement des éruptions se situe dans les régions actives de la **couronne solaire** où la structure du champ magnétique affecte la forme de boucles dont les pieds sont ancrés dans la **photosphère solaire** (voir Figure 9.4). Canalisés par le champ magnétique et poussés par la pression magnétique, électrons, protons et autres atomes ionisés se stockent peu à peu dans une boucle magnétique. L'émergence d'une boucle de polarité opposée peut créer les conditions d'une instabilité qui détermine l'éruption. Tel un élastique qui se détend, la boucle projette alors à grande vitesse les particules qui y sont stockées, générant ainsi une éruption solaire par "reconnexion magnétique".

Les énormes quantités d'énergies libérées par les éruptions se retrouvent sous forme de particules accélérées. Avant d'être injectées dans l'**héliosphère**, les particules suscitent sur le site même de l'éruption des émissions intenses de rayons γ. Par collisions avec les ions de la **couronne solaire**, les électrons accélérés par l'éruption sont à l'origine d'une émission à spectre continu de nature Bremsstrahlung. Toujours par collisions avec les ions de la couronne, les protons induisent des émissions de raies gamma nucléaires de désexcitation. Ces collisions suscitent aussi des flux intenses de neutrons dont une partie, capturée par des noyaux de la **photosphère solaire**, produit des noyaux à l'état excité se désexcitant par émission de raies gamma.

Les particules accélérées par reconnexion magnétique ont une énergie cinétique qui ne dépasse pas une centaine de kiloélectronvolts. Elles ne sont donc pas en mesure d'induire les flux de rayons γ très énergétiques (plusieurs centaines de mégaélectronvolts) que l'on observe lors de certaines éruptions solaires. Un deuxième étage d'accélération s'avère donc nécessaire pour interpréter les observations gamma (Mandzhavidze et Ramaty, 1993), mais les astrophysiciens s'interrogent encore sur la nature de cet étage d'accélération : mécanisme de Fermi du premier ordre (accélération à travers une onde de choc) et/ou du deuxième ordre (accélération par collisions avec des irrégularités du champ magnétique).

Dans la magnétosphère des étoiles à neutrons isolées

Comme détaillé ci-dessus, les électrons accélérés qui circulent dans la magnétosphère d'une **étoile à neutrons** sont tenus de suivre les lignes de champ magnétique, ce qui les amène à émettre des photons γ par rayonnement de courbure. Cependant, en raison des champs magnétiques intenses qui règnent au voisinage de ces astres, cette émission par rayonnement de courbure peut être concurrencée par des émissions de nature synchrotron, en particulier dans le cas où les électrons sont accélérés au sein d'accélérateurs polaires.

Que ce soit par rayonnement de courbure où par rayonnement synchrotron, les électrons sont alors susceptibles d'émettent des photons γ de très haute énergie ($E_\gamma > 10^{12}$ eV). Ces photons, interagissant avec le champ magnétique, déclenchent une véritable cascade électromagnétique où s'enchaînent créations de paires et émissions d'électrons accélérés. Ces cascades sont à l'origine d'une émission de photons sur une très large fraction du spectre électromagnétique, depuis l'infrarouge jusqu'à la bande des photons γ de haute énergie.

Dans les nébuleuses synchrotron

Les modèles d'accélérateurs magnétosphériques décrits dans la section précédente précisent qu'une grande partie des particules accélérées s'échappe de l'**étoile à neutrons** au travers du cylindre de lumière. Les particules en question pénètrent alors dans le milieu qui s'étend au delà du cylindre de lumière, milieu au sein duquel règne un champ magnétique dont l'intensité est de quelques 10^{-3} gauss. Elles émettent alors un rayonnement de nature synchrotron qui s'étend jusqu'au domaine des rayons γ, d'où la dénomination de "nébuleuse synchrotron" attribuée à ce type de sources cosmiques.

Dans le milieu interstellaire

Le milieu interstellaire est sillonné par les particules du rayonnement cosmique primaire, probablement accélérées par des mécanismes de Fermi du premier ordre que suscitent la propagation des vestiges de supernova. Les interactions de ces

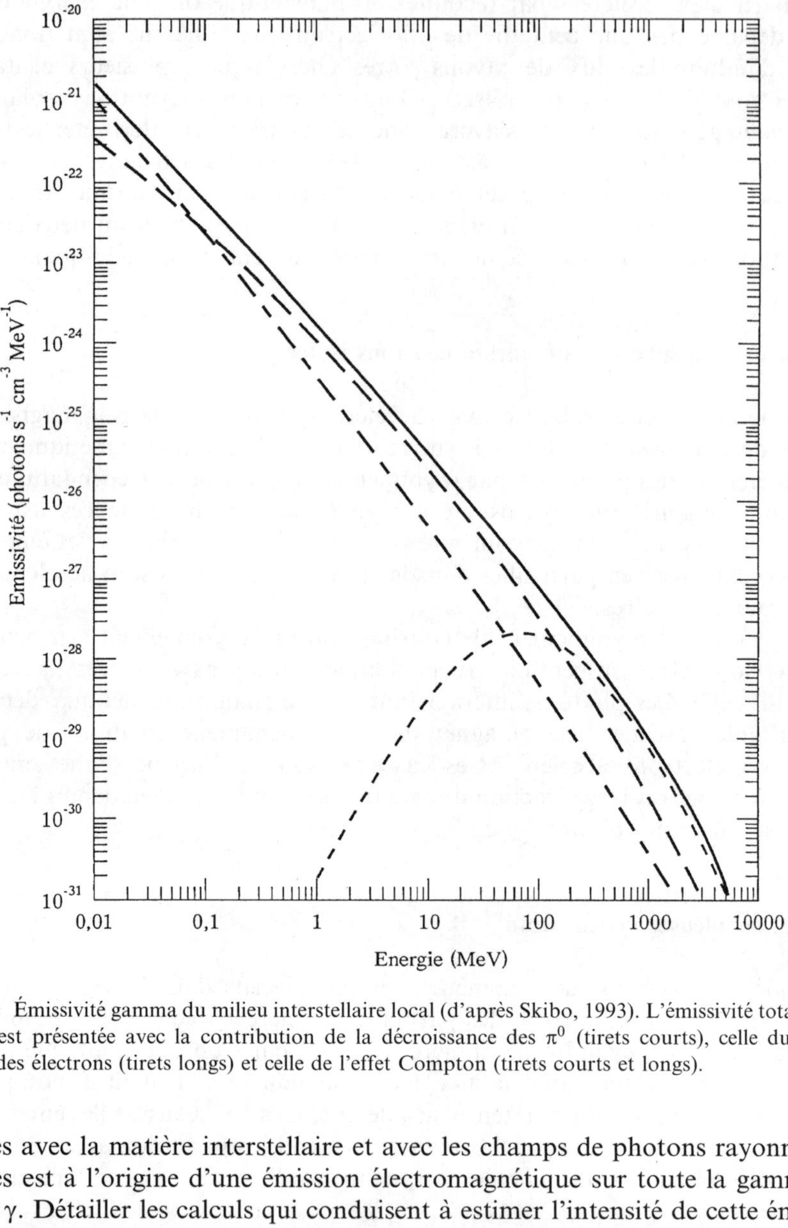

Figure 9.5 Émissivité gamma du milieu interstellaire local (d'après Skibo, 1993). L'émissivité totale (ligne continue) est présentée avec la contribution de la décroissance des π^0 (tirets courts), celle du Bremsstrahlung des électrons (tirets longs) et celle de l'effet Compton (tirets courts et longs).

particules avec la matière interstellaire et avec les champs de photons rayonnés par les étoiles est à l'origine d'une émission électromagnétique sur toute la gamme des photons γ. Détailler les calculs qui conduisent à estimer l'intensité de cette émission va au delà des objectifs de cette monographie. Cependant, pour justifier l'interprétation des résultats détaillés en troisième partie, il nous semble opportun de présenter, à titre d'exemple, les résultats propres au milieu interstellaire local, tels que calculés par Skibo (1993).

La Figure 9.5 montre comment évolue l'émissivité gamma du milieu interstellaire local en fonction de l'énergie E_γ des photons γ émis. On constate que la production de photons γ par Bremsstrahlung des électrons du rayonnement cosmique sur les atomes et les ions de la matière interstellaire est le mécanisme dominant dans la bande d'énergie de 100 keV à 100 MeV. À plus haute énergie ($E_\gamma > 100$ MeV), la contribution principale à l'émissivité gamma du milieu interstellaire local provient de la décroissance des π^0 créés par les interactions p–p, p–α et α–p mettant en jeu les protons et les particules α du rayonnement cosmique. À très basse énergie ($E_\gamma < 100$ keV), le mécanisme dominant est l'effet Compton inverse impliquant d'une part les électrons de haute énergie du rayonnement cosmique et d'autre part les photons infrarouge émis par le disque galactique et les photons radio du **rayonnement fossile**.

Dans les jets émis par les noyaux actifs de galaxies

Les jets émis par les noyaux actifs de galaxies sont des sites favorables à l'accélération de particules, comme en témoignent les émissions de rayonnement gamma à haute énergie observées quand l'axe du jet pointe vers la Terre (voir chapitre 13). Dans le cadre de certains modèles hydrodynamiques, on postule que des particules peuvent être accélérées à des vitesses non relativistes par reconnexion magnétique à la base du jet, avant d'être réaccélérées au travers du choc qui s'instaure au pied même du jet (Henri, 1995).

RÉFÉRENCES

Bell, A.R., (1978a). *Mon. Not. R. Astr. Soc.*, 182: 147.
Bell, A.R., (1978b). *Mon. Not. R. Astr. Soc.*, 182: 443.
Blandford, R.D., et Ostriker, J.P., (1978). *Astrophys. J.*, 221: L29.
Cane, H.V., et Reames, D.V., (1988). *Astrophys. J.*, 325: 895.
Cheng, K.S., Ho, C., et Ruderman, M., (1986a). *Astrophys. J.*, 300: 500.
Cheng, K.S., Ho, C., et Ruderman, M., (1986b). *Astrophys. J.*, 300: 522.
Darwin, C., (1949). *Nature*, 164: 1112.
Fermi, E., (1949). *Phys. Rev.*, 75: 1169.
Fermi, E., (1954). *Astrophys. J.*, 119: 1.
Goldreich, P., et Julian, W.H., (1969). *Astrophys. J.*, 157: 869.
Ghosh, P., et Lamb, F.K., (1979). *Astrophys. J.*, 234: 296.
Harding, A.K., (1981). *Astrophys. J.*, 245: 267.
Harding, A.K., et Daugherty, J.K., (1992). *in: Isolated Neutron Stars*, éd. A. van Riper, R. Epstein et C. Ho (Cambridge: Cambridge University Press), 279.
Henri, G., (1995). *in:* NATO ASI Series, Series C: Mathematical and Physical Sciences — Vol. 461, *The Gamma Ray Sky with Compton GRO and SIGMA*, éd. M. Signore, P. Salati et G. Vedrenne (Doordrecht: Kluwer Academic Publishers), 55.
Kluzniak, W., Ruderman, M., Shaham, J., et Tavani, M., (1988). *Nature*, 336: 558.
Krymsky, G.F., (1977). *Sov. Phys. Dokladi*, 23: 327.
Lantos, P., (1994). *in* : *Le Soleil* (Paris : Presses Universitaires de France).
Mandzhavidze, N., et Ramaty, R., (1993). *Nuclear Physics B, Proc. Suppl.*, 33: 141.
Ostrowski, M., (1988). *Mon. Not. R. Astr. Soc.*, 233: 257.
Skibo, J.G., (1993). PhD Thesis, University of Maryland.
Tsurutani, B.P., et Rodriguez, P., (1981). *J. Geophys. Res.*, 86: 4319.

POUR EN SAVOIR PLUS

Pulsar Astronomy, Lyne, A.G., et Graham-Smith, F., 1990 (Cambridge: Cambridge University Press).

Astrophysics of Neutron Stars, Lipunov, V.M., 1992 (Heidelberg: Springer-Verlag).

10. LE CAS DES NOYAUX EXCITÉS

Les raies gamma nucléaires étant les sous-produits de la désexcitation des noyaux atomiques, les milieux aptes à les émettre se rencontrent dans les sites où les noyaux excités sont produits en abondance. Comme évoqué au chapitre 6, les mécanismes de nature à peupler les niveaux d'énergie des noyaux atomiques sont les désintégrations de nucléides instables, les collisions impliquant des noyaux (collisions inélastiques et réactions de spallation) et les captures de neutrons[1]. Afin de dresser l'inventaire des sites cosmiques où les processus émissifs de raies gamma nucléaires sont à l'œuvre, il convient de s'intéresser à la production des noyaux excités tout en envisageant, le cas échéant, comment ces noyaux peuvent se retrouver dans des milieux suffisamment transparents aux rayons γ pour que leurs raies de désexcitation soient observables.

NOYAUX ISSUS DE LA DÉCROISSANCE DE RADIONUCLÉIDES

Synthèse des éléments et évolution stellaire

Les processus de baryosynthèse et de nucléosynthèse qui se sont déroulés aux premiers âges de l'univers n'ont légué que les deux éléments les plus légers de la table de Mendeleïeff : l'hydrogène et l'hélium (sous leurs deux variétés isotopiques stables : l'hydrogène proprement dit et le deutérium d'une part et l'hélium 3 et l'hélium 4 d'autre part), ainsi qu'une variété isotopique du lithium (le lithium 7). À l'exception des éléments de numéro atomique $Z = 3$, 4 et 5 (lithium, béryllium et bore), dont la formation s'explique par les réactions de spallation mettant en jeu les interactions de particules avec la matière interstellaire, tous les autres éléments présents dans l'univers ont été produits par les étoiles.

Née du mariage de l'astronomie et de la physique nucléaire, l'astrophysique nucléaire s'attache à expliquer les abondances relatives des éléments et de leurs isotopes. Dans la foulée de l'article fondateur de Burbidge *et al.* (1957), il est maintenant bien établi que la plupart des éléments sont donc produits par les réactions nucléaires qui sont à l'origine de l'éclat des étoiles et de leur évolution. Les processus de nucléosynthèse en question se déroulent aussi bien lors des phases d'équilibre hydrostatique que pendant les phases explosives, ces dernières marquant

[1] S'agissant des réactions nucléaires transformant un nucléide A en un nucléide B, nous utilisons parfois dans les pages qui suivent la notation adoptée par les physiciens nucléaires, à savoir A(x, y)B ou x dénote la nature de la particule incidente et y celle de la particule émise.

soit le terme de l'évolution des étoiles les plus massives (supernovas de type II et Ib), soit une étape de l'évolution d'étoiles de plus petite masse en **système binaire** (novas et supernovas de type Ia).

Des matériaux enrichis en nucléides nouvellement synthétisés sont ainsi susceptibles d'être éjectés hors des sites où les nucléides en question sont produits, que ce soit à l'occasion des phases explosives les plus violentes, ou à la suite de processus moins spectaculaires comme les **vents stellaires** émis par les étoiles les plus massives. De tels matériaux se mélangent alors à la matière interstellaire, milieu au sein duquel se forment de nouvelles générations d'étoiles. Cet enrichissement de la Galaxie en "métaux" (éléments à numéro atomique $Z > 2$) par cycles successifs de nucléosynthèse est d'ailleurs attesté par de nombreuses observations astronomiques portant sur l'abondance des éléments à la surface des étoiles d'âges différents.

En général, ces observations ne concernent que les abondances chimiques des éléments, à savoir celles qui sont révélées par les raies spectrales induites par les transitions entre les niveaux excités des atomes. Les abondances isotopiques sont *a priori* plus aptes à témoigner des réactions nucléaires, dans la mesure où ces dernières ne tiennent qu'aux variétés isotopiques des éléments. Elles sont malheureusement très difficiles à déterminer à distance, et les sites cosmiques aux abondances isotopiques les mieux connues sont surtout ceux qui parviennent à convoyer des échantillons sur Terre (ou dans son voisinage proche) par le truchement des météorites, des particules du **vent solaire**, ou des noyaux du rayonnement cosmique.

C'est là qu'intervient l'astronomie gamma : les processus de nucléosynthèse produisent en effet maints radionucléides, à savoir des variétés isotopiques instables dont les désintégrations sont à l'origine de raies gamma nucléaires que l'on peut détecter si l'on dispose d'instruments suffisamment performants. Apte à identifier sans ambiguïté la présence de radionucléides au sein des milieux cosmiques et apte à en estimer l'abondance, l'astronomie gamma se présente donc comme l'un des diagnostics les plus sûrs de l'astrophysique nucléaire.

Réactions nucléaires conduisant à la synthèse des éléments

La nature des processus de nucléosynthèse dépend des réactions nucléaires qui sont à l'œuvre, ces dernières étant très souvent fortement dépendantes des conditions physiques qui règnent dans les milieux où elles se déroulent. On distingue deux familles de processus de nucléosynthèse : ceux qui entraînent la production d'éléments lourds à partir d'éléments plus légers et ceux qui conduisent au résultat inverse. S'agissant des processus de la première famille, deux types de réactions nucléaires sont susceptibles d'agir :

1. les réactions entre noyaux chargés, appelées également réactions de fusion thermonucléaire.
2. les réactions de capture de neutrons par les noyaux.

Les réactions qui conduisent à la destruction partielle ou complète des éléments lourds sont également de deux types :

Table 10.1 Caractéristiques principales des réactions nucléaires à l'œuvre dans les processus de nucléosynthèse (d'après Audouze, 1993).

Nature des réactions	Situations cosmiques les plus favorables	Éléments	
		interagissants	produits
Fusion thermonucléaire	Univers primordial Intérieurs stellaires Supernovas	De l'hydrogène jusqu'au fer	De l'hélium jusqu'au fer
Capture de neutrons	Intérieurs stellaires Supernovas	Éléments du pic du fer (a)	Au delà du pic du fer (a)
Photodésintégration	Supernovas	Du soufre jusqu'au fer	Hélium, du néon jusqu'au fer
Spallation	Milieu interstellaire	Carbone, azote et oxygène pour l'essentiel	Lithium, béryllium et bore

(a) Fer, cobalt et nickel

1. les réactions de photodésintégration.
2. Les réactions de spallation.

La Table 10.1 résume les caractéristiques principales des quatre types de réactions nucléaires qui déterminent les processus de nucléosynthèse, réactions dont les grands traits sont présentés ci-après.

Les réactions de fusion thermonucléaire. Elles ne peuvent se produire que dans des milieux très chauds, où l'agitation thermique des noyaux permet de vaincre leur mutuelle répulsion électrostatique, les noyaux étant bien sûr tous chargés positivement. Comme la répulsion électrostatique s'accroît avec le numéro atomique des éléments en jeu, il faut des températures de plus en plus élevées pour permettre la fusion d'éléments de plus en plus lourds. Mais les réactions de fusion ne peuvent libérer de l'énergie que si elles mettent en jeu des éléments plus légers que le fer, l'élément dont le noyau est le plus stable : les cycles de fusion thermonucléaire qui se déroulent au sein des étoiles lors des phases d'équilibre hydrostatique de l'évolution stellaire ne permettent donc pas de faire progresser la synthèse des éléments au delà du soufre.

Les réactions de capture de neutrons. Insensibles à la charge des noyaux, elles jouent un grand rôle s'agissant de la synthèse des éléments au delà de ceux qui constituent le "pic du fer" (fer, cobalt et nickel)[2]. Au contraire des réactions de fusion thermonucléaire, celles de capture de neutrons sont *a priori* indépendantes de la température du milieu où elles se produisent. Mais en raison de la courte durée de vie τ des

[2] Les captures de neutrons fournissent deux types de nucléides selon qu'ils sont produits par processus *s* (absorption lente de neutrons formant des spécimens de type *s* proches de la vallée de stabilité), ou par processus *r* (absorption rapide de neutrons formant des spécimens de type *r* riches en neutrons).

neutrons à l'état libre ($\tau \approx 900$ s), la capture des neutrons ne peut intervenir que dans les milieux où ces mêmes neutrons sont libérés. Les réactions de capture de neutrons se produisent donc en général dans des milieux très chauds, ceux qui justement favorisent les réactions nucléaires les plus aptes à libérer des flux intenses de neutrons.

Les réactions de photodésintégration. Il s'agit des réactions inverses de celles de fusion thermonucléaire. Alors que ces dernières contribuent à la fusion des éléments légers en éléments plus lourds avec émission de photons γ, les réactions de photodésintégration impliquent l'absorption d'un photon γ par un noyau qui se scinde alors en éléments plus légers[3]. Au contraire des réactions de fusion thermonucléaire, celles de photodésintégration absorbent de l'énergie et ne peuvent se dérouler que dans des milieux très chauds, dont la température est supérieure à 3–4 10^9 kelvins. Les milieux portés à de telles températures sont en effet riches en photons particulièrement énergétiques.

Les réactions de spallation. Elles sont induites soit par des collisions entre des protons et des noyaux d'hélium accélérés à très grande vitesse et des noyaux plus lourds d'un milieu cible, soit à l'inverse par des noyaux lourds rapides venant frapper des noyaux cibles d'hydrogène ou d'hélium. Dans les deux cas, les chocs sont en mesure d'arracher une partie des nucléons (protons ou neutrons) qui constituent les noyaux lourds en question, conduisant ainsi à la formation de noyaux plus légers. C'est ainsi que les réactions de spallation sont à l'œuvre quand les particules du rayonnement cosmique entrent en collision avec les noyaux du milieu interstellaire, mais elles peuvent également se produire au voisinage de sites cosmiques aptes à accélérer des particules.

Assurer les désintégrations dans des milieux transparents aux rayons γ

Les différents processus de nucléosynthèse détaillés ci-dessus sont le plus souvent actifs dans des milieux opaques au rayonnement gamma. Les photons γ produits par désexcitation des noyaux fils interagissent alors avec le milieu environnant où ils perdent de l'énergie par diffusions Compton jusqu'à leur absorption par effet photoélectrique, l'énergie ainsi dissipée étant finalement émise sous forme de rayonnement électromagnétique à plus grande longueur d'onde. Les radionucléides que l'on peut détecter par les émissions de raie gamma qu'ils suscitent sont donc ceux dont la durée de vie est suffisamment longue pour se désintégrer dans des milieux plus transparents au rayonnement gamma, qu'ils soient convoyés hors des sites où ils ont été synthétisés ou que leurs milieux d'origine se diluent au cours du temps.

Les processus de perte de masse qui affectent les étoiles peuvent dans certains cas se révéler très efficaces pour faire émerger les nucléides synthétisés dans les zones plus profondes des intérieurs stellaires et pour les répandre dans le milieu interstellaire. Les transferts de matière qui peuvent s'opérer entre deux étoiles d'un **système binaire** comptent parmi les processus de perte de masse les plus efficaces, mais

[3] Des réactions de photodésintégration partielle qui affectent les nucléides de type *s* sont susceptibles de produire des nucléides riches en protons (nucléides de type *p*).

ils ne peuvent se dérouler que dans des circonstances très particulières, comme par exemple lorsque sous l'effet d'une expansion rapide, les couches externes de l'une des deux composantes du système déborde son **lobe de Roche**.

Les **vents stellaires** sont des processus de perte de masse plus aptes à expliquer la présence de certains radionucléides hors des intérieurs stellaires où ils ont été synthétisés. Très ténus dans le cas des étoiles de type solaire de la **séquence principale**, avec un taux de perte de masse $\dot{M} \sim 10^{-14}$ $M_\odot$ an^{-1} dans le cas du Soleil, les **vents stellaires** peuvent se révéler beaucoup plus intenses (avec des taux de perte de masse $\dot{M} \sim 10^{-9} - 10^{-5}$ $M_\odot$ an^{-1}) lors des phases **géantes rouges** qui marquent la dernière partie de la vie active des étoiles. Les étoiles de masse initiale $M_0 > 40$ $M_\odot$ au contraire, pour peu que leur **métallicité** ne soit pas trop petite, sont à l'origine de puissants **vents stellaires** (avec des taux de perte de masse jusqu'à $\dot{M} \sim 10^{-6}$–10^{-5} $M_\odot$ an^{-1}) dès qu'elles rejoignent la **séquence principale**.

Ce dernier processus de perte de masse résulte de la très forte pression de radiation qui s'exerce sur l'enveloppe externe des étoiles les plus massives, une couche dont la température effective atteint 30 000 kelvins. Dépouillant ainsi les étoiles massives de leurs enveloppes externes, les **vents stellaires** font émerger à la surface des étoiles certaines couches internes abandonnées lors du retrait du cœur convectif de l'étoile en question. Ces couches se retrouvent donc enrichies de nucléides (dont certains sont radioactifs) synthétisés lors des réactions de fusion thermonucléaire, nucléides que les **vents stellaires** contribuent à disperser dans le milieu interstellaire. Cependant, en raison des temps caractéristiques des processus de perte de masse évoqués ci-dessus, seuls les radionucléides à très longue durée de vie sont susceptibles d'échapper aux milieux opaques aux rayons γ où ils ont été synthétisés.

Cette contrainte n'est par contre plus de mise s'agissant de radionucléides synthétisés lors des phases explosives de l'évolution stellaire. C'est ainsi que dans le cas d'explosion d'étoiles massives (supernovas de type II et Ib), la matière éjectée ne reste opaque que pendant quelques mois aux photons γ émis par les noyaux créés lors de l'événement. Seules sont bloqués les raies gamma émises à la suite de la désintégration des noyaux dont les durées de vie sont les plus courtes. Dans le cas d'explosions d'étoiles de petite masse (supernovas de type Ia), expulsant donc peu de matière, cette phase d'absorption dure beaucoup moins longtemps et certaines raies émises par des éléments à vie plus courte sont alors parfaitement observables. Il en va de même de ces novas qui impliquent des explosions de nature thermonucléaire à la surface de **naines blanches** en **système binaire** accrétant la matière de leurs étoiles compagnon.

Raies gamma issues des désintégrations de radionucléides cosmiques

La Table 10.2 présente les caractéristiques des chaînes de désintégrations de radionucléides cosmiques propre à produire les raies gamma nucléaires les plus aisément détectables. La mesure de l'intensité de ces raies gamma fournit des informations uniques sur les processus de nucléosynthèse aptes à créer les radionucléides impliqués et donc sur les conditions physiques (telles que température, densité, excès de neutrons) qui règnent au sein des sites stellaires correspondants. La mesure des décalages

Table 10.2 Caractéristiques principales des chaînes de désintégrations de radionucléides cosmiques propres à produire les raies gamma nucléaires les plus aisément détectables (d'après Prantzos, 1996).

		Raies nucléaires produites		
Chaîne de décroissances	Sites les plus favorables	Durée de vie (an)	Énergie (MeV)	Facteur de branchement
$^{56}Ni \rightarrow {}^{56}Co \rightarrow {}^{56}Fe$	Supernovas	0,31 (a)	0,847	1,00
			1,238	0,68
			1,771	0,45
			2,598	0,17
$^{57}Co \rightarrow {}^{57}Fe$	Supernovas	1,1	0,122	0,86
			0,136	0,11
$^{22}Na \rightarrow {}^{22}Ne$	Novas	3,8	1,275	1,00
$^{44}Ti \rightarrow {}^{44}Sc \rightarrow {}^{44}Ca$	Supernovas	70–96 (a,b)	0,068	1,00
			0,078	0,98
			1,156	1,00
$^{26}Al \rightarrow {}^{26}Mg$	**Wolf-Rayet** Supernovas **Géantes rouges** Novas	1,1 10^6	1,809	1,00
$^{60}Fe \rightarrow {}^{60}Co \rightarrow {}^{60}Ni$	Supernovas	2,2 10^6 (a)	1,173	1,00
			1,322	1,00

(a) durée de vie la plus longue dans le cas des chaînes à double décroissance
(b) estimation incertaine

spectraux des raies gamma permet en outre d'estimer les mouvements d'ensemble des milieux où les radionucléides se désintègrent, tandis que la connaissance de leurs profils renseigne sur la dispersion de vitesse au sein des milieux en question.

Lorsque la durée de vie des radionucléides n'est pas trop grande vis à vis de la fréquence des événements cosmiques durant lesquels ils sont synthétisés, les sites où ces radionucléides ont été relâchés apparaissent aux observateurs gamma comme autant de sources qu'ils peuvent alors identifier aux sites en question. Au contraire, dans le cas des radionucléides à très longue période relâchés au sein de notre propre galaxie, on s'attend plutôt à observer une émission de nature interstellaire, globalement alignée le long de l'équateur galactique. L'émission se présente alors sous un aspect diffus qui résulte des contributions accumulées des très nombreux sites de production actifs dans toute la Galaxie pendant la vie moyenne de ces radionucléides à très longue période.

Dans notre propre galaxie, il s'écoule de une à deux semaines entre deux événements de type novas, environ 30 ans entre deux explosions de supernova de type II et Ib, et 150 ans s'agissant des supernovas de type Ia. Au vu de la Table 10.2, on constate donc que les seules émissions pouvant se présenter sous un aspect diffus sont celles issues des désintégrations de l'aluminium 26 et du fer 60, et éventuellement du sodium 22 que doit produire les novas. Les autres désintégrations de radionucléides cosmiques présentées en Table 10.2 sont plutôt susceptibles d'apparaître comme des sources ponctuelles, compte tenu du pouvoir séparateur souvent médiocre des spectromètres gamma spatiaux.

LE CAS DE L'ALUMINIUM 26

On constate qu'une seule parmi les chaînes de décroissances présentées en Table 10.2 est en mesure de se produire dans la plupart des sites cosmiques *a priori* susceptibles d'abriter des processus de nucléosynthèse : il s'agit de la décroissance $^{26}Al \rightarrow {}^{26}Mg$. De plus, en raison de leur durée de vie $\tau = 1{,}05\ 10^6$ ans, les noyaux d'aluminium 26 ont tout le temps de se répandre dans le milieu interstellaire avant de se désintégrer. Les noyaux ayant ainsi le temps de se freiner, la raie résultante est alors particulièrement fine, et comme le taux de production de ce nucléide est suffisamment élevé, la raie à 1,809 MeV qui résulte de sa désintégration est assez intense pour être détectable. En détaillant le cas de ce radionucléide, le premier jamais identifié en dehors du système solaire par les soins de l'astronomie gamma spatiale, nous nous proposons d'illustrer la plupart des problèmes relatifs à l'émission des raies gamma issues de la désintégration de radionucléides cosmiques.

Les sites de nucléosynthèse de l'aluminium 26

La Figure 10.1 présente les réactions à l'œuvre dans les différents sites où s'effectue la synthèse de l'aluminium[4]. Le principal mécanisme de production de l'aluminium 26 est la capture d'un proton par un noyau de magnésium 25. Les sites cosmiques les plus favorables à la synthèse de l'aluminium 26 sont donc des milieux riches en protons ou en noyaux de magnésium — voire les deux à la fois — et qui sont de plus portés à très haute température pour favoriser les réactions $^{25}Mg(p,\gamma)\ {}^{26}Al$. À l'un ou l'autre des différents stades évolutifs de certaines étoiles, on rencontre des milieux qui remplissent l'une ou l'autre des conditions énoncées ci-dessus (Prantzos et Diehl, 1996).

C'est ainsi que l'on rencontre en priorité des milieux très chauds et riches en protons dans les sites suivants :

1. Dans les cœurs convectifs des étoiles massives, un milieu où les réactions de fusion thermonucléaire de l'hydrogène se déroulent en équilibre hydrostatique à une température $T > 4\ 10^7$ K.
2. Dans les coquilles d'hydrogène qui enveloppent les noyaux d'hélium des étoiles évoluées de petite masse et de masse intermédiaire, un milieu où les réactions de

---

[4] Les états fondamentaux et isomériques de l'aluminium 26 sont présentés en Figure 10.1 comme des nucléides distincts; contrairement à celle de l'état fondamental, la désintégration de l'état isomérique s'effectue en effet avec une durée de vie $\tau \approx 9{,}2$ s sans émission de photon.

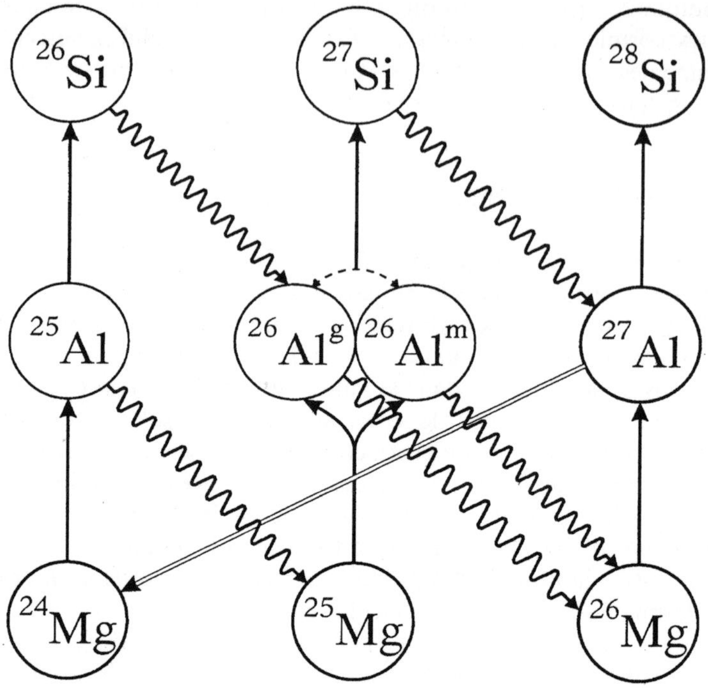

Figure 10.1 Réactions conduisant à la synthèse de l'aluminium 26 dans les sites cosmiques, d'après Prantzos et Diehl (1996). Les nucléides stables sont cerclés d'un trait gras, les instables d'un trait fin. Les flèches simples dénotent les réactions (p, γ), les flèches doubles, les réactions (p, α), les flèches ondulées, les décroissances β^+. Les états fondamentaux ($^{26}Al^g$) et isomériques ($^{26}Al^m$) de l'aluminium 26 sont représentés comme deux nucléides distincts connectés par des transitions électromagnétiques symbolisées par des traits pointillés.

fusion thermonucléaire de l'hydrogène se déroulent en équilibre hydrostatique à une température $T \approx 5$–$9\ 10^7$ K.

3. À la surface des **naines blanches** en **système binaire**, un site où se déroulent les réactions explosives de fusion thermonucléaire de l'hydrogène lors des explosions de novas. On y rencontre alors des milieux où la température atteint une valeur maximum $T_M \approx 1{,}5$–$4\ 10^8$ K. À noter que s'agissant d'une classe particulière de **naines blanches**, dites **naines blanches** O-Ne-Mg, les milieux en question sont tout à la fois riches en protons et en noyaux de magnésium.

S'agissant des milieux très chauds et riches en noyaux de magnésium, les sites les plus favorables sont les suivants :

1. Dans les coquilles de carbone et de néon qui enveloppent les noyaux des étoiles évoluées de grande masse, là où les réactions de fusion thermonucléaire se déroulent en équilibre hydrostatique à une température $T \approx 10^9$ K.

2. Dans les mêmes coquilles de carbone et de néon qui enveloppent les noyaux des étoiles évoluées de grande masse, là où des réactions explosives se déroulent lors des explosions de supernovas dans des milieux où la température atteint une valeur maximum $T_M \approx$ 2–2,5 10^9 K.

Reste à convoyer les radionucléides ainsi produits dans des milieux transparents aux rayons γ, les sites de production évoqués ci-dessus étant tous opaques aux rayonnements qui résultent de la désintégration de l'aluminium 26. Ce transport s'effectue d'une manière tout à fait naturelle dans le cas des radionucléides synthétisés lors des explosions de novas et supernovas (les radionucléides étant dispersés par l'explosion). Il en va de même dans le cas des radionucléides synthétisés lors des phases d'équilibre hydrostatique, dans la mesure où les sites correspondants évoqués ci-dessus sont abrités par des étoiles qui subissent d'importantes pertes de masse (étoiles de **Wolf-Rayet** dans le cas des étoiles massives et étoiles sur la branche asymptotique des **géantes rouges** dans le cas des étoiles de petite masse et de masse intermédiaire).

Taux d'injection dans la Galaxie des sources d'aluminium 26

Détailler les calculs qui conduisent à estimer combien de noyaux d'aluminium 26 sont injectés dans la Galaxie par chacun des différents sites évoqués ci-dessus est une entreprise d'astrophysique nucléaire qui se situe bien au delà des objectifs de cette monographie. Nous nous contentons donc ici d'en fournir les principaux résultats, tels que compilés par Prantzos et Diehl (1996).

1. Étoiles de **Wolf-Rayet**

Les étoiles de **Wolf-Rayet** injectent dans le milieu interstellaire une quantité moyenne $\dot{M}_{WR}$ d'aluminium 26 par million d'années qui s'exprime par l'équation suivante :

$$\dot{M}_{wr} \approx 0,4 \frac{< m_{26} >_{WR}}{210^{-4}} \frac{f_{WR}}{210^3} \, M_\odot (10^6 \text{ans})^{-1} \tag{10.1}$$

où $< m_{26} >_{WR}$ est la quantité moyenne d'aluminium 26 injectée par chaque étoile **Wolf-Rayet** de la Galaxie et f_{WR} leur fréquence galactique par million d'années, telle que définie par l'équation suivante :

$$f_{WR} = \tau_{WR} N_{WR} \tag{10.2}$$

où N_{WR} est le nombre d'étoiles en phase **Wolf-Rayet** dans la Galaxie et τ_{WR} leur durée de vie moyenne dans cette phase. En s'en tenant aux valeurs les plus couramment admises, soit $N_{WR} \approx 1100$ et $\tau_{WR} \approx 0{,}5\ 10^6$ ans, on obtient ainsi $f_{WR} \approx$ 2200 (10^6 ans)$^{-1}$. Quant à la quantité m_{26} d'aluminium 26 injectée par une étoile **Wolf-Rayet** de la Galaxie, sa dépendance en fonction de la métallicité Z de l'étoile en question s'exprime de la manière suivante :

$$m_{26} \propto \left(\frac{Z}{Z_\odot}\right)^2 \tag{10.3}$$

où $Z_\odot$ est la **métallicité** solaire. Avec une **métallicité** moyenne de la Galaxie $Z_G \approx 2Z_\odot$, la quantité moyenne d'aluminium 26 injectée par chaque étoile **Wolf-Rayet** de la Galaxie devient $< m_{26} > \approx 2\,10^{-4}$ $M_\odot$.

En raison des incertitudes qui pèsent sur la détermination des paramètres évoqués ci-avant, il est difficile d'estimer la quantité moyenne $\dot{M}_{WR}$ d'aluminium 26 injectée par les étoiles **Wolf-Rayet** à mieux qu'un facteur deux à trois près. Même en tenant compte de ces incertitudes, il semble cependant que les étoiles **Wolf-Rayet** ne sont pas en mesure de relâcher plus de 20% de la quantité totale d'aluminium 26 qu'il convient d'injecter par an dans la Galaxie pour rendre compte des observations gamma de la raie à 1,809 MeV telles que détaillées dans les chapitres suivants, soit $\dot{M}^G_{26} \approx 2\text{–}3$ $M_\odot(10^6 \text{ ans})^{-1}$.

2. Étoiles sur la branche asymptotique des **géantes rouges**

On estime que les étoiles de petite masse et de masse intermédiaire qui contribuent à l'enrichissement du milieu interstellaire en aluminium 26 sont positionnées sur la branche asymptotique des **géantes rouges** du diagramme de Hertzprung-Russel (étoiles dites AGB, de l'anglais *Asymptotic Giant Branch*). Ce sont des étoiles de masse $M_* < 9M_\odot$ qui ont atteint les dernières phases de leur évolution. Deux catégories d'étoiles AGB sont plus particulièrement susceptibles de relâcher de l'aluminium 26 : il s'agit d'une part des AGB de petite masse, qui résultent soit de l'évolution d'étoiles de masse $M_* \approx 1$ $M_\odot$, soit de l'évolution d'étoiles de masse $M_* \approx 3\text{–}4$ $M_\odot$, et d'autre part des AGB massives qui découlent soit de l'évolution d'étoiles de masse $M_* \approx 4\text{–}5$ $M_\odot$, soit de l'évolution d'étoiles de masse $M_* \approx 9$ $M_\odot$.

Les AGB de petite masse sont en mesure d'injecter dans le milieu interstellaire une quantité moyenne $\dot{M}_{LAGB}$ d'aluminium 26 par million d'années qui s'exprime par l'équation suivante :

$$\dot{M}_{LAGB} \approx 5\,10^{-3} \frac{< m_{26} >_{LAGB}}{10^{-8}} \frac{f_{LAGB}}{5\,10^5} \; M_\odot \; (10^6 \text{ ans})^{-1} \qquad (10.4)$$

où $<m_{26}>_{LAGB}$ est la quantité moyenne d'aluminium 26 injectée par chaque étoile AGB de petite masse et f_{LAGB} leur fréquence galactique. En s'en tenant aux valeurs de ces deux paramètres les plus couramment admises ($< m_{LAGB} > \approx 10^{-8}$ $M_\odot$ et $f_{LAGB} \approx 0{,}5$ an^{-1}), on constate que les étoiles AGB de petite masse injectent une quantité d'aluminium 26 dans la Galaxie 600 fois moindre que celle requise pour rendre compte des observations de la raie gamma à 1,809 MeV.

Quant aux étoiles AGB massives, elles sont en mesure d'injecter dans le milieu interstellaire une quantité moyenne $\dot{M}_{MAGB}$ d'aluminium 26 par million d'années qui s'exprime par l'équation suivante :

$$\dot{M}_{MAGB} \approx \frac{< m_{26} >_{MAGB}}{3\,10^{-5}} \frac{f_{MAGB}}{3\,10^4} \; M_\odot(10^6 \text{ ans})^{-1} \qquad (10.5)$$

où $<m_{26}>_{MAGB}$ est la quantité moyenne d'aluminium 26 injectée par chaque étoile AGB massive et f_{MAGB} leur fréquence galactique. Compte tenu de la fréquence galactique $f_{MAGB} \approx 0{,}03$ an^{-1} des étoiles AGB massives, ces dernières sont en mesure d'injecter dans la Galaxie une fraction notable de la quantité d'aluminium 26 qu'il faut pour rendre compte des observations de la raie gamma à 1,809 MeV si chacune d'entre elles relâche en moyenne $< m_{\mathrm{MAGB}} > \approx 3\,10^{-5}$ $\mathrm{M}_\odot$. À noter toutefois que l'estimation de la production d'aluminium 26 par les AGB massives est des plus incertaines, en raison de l'extrême sensibilité de ce paramètre aux processus de mélange à l'œuvre dans les zones de synthèse de l'aluminium 26.

3. Novas

En s'en tenant aux explosions qui surviennent à la surface de **naines blanches** O–Ne–Mg, les plus prolifiques s'agissant de la synthèse de l'aluminium 26, les novas sont en mesure d'injecter dans le milieu interstellaire une quantité moyenne $\dot{M}_{\mathrm{Nova}}$ d'aluminium 26 par million d'années qui s'exprime par l'équation suivante :

$$\dot{M}_{\mathrm{Nova}} \approx 3 \frac{< m_{26} >_{\mathrm{O-Ne-Mg}}}{3\,10^{-7}} \frac{f_{\mathrm{O-Ne-Mg}}}{10^7}\ \mathrm{M}_\odot\ (10^6\ \mathrm{ans})^{-1} \qquad (10.6)$$

où $< m_{26} >_{\mathrm{O-Ne-Mg}}$ est la quantité moyenne d'aluminium 26 dispersée par chaque explosion de nova se produisant à la surface d'une **naine blanche** O–Ne–Mg, et $f_{\mathrm{O-Ne-Mg}}$ la fréquence galactique de tels événements. L'estimation du premier de ces deux paramètres est des plus incertaines : même si la valeur la plus couramment admise est $< m_{\mathrm{O-Ne-Mg}} > \approx 10^{-7}\mathrm{M}_\odot$, certains astrophysiciens n'excluent pas des valeurs telles que $< m_{\mathrm{O-Ne-Mg}} > \approx 3\,10^{-6}\mathrm{M}_\odot$. De grandes incertitudes pèsent également sur les estimations du paramètre $f_{\mathrm{O-Ne-Mg}}$: à celles qui affectent le taux de novas dans la Galaxie, de l'ordre de 30 an^{-1}, s'ajoutent les incertitudes qui entachent l'estimation de la proportion des novas se produisant à la surface d'une **naine blanche** O–Ne–Mg, estimations qui se situent dans la fourchette 10–30%. Difficile donc d'apprécier si les novas sont à même de relâcher dans la Galaxie la quantité d'aluminium 26 compatible avec les observations à 1,809 MeV.

4. Supernovas

Les explosions d'étoiles massives, supernovas de type II et Ib, sont les plus prometteuses parmi les sources aptes à injecter de grandes quantités d'aluminium 26 dans la Galaxie. Elles répandent en effet dans le milieu interstellaire une quantité moyenne $\dot{M}_{\mathrm{SN}}$ d'aluminium 26 par million d'années qui s'exprime par l'équation suivante :

$$\dot{M}_{\mathrm{SN}} \approx 1{,}6 \frac{< m_{26} >_{\mathrm{SN}}}{8\,10^{-5}} \frac{f_{\mathrm{SN}}}{2\,10^4}\ \mathrm{M}_\odot\ (10^6\ \mathrm{ans})^{-1} \qquad (10.7)$$

où $< m_{26} >_{\mathrm{SN}}$ est la quantité moyenne d'aluminium 26 dispersée par chaque supernova de type II ou Ib, et f_{SN} la fréquence galactique de tels événements. On estime que 2,5 supernovas se produisent en moyenne par siècle dans la Galaxie, dont 80% sont de type II et Ib, ces dernières relâchant en moyenne une masse d'aluminium 26 $< m_{\mathrm{SN}} > \approx 8\,10^{-5}$ $\mathrm{M}_\odot$. En dépit de l'incertitude d'un facteur 2–3 qui pèse sur cette dernière estimation, l'explosion des étoiles massives pourrait bien être la source majeure des noyaux d'aluminium 26 responsables de l'émission de la raie gamma à 1,809 MeV du disque galactique.

Répartition dans la Galaxie des sources d'aluminium 26

Compte tenu des incertitudes qui affectent l'estimation de leur taux d'injection d'aluminium 26 dans la Galaxie, il semble difficile d'établir une hiérarchie entre les différents sites évoqués ci-dessus en ne se basant que sur la comparaison de ces mêmes taux. Pour en savoir plus, il convient également d'étudier la manière dont ces sites d'injection se répartissent dans la Galaxie.

En effet, on peut raisonnablement conjecturer qu'avec une durée de vie de l'ordre d'un million d'années, les noyaux d'aluminium 26 ne se propagent pas trop loin de leurs sources avant de se désintégrer en suscitant l'émission de la raie à 1,809 MeV. Même dans le cas des supernovas et des étoiles de type **Wolf-Rayet**, où les matériaux enrichis en aluminium 26 sont expulsés à des vitesses de 1000 km s^{-1} et plus, les noyaux d'aluminium 26 parcourent avant de se désintégrer une distance ($\sim$ 100 parsecs) petite comparée aux échelles de longueur qui caractérisent la Galaxie. La structure de l'émission à 1,809 MeV du disque galactique doit donc témoigner de la distribution des sources d'aluminium 26, cette dernière dépendant des contributions relatives des diverses sources évoquées précédemment.

Les sources associées aux diverses phases d'évolution des étoiles dont l'âge est inférieur à 100 millions d'années comprennent les plus massives des étoiles AGB (M_* > 5 $M_\odot$), les étoiles de **Wolf-Rayet** et les supernovas. Leur distribution galactique est donc similaire à celle des objets les plus jeunes de la Galaxie (objets de population I extrême), comme les complexes moléculaires géants dont on connaît assez bien la répartition dans le disque de la Galaxie grâce aux observations entreprises dans le domaine des ondes radio millimétriques. La distribution radiale des objets de population I extrême, dont l'échelle de hauteur est inférieure à 100 pc, présente un maximum à environ 4 kpc du centre galactique (l'anneau moléculaire), tandis que leur répartition à plus petite échelle porte l'empreinte de la structure spiralée de la Galaxie.

La répartition au sein de la Galaxie des sources associées aux étoiles dont l'âge est supérieur à quelques milliards d'années, comme les étoiles AGB les moins massives (M_* < 2 $M_\odot$) et les novas, est similaire à celle des étoiles géantes de type spectral G et K. La distribution radiale de ces objets, dont l'échelle de hauteur est de l'ordre de 170 pc, se caractérise au sein du disque galactique par une échelle de longueur d'environ 3 kpc. Il s'y superpose une population liée au **bulbe galactique**, caractérisée par une distribution sphérique qui s'étend sur environ 1 kpc avec un profil radial de densité décroissant exponentiellement. La question se pose alors de savoir si les novas associées aux **naines blanches** de type O–Ne–Mg, les plus aptes sans doute à répandre des noyaux d'aluminium 26 dans le milieu interstellaire, sont présentes dans le bulbe de la Galaxie.

Compte-tenu de cette population du bulbe, la distribution des sources d'aluminium 26 associées aux étoiles de petite masse, telle qu'observée depuis la Terre, présente le long de l'équateur galactique un profil caractéristique avec un excès dans la direction du centre de la Galaxie. Au contraire, le profil en longitude galactique des sources d'aluminium 26 associées aux étoiles massives porte l'empreinte de l'anneau moléculaire à 4 kpc et des structures à plus petites échelles (les bras galactiques) qui caractérisent les objets de population I extrême. Comme détaillé dans la troisième partie, les observations de la raie gamma à 1,809 MeV sont donc en mesure de fournir des données propres à distinguer entre les contributions de ces deux populations.

NOYAUX EXCITÉS À LA SUITE DE COLLISIONS DE PARTICULES

Comme évoqué au chapitre 6, les interactions de particules peuvent conduire à l'excitation des noyaux, soit par collisions inélastiques, soit par spallation. Les ingrédients de base de ces deux mécanismes se rencontrent au sein des sites d'éruption solaire ainsi que dans le milieu interstellaire. Il s'agit en effet de deux milieux renfermant les noyaux cibles et les particules projectiles requises. L'excitation des noyaux par collisions inélastiques met en jeu des particules accélérées (protons et noyaux) d'énergie $E < 100$ MeV par nucléon. Comme les moins énergétiques des rayons cosmiques se heurtent au champ magnétique transporté par le **vent solaire** et ne parviennent pas jusqu'à la Terre (voir Figure 5.2), les données manquent sur les rayons cosmiques de basse énergie impliqués dans les collisions aptes à exciter des noyaux dans le milieu interstellaire.

Les milieux cosmiques susceptibles de produire par collisions ou spallation des raies de désexcitation détectables doivent toutefois être exposés à des flux de particules cosmiques de basse énergie particulièrement intenses. Comme on le constate en Table 10.3, de telles raies de désexcitation ont déjà été observées lors d'éruptions solaires. Toutefois, les raies à 4,438 MeV, résultant de la désexcitation du carbone 12, de même que celles à 6,129 MeV résultant de la désexcitation de l'oxygène 16, ont également été observées dans la direction du complexe moléculaire de la constellation d'Orion (voir chapitre 12).

NOYAUX EXCITÉS À LA SUITE DE CAPTURES DE NEUTRONS

Nous mentionnons au chapitre 6 qu'un milieu cible soumis à un flux intense de neutrons peut être enrichi en noyaux excités par captures neutroniques, les noyaux en question se désexcitant par émission d'une ou plusieurs raies gamma nucléaires.

Table 10.3 Caractéristiques principales des raies gamma cosmiques les plus aisément détactables produits par désexcitation de noyaux excités par collisions (d'après Schönfelder, 1995).

Nucléide cible impliqué	Sites cosmiques où la raie est détectable	Énergie de la raie produite (MeV)
Fer 56	Éruptions solaires	1,238
Magnésium 24	Éruptions solaires	1,369
Néon 20	Éruptions solaires	1,634
Carbone 12	Éruptions solaires Nuages d'Orion	4,438
Oxygène 16	Éruptions solaires Nuages d'Orion	6,129

Toutefois, pour être observables, ces raies gamma doivent être produites dans des milieux assez denses pour favoriser les captures neutroniques (la durée de vie des neutrons à l'état libre n'est en effet que de 900 secondes), mais quand même assez dilués pour que les photons γ puissent s'en échapper.

De telles conditions se retrouvent dans la **photosphère solaire** dont la densité n_H exprimée en atome d'hydrogène est assez élevée ($n_H > 10^{16}$ protons cm^{-3}) pour que les neutrons produits lors des éruptions solaires puissent s'y ralentir avant d'être capturés. C'est ainsi que la raie gamma la plus intense observée lors des éruptions solaires est la raie de désexcitation à 2,223 MeV des noyaux de deutérium (^2H), un nucléide produit à l'état excité par des réactions de type $^1H(n, \gamma)\,^2H$. Ramaty *et al.* (1975) ont proposé que les neutrons en question sont produits au dessus de la **photosphère solaire** par spallation de l'hélium, dans le cadre de réactions de type $^4He(p, pn)\,^3He$ et $^4He(p, 2pn)\,^2H$ mettant en jeu des protons d'énergie $E_p \gtrsim 20$ MeV accélérés lors de l'éruption comme décrit au chapitre précédent.

RÉFÉRENCES

Audouze, J., (1993). *in: Le grand atlas de l'astronomie*, (Paris : Encyclopædia Universalis), 296.
Burbidge, M., Burbidge, G., Fowler, W., et Hoyle, F., (1957). *Rev. Mod. Phys.*, 29: 547.
Prantzos, N., (1996). *Astron. Astrophys. Supp. Séries*, 120: C303.
Prantzos, N., et Diehl, R., (1996). *Physics Reports*, 267: 1.
Ramaty, R., Kozlovsky, B., et Lingenfelter, R.E., (1975). *Space Sci. Rev.*, 18: 341.
Schönfelder, V., (1995). *in:* Annals of the New-York Academy of Sciences, Vol. 756, *Seventeenth Texas Symposium on Relativistic Astrophysics and Cosmology*, éd. H. Böhringer, G.E. Morfill et J.E. Trümper (New-York: The New-York Academy of Sciences), 382.

POUR EN SAVOIR PLUS

An Introduction to Nuclear Astrophysics: The Formation and Evolution of Matter in the Universe, Audouze, J., et Vauclair, S., 1980 (Dordrecht: Reidel).

Advances in Nuclear Astrophysics, éd. E. Vangioni-Flam, J. Audouze, M. Cassé, J.-P. Chièze et J. Tran Thanh Van, 1986 (Gif-sur-Yvette: Éditions Frontières).

AIP Conference Proceedings 232, *Gamma-Ray Line Astrophysics*, éd. P. Durouchoux et N. Prantzos, 1992 (New York: AIP Press).

Astronomy and Astrophysics Supplement Series, Vol. 97, No. 1, 1993, Proceedings of the Toulouse International Colloquium on *Recent Advances in High Energy Astronomy*.

AIP Conference Proceedings 280, *Compton Gamma-Ray Obervatory*, éd. M. Friedlander, N. Gehrels et D.J. Macomb, 1993 (New-York: AIP Press).

The Astrophysical Journal Supplement Series, Vol. 92, No. 2, 1994, Proceedings of the *INTEGRAL* Workshop on *The Multi Wavelength Approach to Gamma-Ray Astronomy*.

AIP Conference Proceedings 304, *The Second Compton Symposium*, éd. C.E. Fichtel, N. Gehrels et J.P. Norris, 1994 (New-York: AIP Press).

AIP Conference Proceedings 307, *Gamma-Ray Bursts Second Workshop*, éd. G.J. Fishman, J.J. Brainerd et K. Hurley, 1994 (New-York: AIP Press).

AIP Conference Proceedings 308, *The Evolution of X-Ray Binaries*, éd. S.S. Holt et C.S. Day, 1994 (New-York: AIP Press).

NATO ASI Series, Series C: Mathematical and Physical Sciences — Vol. 461, *The Gamma Ray Sky with Compton GRO and SIGMA*, éd. M. Signore, P. Salati et G. Vedrenne, 1995 (Dordrecht: Kluwer Academic Publishers).

Annals of the New-York Academy of Sciences, Vol. 759, *Seventeenth Texas Symposium on Relativistic Astrophysics and Cosmology*, éd. H. Böhringer, G.E. Morfill et J.E. Trümper, 1995 (New-York: The New-York Academy of Sciences).

Astronomy and Astrophysics Supplement Series, Vol. 120, No. 4, 1996, Special issue, *Third Compton Symposium*.

ESA SP-382, Proceedings of the 2nd *INTEGRAL* Workshop on *The Transparent Universe*, 1997 (Noordwijk: ESA Publications Division).

PARTIE 3. LE CIEL GAMMA

Quand en 1968 fut découverte la première source de photons γ célestes, à savoir le disque de notre propre galaxie, la modestie de l'instrument placé à bord du satellite américain *Oso 3* ne permit pas à l'époque de déterminer l'origine précise des quelques 600 photons de plus de 50 MeV qui venaient d'être détectés. Il s'en suivit un débat entre les adeptes d'une origine interstellaire, conjecturant que les photons γ en question provenaient des interactions du rayonnement cosmique — électrons, protons et noyaux relativistes — avec la matière interstellaire, et ceux postulant que ces mêmes photons étaient émis par des sources liées à l'une ou l'autre des phases qui marquent l'évolution des étoiles massives.

Au cours des décennies suivantes, les tenants des deux hypothèses furent renvoyés dos à dos à la suite des observations de plus en plus performantes conduites par les missions spatiales qui se sont succédées depuis les premiers résultats homologués. Les astronomes gamma ont en effet découvert, puis localisé et identifié de nombreux astres émetteurs de rayons γ dans notre propre galaxie. Mais ils ont dans le même temps délimité les contours du rayonnement gamma galactique, et repéré dans la Voie lactée des sources d'émission gamma associées à des nuages interstellaires. Ils ont en plus découvert des sources gamma associées à des noyaux actifs de galaxies et des quasars. Ils ont enfin mesuré le rayonnement gamma de fond du ciel, une émission d'apparence isotrope dont la nature est encore sujet à débats.

Nous détaillons ces quatre facettes du ciel gamma dans les chapitres qui suivent, en nous efforçant de classer les sources de photons γ d'après la nature des sites qui les abritent plutôt qu'en fonction des processus physiques qui y sont à l'œuvre. En privilégiant un abord qui fait la part belle aux aspects de synthèse, nous avons délibérément réduit les présentations de type "catalogue", une manière de décrire le ciel gamma qui serait d'ailleurs promise à une rapide obsolescence, tant sont fécondes les nouvelles disciplines astronomiques qui s'adressent aux photons de haute énergie. Les lecteurs à la recherche de plus de détails sur les résultats récents de l'astronomie gamma spatiale sont invités à consulter les actes des conférences et congrès qui lui ont été consacrés ces dernières années et dont la rubrique suivante fournit les références.

11. LES SOURCES GAMMA LIÉES AUX ÉTOILES

IDENTIFIER LES SOURCES D'ORIGINE STELLAIRE

Au moyen de leur position sur la voûte céleste

Munis de télescopes dont le pouvoir séparateur est fort médiocre — le plus souvent quelques degrés, une dizaine de minutes d'arc dans le meilleur des cas — les astronomes gamma sont en général incapables de résoudre[1] les sources de photons γ, sauf dans le cas des plus étendues. Et quand ils détectent une source dont les dimensions angulaires s'avèrent ainsi inférieures à la résolution de leurs appareils, ils se contentent de la qualifier de source ponctuelle, une dénomination qui ne permet d'ailleurs pas d'en savoir plus sur sa nature, stellaire ou autre.

Les astronomes gamma ont pris l'habitude d'attacher une "boîte d'erreur" à chaque source ponctuelle qu'ils détectent. Ils désignent ainsi la zone de la voûte céleste où il est le plus probable que la source en question soit localisée, compte-tenu du pouvoir séparateur du télescope et de l'intensité de la source. Même avec les appareils mis en service au début des années quatre-vingt-dix, les astronomes gamma ne déterminent dans le meilleur des cas que des boîtes d'erreur dont les dimensions angulaires sont de l'ordre de 5 à 10 minutes d'arc s'agissant de la bande des rayons γ de haute énergie (au moyen de l'expérience Egret opérant à bord de l'Observatoire à Rayons Gamma *Compton*), et de l'ordre d'une minute d'arc dans la bande des basses énergies avec Sigma à bord du satellite *Granat*.

En raison même de la grande taille de la boîte d'erreur attachée à une source ponctuelle de rayons γ, il est en général très difficile de déterminer la nature de la source en question en l'associant avec une quelconque étoile figurant dans cette boîte. Pour y parvenir, il est nécessaire que la taille de la boîte soit suffisamment petite pour qu'il ne s'y trouve qu'un seul astre déjà répertorié à d'autres longueurs d'onde susceptible de rayonner dans le domaine gamma. Dans les autres cas, il convient de recourir à d'autres procédés afin de déterminer si une source gamma ponctuelle est effectivement associée à une étoile, ou si elle est d'une tout autre nature (interstellaire par exemple).

[1] On utilise ici la forme transitive du verbe résoudre, employé généralement à la forme pronominale et dont le sens littéral est : « transformer en ses éléments », pour décrire cette situation où à l'aide de son télescope un astronome obtient d'un objet céleste une image décomposée en plusieurs éléments d'image indépendants ou "pixels".

Au moyen de leur évolution temporelle

Une des méthodes les plus sûres pour se rendre compte de la nature stellaire d'une source gamma consiste à mesurer ses éventuelles variations temporelles, puis à rechercher dans la boîte d'erreur qui lui est associée une étoile présentant des variations similaires dans d'autres régimes spectraux. On identifie alors sans ambiguïté la nature stellaire de la source de rayons γ. Même en l'absence d'une contrepartie clairement identifiée à d'autres longueurs d'onde, le fait que des variations temporelles affectent l'émission d'une source de rayons γ permet toutefois d'exclure une nature interstellaire de la source en question, les dimensions du site émissif étant alors incompatibles avec de telles variations.

On affecte en effet à la dimension d'un astre dont l'émission présente des variations temporelles une limite supérieure D déterminée par la relation suivante :

$$D \approx 3\,10^{10}\,T\ \text{cm} \tag{11.1}$$

où T est le temps caractéristique des variations temporelles d'émission exprimé en seconde. Il s'agit là d'une simple conséquence du fait que la lumière, qu'elle soit du domaine visible ou gamma, se propage à une célérité $c \approx 3\ 10^{10}$ cm s^{-1}.

Imaginons par exemple que l'on éteigne au même instant la totalité de la **photosphère solaire**. Un observateur terrestre verra d'abord s'éteindre la zone de la sphère solaire qui lui fait face — celle qui se trouve au centre du disque solaire tel que vu de la Terre — et en dernier, après un temps $T = 2{,}32$ s, le limbe, c'est à dire le bord du disque solaire. Pour rejoindre la Terre, la lumière issue du limbe parcourt en effet une distance plus grande que celle provenant de la portion du Soleil qui lui fait face, le supplément de trajet étant égal au rayon $R_\odot$ de la sphère solaire. Le flux global que perçoit l'observateur aura donc varié (dans ce cas, décru) pendant un temps $T = R_\odot/c$, soit $T = 2{,}32$ s. Si l'observateur ne connaît pas le rayon du Soleil, il pourra néanmoins conclure que $R_\odot \leq cT$, soit $R_\odot \leq 6{,}96\ 10^{10}$ cm.

Une telle méthode, même si elle ne fournit que la limite supérieure de la dimension des astres, suffit en général à exclure l'éventuelle origine interstellaire de toutes les sources gamma dont l'éclat varie d'une manière appréciable sur des échelles de temps de l'ordre de l'année (ou moins). En dernier recours enfin, le spectre du rayonnement émis par une source gamma fournit souvent de précieuses indications sur la véritable nature de la source.

Introduction au panorama des étoiles gamma

Mis à part le Soleil, qui rayonne sporadiquement dans le domaine des rayons γ, et quelques astres aptes à répandre en masse des nucléides radioactifs, tels les étoiles de **Wolf-Rayet** les plus proches, les étoiles gamma connues sont pour la plupart des astres qui signalent l'une ou l'autre des phases ultimes de l'évolution des étoiles. C'est d'abord le cas des supernovas, à commencer par SN 1987A, apparue le 24 février 1987 dans le Grand Nuage de Magellan. C'est aussi le cas des étoiles effondrées qui marquent le terme de l'évolution des étoiles massives : dans certaines conditions en effet, **étoiles à neutrons** et **trous noirs** d'origine stellaire sont à la base de copieuses émissions gamma.

Pour susciter un rayonnement gamma appréciable, les étoiles effondrées tirent parti de l'accrétion, un processus mettant en jeu la chute de matière dans le puits de potentiel gravitationnel suscité par la nature compacte des étoiles en question. Les astres accrétants rayonnent en général dans la bande des photons γ de basse énergie : certaines émissions sont persistantes, bien qu'extrêmement variables, tandis que d'autres sont de type transitoire, avec des profils temporels rappelant ceux des novas. Une autre classe d'étoiles effondrées rayonne plutôt à haute énergie : les pulsars gamma, aptes à émettre une fraction de l'énergie stockée dans les **étoiles à neutrons** en rotation rapide.

Il subsiste toutefois de nombreuses sources ponctuelles de rayons γ dont la nature même reste inconnue, faute d'une identification convaincante avec un astre répertorié à d'autres longueurs d'onde. La nature stellaire de nombre d'entre elles, à commencer par celle des sources transitoires, ne fait pourtant aucun doute, en raison même du caractère hautement variable de leurs émissions. C'est aussi le cas des sursauteurs gamma : même si leur nature reste un mystère, les sursauts gamma, en raison de leur extrême brièveté, sont à coup sûr produits par des sites émissifs de petite taille, sans doute d'origine stellaire.

SOURCES LIÉES AUX ÉTOILES EN ÉQUILIBRE HYDROSTATIQUE

Les émissions gamma du Soleil

Contrairement au domaine des rayons X, où le Soleil rayonne une composante persistante liée à l'agitation thermique des électrons libres de la **couronne solaire**, son activité dans le domaine des rayons γ n'est perceptible que sous l'aspect de brefs sursauts d'émission — les sursauts solaires — corrélés aux éruptions solaires. Le taux d'apparition des sursauts solaires évolue donc en fonction du cycle d'activité de 11 ans que mesure le nombre des taches solaires. Telles que présentées dans leurs grandes lignes au chapitre 9, les éruptions solaires sont liées à la libération brutale d'énergie stockée dans des configurations magnétiques instables.

Comme signalé dans le chapitre introductif, l'émission gamma du Soleil fut détectée dès 1958 par Peterson et Winckler (1959) au cours du cycle 19, tandis que le spectre de raies de cette émission était obtenu pour la première fois les 4 et 7 août 1972 (donc au cours du cycle 20) avec un spectromètre gamma à scintillateur NaI placé à bord du satellite américain *Oso 7* (Chupp *et al.*, 1973). Dans les années suivantes, l'observation spectroscopique des éruptions solaires fut conduite d'une manière plus ou moins épisodique, au moyen d'appareils placés à bord de divers véhicules spatiaux, comme les satellites soviétiques *Prognoz* (Chambon *et al.*, 1981) et américains *H.E.A.O.* (Hudson *et al.*, 1980; Prince *et al.*, 1982).

Au début de 1981, alors que le cycle 21 atteignait son maximum, l'expérience G.R.S. — un spectromètre à scintillateur NaI monté à bord du satellite américain *S.M.M.* — entama une observation systématique du Soleil dans le domaine des rayons γ (Chupp, 1984). Il devint alors possible de démontrer qu'il existe effectivement un bon degré de corrélation entre l'activité solaire, telle que mesurée par l'observation des taches solaires, et le nombre des sursauts solaires détectés au delà

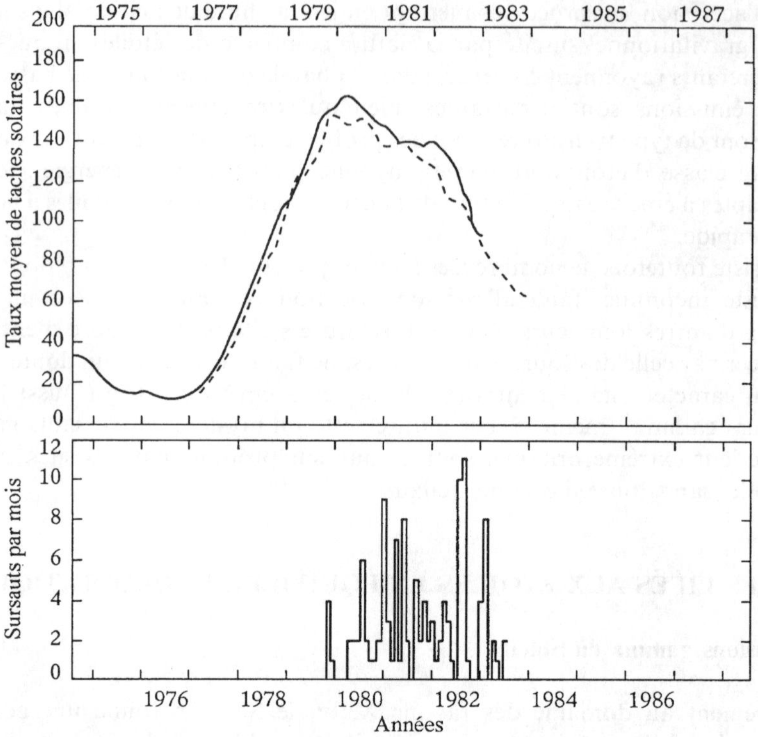

Figure 11.1 En haut : taux moyen de taches solaires lors du cycle solaire 21 (la ligne continue dénote le taux moyen observé, les tirets, le taux prédit). En bas : nombre de sursauts solaires détectés par mois au delà de 270 keV avec G.R.S. de février 1980 à septembre 1983 (d'après Chupp, 1984).

de 270 keV par G.R.S. de mars 1980 à septembre 1983 (voir Figure 11.1). Opérationnel jusqu'en 1989, *S.M.M.* fut secondé de février 1981 à juillet 1982 par le satellite japonais *Hinotori*, tandis que *Yohkoh*, un autre véhicule spatial japonais, lui aussi dédié à l'observation du Soleil, prenait le relais de *S.M.M.* à partir d'août 1991.

Nous détenons donc maintenant la preuve que même une étoile de la **séquence principale** aussi banale que le Soleil, est en mesure d'émettre — d'une manière certes sporadique — un rayonnement tombant dans le domaine des rayons γ. Pour l'essentiel, cette émission gamma provient des interactions dans l'atmosphère solaire de particules chargées accélérées lors des éruptions. L'étude des sursauts de rayons γ fournit donc un diagnostic à la source sur les particules accélérées par le Soleil. Il devient alors possible de situer les zones de l'atmosphère solaire où les particules se propagent et interagissent, tout en apportant des informations de première main sur les conditions physiques (température, densité) qui règnent au sein des milieux en question. Quant à l'étude temporelle des sursauts solaires, elle permet de mieux préciser comment s'enchaînent les processus à l'œuvre tout au long des éruptions.

En raison de la faible sensibilité des spectromètres solaires, nous manquons d'information sur les sursauts solaires de faibles **fluences** ($< 2\ 10^{-1}$ photons cm^{-2}).

Nous ne disposons en la matière que des données recueillies pendant quelques heures en juin 1980 au moyen d'un détecteur placé à bord d'une nacelle portée par ballon stratosphérique (Lin *et al.*, 1984). Il fut ainsi possible de détecter à la limite des rayons X durs et des rayons γ de très basse énergie une série de sursauts solaires de très faibles **fluences**, au rythme moyen d'un événement toutes les cinq minutes. La courbe qui décrit la fréquence d'apparition de ces mini-sursauts solaires en fonction du flux mesuré à la limite inférieure de la bande des rayons γ de basse énergie semble prolonger vers les très faibles **fluences** celle qui découle de l'étude des sursauts plus intenses observés avec G.R.S. (Crosby *et al.*, 1993).

Pour tirer parti de l'étude des sursauts solaires, il convient de distinguer les deux contributions qui constituent le spectre de leur émission gamma :

1. Un fond continu, observé maintenant d'une manière systématique dans la bande des rayons γ de basse énergie, mais dont la composante haute énergie est détectée à de plus rares occasions.
2. Une série de raies gamma qui outre la raie d'annihilation électron-positon, comprend les nombreuses raies que produisent les désexcitations de maints noyaux excités soit par collisions, soit par captures neutroniques.

Les émissions gamma continues liées aux sursauts solaires

S'agissant de la bande des photons γ de basse énergie, l'émission de nature continue résulte très certainement du Bremsstrahlung produit par des électrons accélérés interagissant avec l'atmosphère solaire. Dans l'hypothèse assez vraisemblable où ces électrons ne seraient pas thermalisés (c'est à dire dans le cas où leur énergie $E_e \gg kT$, k étant la constante de Boltzmann et T la température du plasma où ils interagissent), la quantité d'énergie libérée par Bremsstrahlung ne serait alors qu'une très faible fraction ($\sim 10^{-5}$) de celle que les électrons en question seraient susceptibles de perdre par collisions coulombiennes avec les électrons thermalisés du milieu. Pour rendre compte des observations, les éruptions solaires les plus intenses devraient alors accélérer environ 10^{39} électrons : une telle bouffée de particules emporterait alors une quantité d'énergie de l'ordre de 10^{32} ergs, du même ordre que l'énergie totale qui serait relâchée par les éruptions.

Si l'en était ainsi, les mécanismes aptes à accélérer les électrons devraient être considérés comme la manifestation la plus directe des processus fondamentaux à l'œuvre au sein des éruptions solaires. Il reste cependant envisageable qu'une partie de l'émission gamma de nature Bremsstrahlung observée à basse énergie soit plutôt produite par une population d'électrons thermalisés à une température $T \gtrsim 10^8$ K. En contribuant ainsi à accroître l'énergie des autres électrons de la population en question, les pertes coulombiennes joueraient alors un rôle bien moindre : les contraintes pesant sur le bilan d'énergie global des éruptions solaires s'en trouveraient ainsi très sérieusement allégées.

Au delà de quelques mégaélectronvolts, des raies gamma non résolues, car fortement élargies par **effet Doppler**, participent également à la composante continue des sursauts solaires, surtout dans la bande de 3 à 7 MeV, là justement où se

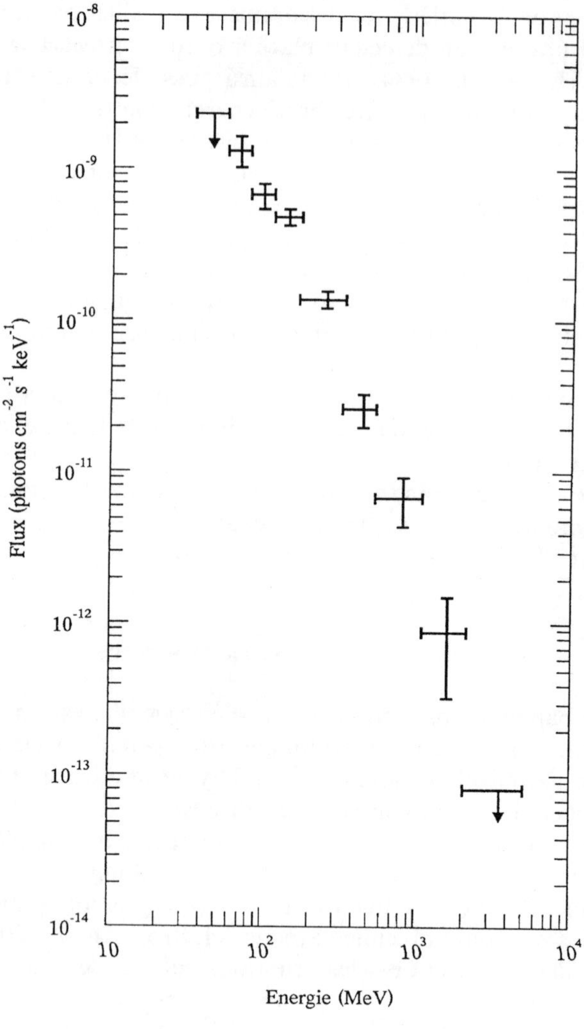

Figure 11.2 Spectre du sursaut solaire du 11 juin 1991 bâti à partir des données recueillies par l'expérience Egret à bord de l'Observatoire à Rayons Gamma *Compton* (d'après Kanbach *et al.*, 1993). Le niveau de confiance des limites supérieures est fixé à une déviation standard.

signalent les rayonnements de désexcitation des noyaux de carbone et d'oxygène (voir plus bas). Quant à l'émission continue détectée occasionnellement dans la bande des photons γ de haute énergie (Figure 11.2), elle provient pour partie du Bremsstrahlung d'électrons de haute énergie, et pour partie de la décroissance de pions π^0 issus des interactions de type *p–p* mettant en jeu des protons de haute énergie. Les données recueillies par le télescope opérant dans la bande des rayons γ de haute énergie placé à bord du satellite russe *Gamma 1* (Leikov *et al.*, 1993) ont également confirmé l'aptitude des éruptions solaires à produire des photons γ de haute énergie.

Ces résultats suggèrent *a priori* que les éruptions solaires mettent en œuvre un deuxième étage d'accélération apte à accélérer électrons et protons jusqu'à des énergies de plusieurs gigaélectronvolts. L'étude temporelle des sursauts gamma solaires impose une contrainte supplémentaire au processus en question en montrant à quel point les mécanismes doivent s'enchaîner rapidement : on constate en effet que des protons sont accélérés jusqu'au gigaélectronvolt en moins de 10 secondes, tandis que des électrons de quelques dizaines de mégaélectronvolts le sont en moins de 2 secondes.

Les émissions de raies gamma liées aux sursauts solaires

En grande partie grâce aux données recueillies par G.R.S. à bord de *S.M.M.*, nous disposons maintenant de nombreuses données sur les raies gamma solaires, à tel point que de tous les sites célestes, le Soleil est celui dont nous possédons les spectres de raies gamma les plus détaillés, comme on peut l'apprécier au vu de la Figure 11.3.

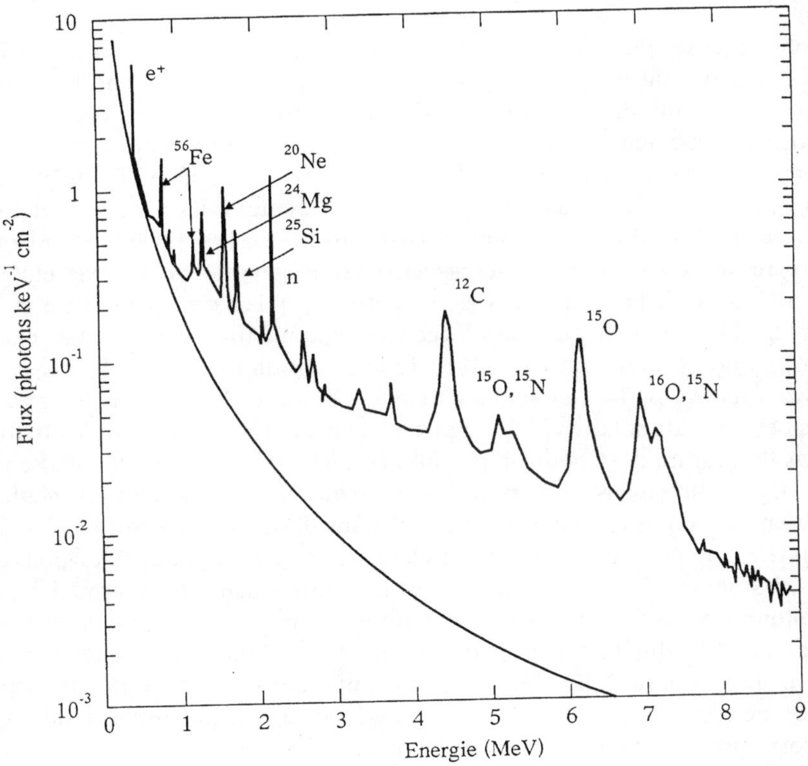

Figure 11.3 Spectre de photons du sursaut solaire du 27 avril 1981 bâti à partir des données recueillies par l'expérience G.R.S. à bord du satellite *S.M.M.* (d'après Murphy *et al.*, 1991). Les empreintes des principales raies spectrales de désexcitation sont identifiées par les nucléides impliqués, tandis que n signale la raie de capture neutronique et e^+ la raie d'annihilation. La ligne continue représente la **fluence** de la composante continue de nature Bremsstrahlung.

On distingue deux types de raies gamma solaires en fonction du décalage de leur apparition par rapport à la phase impulsive de l'éruption :

1. Les raies promptes, qui sont pour l'essentiel imputables aux désexcitations nucléaires de noyaux excités par collisions dans l'atmosphère solaire.
2. Les raies retardées, qui résultent de processus de captures neutroniques et d'annihilations de positons à l'œuvre dans l'atmosphère et la **photosphère solaire**.

Les raies promptes. On s'attend à ce que les raies de désexcitation nucléaire observées dans les sursauts solaires se présentent sous deux aspects distincts : étroits et larges. Les raies étroites résultent de la désexcitation de noyaux ambiants excités par collision inélastique avec des protons et des particules α (noyaux d'hélium) accélérés à haute énergie. Elles subissent néanmoins un élargissement Doppler ($\Delta E/E \sim 1$–2%) induit par la vitesse de recul des noyaux cibles. Les raies larges découlent au contraire de la désexcitation de noyaux accélérés à haute énergie excités par collisions inélastiques avec des protons et des particules α ambiants. Leurs largeurs, un ordre de grandeur supérieures à celles des raies étroites, reflètent la vitesse des noyaux eux-mêmes.

Les plus intenses des raies étroites sont observées à 4,438 MeV et à 6,129 MeV. Elles résultent des diffusions inélastiques des protons de haute énergie, respectivement sur des noyaux de carbone 12 et d'oxygène 16. Les spectres des sursauts solaires portent également l'empreinte des raies de désexcitation des autres nucléides présents en abondance dans l'atmosphère solaire (azote 15, néon 20, magnésium 24, silicium 28 et fer 56). La **fluence** relative de ces différentes raies permet d'atteindre les abondances relatives du milieu ambiant (Murphy *et al.*, 1991). Mais en raison de la médiocre résolution en énergie des spectromètres gamma, il n'a pas été jusqu'à présent possible de séparer les raies gamma étroites qui se pressent entre 1 et 2 MeV (voir Figure 11.3). Quant aux raies larges, comme mentionné plus haut, elles s'entremêlent au point d'être indiscernables du fond continu.

Les raies retardées. La raie gamma la plus intense observée dans les spectres de photons des sursauts solaires (voir Figure 11.3) est la raie à 2,223 MeV attribuée au processus de capture d'un neutron par un proton. Le scénario le plus vraisemblable suggère que ce processus de capture neutronique se déroule dans la **photosphère solaire** bombardée par des neutrons rapides issus d'interactions entre les noyaux de l'atmosphère solaire et les particules accélérées lors de l'éruption. Pour pouvoir être capturés, les neutrons en question doivent impérativement être thermalisés, c'est à dire ralentis au point de se trouver en équilibre thermique avec le milieu ambiant, un processus dont la durée, fonction de la densité du milieu, explique le retard de l'émission de la raie à 2,223 MeV. Le délai observé, de l'ordre de 100 secondes, implique une densité $n_H \approx 10^{17}$ H cm^{-3}. S'agissant de la **photosphère solaire**, cette valeur correspond à une profondeur d'environ 300 kilomètres.

Comme précisé au chapitre précédent, la raie à 2,223 MeV résulte de la désexcitation de noyaux de deutérium (^{2}H) produits à l'état excité par des réactions de capture neutronique ^{1}H$(n,\gamma)^2$H impliquant la capture d'un neutron par un noyau d'hydrogène. Or au sein de la **photosphère solaire**, ces dernières sont en concurrence avec les réactions ^{3}He$(n,p)^2$H impliquant la capture d'un neutron par un noyau d'hélium 3. En dépit du fait que l'hélium 3 est fort peu abondant dans la **photosphère solaire**, la section efficace de la réaction $^3He(n,p)^2H$ est en effet 16 000 fois plus élevée que celle de la réaction $^1H(n,\gamma)^2H$. En mesurant le temps de croissance et de décroissance de la raie à 2,223 MeV ainsi que son intensité, il devient alors possible d'estimer le rapport $^3He/^1H$ dans l'atmosphère solaire (Hua et Lingenfelter, 1987), un des paramètres clé régissant la nucléosynthèse primordiale à l'aube de l'univers.

La deuxième raie la plus intense observée dans les spectres des sursauts solaires (voir Figure 11.3) est la raie à 511 keV produite par l'annihilation des positons. D'après Ramaty *et al.* (1975), ces derniers sont issus pour partie d'interactions nucléaires produisant des radionucléides à vie courte (carbone 11, azote 13, oxygène 15 et fluor 17) et des pions π^+ (toutes particules dont la décroissance s'effectue par émission de positons), et pour partie de la désexcitation du niveau à 6,052 MeV de l'oxygène 16 qui s'effectue par émission d'une paire électron-positon. Tous ces positons sont produits à des énergies (de quelques centaines de kiloélectronvolts à quelques dizaines de mégaélectronvolts) telles qu'ils ne sont pas en mesure de s'annihiler. Comme dans le cas des neutrons (voir ci-dessus), les positons doivent d'abord se thermaliser avant que s'enclenche le processus d'annihilation. Il en résulte un certain délai entre l'accélération des particules et l'émission de la raie à 511 keV, un retard qui s'avère fonction de la densité et de la température du milieu.

Émissions gamma liées à d'autres étoiles en équilibre hydrostatique

Compte-tenu de l'extrême proximité du Soleil, les détecteurs gamma spatiaux, fussent-ils de modestes dimensions, repèrent sans difficulté les photons γ solaires rayonnés en phase d'éruption. Il en va tout autrement dans le cas des autres étoiles de la **séquence principale** : les éventuels sursauts de rayonnement gamma que même les plus proches d'entre elles seraient en mesure de produire restent hors de portée des télescopes gamma les plus performants, s'agissant de sursauts de **fluences** analogues à celles des sursauts solaires. Pour qu'un instrument de sensibilité comparable à celle de G.R.S. détecte un sursaut produit par une étoile dont la distance serait celle de Proxima Centauri — l'étoile la plus proche du Soleil — la **fluence** du sursaut en question dans la bande des rayons γ de basse énergie devrait dépasser de plus d'un facteur 10^7 celle des sursauts solaires les plus intenses.

Les étoiles en équilibre hydrostatique qui libèrent les **vents stellaires** les plus puissants (comme les étoiles de **Wolf-Rayet**), sont en revanche susceptibles d'être à l'origine de processus émissifs intenses, tant dans la bande des rayons γ de basse énergie que dans celle des hautes énergies. Pour peu qu'elles soient en mesure de relâcher des radionucléides fraîchement synthétisés, les étoiles à perte de masse induisent alors l'émission de raies gamma. Ces mêmes étoiles peuvent également contribuer à l'accélération de particules dans les zones de chocs où les **vents stellaires** supersoniques affrontent le milieu interstellaire : à condition que le milieu en question soit suffisamment dense, il peut en résulter une émission gamma observable dans la bande des hautes énergies.

En raison de la médiocre résolution angulaire des télescopes opérant au delà du mégaélectronvolt, les sources ainsi suscitées sont plutôt d'apparence ponctuelle. Il en va ainsi de certains "points chauds" qui jalonnent l'émission observée le long de la Voie lactée (aux longitudes galactiques $l < 90°$ et $l > 270°$) dans une bande spectrale centrée sur la raie à 1,809 MeV induite par la désintégration de l'aluminium 26 (voir chapitre suivant, Figure 12.5). Comme on le constate en Figure 11.4, la position de l'un de ces points chauds repéré dans la constellation des Voiles (Prantzos et Diehl, 1996), qui coïncide également avec un vestige de supernova, est proche de γ^2 Vel, un couple d'étoiles massives comprenant WR 11 — l'étoile de **Wolf-Rayet** la plus proche du Soleil — qui pourrait ainsi contribuer au point chaud évoqué ci-dessus.

Même si l'on accrédite son identification avec WR 11, cette source est par essence comparable à celles associées aux vestiges de supernova (voir section suivante). De part leur durée de vie, les noyaux d'aluminium 26 relâchés par les **Wolf-Rayet** ont en effet tout le temps de se répandre dans le milieu interstellaire avant de se désintégrer. Le même constat s'impose s'agissant de la source à haute énergie que Pollock (1987) a tenté d'identifier avec l'étoile de **Wolf-Rayet** HD 193793, une source pour laquelle il invoque un processus émissif mettant en jeu le **vent stellaire** intense de l'étoile. Bien

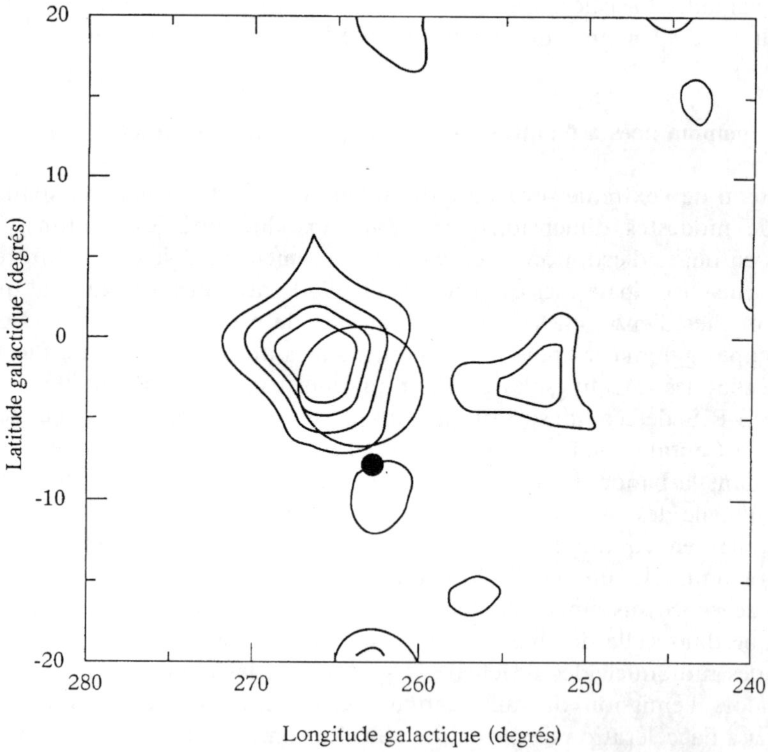

Figure 11.4 Distribution de l'intensité du rayonnement gamma émis dans la constellation des Voiles dans une bande spectrale centrée sur la raie à 1,809 MeV de l'aluminium 26 (d'après Prantzos et Diehl, 1996). La structure la plus proéminente coïncide avec le vestige de supernova des Voiles (dénoté par un cercle) tel qu'observé dans le domaine des rayons X. Le disque plein marque la position de γ^2 Vel, un **système binaire** abritant la **Wolf-Rayet** WR 11.

que suscité par une étoile en équilibre hydrostatique, cette source gamma s'apparente elle aussi aux sources gamma à haute énergie associées aux vestiges de supernova.

SOURCES LIÉES AUX EXPLOSIONS D'ÉTOILES

Dès les années soixante et les travaux de Fowler et Hoyle (1964), les astrophysiciens étaient déjà convaincus que l'observation des raies gamma émises à la suite des explosions de supernova devrait fournir des informations uniques sur les processus de nucléosynthèse explosive, les seuls aptes à produire une bonne partie des éléments à numéro atomique élevé que l'on retrouve partout dans l'univers. L'émission des raies en question découle en effet de la désintégration des éléments radioactifs synthétisés lors des explosions de supernova, un processus qui de l'avis général en alimente l'éclat. En témoigne l'évolution de la **luminosité bolométrique** des supernovas : le caractère exponentiel de leurs déclins reflète en effet celui de la décroissance des principaux radionucléides produits par les explosions d'étoiles.

Aucune supernova proche ne survint lors des deux premières décennies de l'astronomie gamma spatiale, et la médiocre sensibilité des instruments de première génération ne leur permirent pas de détecter les raies gamma résultant de la décroissance des radionucléides à longue durée de vie produits par des supernovas plus anciennes. Il fallut attendre les premières observations gamma de SN 1987A pour étayer les prédictions théoriques formulées dès les années soixante. Localisée dans le Grand Nuage de Magellan, à une distance d'environ 50 kpc, SN 1987A, repérée le 23 février 1987, fut la première supernova accessible à l'œil nu depuis celle que Kepler observa en 1604. Les données qui furent alors recueillies dans la bande des rayons γ de basse énergie comblèrent d'une manière éclatante tous les espoirs que les astrophysiciens avaient mis dans l'astronomie gamma pour témoigner de la synthèse des éléments.

Les émissions gamma de SN 1987A

Exception faite du petit spectromètre G.R.S. monté à bord du satellite américain *S.M.M.*, aucun télescope gamma n'était en service dans les jours qui suivirent l'explosion. Il fallut attendre août 1987 pour que les expériences montées à bord du module *Kvant*, qui venait d'être arrimé à la station spatiale *Mir* (alors soviétique), puisse enfin observer SN 1987A dans la bande des rayons γ de basse énergie. Dès les premiers pointages, soit 185 jours après l'événement, Sunyaev *et al.* (1987) découvraient dans les données recueillies par Hexe et Pulsar X-1 une composante spectrale de nature continue, dont la Figure 11.5 atteste qu'elle s'étendait au delà de 200 keV. Mesurée jusqu'à la fin de 1988, cette composante était émise par les photons γ produits par désintégrations nucléaires qui interagissaient par diffusions Compton dans le milieu encore **optiquement épais** constituant l'enveloppe même de la supernova.

Cette enveloppe, composée de la matière éjectée lors de l'explosion, était en expansion rapide. Bien que fort peu homogène, elle resta encore opaque aux photons γ

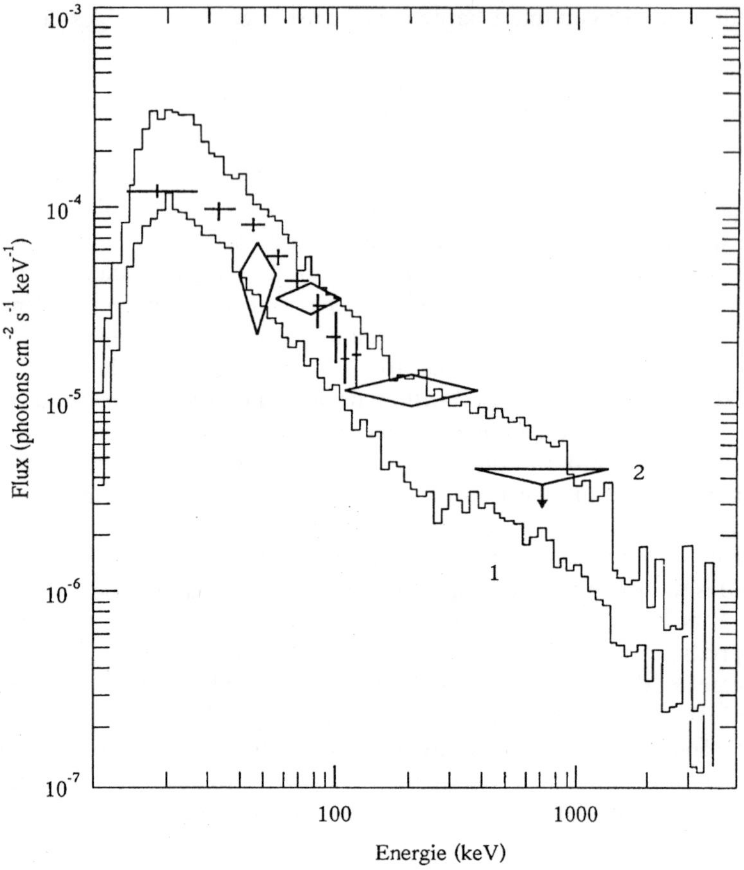

Figure 11.5 Spectre de photons du rayonnement émis par SN 1987A. Les croix et les losanges dénotent les flux estimés à partir des données recueillies respectivement par les expériences Hexe et Pulsar X-1 à bord de la station *Mir* (le niveau de confiance de la limite supérieure est fixé à 3 σ). Les histogrammes montrent le résultat d'une simulation de type Monte-Carlo du spectre attendu 180 jours (1) et 210 jours (2) après l'explosion (d'après Sunyaev *et al.*, 1987).

dans les mois qui suivirent l'événement. Les photons γ issus de la décroissance des radionucléides synthétisés lors de l'explosion y subirent donc de nombreuses diffusions Compton. Ces interactions s'accompagnaient de pertes d'énergie contribuant à faire perdre au rayonnement gamma le témoignage spectral des désintégrations nucléaires dont il était issu. Avec le temps, la transparence de l'enveloppe augmenta et le taux de diffusion diminua, tout comme l'intensité de la composante continue dont Hexe observa le déclin. Les zones les moins opaques de l'enveloppe laissèrent alors peu à peu filtrer les photons γ sans les diffuser. Les raies nucléaires attendues avec tant d'impatience pouvaient enfin être détectées.

Avant les observations gamma de SN 1987A, on était persuadé que l'apport énergétique d'une supernova était d'abord assuré par la décroissance en cobalt 56 du nickel 56, un radionucléide à courte durée de vie (τ = 8,8 jours) massivement synthétisé lors de l'explosion. Puis au bout de quelques mois, il était attendu que le cobalt 56 ainsi produit participât à son tour à la luminosité de la supernova, par le truchement de sa décroissance en fer 56 avec une durée de vie τ = 113,7 jours, contribuant ainsi à produire l'essentiel de la variété isotopique qui représente 92% du fer usuel. Après plus de 500 jours environ, il était enfin escompté que le relais fût pris par la décroissance en fer 57 du cobalt 57, un radionucléide à plus longue durée de vie (τ = 391 jours), lui aussi synthétisé massivement lors de l'explosion.

D'une manière tout à fait saisissante, compte-tenu de la complexité extrême des processus impliqués, les observations de SN 1987A, en particulier celles menées dans le domaine gamma, confirmèrent pour l'essentiel toutes ces prédictions. La première validation vint en étudiant le comportement de la **luminosité bolométrique** de la supernova environ 120 jours après l'événement, quand l'enveloppe laissa filtrer dans plusieurs domaines spectraux les rayonnements induits par la désintégration des radionucléides. La **luminosité bolométrique** de SN 1987A déclina en effet d'une manière exponentielle, compatible avec la durée de vie du cobalt 56. Mais la confirmation la plus éclatante doit être mise au crédit des observations gamma.

Quelques mois après la détection de l'émission continue, le spectromètre G.R.S. à bord de *S.M.M.* permit en effet de détecter la trace des émissions gamma à 847 keV et 1,238 MeV qui résultent de la décroissance du cobalt 56 (Figure 11.6). En dépouillant les données enregistrées 433 et 613 jours après l'explosion par le spectromètre à haute résolution Gris embarqué à bord d'une nacelle portée par ballon

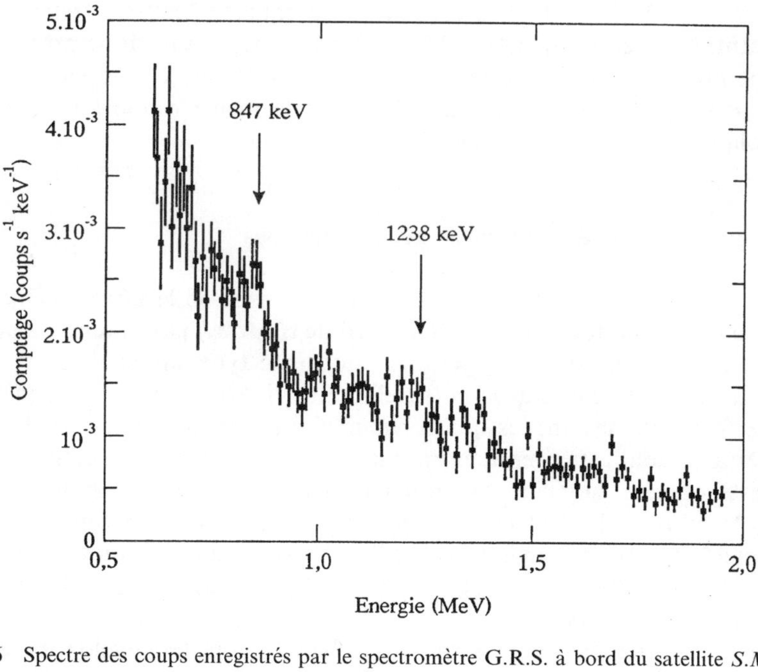

Figure 11.6 Spectre des coups enregistrés par le spectromètre G.R.S. à bord du satellite *S.M.M.* du 1er août au 31 octobre 1987 (d'après Matz *et al.*, 1988).

stratosphérique, Tueller *et al.* (1990) confirmaient les détections de G.R.S. Les mêmes auteurs réussirent surtout à résoudre les deux raies gamma à 847 keV et à 1,238 MeV en tirant parti des qualités spectrales des semi-conducteurs Ge qui constituaient le plan de détection de l'appareil. Enfin, peu après la mise en service de l'Observatoire à Rayons Gamma *Compton*, Kurfess *et al.* (1992) identifiaient dans les données fournies par le spectromètre Osse la contribution des deux raies à 122 keV et à 136 keV produites par la décroissance du cobalt 57.

Si les observations gamma de SN 1987A apportèrent une confirmation historique aux idées générales sur la synthèse des radionucléides dans les supernovas, les modèles pré-existants furent dans le détail quelque peu mis à mal. C'est ainsi que le rayonnement gamma de nature continue observé par Hexe 185 jours seulement après l'explosion n'était pas attendu avec une telle intensité avant le 300ème jour. Il en va de même des raies gamma témoignant de la décroissance du cobalt 57 qui sont apparues environ six mois plus tôt que prévu. On était en effet bien loin d'avoir soupçonné à quel point la structure géométrique des matériaux éjectés pouvait s'avérer beaucoup plus complexe que la simple hypothèse d'une symétrie sphérique : le modèle dit en "pelure d'oignon" d'une étoile dans la phase pré-supernova semble bien avoir vécu.

L'évolution du déclin de la **luminosité bolométrique** de SN 1987A, de même que l'intensité et l'évolution avec le temps des raies gamma produites par la désintégration du cobalt 56 attestent qu'une quantité de nickel 56 de masse $M_{56} \approx 0{,}075$ $M_{\odot}$ fut synthétisée lors de l'explosion. Par le biais de la décroissance $^{56}Ni \rightarrow {}^{56}Co \rightarrow {}^{56}Fe$, on est ainsi pour la première fois en mesure d'estimer la quantité de fer 56 — à savoir $M_{56} \approx 0{,}075\ M_{\odot}$ — que produit l'explosion d'une supernova dont la masse du progéniteur est d'environ 18 masses solaires. Quant aux raies gamma qui résultent de la décroissance du cobalt 57, elles attestent de même qu'une quantité de fer 57 de masse $M_{57} \approx 2{,}7\ 10^{-3}\ M_{\odot}$ serait donc produite par la même supernova. À partir des masses estimées ci-dessus, on obtient un rapport $^{57}Fe/^{56}Fe \approx 3{,}6\,10^{-2}$, légèrement plus élevé que le même rapport mesuré dans le système solaire : $(^{57}Fe/^{56}Fe)_{\odot} \approx 2{,}4\,10^{-2}$.

Émissions gamma d'autres supernovas extragalactiques

SN 1987A ayant explosé dans la galaxie la plus proche de la nôtre, même des instruments peu sensibles (comme G.R.S. à bord de *S.M.M.*) parvinrent à détecter son émission gamma. Mais si une supernova du même type survenait dans M 31, la galaxie spirale la plus proche de la nôtre, elle resterait hors de portée des instruments les plus performants des années quatre-vingt dix. La raison en est que l'enveloppe d'une supernova dont le progéniteur est une étoile massive (comme c'est le cas de SN 1987A) reste opaque suffisamment longtemps après l'explosion pour bloquer les photons γ les plus faciles à détecter, à savoir ceux qui sont produits par les radionucléides synthétisés massivement lors de l'explosion et dont les durées de vie τ sont les plus courtes, comme le nickel 56 ($\tau = 8{,}8$ jours), et, dans une moindre mesure, le cobalt 56 ($\tau = 113{,}7$ jours).

Il en va tout autrement des supernovas de type Ia dont les enveloppes, beaucoup moins massives, sont éjectées à des vitesses encore plus grandes. La matière éjectée n'est donc pas en mesure de bloquer durablement les photons γ produits par la chaîne de décroissance $^{56}Ni \rightarrow {}^{56}Co \rightarrow {}^{56}Fe$. Et comme on estime que les supernovas de type Ia synthétisent environ dix fois plus de nickel 56 que les supernovas de type II, leurs émissions gamma dans les raies du cobalt 56 doivent donc être des milliers de fois plus intenses (Gehrels *et al.*, 1987). On peut alors envisager de détecter une supernova de type Ia jusqu'à une distance de l'ordre de 20 Mpc — là distance de l'amas de galaxies dans la constellation de la Vierge — avec des instruments dont la sensibilité est comparable à celle de Comptel à bord de l'Observatoire à Rayons Gamma *Compton*.

Une supernova de type Ia typique, à en croire l'évolution de sa courbe de lumière, explosa peu après la mise en service de *Compton*. Il s'agit de SN 1991T, une supernova située dans NGC 4527, une galaxie spirale située à la périphérie de l'amas de la Vierge. Au vu de l'analyse des données alors recueillies par Comptel, les raies gamma à 847 keV et 1,238 MeV produites par la désintégration du cobalt 56 auraient été détectées lors de deux observations menées respectivement 66 et 176 jours après l'événement (Morris *et al.*, 1995). Ce résultat, qui demande cependant confirmation, implique une production de nickel 56 compatible avec la plupart des prédictions théoriques, compte-tenu des incertitudes de mesure et de celles qui pèsent sur la distance de la galaxie hôte.

En 1993, une autre explosion de supernova (SN 1993J) qui survint dans une galaxie proche (M 81 dans la constellation de la Grande Ourse), témoigna de la quasi-impossibilité de détecter les raies gamma émises par une supernova extragalactique qui ne soit pas de type Ia. SN 1993J est en effet de type Ib, c'est à dire que la quantité de nickel 56 qu'elle produisit fut sans doute comparable à celle synthétisée par SN 1987A. Même si l'enveloppe de SN 1993J fut très probablement fortement amincie avant l'explosion (sans doute par des mécanismes de perte de masse), comme en témoigne la courbe de lumière de la supernova, et bien que la galaxie hôte ne soit distante que d'environ 3,3 Mpc, l'émission gamma dans les raies du cobalt 56 ne fut pas assez intense pour que l'événement soit à la portée des instruments embarqués à bord de *Compton*.

Émissions de raies gamma des supernovas galactiques

La supernova observée en 1604 par Kepler fut la dernière de la Galaxie à avoir été repérée dans le visible. L'estimation canonique du taux de supernovas dans la Galaxie[2] laisse pourtant à penser qu'une dizaine d'étoiles a explosé dans notre galaxie au cours des trois derniers siècles. Le fait que ces événements récents aient échappé à l'attention des astronomes n'est pas trop surprenant, compte-tenu du fait que ce sont le plus souvent des étoiles de grande masse qui en furent les progéniteurs. L'évolution des étoiles massives est en effet si rapide (quelques dizaines de millions d'années

[2] De l'ordre de 2 à 3 par siècle s'agissant des supernovas dont les progéniteurs sont des étoiles de grande masse (spécimens de type II et Ib) et 0,5 par siècle dans le cas de celles de type Ia produites par des étoiles moins massives.

tout au plus) qu'elles explosent de préférence au sein même des nuages interstellaires où elles se sont formées.

Les explosions de supernova surviennent donc souvent à proximité du plan médian de la Galaxie, là où se concentrent les nuages interstellaires les plus denses et les plus opaques aux rayonnements visibles. On comprend ainsi pourquoi les événements les plus récents restèrent irrémédiablement cachés aux astronomes opérant dans le visible. Insensibles à l'absorption interstellaire, les raies gamma produites à la suite de la décroissance des radionucléides à longue période synthétisés lors des événements en question peuvent néanmoins témoigner de l'existence de ces supernovas cachées.

Le titane 44 est de tous ces radionucléides le plus apte à permettre la détection des supernovas cachées dans la mesure où sa durée de vie, qui se situe probablement entre 70 et 96 ans, est bien adaptée à la recherche des explosions d'étoiles qui se sont produites dans la Galaxie au cours des derniers siècles. On estime qu'une explosion de supernova produit une quantité de titane 44 dont la masse $M_{44} \approx 10^{-4}$ $M_{\odot}$. La chaîne de décroissance $^{44}Ti \rightarrow {}^{44}Sc \rightarrow {}^{44}Ca$ produisant trois raies à 68 keV, 78 keV et 1,156 MeV, les supernovas récentes qui se sont dérobées aux observateurs opérant dans le visible devraient donc apparaître aux astronomes gamma comme des sources d'aspect ponctuel dans chacune de ces trois raies.

Cette présomption fut confirmée quand Iyudin *et al.* (1994) identifièrent l'émission à 1,156 MeV de Cas A dans les données recueillies par Comptel. Cas A est une radiosource intense, la plus brillante du ciel après le Soleil, considérée comme le vestige d'une supernova ayant explosée voici un peu plus de 300 ans, soit plusieurs décennies après que Kepler eut observé la dernière supernova galactique répertoriée. En dépit de sa relative proximité (environ 3 kpc), et de sa latitude galactique $b \approx -2°$ qui la situe à une distance $z \approx 100$ pc du plan de la Galaxie, l'événement dont témoigne cette radiosource ne fut signalé par aucun des très nombreux astronomes qui surveillaient le ciel à la fin du dix-septième siècle.

À en croire des observations pratiquées dans le domaine visible et dans celui des rayons X, une étoile de type **Wolf-Rayet** d'une masse $M \approx 20$ $M_{\odot}$ fut sans doute le progéniteur de cette supernova cachée. Le flux gamma dans la raie à 1,156 MeV tel que mesuré par Comptel suggère que l'explosion synthétisa une quantité de titane 44 dont la masse $M_{44} \sim 1{,}5–4\ 10^{-4}$ $M_{\odot}$, l'incertitude qui affecte cette estimation étant principalement due à la méconnaissance de la durée de vie du titane 44. À noter toutefois que la synthèse d'une telle quantité de titane 44 implique la production d'une quantité de nickel 56 dont la masse $M_{56} \approx 0{,}1$ $M_{\odot}$. Or il s'agit là du radionucléide dont la désintégration est la principale source de la luminosité s'agissant d'une supernova à enveloppe réduite. L'éclat de la supernova en question aurait du alors atteindre une **magnitude visuelle** apparente $m_V \lesssim -4$: il serait donc très instructif de comprendre comment elle put se soustraire à l'attention de ses contemporains.

Outre le titane 44, l'aluminium 26 compte parmi les plus féconds des radionucléides que synthétisent les explosions de supernova. Comme précisé au chapitre 10, les supernovas de type II et Ib relâchent en moyenne une quantité d'aluminium 26 dont la masse $M_{26} \approx 8\ 10^{-5}$ $M_{\odot}$. Mais à l'image des noyaux d'aluminium 26 synthétisés par les étoiles de **Wolf-Rayet**, ceux produits lors des explosions de supernova ont tout le temps de se répandre dans le milieu interstellaire avant de se désintégrer. Les sources gamma ainsi produites sont donc essentiellement de nature interstellaire, et la plupart d'entre elles se fondent au sein de l'émission gamma galactique observée dans la bande spectrale centrée sur la raie à 1,809 MeV de l'aluminium 26 en direction du premier et du quatrième quadrant de la Voie lactée.

Quelques unes de ces sources peuvent toutefois apparaître ici ou là comme des points chauds jalonnant la distribution galactique de l'émission gamma à 1,809 MeV. C'est le cas de l'excès d'émission qui se manifeste à la longitude galactique $l \approx 80°$ dans la constellation du Cygne et qui coïncide ave la "super bulle" du Cygne, une structure que plusieurs dizaines de supernovas auraient façonnées au cours du dernier million d'années. C'est également le cas du point chaud repéré à $l \approx 265°$ dans la constellation des Voiles, un excès qui coïncide avec le vestige d'une supernova ayant explosé voici plus de 10 000 ans, même si on ne peut pas exclure la contribution de l'étoile de **Wolf-Rayet** WR 11 (voir ci-dessus, Figure 11.4).

Émissions gamma liées aux vestiges de supernovas

Les vestiges de supernovas sont connus pour renfermer des sites propices à l'accélération de particules chargées. Comme évoqué au chapitre 9, les pulsars isolés — à savoir des **étoiles à neutrons** résultant de l'effondrement des progéniteurs de supernova — sont en effet susceptibles d'injecter des électrons relativistes au delà de leur cylindre de lumière. D'autre part, les ondes de chocs créées par la propagation des vestiges de supernova sont également capables d'accélérer protons et noyaux. Électrons, protons et noyaux accélérés sont ensuite en mesure d'interagir avec les matériaux mêmes des vestiges de supernova et avec la matière interstellaire située à proximité. S'agissant des seuls électrons, des interactions sont également envisageables avec les champs magnétiques et les champs de photons que confinent les vestiges de supernova.

Émission nébulaire des particules accélérées par un pulsar central. Dans leur grande majorité (environ 80%), les vestiges de supernova présentent une structure en coquille bien marquée et émettent dans le domaine des rayons X un rayonnement de nature thermique. Il existe toutefois un autre type de vestige de supernova, caractérisé au contraire par une zone centrale émissive pleine et par une émission X de nature non-thermique. On dénomme "plérions" les représentants les plus significatifs de cette deuxième catégorie, et "nébuleuse synchrotron" le site émissif de leur rayonnement non-thermique. À l'origine de ce dernier se trouvent donc des mécanismes de nature synchrotron qui mettent en jeu d'une part les électrons relativistes injectés par l'**étoile à neutrons** centrale et d'autre part les champs magnétiques d'intensité $B \sim 10^{-4}$ G qui règnent au sein des plérions.

La nébuleuse du Crabe, vestige d'une explosion d'étoile observée en 1054, est le représentant le plus accompli des vestiges de supernova de type plérion. C'est également la seule nébuleuse synchrotron détectée au delà de la limite que nous avons assignée au domaine gamma. Dans la bande des rayons γ de basse énergie, la nébuleuse du Crabe est d'ailleurs l'une des sources les plus brillantes du ciel. Grâce à l'acuité des télescopes munis de miroirs à incidence rasante, les astronomes opérant dans le domaine des rayons X ont réussi à résoudre la nébuleuse du Crabe. Dans le domaine gamma en revanche, cette dernière conserve l'apparence d'une source ponctuelle, même sur les images gamma produites par les télescopes les plus performants (Figure 11.7).

Il est donc difficile de séparer l'émission gamma produite par la nébuleuse synchrotron de l'éventuelle émission gamma non-périodique émanant de PSR 0531 + 21 (le pulsar du Crabe), à savoir l'**étoile à neutrons** responsable de l'injection des électrons relativistes qui suscitent la nébuleuse synchrotron. À la limite des domaines X et gamma, l'émission de la nébuleuse domine celle du pulsar. Mais au fur et à mesure que croît l'énergie des photons γ, la tendance se renverse au point qu'au delà de 100 MeV l'émission périodique dépasse de plus d'un facteur dix l'émission non-périodique émise dans la direction de la nébuleuse du Crabe.

Si l'on tient pour négligeable la composante non-périodique du rayonnement gamma émis par PSR 0531 + 21, la nébuleuse semble toutefois encore active à haute énergie. En témoigne l'étude de Nolan *et al.* (1993) portant sur l'émission non-périodique enregistrée par Egret de 50 MeV à 5 GeV dans la direction de la

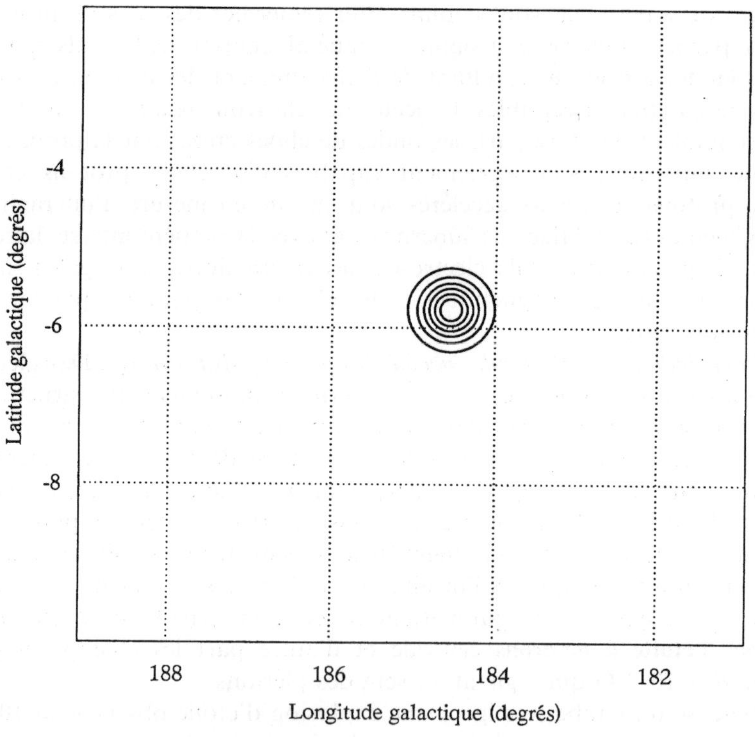

Figure 11.7 Carte d'une zone du ciel centrée sur la nébuleuse du Crabe, bâtie dans la bande 40–75 keV à partir des données recueillies en mars 1990 par le télescope Sigma monté à bord de *Granat*. L'échelonnement des courbes de niveau dénote le degré de confiance de détection. La nébuleuse du Crabe se présente sous l'aspect d'une source d'apparence ponctuelle dont le profil est déterminé par la fonction d'appareil du télescope (d'après Paul *et al.*, 1991).

nébuleuse du Crabe. Les données recueillies par Egret suggèrent en outre qu'au delà du gigaélectronvolt les processus synchrotron à l'œuvre au sein de la nébuleuse cèdent le pas aux mécanismes de nature Compton inverse jugés responsables de l'émission observée à ultra-haute énergie (Weekes *et al.*, 1989).

Émission des particules accélérées par les vestiges de supernova. Les trois phases qui conduisent une supernova à accélérer des particules sont les suivantes :

1. La phase d'expansion libre, au cours de laquelle l'onde de choc produite par l'explosion initiale balaye la matière interstellaire proche, tandis que le vestige de supernova se propage sans entrave.
2. La phase d'expansion adiabatique (ou phase de Sedov), qui débute lorsque la quantité de matière ainsi balayée équivaut à celle éjectée lors de l'explosion. Au cours de cette phase, qui se poursuit pendant 10 000 ans environ, la vitesse d'expansion du vestige de supernova se ralentit en raison du transfert d'énergie cinétique qui s'opère au profit de la matière balayée, une fraction de cette énergie étant mise au service des mécanismes d'accélération de particules.
3. La phase de refroidissement radiatif, qui s'établit quand les pertes d'énergie du vestige de supernova par transfert radiatif (un processus entamé dès le début de la deuxième phase) est du même ordre que les pertes d'énergie cinétique. Cette dernière phase se poursuit jusqu'à dissipation complète du vestige de supernova dans le milieu interstellaire.

Dans ce scénario, l'onde de choc en expansion est en mesure d'accélérer aussi bien les particules du matériau éjecté que celles de la matière interstellaire balayée par le vestige de supernova. L'onde de choc est en outre susceptible de réaccélérer le rayonnement cosmique incident. On estime ainsi que la densité de particules accélérées au voisinage du vestige de supernova s'accroît tout au long de la phase d'expansion libre, puis culmine lors de la phase d'expansion adiabatique avant de décroître lors de la dernière phase. Irradiés par les particules en question, le vestige de supernova lui-même ainsi que les zones les plus denses du milieu interstellaire alentour sont alors le site d'interactions de type *p–p* dont l'activité culmine lors de la phase d'expansion adiabatique.

On s'attend à détecter l'émission des sites d'interactions évoqués ci-dessus dans la bande des hautes énergies, là où se manifestent les photons γ rayonnés par la décroissance des pions π^0 que produisent les interactions de type *p–p*. En analysant le deuxième catalogue Egret des sources de rayons γ à haute énergie compilé par Thompson *et al.* (1995), Esposito *et al.* (1996) ont ainsi associé cinq sources gamma avec des vestiges de supernova repérés par leurs émissions dans la bande des ondes radio. À l'exception du vestige de supernova de la Licorne, les sources dont la Table 11.1 fournit les caractéristiques principales peuvent être considérées comme ponctuelles, les dimensions angulaires des vestiges de supernova qui leur sont associés étant largement inférieures à la fonction d'appareil de l'expérience Egret.

On a pu alors estimer le flux gamma $F_{>100\ \mathrm{MeV}}$ émis par ces quatre dernières sources au delà de 100 MeV. Compte-tenu de la distance des vestiges de supernova qui leur sont associés, on peut déduire des valeurs de flux fournies en Table 11.1 une estimation du facteur d'amplification entre la densité des particules accélérées dans le

Table 11.1 Caractéristiques principales des sources de rayons γ de haute énergie du deuxième catalogue Egret associées à des vestiges de supernova, $F_{>100\ MeV}$ étant le flux émis du delà de 100 MeV (d'après Esposito *et al.*, 1996).

Nom du vestige de supernova	Référence Egret de la source associée	$F_{>100\ MeV}$ (10^{-8} cm^{-2} s^{-1})	Facteur d'amplification
W 28	2EG J1801 – 2312	55,9 ± 6,6	254
W 44	2EG J1857 + 0118	50,0 ± 8,0	81
γ Cygni	2EG J2020 + 4026	126,5 ± 6,9	195
IC 443	2EG J0618 + 2234	50,0 ± 3,9	96
Vestige de la Licorne	2EG J0635 + 0521	23,0 ± 4,3	pas d'estimation

proche environnement des vestiges de supernova en question et la densité des rayons cosmiques telle que mesurée au voisinage de la Terre. Les valeurs des facteurs d'amplification mentionnés en Table 11.1 impliquent qu'environ 10% de l'énergie relâchée par les supernovas se retrouve sous forme de particules accélérées, ce qui fait sans doute des supernovas les sources principales des rayons cosmiques[3].

SOURCES LIÉES AUX ÉTOILES EFFONDRÉES ACCRÉTANTES

Les étoiles effondrées accrétantes constituent la famille la plus nombreuse des sources gamma liées aux étoiles. Sont ainsi classées toutes les sources détectées au delà de 30 keV dont la luminosité tire parti de l'accrétion de matière par un astre compact, que ce soit une **étoile à neutrons** ou un **trou noir** d'origine stellaire. Il s'agit là de deux types d'astres dont le rayonnement thermique propre est minime (cas des **étoiles à neutrons**), voire nul (cas des **trous noirs**), mais qui n'en continuent pas moins d'exercer une très forte attraction sur la matière qui passe à leur portée. Le chapitre 8 détaille les processus qui font que la matière ainsi accrétée suscite une abondante émission dans la bande des rayons γ de basse énergie.

Les sources gamma liées aux étoiles effondrées accrétantes sont en général associées à des **systèmes binaires**[4] connus sous le nom de binaires X. C'est en effet dans le domaine des rayons X que furent d'abord révélés les processus émissifs mis en œuvre par les astres compacts accrétants. Les sources X binaires (ou binaires X) sont donc constituées d'un astre compact (**naine blanche**, **étoile à neutrons** ou **trou noir** d'origine stellaire) et d'une autre étoile, dénommée compagnon dans les pages qui suivent.

[3] À l'exception des rayons cosmiques d'énergie supérieure à 10^{14}–10^{15} eV qui seraient plutôt d'origine extragalactique.

[4] Un astre compact isolé accrétant la matière interstellaire alentour peut également susciter une source de rayonnement à haute énergie. Mais comme précisé au chapitre 8, ce processus conduit à des émissions trop faibles pour que les instruments actuellement en service puissent les détecter.

Table 11.2 Valeurs de la luminosité d'accrétion L_{acc} d'astres effondrés de différentes natures accrétant à un taux $\dot{M} = 10^{16}$ g s^{-1}.

Type d'astre effondré	Masse ($M_\odot$)	Rayon (km)	L_{acc} (10^{34} erg s^{-1})
Naine blanche	1	10 000	0,13
Étoile à neutrons	1,4	10	182
Trou noir	5	15	433

Grâce aux missions spatiales d'astronomie X des années soixante-dix et quatre-vingts, nous détenons une masse impressionnante de données concernant les **systèmes binaires** accrétants.

On admet en général que le compagnon cède une partie de sa masse à l'étoile effondrée, soit en débordant son **lobe de Roche**, soit par **vent stellaire**. Dans le cas d'un débordement du **lobe de Roche**, la matière ne tombe pas directement sur l'astre compact, mais forme en général un disque d'accrétion où le moment cinétique de la matière accrétée se dissipe par des processus de viscosité turbulente. Ainsi porté à très haute température, le disque d'accrétion suscite l'émission d'un intense rayonnement à haute énergie qu'un mécanisme régulateur limite dans le cas d'une émission stable[5]. D'après la relation (8.46), la quantité d'énergie que dissipent les processus d'accrétion, autrement dit la luminosité d'accrétion L_{acc}, s'exprime par la relation suivante :

$$L_{acc} \approx 1{,}3\, 10^{33} \dot{M}_{16} M_1 R_4^{-1} \text{ erg s}^{-1} \tag{11.2}$$

où M_1 est la masse de l'étoile effondrée en unité de masse solaire, R_4 son rayon en unité de 10^4 km, et $\dot{M}_{16}$ le taux d'accrétion en unité de 10^{16} g s^{-1} (ce qui équivaut à 1,5 10^{-10} $M_\odot$ par an).

La Table 11.2 fournit pour chacun des trois types d'astres effondrés une valeur typique de la luminosité d'accrétion calculée au moyen de la relation 11.2 dans le cas où $\dot{M} = 10^{16}$ g s^{-1}. On constate qu'à taux d'accrétion identique, les **naines blanches** accrétantes conduisent à des luminosités d'accrétion bien plus faibles que les deux autres types d'étoiles effondrées. Compte-tenu du caractère généralement très mou — riche en photons de basse énergie — de leur émission dans le domaine X, les sources X binaires où une **naine blanche** est à l'origine des processus d'accrétion n'ont pas la moindre chance d'être détectées par les télescopes opérant au delà de 30 keV. Nous nous limitons donc dans les pages qui suivent aux **systèmes binaires** où l'accrétion est suscitée par une **étoile à neutrons** ou un **trou noir** d'origine stellaire. Les systèmes en question se divisent en deux familles, selon la nature du compagnon :

[5] Si la luminosité induite par le processus d'accrétion s'avère supérieure à la luminosité d'Eddington (voir chapitre 8), le rayonnement ainsi produit repousse par pression de radiation la matière que l'astre compact tente d'accréter.

1. Les binaires X de petite masse, désignées par le sigle LMXB, de l'anglais *Low Mass X-ray Binary*. Le transfert de matière est produit par le débordement du **lobe de Roche** affectant un compagnon de petite masse.
2. Les binaires X massives, désignées par le sigle HMXB, de l'anglais *High Mass X-ray Binary*. Le transfert de matière résulte du **vent stellaire** engendré par un compagnon massif de type spectral O ou B.

Outre la masse du compagnon, les différences les plus significatives entre les deux familles de binaires X sont les suivantes :

1. Les HMXB sont des systèmes plus jeunes que les LMXB.
2. Le rayonnement dans le domaine visible provient principalement du disque d'accrétion dans le cas des LMXB et du compagnon dans le cas des HMXB.
3. La luminosité des LMXB dans le domaine des rayons X est très supérieure à leur luminosité dans le visible, contrairement au cas des HMXB.
4. S'agissant des systèmes renfermant une **étoile à neutrons**, l'intensité du champ magnétique suscité par l'astre compact est $B \sim 10^{12}$ G dans le cas des HMXB et $B \sim 10^8$–10^9 G dans le cas de la plupart des LMXB en raison de la différence d'âge entre les spécimens des deux familles de binaires X.

Contrairement aux sources gamma que nous avons rencontrées tout au long des deux premières sections de ce chapitre et qui toutes relèvent de familles d'astres bien connues, nous abordons avec les binaires X des objets célestes beaucoup moins familiers. Avant de se préoccuper de leur émission dans le domaine des rayons γ de basse énergie, il nous semble donc opportun de présenter les traits principaux des deux familles de binaires X identifiées ci-dessus.

Traits principaux des binaires X de petite masse (LMXB)

On distingue trois types de LMXB. Les deux premiers concernent des systèmes renfermant une **étoile à neutrons** et se définissent selon la luminosité X du système, le troisième se rapporte à des systèmes abritant un **trou noir**.

1. Le premier type rassemble les LMXB les plus brillantes, localisées en général au sein du **bulbe galactique**. Dans le domaine X, leur luminosité L_X est proche de la luminosité d'Eddington ($L_X \sim 10^{38}$ erg s^{-1}). Le débordement du **lobe de Roche** alimentant le processus d'accrétion pourrait être dû à l'évolution du compagnon (passage de la **séquence principale** au stade sous-géante). Comme précisé au chapitre 8, les LMXB de ce type ne produisent pas d'émission notable dans le domaine des rayons gamma.
2. Les LMXB du deuxième type sont beaucoup moins lumineuses dans le domaine X où leurs émissions présentent des variations brusques d'intensité accompagnées d'évolutions spectrales notoires. Le débordement du **lobe de Roche** serait dû à une perte de moment angulaire induite par émissions d'ondes gravitationnelles ou par freinage magnétique. Il en résulte un taux d'accrétion assez faible

($\dot{M} \sim 10^{-10}-10^{-9}$ $M_\odot$ an^{-1}) conduisant dans le domaine X à une luminosité $L_X \sim 10^{36}-10^{37}$ erg s^{-1} qui s'avère bien inférieure à la luminosité d'Eddington. les LMXB de ce type sont parfois à l'origine d'émissions gamma (voir plus bas); elles se caractérisent également par des émissions X impulsives de nature répétitive justifiant leur dénomination de "sursauteurs X".
3. Les LMXB abritant un **trou noir** constituent un type à part, caractérisé par une émission abondante dans la bande des rayons γ de basse énergie. Ce troisième groupe comprend en particulier les "novas gamma", une catégorie de sources gamma transitoires que nous abordons plus bas.

L'origine des LMXB est un sujet des plus controversés. Les trois scénarios suivants se partagent les faveurs des astrophysiciens :

1. Une étoile effondrée pré-existante capture une étoile de petite masse qui devient alors son compagnon au sein d'un système binaire. Ce processus exige que l'astre compact évolue au sein d'un milieu dense en étoiles comme celui que l'on peut rencontrer dans certains amas globulaires.
2. Une des deux composantes d'un **système binaire** forme un astre compact à la suite d'une explosion de supernova dont le progéniteur est une étoile massive (de masse $M \gtrsim 8$ $M_\odot$), tandis que l'autre composante est une étoile de petite masse. Dans la mesure où la masse de l'étoile pré-supernova est beaucoup plus grande que celle de son compagnon, le système en question possède les plus grandes chances de se rompre à la suite de l'explosion. Il convient donc de bâtir un scénario où le progéniteur de l'astre compact perd une grande partie de sa masse avant la phase supernova. Prenons par exemple le cas d'un système associant à l'origine une étoile *1* de masse initiale $M_1 \approx 8$ $M_\odot$ et une étoile *2* de masse initiale $M_2 \approx 1$ $M_\odot$. On peut supposer que l'étoile *2*, après s'être approchée de plus en plus de l'étoile *1*, finit par pénétrer dans son enveloppe en spiralant vers le centre. Cette chute dégagerait assez d'énergie pour éjecter l'enveloppe de l'étoile *1* et provoquer ainsi son explosion sans que se rompe une association qui aboutit à un système serré de petite masse.
3. Une des deux composantes d'un **système binaire** est une **naine blanche** dont la masse s'accroît par transfert de matière à partir de son compagnon au point de dépasser la **limite de Chandrasekhar**, provoquant ainsi son effondrement gravitationnel. Pour qu'un tel transfert de matière soit possible, l'étoile compagnon doit susciter un **vent stellaire** assez puissant, ce qui implique qu'elle ait déjà quitté la **séquence principale** et se trouve dans le stade sous-géante.

Dans tous les cas, l'évolution ultérieure du système dépend au premier chef de la nature de l'étoile compagnon et fort peu de celle de l'astre compact. Ce que nous détaillons dans les lignes qui suivent est donc valable que l'étoile effondrée soit un **trou noir** ou une **étoile à neutrons**. Soit M_1 la masse de l'étoile compagnon, M_2 celle de l'astre compact, a la séparation orbitale et P la période orbitale. La troisième loi de Kepler s'exprime alors par l'équation suivante :

$$\frac{P^2}{a^3} = \frac{4\pi^2}{G(M_1 + M_2)} \tag{11.3}$$

où G est la constante de la gravitation. Quant au **lobe de Roche**, sa taille se mesure en fonction du rayon critique R_C, défini comme le rayon d'une sphère occupant le même volume que le lobe. Une approximation simple du rayon critique s'exprime de la manière suivante (d'après Paczynski, 1971) :

$$\begin{aligned} \frac{R_c}{a} &= 0{,}38 + 0{,}2 \log\left(\frac{M_1}{M_2}\right) \quad \text{pour} \quad 0{,}3 \leq \frac{M_1}{M_2} \leq 20 \\ \text{et} \quad \frac{R_c}{a} &= 0{,}462\left(\frac{M_1}{M_1 + M_2}\right)^{\frac{1}{3}} \quad \text{pour} \quad \frac{M_1}{M_2} \leq 0{,}3 \end{aligned} \tag{11.4}$$

Si on suppose que l'étoile compagnon perdant de la masse est confinée dans son **lobe de Roche** (ce qui implique que son rayon $R_1 = R_C$), on peut déduire des relations précédentes la période orbitale du système en fonction de la masse M_1 et du rayon R_1 de l'étoile compagnon. Les relations classiques entre la masse et le rayon d'une étoile fournissent alors l'ultime équation nécessaire pour résoudre le système. Dans le cas où l'étoile compagnon se trouve sur la **séquence principale**, cette dernière relation s'exprime de la manière suivante :

$$\frac{R_1}{\mathrm{R}_\odot} = \frac{M_1}{\mathrm{M}_\odot} \tag{11.5}$$

où $\mathrm{R}_\odot$ et $\mathrm{M}_\odot$ sont respectivement le rayon et la masse du Soleil. Les équations 11.3, 11.4 et 11.5 impliquent alors la relation suivante :

$$P^2 \propto \frac{R_1^3}{\mathrm{M}_1} \quad \text{soit} \quad P^2 \propto M_1^2 \tag{11.6}$$

Il en résulte que la période orbitale du système décroît en proportion de la masse du compagnon. Si on suppose que l'étoile compagnon est semblable au Soleil ($R_1 \approx 1\mathrm{R}_\odot$, $M_1 \approx 1\mathrm{M}_\odot$), on obtient alors $P \approx 9$ h. Par contre, dans le cas où l'étoile compagnon est une **naine blanche**, sa masse et son rayon sont compatibles avec la relation suivante :

$$\frac{R_1}{\mathrm{R}_\odot} \approx 0{,}013(1 + X)^{\frac{5}{3}}\left(\frac{M_1}{\mathrm{M}_\odot}\right)^{-\frac{1}{3}} \tag{11.7}$$

où X est la proportion d'hydrogène dans l'étoile en question. Les équations 11.3, 11.4 et 11.7 impliquent alors la relation suivante :

$$P^2 \propto \frac{R_1^3}{M_1} \quad \text{soit} \quad P^2 \propto \frac{(1 + X)^5}{M_1^2} \tag{11.8}$$

Au contraire du cas précédent, la période orbitale s'accroît lorsque l'étoile perd de la masse. Dans un système où le compagnon est une **naine blanche** de masse $M \approx 0{,}1$ $\mathrm{M}_\odot$, on obtient ainsi $P \approx 50$ mn s'agissant d'une étoile riche en hydrogène ($X = 0{,}7$) et $P \approx 13$ mn s'agissant d'une **naine blanche** composée presque exclusivement d'hélium ($X \ll 1$).

À partir de ces considérations, on peut également classer les LMXB en fonction du stade d'évolution du compagnon (étoile sur la **séquence principale**, sous-géante ou **naine blanche**). Les systèmes dont les compagnons se trouvent dans chacun de ces trois stades présentent les schémas d'évolution suivants (d'après Rappaport *et al.*, 1982; Webbink *et al.*, 1983; Pylyser *et al.*, 1988) :

1. Les LMXB où le compagnon est une étoile sur la **séquence principale** présentent des périodes orbitales P telles que 50 mn $\lesssim P \lesssim$ 9 h. Comme évoqué plus haut, il s'agit de spécimens sous-lumineux qui sont le siège d'émissions X impulsives de nature répétitive. Lorsque le moment angulaire orbital du système diminue, le **lobe de Roche** du compagnon se resserre et "épluche" l'étoile compagnon. En accord avec la relation 11.6, la période orbitale du système décroît. Sa masse diminuant, l'étoile compagnon, qui n'est plus en mesure de maintenir en son centre des conditions suffisantes pour activer les réactions thermonucléaires, s'effondre en une **naine blanche**.
2. Les LMXB où le compagnon est une étoile sous-géante présentent des périodes orbitales $P \gtrsim$ 9 h. Leurs luminosités dans le domaine X étant très proches de la limite d'Eddington, il est difficile de déterminer quelle proportion de l'enveloppe en expansion du compagnon est accrétée par l'astre compact. En fin d'évolution, le compagnon devient également une **naine blanche**, évoluant alors dans un système à grande séparation orbitale.
3. Les LMXB où le compagnon est **une naine blanche** présentent des périodes orbitales $P \lesssim$ 50 mn. Contrairement aux compagnons dans les deux autres stades d'évolution, ceux dans le stade **naine blanche** voient leur rayon augmenter quand leur masse diminue, ce qui accroît la période orbitale du système. La période en question passe par un maximum (quelques dizaines de minutes) qui peut subsister assez longtemps, la masse M_1 du compagnon étant alors très petite ($M_1 <$ 0,1 $M_\odot$). Le transfert de matière par débordement du **lobe de Roche** devient de moins en moins actif au fur et à mesure que diminuent les pertes de moment angulaire.

À noter que dans certaines conditions, l'évolution de LMXB abritant une **étoile à neutrons** peut conduire à la formation des pulsars en rotation ultra-rapide, dits pulsars "milliseconde". Si son champ magnétique est suffisamment faible, la rotation de l'**étoile à neutrons** peut en effet être accélérée par la matière qu'elle accrète. L'astre compact devient alors un pulsar de plus en plus rapide, émettant un rayonnement X et gamma de plus en plus intense[6]. Le pulsar tourne alors suffisamment vite pour que la pression de son rayonnement expulse le disque. Interceptant la partie du rayonnement gamma émis dans le plan orbital du système, le compagnon s'évapore sous l'action des rayons γ qu'il reçoit. On expliquerait ainsi la présence de pulsars milliseconde isolés après avoir complètement volatilisé leur compagnon.

Caractéristiques temporelles des LMXB. Sous l'impulsion des observations menées dans le domaine X, les aspects temporels des LMXB ont été l'objet de nombreuses études. En balayant l'espace de Fourier, on peut ainsi passer en revue quelques uns des différents phénomènes propres aux LMXB. Les mouvements orbitaux peuvent être identifiés à des fréquences $f <$ 1 mHz. Comme détaillé ci-dessus, les périodes

[6] Faute sans doute de télescopes assez sensibles, le rayonnement gamma émis par les pulsars milliseconde n'a pas encore été détecté.

orbitales s'échelonnent de 10 minutes à 10 jours. De $f \approx 1$ mHz à $f \approx 1$ Hz, le spectre de puissance des LMXB s'ajuste à une loi de puissance d'indice compris entre 1,2 et 1,6. Ce spectre est caractéristique de phénomènes aléatoires auto-similaires se produisant dans des zones turbulentes qui pourraient se situer dans le disque d'accrétion et/ou au voisinage de l'astre compact.

On observe les oscillations quasi périodiques dans la bande 1–50 Hz (Lewin *et al.*, 1988; Van der Klis, 1996). Ces manifestations ont été découvertes en 1985 à la suite des observations de GX5–1 (une LMXB brillante du **bulbe galactique**) menées dans le domaine des rayons X avec le satellite européen *Exosat*. Des phénomènes du même type ont ensuite été détectés dans une dizaine d'autres sources X. On suppose que ces oscillations sont créées au voisinage d'une **étoile à neutrons** faiblement magnétisée ($B \sim 10^8 - 10^9$ G) accrétant à un taux proche de la limite d'Eddington. Considérées longtemps comme l'apanage des **étoiles à neutrons**, les oscillations quasi périodiques sont maintenant identifiées, mais à plus basse fréquence (entre 0,1 et 1 Hz), dans le rayonnement produit par des systèmes abritant un **trou noir** (Vikhlinin *et al.*, 1994, 1995). À noter que ces dernières manifestations furent le plus souvent détectées dans la bande des rayons γ de basse énergie.

Caractéristiques spectrales des LMXB. Nous avons choisi de les regrouper en fonction des trois composantes qui contribuent à l'émission des LMXB.

1. Le compagnon : l'identification de ses caractéristiques spectrales souffre du fait que son émission dans le visible est largement dominée par celle du disque d'accrétion (voir ci-dessous). Chauffé par le rayonnement à haute énergie émis par le disque et l'astre compact (quand il s'agit d'une **étoile à neutrons**), le compagnon rayonne à son tour dans les domaines UV et X. Ce chauffage s'avère parfois assez actif pour évaporer les couches superficielles du compagnon qui se nimbe alors d'un plasma porté à une température T telle que $kT \approx 10$ keV (où k est la constante de Boltzmann).
2. Le disque d'accrétion : comme évoqué au chapitre 8, le modèle de Shakura et Sunyaev (1973) décrit les conditions physiques régnant en son sein. Ce modèle suppose que le disque d'accrétion est mince et que la dissipation d'énergie est due à sa viscosité, un paramètre *a priori* très mal connu qu'il convient d'ajuster pour reproduire l'allure des spectres observés. Outre un rayonnement quasi thermique produit par un milieu porté à une température T telle que kT avoisine quelques kiloélectronvolts, les observations des LMXB dans la bande des rayons X de haute énergie (White *et al.*, 1988) ont révélé une composante dont le spectre est décrit par une loi en $E^{-\alpha} \exp(-E/kT)$, avec $\alpha \approx 1{,}2$ et $kT \approx 5$ keV. L'émission en question est produite au sein des régions internes du disque suite à la comptonisation de photons "froids" par des électrons "chauds". Dans la mesure où son spectre se prolonge au delà de 30 keV, cette émission se trouve à la portée des télescopes gamma (voir plus bas).
3. L'astre compact : par définition, un **trou noir** n'émet aucun rayonnement; ce paragraphe ne concerne donc que le cas d'une **étoile à neutrons**. L'émission thermique de cette dernière est dominée par le rayonnement du disque. Des phénomènes violents se produisant à sa surface (explosions thermonucléaires, tremblements de la croûte) peuvent toutefois engendrer des émissions gamma de nature impulsive ou

périodique à très haute fréquence. Du fait de l'accrétion, la densité des particules à proximité d'une **étoile à neutrons** accrétante est très largement supérieure à la densité de Goldreich et Julian (voir chapitre 9). La séparation de charges y est alors impossible, et les cavités accélératrices du type de celles qui se créent dans la magnétosphère des spécimens isolés ne peuvent donc pas se former au voisinage d'une **étoile à neutrons** accrétante.

D'autres types d'accélérateurs peuvent cependant s'établir dans le voisinage d'une **étoile à neutrons** accrétante. Ils résultent par exemple de l'interaction entre le disque d'accrétion et la magnétosphère de l'astre effondré. Ces cavités accélératrices susciteraient des différences de potentiel importantes, accroissant ainsi l'énergie des particules tombant sur l'**étoile à neutrons** au point que les particules en question déclencheraient des cascades électromagnétiques aptes à rayonner des photons γ (Ghosh et Lamb, 1979; Kluzniak *et al.*, 1988). Les interactions de particules très fortement accélérées avec des éléments à numéros atomiques élevés pourraient aussi produire des raies gamma nucléaires, mais le milieu avoisinant l'astre compact est si dense que de telles raies ne devraient pas pouvoir s'échapper de leurs sites de production.

Traits principaux des binaires X massives (HMXB)

Il s'agit de systèmes où le compagnon est une étoile de type spectral O ou B, dont la masse est supérieure à 6–8 masses solaires, et dont le **vent stellaire** est à l'origine du transfert de matière entre les deux composantes du système. En raison du plus petit nombre de spécimens répertoriés, la modélisation détaillée de ce processus d'accrétion n'est pas encore achevée, d'autant plus que l'interaction d'une **étoile à neutrons** ou d'un **trou noir** avec un **vent stellaire** est un phénomène assez complexe. Il faut en effet prendre en compte les instabilités inhérentes aux vents eux-mêmes (Lucy et White, 1980), ainsi que tous les effets induits par la gravité et par le rayonnement que suscite l'astre compact. Il s'agit par exemple des effets de marées qui déforment le compagnon, augmentant ainsi le transfert de matière. Mais il s'agit aussi de la photoionisation du matériau emporté par le **vent stellaire** qui empêche le rayonnement UV du compagnon de contribuer à l'accélération du vent.

Des travaux théoriques ont pourtant été menés sur ce sujet (Ho et Arons, 1987), prenant en compte l'un ou l'autre de ces effets, mais aucune étude complète n'est encore disponible. À noter cependant la simulation numérique des interactions entre un **vent stellaire** et **une étoile à neutrons** entreprise par Blondin *et al.* (1990) dans le cas précis du pulsar accrétant Vel X-1. Le résultat de cette simulation montre à quel point un tel système s'avère complexe : on constate qu'il peut apparaître brusquement des zones où la densité du vent s'accroît d'un ordre de grandeur. Le transfert de matière est tel qu'un disque d'accrétion peut même apparaître de temps à autre. Au vu de la Figure 11.8, qui montre l'évolution de la période de Vel X-1 en fonction du temps, on apprécie mieux la complexité de ce comportement : les variations cahoteuses de période témoignent de la formation épisodique d'un disque d'accrétion apte à modifier la vitesse de rotation de l'étoile effondrée.

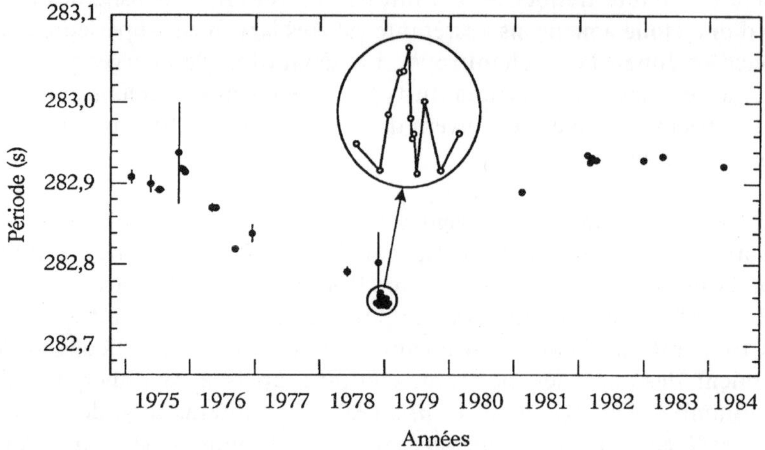

Figure 11.8 Évolution en fonction du temps de la période de rotation du pulsar accrétant Vel X-1 (d'après Borner *et al.* 1987).

Compte-tenu de la nature du compagnon, les HMXB sont très lumineuses dans le visible où elles rayonnent jusqu'à 10 000 fois plus d'énergie que dans le domaine des rayons X. Et comme l'émission X suscitée par l'astre compact modifie peu les propriétés du compagnon, son étude spectroscopique dans le visible permet de déterminer la distance et les paramètres orbitaux des HMXB. Ces derniers sont d'autant plus facilement mesurables quand le plan orbital du système n'est pas trop incliné par rapport à l'axe de visée. Dans ce cas, en raison de sa taille, le compagnon occulte en effet périodiquement l'émission X suscitée par l'astre compact[7].

L'étude de ces occultations permet de déterminer non seulement la période orbitale du système, mais également toute une série de paramètres concernant aussi bien le compagnon que l'étoile effondrée. Connaissant le type spectral du compagnon (ce qui permet d'en estimer la masse) et les paramètres orbitaux du système, il est alors possible de déterminer la masse de l'étoile effondrée. S'agissant des **étoiles à neutrons**, on a pu ainsi montrer que leurs masses sont très proches de la valeur canonique de 1,4 $M_\odot$. Toujours dans le cas de HMXB abritant une **étoile à neutrons**, l'émission à haute énergie présente le plus souvent un comportement de type pulsar, caractérisé par une variation périodique de l'émission en question, avec des périodes mesurées comprises entre 69 millisecondes et 25 minutes.

Le scénario standard décrivant l'origine et l'évolution des HMXB comprend les étapes suivantes, s'agissant d'un système dont la période orbitale est de quelques jours et qui associe deux étoiles massives, par exemple une étoile *1* de masse $M_1 \approx 20$ $M_\odot$ et une étoile *2* de masse $M_2 \approx 8$ $M_\odot$:

[7] La découverte des binaires X à éclipses, au tout début des années soixante-dix, confirma les prédictions de Shklovskii (1967) sur la nature binaire des sources X brillantes et sur le fait que des processus d'accrétion peuvent être à l'origine d'une abondante émission de rayonnement à haute énergie.

1. Au bout de six millions d'années environ, à la fin de la phase de combustion de l'hydrogène, les couches extérieures de l'étoile *1* en expansion rapide débordent son **lobe de Roche** et se déverse sur l'étoile *2*; ce transfert de masse se poursuit pendant quelque 20 000 ans.
2. À l'issue de cette étape, l'étoile *2* est devenue une étoile de masse $M_2 \approx 22\ M_{\odot}$, tandis que l'étoile *1*, réduite à une étoile de masse $M_1 \approx 6\ M_{\odot}$, a perdu toute son enveloppe riche en hydrogène et laisse apparaître son noyau riche en hélium, ce qui lui confère le type **Wolf-Rayet**.
3. La combustion de l'hélium maintient alors l'étoile *1* dans le type **Wolf-Rayet** pendant une phase d'environ 600 000 ans à l'issue de laquelle son évolution la conduit à devenir une supernova, ses régions centrales s'effondrant pour former une **étoile à neutrons** ou un **trou noir**.
4. S'il n'est pas rompu par l'explosion, le système, dont la période orbitale est profondément modifiée, associe alors une étoile *1* effondrée et une étoile *2* de masse $M_2 \approx 22\ M_{\odot}$. Au bout d'environ 4 millions d'années (soit 11 millions d'années après la formation du système), l'étoile *2*, abordant la fin de la phase de combustion de l'hydrogène, produit un **vent stellaire** de plus en plus puissant : le système est devenu une HMXB.
5. Après quelques dizaines de milliers d'années, à l'issue de la phase de combustion de l'hydrogène, l'étoile *2*, débordant à son tour son **lobe de Roche**, provoque un transfert de masse tel qu'il masque complètement le rayonnement X suscité par l'astre compact, tandis qu'une grande quantité de matière s'échappe du système et forme une enveloppe commune aux deux astres.
6. À l'issue de cette deuxième phase de transfert de masse, l'étoile *2* se réduit à son tour à une étoile de **Wolf-Rayet** de masse $M_1 \approx 6\ M_{\odot}$ dont le puissant **vent stellaire** est en mesure de déclencher une nouvelle phase HMXB. Cette étape de l'évolution d'un **système binaire** massif est sans doute celle dans laquelle se trouve la source X très particulière SS 433.
7. L'évolution en supernova de l'étoile de **Wolf-Rayet** conduit en général à la rupture du système. Dans le cas contraire, il peut se former un système double d'étoiles effondrées dont l'évolution ultérieure se poursuit jusqu'à la coalescence des deux astres, un processus qui serait apte à susciter une émission impulsive massive de rayonnement gamma détectable jusqu'à des distances cosmologiques (voir plus bas la section consacrée aux sursauts gamma).

Signalons enfin le cas des HMXB dont le compagnon massif est une étoile de type Be, un cas particulier d'étoile de type B possédant une enveloppe ténue de gaz éjectée probablement par un effet centrifuge lié à la rotation rapide de l'étoile en question. Les paramètres orbitaux (période et excentricité) des HMXB abritant une étoile de type Be sont en général tels que leur éclat dans le domaine des rayons X est hautement variable, les phases de forte luminosité coïncidant avec le **périastre**. Dans le cas de la source 4U 0115+635, on note par exemple des variations d'éclat dont l'amplitude atteint un facteur de l'ordre de 10 000 dans la bande des rayons X "mous". L'émission X des HMXB abritant une étoile de type Be est de nature quasi thermique, compatible avec celle d'un milieu porté à une température T telle que $kT \approx 10$ keV.

Observations des étoiles effondrées accrétantes dans le domaine gamma

Il ne suffit pas qu'une étoile effondrée suscite un processus d'accrétion pour émettre dans le domaine des rayons γ. En effet, quand le disque d'accrétion produit un rayonnement de nature thermique, comme c'est le cas général pour des milieux émissifs **optiquement épais**, l'énergie moyenne des photons émis est de l'ordre du kiloélectronvolt, en plein dans le domaine des rayons X. En témoigne la très longue liste des sources X, dont beaucoup sont associées à des astres compacts accrétants. Or peu d'entre elles se retrouvent dans la plus courte liste des sources détectées dans la bande des rayons γ de basse énergie. Quelles caractéristiques doit donc présenter une étoile effondrée accrétante pour susciter un puissant rayonnement gamma ? Pour y parvenir, comme précisé au chapitre 8, l'astre accrétant doit présenter l'une des particularités suivantes :

1. L'astre accrétant est une **étoile à neutrons** faiblement magnétisée : l'émission gamma est sans doute produite par la couche limite entre la surface de l'astre compact et le disque d'accrétion. Il s'agit de ces LMXB sous-lumineuses à sursauts d'émission X répertoriées sous le nom de sursauteur X de type I.
2. L'astre accrétant est une **étoile à neutrons** fortement magnétisée : l'émission gamma est produite par la colonne d'accrétion confinée au-dessus des pôles magnétiques de l'étoile; il s'agit d'une source de type pulsar accrétant dont le rayonnement périodique varie au rythme de la rotation de l'astre compact.
3. L'astre accrétant est un **trou noir** : l'émission gamma, qui peut s'étendre largement au delà de 100 keV, est produite par des processus de comptonisation à l'œuvre dans les régions centrales du disque; elle présente très souvent un caractère transitoire de type nova gamma.

Nous ne détaillerons pas dans les pages qui suivent toutes les sources gamma accrétantes connues, cela dépassant largement le but de cette monographie. Nous nous bornons donc à fournir les caractéristiques principales des trois catégories répertoriées ci-dessus, et de n'en faire une étude plus précise que dans le cas des spécimens que nous avons jugés les plus représentatifs.

Les étoiles à neutrons accrétantes faiblement magnétisées. Du fait de leur faible éclat dans la bande des rayons γ de basse énergie, l'étude des sources de ce type exige de longues séances d'observation. Il n'est donc pas étonnant que ce soit en grande partie grâce aux nombreuses campagnes d'observation des régions centrales de la Galaxie conduites par le télescope Sigma à bord de *Granat* que l'on a découvert l'aptitude de ces sources à rayonner dans le domaine gamma. Au vu de la Table 11.3, où I_D est un indice de dureté[8], défini comme le rapport entre les flux intégrés de la source tels que mesurés par Sigma respectivement dans les bandes 35–75 keV et 75–150 keV, on constate en effet que quatre des sources repérées par Sigma dans la direction des régions centrales de la Galaxie sont identifiées avec des sursauteurs X.

[8] L'indice de dureté I_D est dans le domaine des rayons γ de basse énergie l'équivalent de l'indice de couleur qui, dans le domaine visible, est représentatif de la température de surface des étoiles.

Table 11.3 Caracteristiques principales des sources gamma détectées par le télescope Sigma à bord de *Granat* à la suite d'une série d'observations menées de 1990 à 1994 dans la direction des régions centrales de la Galaxie (d'après Goldwurm *et al.*, 1994). L'indice de dureté I_D est défini dans le texte.

Nom usual	Nature de l'astre effondré	Type de LMXB	I_D
GRS 1716 – 249	**Trou noir**	**Trou noir** accrétant	1,3
1E 1740.7 – 2942	**Trou noir**	**Trou noir** accrétant	1,1
GRS 1758 – 258	**Trou noir**	**Trou noir** accrétant	1,0
GX 1 + 4	**Étoile à neutrons**	Pulsar accrétant	0,4
GX 354 – 0	**Étoile à neutrons**	Sursauteur X	0,5
Terzan 2	**Étoile à neutrons**	Sursauteur X	0,6
SLX 1735 – 269	**Étoile à neutrons**	Non identifié	0,4
GRS 1743 – 290	**Étoile à neutrons**	Non identifié	< 0,2
A 1742 – 294	**Étoile à neutrons**	Sursauteur X	0,6
Terzan 1	**Étoile à neutrons**	Sursauteur X	< 0,2

Les quatre sources en question sont donc suscitées par des **étoiles à neutrons** faiblement magnétisées. Elles présentent toutes un indice de dureté $I_D \leq 0{,}6$, ce qui atteste la nature **étoile à neutrons** de l'astre accrétant qui les suscitent. À noter cependant que toutes les LMXB de type sursauteur X ne sont pas nécessairement actives dans le domaine gamma : GX 3–1, par exemple, une LMXB de cette catégorie proche du centre galactique, n'apparaît pas dans les images produites avec Sigma. La corrélation entre LMXB de type sursauteur X et source de rayons γ de basse énergie est donc loin d'être automatique, et de nombreuses observations seront encore nécessaires afin de mieux comprendre les raisons qui font que certaines d'entre elles sont aptes à rayonner au delà de la limite que nous avons assignée au domaine gamma.

Les étoiles à neutrons fortement magnétisées. La matière qui se précipite à la surface de l'étoile est canalisée par le champ magnétique; elle forme alors une colonne d'accrétion, dont la base, la zone la plus dense et la plus chaude, confine le milieu émissif à haute énergie. Sous l'effet des chocs à l'œuvre dans cette colonne, la température du milieu y atteint des valeurs de l'ordre de 500 millions de degrés, ce qui rend le milieu en question apte à rayonner dans la bande des rayons γ de basse énergie. Ce site émissif se situe au-dessus des pôles magnétiques de l'astre compact; pour peu que l'axe des pôles magnétiques ne coïncide pas avec l'axe de rotation (comme c'est par exemple le cas de la Terre), le télescope gamma "voit" la zone émissive sous un aspect qui varie en phase avec la rotation de l'étoile. L'émission gamma observée présente alors un comportement périodique manifeste.

Par analogie avec un comportement du même type observé en radio, on a attribué la dénomination de "pulsar X" à cette famille d'astres émetteurs d'un rayonnement périodique à courte période, actifs non seulement dans le domaine X, mais aussi dans la bande des photons γ de basse énergie. Toutefois, la majorité des sources de ce type déjà répertoriées a été mise en évidence par le truchement d'observations menées par des appareils opérant au delà de 30 keV (principalement l'expérience Batse à bord de l'Observatoire à Rayons Gamma *Compton*). Il nous a donc semblé préférable de supprimer toute référence à un domaine spectral particulier et de dénommer "pulsar accrétant" cette catégorie de sources aptes à émettre un rayonnement de nature périodique, aussi bien dans les domaines X que gamma.

La plupart des pulsars accrétants sont des sources très variables, abritées en général par des systèmes de type HMXB. Les processus physiques qui y sont à l'œuvre sont mal connus, du fait même des difficultés mentionnées ci-dessus à modéliser l'interaction entre une **étoile à neutrons** et un **vent stellaire**. Il est assez étonnant par exemple que l'allure du spectre de ces sources dans la bande des rayons γ de basse énergie ne subisse pas d'évolution notable, en dépit de leurs grands écarts d'éclat, ce qui permet de supposer qu'un même mécanisme produit les photons γ quelque soit l'état de luminosité de la source. Dans le cas particulier de Her X-1, un pulsar accrétant de période $P \approx 1{,}24$ s, l'observation d'une raie cyclotron vers 60 keV (Trümper *et al.*, 1978) a permis d'estimer que l'intensité B du champ magnétique à la surface de l'**étoile à neutrons** atteint une valeur $B \approx 5\ 10^{12}$ G (voir chapitre 7).

GRO J1744 – 28 : un pulsar accrétant au comportement exceptionnel. En décembre 1995, l'équipe en charge de l'expérience Batse à bord de l'Observatoire à Rayons Gamma *Compton* annonçait la découverte de GRO J1744 – 28, une source d'impulsions répétitives de rayonnement gamma de basse énergie (Kouveliotou *et al.*, 1996). S'agissant de leurs caractéristiques spectrales, les sursauts produits par GRO J1744 – 28 rappellent ceux des répétiteurs gamma à basse énergie. En revanche, la fréquence des sursauts en question évoque plutôt celle des séries d'impulsions produites dans la gamme des rayons X par le "sursauteur rapide", l'unique représentant connu de la famille des sursauteurs X de type II. En mars 1996, une série d'observations conduites avec le télescope Sigma à bord de *Granat* permettait de détecter l'émission persistante de GRO J1744 – 28 dans la bande des rayons γ de basse énergie, une émission déjà repérée en janvier 1996 par Batse.

On avait aussi découvert grâce à Batse la nature périodique des émissions impulsives et persistantes (période $P = 0{,}467$ s), tandis qu'en dépouillant les premières données collectées par le satellite américain *Rossi X.T.E.*, on repéra dans le rayonnement X émis par GRO J1744 – 28 la signature Doppler d'un mouvement orbital à une période de 11,76 jours. L'ensemble de ces observations, dont les résultats furent relatés dans plus d'une dizaine de circulaires publiées de décembre 1995 à mars 1996 par le truchement de l'Union Astronomique Internationale, confirma que GRO J1744 – 28 est un système binaire de type LMXB abritant une **étoile à neutrons**.

On suppose que les impulsions de rayonnement gamma produites par GRO J1744 – 28 sont le résultat d'instabilités d'accrétion, la matière stockée dans un disque d'accrétion tombant d'une manière spasmodique sur l'**étoile à neutrons**. Pour expliquer le fait que le spectre en énergie des impulsions produites par GRO J1744 – 28 s'étend largement dans la bande des rayons γ de basse énergie (contrairement au cas du sursauteur rapide), Kouveliotou *et al.* (1996) suggèrent que l'**étoile à neutrons** du système est plus fortement magnétisée, ce que confirme la nature périodique de son émission.

*Les **trous noirs** accrétants.* Comme détaillé au chapitre 8, si l'équilibre thermique d'un disque d'accrétion est gouverné par la diffusion Compton des photons sur un gaz d'électrons chauds, le disque en question est susceptible d'émettre par effet Compton inverse un abondant rayonnement gamma à basse énergie. Cependant, dans le cas où l'astre accrétant est une **étoile à neutrons**, sa surface, chauffée par le rayonnement même du disque d'accrétion, émet vers ce dernier un flux notable de photons X de basse énergie dont la diffusion Compton contribue à refroidir la température des électrons du disque. L'émission du disque n'est pas alors en mesure de franchir la limite que nous avons assignée au domaine gamma.

Par contre, dans le cas où l'astre compact est un **trou noir**, il n'émet aucun rayonnement. Pour refroidir le disque d'accrétion, il ne faut plus compter que sur les photons émis à la périphérie du disque. Le spectre de l'émission peut alors s'étendre loin dans la bande des photons γ de basse énergie, ce qui confère aux sources de ce type observées par Sigma une grande luminosité absolue au delà de 100 keV, ainsi qu'un indice de dureté I_D voisin de l'unité. C'est d'ailleurs sur la foi de ce critère spectroscopique que trois des sources repérées à la suite des observations menées par Sigma dans la direction des régions centrales de la Galaxie sont présumées abriter d'authentiques **trous noirs** (voir Table 11.3).

Le grand annihilateur et les microquasars

Dès les premières observations de Sigma à bord de *Granat*, l'attention se porta sur les images bâties à partir des données recueillies en pointant le champ où se situe le centre galactique. À la fin des années soixante-dix, des observations à haute résolution spectrale avaient en effet attiré l'attention sur cette zone du ciel en y détectant une raie fine à 511 keV, signature de l'annihilation électron-positon. Une éventuelle variabilité de la raie d'annihilation, suggérée par les premières données, avait conduit à postuler l'existence au sein du noyau galactique d'un site qui serait le siège d'une production massive de positons. On envisageait même qu'un **trou noir** ultra-massif localisé au centre de la Galaxie, à la position même de la source radio compacte Sgr A*, pourrait y susciter l'émission d'un intense rayonnement d'annihilation.

Grâce aux images bâties avec les données recueillies par le télescope Sigma à bord de *Granat* (voir Figure 11.9), on s'aperçut qu'une grande partie du rayonnement gamma à basse énergie produit dans la direction du centre galactique provient d'une source située à plus de cinquante minutes d'arc de Sgr A*, à la position même de 1E 1740.7 – 2942, une anodine source X découverte à la suite des observations du satellite américain *Einstein*. Compte-tenu de la valeur élevée de l'indice de dureté I_D mesuré par Sigma (voir Table 11.3), et de la grande luminosité au delà de 100 keV — un paramètre estimé en supposant que la source se trouve au sein du noyau galactique, ce qu'attestent les observations menées dans le domaine des rayons X — la source 1E 1740.7 – 2942 fut rangée dans la catégorie des **trous noirs** accrétants.

Du 13 au 14 octobre 1990, 1E 1740.7 – 2942 fut le siège d'un intense excès d'émission qui se manifesta entre 300 et 600 keV (Bouchet *et al.*, 1991). Ce surcroît d'émission fut attribué à l'annihilation massive de positons au sein d'un plasma de

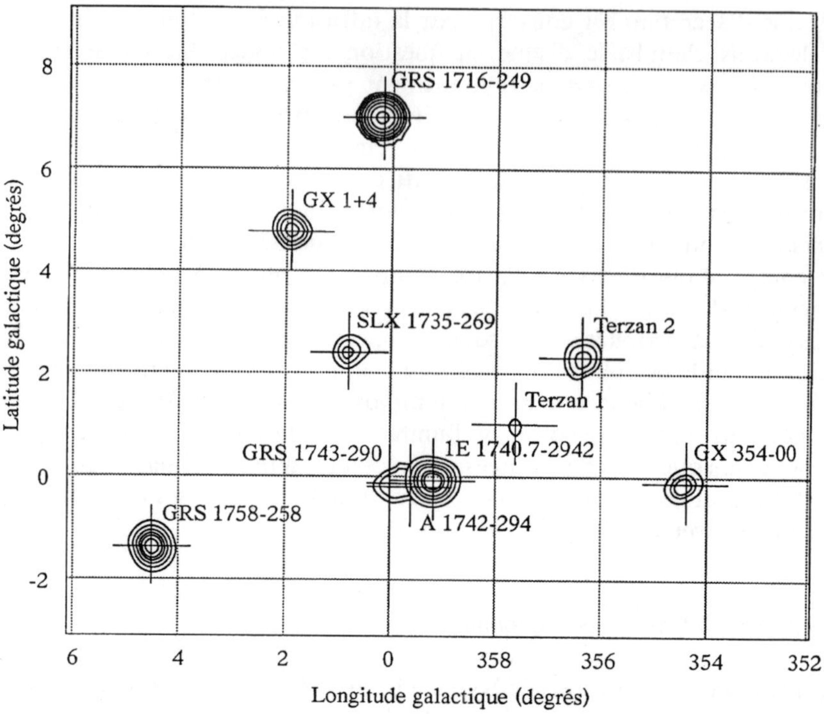

Figure 11.9 Carte du champ des régions centrales de la Galaxie, bâtie dans la bande 40–75 keV à partir des données recueillies de 1990 à 1994 par le télescope Sigma à bord de *Granat*. L'échelonnement des courbes de niveau dénote le degré de confiance de détection. Les croix marquent la position la plus probable des sources répertoriées en Table 11.3 (d'après Vargas *et al.*, 1996).

paires électron-positon confiné dans les zones les plus centrales d'un disque d'accrétion. Motivés par cette découverte, qui valut à 1E 1740.7 – 2942 le surnom de "grand annihilateur", Mirabel *et al.* (1992) menèrent au *V.L.A.*[9] une série d'observations de 1E 1740.7 – 2942 dans la bande des ondes radio centimétriques. Cette campagne multi-longueur d'onde aboutit à l'identification de 1E 1740.7 – 2942 avec une radiosource à structure bipolaire, formée de deux jets long chacun d'un parsec environ (toujours en supposant que la source se trouve au sein du noyau galactique) émanant d'une source compacte.

L'association est attestée par la variation simultanée du flux gamma enregistré par Sigma et du flux radio de la source compacte mesuré par le *V.L.A*. La structure radio bipolaire, due au rayonnement synchrotron d'électrons accélérés à des vitesses

[9] *Very Large Array*, littéralement : « très grand réseau », un ensemble de 27 radiotélescopes de 25 mètres de diamètre chacun, installé dans les plaines de San Augustin au Nouveau-Mexique. Cet interféromètre géant, dont la base en forme d'étoile à trois branches s'étend sur des dizaines de kilomètres, permet des observations d'une grande sensibilité dans la bande des ondes centimétriques avec une résolution angulaire d'une fraction de seconde d'arc.

proches de la célérité de la lumière, est la réplique miniature de celles observées dans certains quasars, d'où le surnom de "microquasar" qui lui fut attribué dès l'annonce de sa découverte. La poursuite de la campagne d'observation au *V.L.A.* permit de repérer une deuxième structure radio du même type, corrélée cette fois avec GRS 1758 – 258 (Rodriguez *et al.*, 1992), un autre **trou noir** accrétant découvert par Sigma dans le **bulbe galactique** (voir Figure 11.9).

Les données recueillies dans le domaine radio suggèrent qu'une partie des positons créés sporadiquement au voisinage de 1E 1740.7 – 2942 pourrait être éjectée vers les nuages interstellaires repérés en direction de la source gamma grâce à des observations radio millimétriques (Mirabel *et al.*, 1991). Ce milieu rassemble en effet toutes les conditions pour que les positons s'y annihilent en produisant un rayonnement à 511 keV dont l'intensité pourrait varier au gré de l'activité de la source centrale (Ramaty *et al.*, 1992; Laurent et Paul, 1994). Il semble toutefois que ce mécanisme émissif n'est pas en mesure de rendre compte de la totalité de l'émission observée à 511 keV dans la direction des régions centrales de la Galaxie et dont la majorité serait plutôt de nature interstellaire (voir chapitre suivant).

L'attention portée aux microquasars redoubla avec les observations de GRS 1915 + 105, une source que Sigma observa les 23 et 24 septembre 1992 et qui fut alors classée **trou noir** accrétant sur la base de son comportement spectral. Avec les données recueillies par Sigma, Finogenov *et al.* (1994) localisèrent GRS 1915 + 105 avec une précision de l'ordre d'une minute d'arc. Fort de la position précise de la source en question, Mirabel et Rodriguez (1994) purent alors détecter son émission radio avec le *V.L.A.* et déceler des manifestations dites "superluminiques[10]", justifiant l'appellation de microquasar attribuée à certaines sources galactiques suscitées par un **trou noir** d'origine stellaire.

À la suite des observations menées par l'expérience Batse à bord de l'Observatoire à Rayon Gamma *Compton*, la liste des microquasars s'est enrichi d'un quatrième spécimen, GRO J1655 – 40, un **trou noir** accrétant découvert en août 1994 et dont les manifestations superluminiques furent aussitôt détectées dans le domaine radio (Harmon *et al.*, 1995). Par la vertu d'observations menées aux deux extrémités du spectre électromagnétique, dans la bande des rayons γ de basse énergie et dans celle des ondes radio centimétriques, nous sommes donc passés en deux ans de la première découverte d'un microquasar à la mise en évidence d'une véritable famille d'objets.

De prime abord, les microquasars apparaissent comme une curiosité de la nature, combinant sous nos yeux — dans notre propre galaxie — deux des échantillons les plus symptomatiques de la physique relativiste, à savoir les **trous noirs** et les jets relativistes. Leur découverte est cependant d'une plus vaste portée : elle met en effet à la disposition des astrophysiciens une série de "laboratoires galactiques" pour mieux comprendre la genèse des jets relativistes. Elle offre également un nouveau

[10] On désigne ainsi le comportement de certaines sources observées dans le domaine des ondes radio dont la composante de vitesse perpendiculaire à la ligne de visée semble supérieure à la célérité de la lumière. Ces phénomènes, qualifiés de superluminiques, sont le résultat d'une illusion de nature relativiste qui découle d'une application de la transformation de Lorentz dans le cas de sites émissifs se déplaçant à des vitesses proches de la célérité de la lumière.

moyen pour estimer les distances d'astres localisés dans la Galaxie à partir de la résolution des équations relativistes qui régissent les phénomènes superluminiques.

Les novas gamma

La majorité des **trous noirs** accrétants se retrouve au sein d'une famille d'astres révélée par l'astronomie gamma spatiale : les novas gamma, ainsi nommées par analogie avec les novas observées dans le domaine visible. Une grande partie des novas gamma est le site d'une émission intense dans la bande des rayons X de basse énergie, ce qui leur a valu d'être aussi désignées par le sigle USXT, de l'anglais *Ultra Soft X-ray Transient*, dont la traduction approchée serait : « source transitoire de rayons X "mous" ». Un tel comportement n'étant toutefois pas systématique, nous avons jugé préférable d'adopter la désignation de nova gamma, car elle rappelle la caractéristique fondamentale de ce type d'astres, à savoir leur aptitude à se manifester dans la bande des rayons γ de basse énergie comme une source dont la luminosité s'accroît en quelques jours de plusieurs ordres de grandeur, avant de décroître d'une manière plus ou moins régulière avec une constante de temps de l'ordre de quelques semaines.

Bien que le caractère répétitif de tels événements ne soit pas attesté dans le domaine des rayons γ, les sursauts d'activité des novas gamma sont probablement récurrents sur des périodes de temps de quelques années à quelques dizaines d'années. En témoignent les données recueillies dans le domaine des rayons X avant les années quatre-vingt-dix et la mise en service des grands observatoires gamma. Certaines sources X transitoires de type USXT furent alors identifiées avec des étoiles au sujet desquelles les archives astronomiques signalent des sursauts d'éclat plus anciens observés dans le domaine visible. Ces sources à surcroît d'activité répétitif seraient désormais classées comme novas gamma dans la mesure où elles firent montre dans le domaine des rayons X d'un comportement temporel et spectral tout à fait similaire à celui de la majorité des novas gamma.

Au vu de la Table 11.4, on constate qu'avec un indice de dureté $I_D \approx 1$, toutes les novas gamma que le télescope Sigma a observées à leur paroxysme se classent dans la catégorie des **trous noirs** accrétants. On peut donc légitimement postuler que les novas gamma sont des systèmes binaires dont l'une des composantes est un **trou noir**. Et comme les astronomes gamma sont désormais en mesure d'estimer avec précision la position des sources qu'ils détectent, les novas gamma ont été l'objet de campagnes d'observation dans le visible qui se sont prolongées bien après la phase d'activité à haute énergie, afin de pouvoir étudier l'éventuelle étoile compagnon sans être ébloui par l'émission du disque. On a pu ainsi recueillir un autre élément de preuve jugé souvent décisif en faveur de l'hypothèse **trou noir**, à savoir la détermination dans le visible de la fonction de masse, un paramètre clé de tout **système binaire**.

Ce paramètre découle directement de la troisième loi de Kepler qui telle que formulée plus haut (équation 11.3), fournit la relation entre la période orbitale P d'un **système binaire** accrétant, la masse M_1 de l'astre compact, la masse M_2 de l'étoile compagnon et la séparation orbitale a du système. On suppose en outre que

Table 11.4 Caractéristiques principales des novas gamma détectées en phase d'activité paroxysmique avec le télescope Sigma bord de *Granat*. L'indice de dureté I_D est défini dans le texte.

Nom usuel	Autre nom	Date de l'observation	I_D
Nova Muscæ 1991	GRS/GS 1124 – 68	01/1991	0,8
Nova Persei 1992	GRO J0422+32	08/1992	1,1
Nova Ophiuchi 1993	GRS 1716 – 249	09/1993	1,3
GRS 1730 – 312	KS 1730 – 312	09/1994	0,8
GRS 1739 – 278		03/1996	0,8

les trajectoires des deux astres autour du centre de masse du système sont des orbites circulaires dont les rayons sont respectivement a_1 et a_2 (ce qui implique $a_1 + a_2 = a$ et $a_1 M_1 = a_2 M_2$). La vitesse V du compagnon le long de son orbite s'exprime alors de la manière suivante :

$$V = 2\pi \frac{a_2}{P} \quad \text{soit} \quad V = 2\pi \frac{M_1}{M_1 + M_2} \frac{a}{P} \tag{11.9}$$

À partir du décalage Doppler affectant les raies d'émission produites par le compagnon, des observations menées dans le visible permettent d'estimer la projection de la vitesse V le long de la ligne de visée, soit $V_0 = V \sin i$, où i mesure l'inclinaison du système ($i = 0$ lorsque la ligne de visée est perpendiculaire au plan orbital du système). On définit alors la fonction de masse f par la relation suivante :

$$f = \frac{(M_1 \sin i)^3}{(M_1 + M_2)^2} \quad \text{soit} \quad f = \frac{V_0^3 P}{2\pi G} \tag{11.10}$$

où G est la constante de la gravitation. Au vu de l'équation 11.10, on constate que la fonction de masse f est déterminée à partir de deux grandeurs observables, V_0 et P. À la limite, si on suppose en plus que la masse du compagnon est nulle ($M_2 = 0$) et que l'observateur se situe dans le plan orbital du système ($\sin i = 1$), la fonction de masse f est alors égale à la masse M_1 de l'astre compact. En pratique, $M_2 > 0$ et $\sin i < 1$; f est donc toujours plus petite que la masse M_1 de l'étoile effondrée et la fonction de masse fournit alors une limite inférieure de la masse de l'astre compact. Il est d'autre part généralement admis sur la base de travaux théoriques portant sur la matière ultra-condensée que la masse d'une **étoile à neutrons** ne peut pas dépasser trois fois la masse du Soleil. Toute source X binaire présentant une fonction de masse $f > 3\ M_\odot$ est donc réputée abriter un authentique **trou noir**.

On estime la fonction de masse d'une nova gamma en observant les raies d'émission que le compagnon produit dans le domaine visible. Dans la mesure où il s'agit en général d'une étoile peu massive, il n'est pas possible de mesurer la fonction de masse d'une nova gamma en phase active, l'émission dans le visible du disque d'accrétion submergeant celle du compagnon. Une fois la nova mise en évidence par son activité paroxysmique à haute énergie, il convient donc d'attendre plusieurs mois pour que l'on puisse enfin détecter le compagnon dans le visible et entreprendre

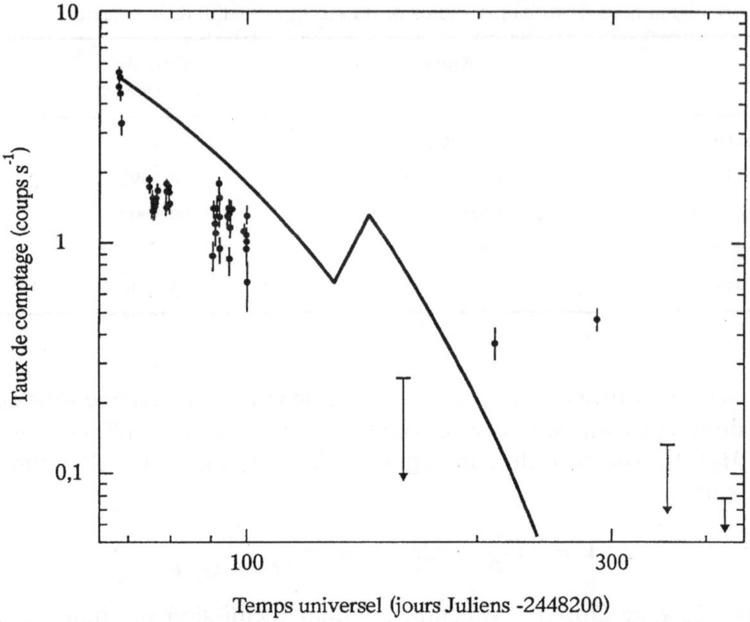

Figure 11.10 Courbe de lumière de Nova Muscæ 1991 : les points dénotent les taux de comptage mesurés dans la bande 40–150 keV par le télescope Sigma à bord de *Granat*, la ligne continue illustre comment l'émission de Nova Muscæ 1991 évolua dans la bande des rayons X de basse énergie (décroissance exponentielle avec une constante de temps de 30 jours). Le niveau de confiance des limites supérieures est fixé à 3σ (d'après Goldwurm *et al.*, 1993).

l'estimation de la fonction de masse. Dans tous les cas où on est parvenu à mesurer les paramètres orbitaux d'une nova gamma, la masse de l'astre effondré s'est avérée supérieure à la limite de masse assignée aux **étoiles à neutrons**, ce qui étaye l'idée que les novas gamma sont des LMXB abritant d'authentiques candidats **trou noir**.

Le cas de Nova Muscæ 1991, alias GRS 1124 – 68. C'est l'un des spécimens les plus représentatifs de la famille des novas gamma, observé sur une très vaste gamme spectrale, depuis le domaine des ondes radio jusqu'à la bande des rayons γ de basse énergie. Elle fut découverte le 8 janvier 1991, conjointement par Watch, un dispositif danois à grand champ opérant à bord du satellite russe *Granat* et par l'expérience A.S.M. à bord du satellite japonais *Ginga* (Lund et Brandt, 1991; Makino, 1991). Au vu de la **courbe de lumière** produite à partir des données recueillies par A.S.M. (Kitamoto *et al.*, 1992), on constate que la luminosité X de la nova s'est accrue d'un ordre de grandeur en une semaine, un comportement classique des novas gamma dans le domaine des rayons X. En supposant que la source se trouve à une distance $D \approx 3$ kpc, la valeur maximum de la luminosité X de Nova Muscæ 1991 fut $L_X \approx 3\ 10^{38}$ erg s^{-1} (une valeur très proche de la luminosité d'Eddington).

Le 9 janvier 1991, en dépouillant les données recueillies par le télescope Sigma, Goldwurm *et al.* (1992) détectaient la nova dans la bande des rayons γ de basse énergie. Plus lumineuse que la nébuleuse du Crabe, elle fut alors une des sources les plus brillantes du ciel. Le spectre de son émission gamma, variant très peu tout au long des observations de janvier 1991, était bien représenté par une loi de puissance de la forme $N_\gamma(E) \propto E^{-\alpha}$ avec $\alpha = 2{,}3$. La **courbe de lumière** telle que mesurée dans la bande des rayons γ de basse énergie diffère sensiblement de celle produite dans le domaine des rayons X. Comme on le constate au vu de la Figure 11.10, la luminosité gamma chute beaucoup plus rapidement que la luminosité X.

À la fin de l'observation menée du 20 au 21 janvier 1991, la source fut le siège d'un excès d'émission entre 450 et 550 keV. Au vu de la Figure 7.2 (voir chapitre 7), on constate que cet excès présente l'aspect d'une raie centrée vers 473 keV, et dont la largeur est compatible avec la résolution en énergie de Sigma (environ 40 keV à 500 keV). Cette structure spectrale peut s'interpréter en terme d'une raie d'annihilation électron-positon décalée vers le rouge par l'intense champ gravitationnel régnant à proximité de l'astre accrétant. La deuxième structure spectrale que l'on peut discerner sur le spectre en énergie reproduit en Figure 7.2 pourrait résulter de la rétrodiffusion *in-situ* d'une partie du rayonnement d'annihilation.

Dans les jours suivant la découverte de Nova Muscæ 1991, les astronomes de l'Observatoire Européen Austral au Chili découvrirent promptement la contrepartie dans le domaine visible de la source de rayonnement X et gamma. Cependant, pour les raisons précisées ci-dessus, il fallut attendre encore plusieurs mois avant que McClintock *et al.* (1992) puissent entreprendre la mesure de la fonction de masse du système. La valeur obtenue ($f \approx 3{,}1\ M_\odot$) fait de Nova Muscæ 1991 un très sérieux candidat **trou noir**.

SOURCES LIÉES AUX ÉTOILES À NEUTRONS ISOLÉES

Les pulsars radio

La découverte dans le domaine des ondes radio de sources d'émission périodique à très courte période — les pulsars radio — apporta en 1967 la preuve de l'existence des **étoiles à neutrons**. Ces dernières sont en effet les seuls astres d'une taille suffisamment petite pour que leur période de rotation soit compatible avec les caractéristiques temporelles de l'émission des pulsars telle qu'observée dans le domaine radio (Pacini, 1967). Il fut alors rapidement reconnu que les conditions physiques extrêmes pouvant être rencontrées au voisinage d'une **étoile à neutrons**, telles qu'un champ magnétique $B > 10^{12}$ G, devaient contribuer à accélérer les particules à l'origine des rayonnements de nature synchrotron observés dans le domaine radio.

L'accroissement de la période des pulsars radio suggère que la décélération de l'astre compact constitue le principal réservoir d'énergie à la disposition des processus émissifs en relâchant par unité de temps une quantité d'énergie définie par la relation suivante :

$$\dot{E} = J_\Delta \omega\, \dot{\omega} \tag{11.11}$$

où J_Δ est le moment d'inertie de l'**étoile à neutrons** et ω sa vitesse angulaire. Site supposé d'accélération de particules, les pulsars radio furent de tout temps une cible de choix pour les astronomes gamma; dès les débuts de l'astronomie gamma

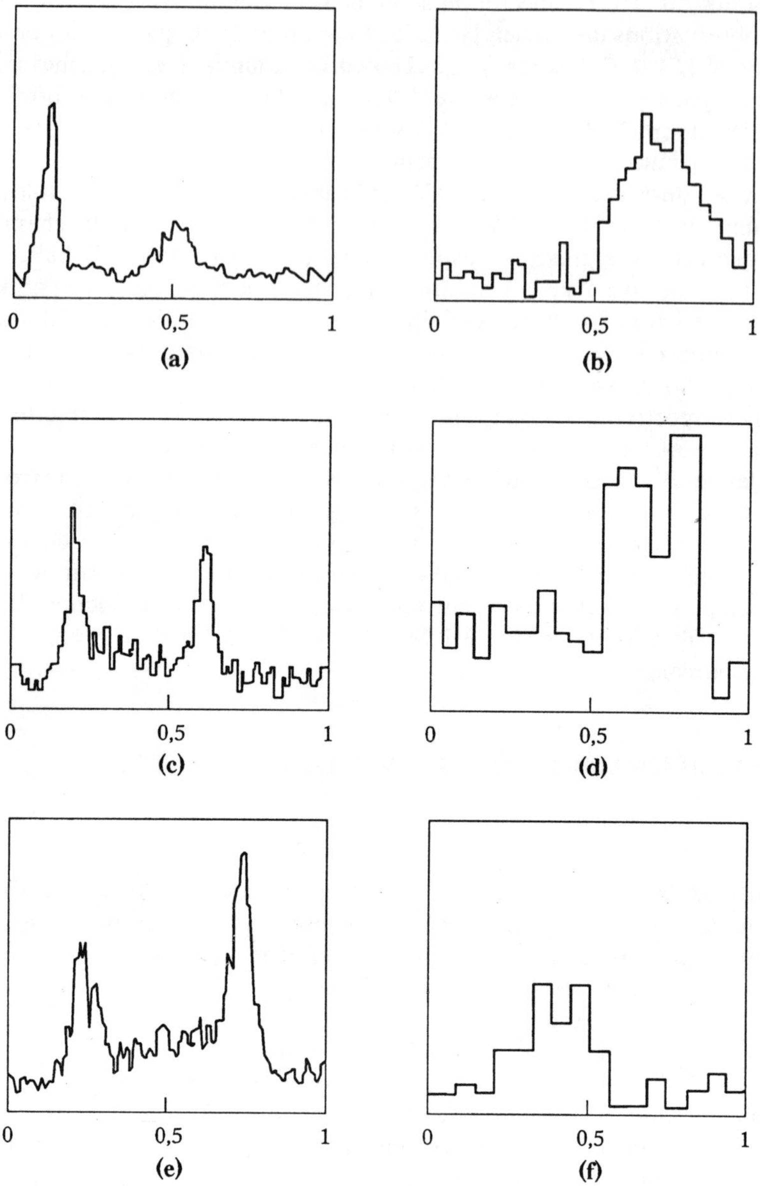

Figure 11.11 Évolutions en fonction de la phase de l'intensité (**courbes de lumière**) du rayonnement gamma émis par six des pulsars répertoriés en Table 11.5 (d'après Kanbach, 1995). La phase, portée en abscisse, est exprimée en fraction de la période P de chaque pulsar, avec en (a) : PSR 0531 + 21, en (b) : PSR 1509 – 58, en (c) : PSR 0833 – 45, en (d) : PSR 1706 – 44, en (e) : Geminga, en (f) : PSR 1055 – 52. À l'exception de celle de PSR 1509 – 58, bâtie dans la bande des rayons γ de basse énergie, les **courbes de lumière** sont présentées dans la bande des rayons γ de haute énergie ($E_\gamma \geq 100$ MeV).

spatiale, on ne tarda d'ailleurs pas à découvrir l'émission périodique dans le domaine des rayons γ de deux pulsars radio.

Il s'agit de PSR 0531 + 21 (le pulsar détecté au sein de la nébuleuse du Crabe) avec une période $P \approx 0{,}033$ s (Fishman *et al.*, 1969), et de PSR 0833 – 45 (le pulsar de la constellation des Voiles) avec une période $P \approx 0{,}089$ s (Thompson *et al.*, 1975). Comme on le constate en Figure 11.11, les **courbes de lumière** dans le domaine gamma de ces deux spécimens sont l'une et l'autre caractérisées par deux pics étroits dont l'écart de phase $\Delta\phi \approx 0{,}4$. Sur les presque six décades du domaine gamma où il est détecté, de 30 keV à plus de 10 GeV, PSR 0531 + 21 présente un spectre compatible avec une même loi de puissance de la forme $N_\gamma(E) \propto E^{-\alpha}$ avec $\alpha \approx 2$. Le spectre de PSR 0833 – 45 montre par contre un infléchissement marqué en dessous de 50 MeV, ce qui rend difficile sa détection dans la bande des rayons γ de basse énergie.

Pendant presque vingt ans, PSR 0531 + 21 et PSR 0833 – 45 furent les seuls pulsars authentifiés dans le domaine gamma. Il faudra attendre la mise en service des expériences montées à bord de l'Observatoire à Rayons Gamma *Compton* (Batse, Osse, Comptel et Egret) pour que la liste des pulsars actifs dans le domaine des rayons γ s'allonge jusqu'à comporter sept spécimens formellement authentifiés (voir Table 11.5). Dès la première année d'activité du satellite *Compton*, en dépouillant les données collectées par Egret dans la bande des rayons γ de haute énergie, Thompson *et al.* (1992) découvraient l'émission périodique du pulsar radio PSR 1706 – 44 à la période $P \approx 0{,}10$ s. Au vu de la Figure 11.11, on constate que la **courbe de lumière** de PSR 1706 – 44, avec un pic unique et large, diffère sensiblement de celles de PSR 0531 + 21 et PSR 0833 – 45. Toujours en dépouillant les données collectées par Egret, Fierro *et al.* (1993) découvraient l'année suivante l'émission périodique du pulsar radio PSR 1055 – 52 à la période $P \approx 0{,}197$ s.

À plus basse énergie, Hermsen *et al.* (1993) identifiaient l'émission périodique de PSR 0833 – 45 vers 20 MeV avec Comptel; à plus basse énergie encore, Strickman *et*

Table 11.5 Caractéristiques principales de Geminga et des six pulsars radio détectés dans le domaine des rayons γ classés par âge croissant, $\dot{E}$ étant la quantité d'énergie relâchée par unité de temps et L_γ la luminosité gamma.

Nom usuel	P (ms)	$\dot{P}$ s an^{-1}	Âge 10^3 an	Distance kpc	$\dot{E}$	L_γ (a) (10^{35} erg s^{-1})	L_γ (b)
PSR 0531 + 21	33	1,3 10^{-5}	1,3	2	4490	13,5	0,4
PSR 1509 – 58	150	5,0 10^{-5}	1,6	4,2	180	6	–
PSR 0833 – 45	89	3,5 10^{-6}	11	0,5	70	0,06	0,2
PSR 1706 – 44	102	3,2 10^{-6}	17	1,8	34	–	0,3
PSR 1951 + 32	39	1,8 10^{-7}	110	1,5–3	37	–	0,14
Geminga	237	3,7 10^{-7}	340	0,15	0,3	–	0,02
PSR 1055 – 52	197	1,9 10^{-7}	530	1,5	0,3	–	0,09

(a) Mesurée dans la bande des rayons γ de basse énergie ($E_\gamma < 2$ MeV)
(b) Mesurée dans la bande des rayons γ de haute énergie ($E_\gamma \geqslant 100$ MeV)

al. (1993) confirmaient ce résultat avec Osse tandis que Wilson *et al.* (1993) découvraient dans les données de Batse l'émission périodique d'un autre pulsar radio, PSR 1509 – 58 à la période $P \approx 0{,}15$ s, une découverte confirmée par Ulmer *et al.* (1993) avec Batse et par Carramiñana *et al.* (1995) avec Comptel. Le résultat le plus significatif dans la bande des rayons γ de basse énergie revient toutefois à Laurent *et al.* (1994) qui détectèrent la source gamma produite par PSR 1509 – 58 sur les images recueillies par Sigma à bord de *Granat*. Comme on peut le constater au vu de la Figure 11.11, PSR 1509 – 58 et PSR 1055 – 52 présentent, à l'instar de PSR 1706 – 44, une courbe de lumière caractérisée par un pic unique et large.

Pour compléter ce bref panorama des pulsars radio dans le domaine gamma, signalons que Carramiñana *et al.* (1995) ont recueillis dans les données de Comptel des signes suggérant que les pulsars radio PSR 1951 + 32 et PSR 0740 – 28 pourraient émettre au mégaélectronvolt. Pour leur part, Ramanamurthy *et al.* (1995) ont démontré grâce aux données d'Egret que PSR 1951 + 32 est aussi actif au delà de 100 MeV, ce qui fait entrer ce nouveau spécimen dans le cercle très fermé des pulsars gamma. Toujours à partir des données recueillies par Egret, Ramanamurthy *et al.* (1996) ont également suggéré que PSR 0656 + 14 pourrait émettre au delà de 50 MeV. Mais s'agissant de PSR 0740 – 28 et de PSR 0656 + 14, de nouvelles observations seront toutefois nécessaires pour en confirmer les détections dans le domaine gamma.

Geminga : un pulsar découvert par l'astronomie gamma spatiale

Il aura fallu presque une vingtaine d'années pour se rendre compte que Geminga[11] est non seulement un pulsar actif dans le bande des rayons γ de haute énergie, mais aussi une des étoiles à neutrons connues les plus proches du Soleil. On trouvera dans Bignami et Caraveo (1996) le détail des recherches qui ont permis de résoudre le mystère Geminga ainsi que toutes les références pour en savoir plus sur cette enquête résumée dans les lignes qui suivent.

Geminga brille surtout dans la bande des rayons gamma de haute énergie où son éclat surpasse celui du pulsar du Crabe au delà 100 MeV. La source fut repérée en 1972 grâce au satellite américain *Sas 2* puis scrutée ensuite de 1975 à 1982 par le satellite européen *Cos B*. Sans contrepartie attestée à d'autres longueurs d'onde, Geminga fut une énigme pour toute une génération d'astronomes gamma. Ces derniers se doutaient bien que Geminga pouvait être un pulsar. Mais dans le domaine des rayons γ de haute énergie, en raison de la très longue durée des observations et de la rareté des photons recueillis, il est impossible de mettre en évidence une émission à très courte période sans connaître à l'avance la période de l'émission recherchée et la position précise de la source.

---

[11] Geminga est la transcription phonétique de l'expression en dialecte milanais *(el) gh'é minga*, littéralement : « (elle) n'est pas là », exclamation proférée par des astronomes italiens membres de l'équipe *Cos B* au sujet de la source gamma de la constellation des Gémeaux que l'on dénommait alors Gemini Gamma.

La radioastronomie n'étant d'aucun secours — aucun pulsar radio ne fut repéré dans la boîte d'erreur de Geminga délimitée à la suite des observations de *Cos B* — le salut vint des observations pratiquées dans le domaine des rayons X. Il fut en effet suggéré dès 1983 que Geminga coïncidait avec 1E 0630 + 178, une source X découverte par le satellite *Einstein* à l'intérieur de la boîte d'erreur de Geminga. En 1992, grâce à une observation menée par le satellite allemand *Rosat*, on découvrait la nature périodique (à une période $P \approx 0{,}237$ s) de l'émission X produite par 1E 0630 + 178. En possession d'une telle signature temporelle, les astronomes gamma n'éprouvèrent pas la moindre difficulté à mettre en évidence l'émission périodique de Geminga dans les données recueillies en 1991 par Egret à bord de l'observatoire à Rayons Gamma *Compton* (voir Figure 11.11) ainsi que dans la base des données *Cos B*.

En mesurant ainsi l'accroissement de la période de Geminga sur un intervalle de temps de plus de quinze ans, on a pu estimer au moyen de l'équation (11.11) l'énergie $\dot{E}$ que l'astre libère par unité de temps en raison du ralentissement de sa vitesse de rotation, soit $\dot{E} \approx 3\ 10^{34}$ erg s^{-1} dans l'hypothèse où la masse de l'**étoile à neutrons** est égale à la valeur canonique de 1,4 $M_\odot$. Si on définit le rendement gamma d'un pulsar par $\eta \approx L_\gamma/\dot{E}$, où L_γ est sa luminosité gamma (mesurée au delà de 100 MeV dans le cas de Geminga), le flux F_γ reçu à la Terre s'exprime alors par la relation suivante :

$$F_\gamma = \frac{\eta \dot{E}}{4\pi D^2} \tag{11.12}$$

où D est la distance du pulsar en question. S'agissant donc de Geminga, la relation (11.12) implique $D \approx 30$ pc si l'on adopte la valeur mesurée dans le cas de PSR 0833 – 45, soit $\eta \approx 0{,}003$.

Geminga, le seul pulsar gamma sans contrepartie radio, serait alors l'**étoile à neutrons** connue la plus proche. Un programme d'observation de Geminga fut alors mis en œuvre dans le domaine visible, débouchant sur l'estimation de son **mouvement propre** et de sa **parallaxe annuelle**. La mesure précise de la parallaxe, obtenue grâce à une série d'observations menées par le télescope spatial *Hubble*, a permis de préciser que Geminga se trouve actuellement à une distance $D = 150$ pc de la Terre, ce qui signifie que le rendement gamma du pulsar Geminga est bien supérieur à celui de PSR 0833 – 45.

De l'émission gamma des pulsars

Près de trois décennies après la découverte des pulsars et de leur émission gamma, les mécanismes aptes à produire un rayonnement s'étendant du domaine radio jusqu'à celui des rayons γ ne sont pas encore pleinement compris. Dans la mesure où les pulsars rayonnent finalement assez peu d'énergie dans le domaine radio, l'astronomie gamma semble la plus appropriée pour approcher les phénomènes à l'œuvre au sein des pulsars. De nombreux travaux théoriques ont tenté d'expliquer comment l'énergie mécanique fournie par le ralentissement de la vitesse de rotation d'une **étoile à neutrons** peut induire l'accélération des particules à l'origine des rayonnements observés à haute énergie (voir chapitre 9). Toutes ces études doivent d'abord prendre en compte le fait que le rendement gamma η des pulsars, comme défini ci-dessus par $\eta \approx L_\gamma/\dot{E}$ (où L_γ est la luminosité gamma du pulsar en question telle que présentée en Table 11.5) s'accroît notablement avec l'âge des pulsars.

Mais il convient également de comprendre pourquoi les pulsars les plus jeunes (comme PSR 0531+21 et PSR 1509 – 58) sont les plus actifs dans la bande des rayons γ de basse énergie (voir Table 11.5). Comme détaillé au chapitre 9, ce phénomène peut éventuellement s'expliquer en considérant que les cascades électromagnétiques induites dans la magnétosphère des pulsars se développent plus largement dans les spécimens les plus jeunes en raison des champs magnétiques plus intenses qui y règnent. Le rayonnement gamma des pulsars jeunes s'enrichit donc des photons γ de basse énergie émis par les nombreuses particules secondaires produites par les cascades en question. Quant à l'émission des pulsars plus anciens, elle serait *a contrario* dominée par les seuls photons γ de haute énergie rayonnés par les particules primaires (Mereghetti *et al.*, 1994; Goldoni *et al.*, 1995).

Les répétiteurs gamma à basse énergie

Cette classe de sources gamma aptes à produire des impulsions intenses et répétées de rayons γ de basse énergie ne comptait au milieu de 1996 que trois spécimens connus (Norris *et al.*, 1991). Nous avons choisi de traiter le cas de cette famille de sources à la fin de la présente section dans la mesure où l'hypothèse **étoile à neutrons** isolée semble la plus plausible pour expliquer les phénomènes observés. L'identification de ces sources avec des vestiges de supernova suggère en effet que de jeunes **étoiles à neutrons** sont à l'origine des sursauts produits par les répétiteurs gamma à basse énergie (Kulkarni *et al.*, 1994). Ces identifications impliquent aussi que deux d'entre eux (SGR 0525 – 26 et SGR 1806 – 20) sont localisés dans notre propre galaxie, tandis que le troisième spécimen (SGR 0526 – 66) est situé dans le Grand Nuage de Magellan.

Par comparaison avec les sursauteurs X de type I, une famille beaucoup plus fournie de sources répétitives, les répétiteurs gamma à basse énergie se signalent par des sursauts bien moins fréquents mais bien plus intenses (par un facteur 10 000 ou plus), et dont les spectres sont notablement plus durs, d'où une dénomination faisant explicitement référence au domaine gamma. À noter que contrairement aux sursauteurs X, qui font montre d'une émission persistante, parfois détectable jusque dans le domaine des rayons γ (voir plus haut), les répétiteurs gamma à basse énergie ne se manifestent pas d'une manière perceptible entre deux éruptions durant lesquelles l'accroissement de leur luminosité gamma est d'au moins six ordres de grandeur.

Les répétiteurs gamma à basse énergie constituent une classe de sources gamma distincte de celles produisant les sursauts gamma, une autre famille de sources gamma à émission impulsive, mais dont aucun spécimen ne présente à ce jour un caractère répétitif avéré[12]. De plus, comme détaillé plus bas, les spectres des sursauts

[12] Compte-tenu de la difficulté qu'éprouvent les appareils de la présente génération à les localiser avec précision, il n'est cependant pas exclu que certains sursauts proviennent d'un seul et même site.

gamma témoignent d'une émission dont le pic de puissance se situe en général bien au delà de 100 keV. La première détection d'une impulsion produite par un répétiteur gamma à basse énergie n'en fut pas moins le fait d'un réseau de détecteurs destiné à localiser les sources des sursauts gamma.

Par un remarquable concours de circonstances, le réseau en question permit d'estimer avec une excellente précision la direction d'origine d'un sursaut particulièrement intense produit le 5 mars 1979 par SGR 0526 – 66 (Evans *et al.*, 1980). Pas moins de neuf détecteurs distincts, dont certains montés à bord de sondes interplanétaires, purent en effet dater avec une très grande précision l'instant d'arrivée de l'impulsion de photons γ. En tirant parti des décalages entre toutes les datations ainsi recueillies, on put alors restreindre la boîte d'erreur associée au site de l'événement du 5 mars 1979 à une zone de trois millioniêmes de degré carré de surface[13] coïncidant avec le vestige de supernova N49 localisé dans le Grand Nuage de Magellan.

En dépit donc de son comportement temporel très particulier, et bien qu'il fût suivi d'autres sursauts de moindre intensité provenant de la même direction, l'événement du 5 mars 1979 fut souvent considéré comme un sursaut gamma de type classique. Cette confusion ne fut d'ailleurs pas sans conséquence : du fait de son identification avec un vestige de supernova, auquel il est raisonnable d'associer une **étoile à neutrons**, on invoqua souvent — mais à tort — le sursaut du 5 mars 1979 pour justifier le modèle **étoile à neutrons** qui devait perdurer jusqu'au début des années quatre-vingt-dix s'agissant de la nature des sources de sursauts gamma.

Plusieurs types de mécanismes sont réputés aptes à produire des émissions impulsives de rayonnement à haute énergie de nature répétitive :

1. Les détonations thermonucléaires au sein d'une couche de matière comprimée à la surface d'une **étoile à neutrons** accrétante.
2. Des instabilités affectant le transfert de matière sur un astre compact accrétant en **système binaire**.
3. La dissipation d'une fraction de l'énergie interne d'une **étoile à neutrons** isolée (énergie magnétique ou mécanique).

Des explosions thermonucléaires à répétition se produisant à la surface d'**étoiles à neutrons** faiblement magnétisées (avec des champs magnétiques de surface d'intensité $B \sim 10^8$–10^9 G) sont en général évoquées pour expliquer les séries d'émissions X impulsives de nature thermique qui caractérisent les sursauteurs X de type I. Des processus du même type se déroulant à la surface d'**étoiles à neutrons** fortement magnétisées seraient dans certaines conditions aptes à produire des impulsions de rayonnement dont le spectre serait beaucoup plus dur que celui des sursauts de rayonnement X (Woosley et Wallace, 1982). Les processus à base de fusion

[13] Cette manière d'estimer la direction d'une source gamma, applicable uniquement dans le cas des sources à sursauts très intenses, fut pendant plus d'une décennie la plus précise de celles mises en œuvre dans le domaine gamma. Comme évoqué au chapitre 3, Il fallut attendre la mise en service de télescopes à ouverture codée, comme Sigma à bord de *Granat*, pour obtenir des localisations aussi précises au bénéfice de sources plus persistantes.

thermonucléaire ne semblent toutefois pas en mesure de rayonner assez d'énergie pour offrir une explication satisfaisante au fameux événement du 5 mars 1979, durant lequel l'énergie totale rayonnée par SGR 0526 – 66 fut d'environ 10^{44} ergs, si l'on accrédite l'identification de la source du sursaut avec un vestige de supernova du Grand Nuage de Magellan.

On estime aussi que le taux d'accrétion requis en période de sursauts répétés pour entretenir un éventuel mécanisme thermonucléaire d'émissions impulsives conduirait à des émissions persistantes dans le domaine X d'une intensité telle que les répétiteurs gamma à basse énergie apparaîtraient alors comme des sources X brillantes, ce qui n'est pas le cas. Cette quasi-absence d'émission persistante signifie également que les sursauts produits par les répétiteurs gamma à basse énergie ne résultent probablement pas d'instabilités affectant l'accrétion de matière par un astre compact. Reste la possibilité que les répétiteurs gamma à basse énergie soient de très rares spécimens d'**étoiles à neutrons** à champ magnétique d'intensité $B \gtrsim 10^{14}$ G, l'émission impulsive de photons γ de basse énergie étant alors déclenchée par une décharge d'énergie magnétique conduisant à la formation d'un plasma de paires confiné dans la magnétosphère de l'**étoile à neutrons** (Thompson et Duncan, 1995).

SURSAUTS ET SURSAUTEURS GAMMA

Vingt-cinq années d'astronomie gamma spatiale n'ont pas permis de comprendre quels phénomènes produisent ces impulsions de rayonnement gamma fort brèves (durées variant de quelques millisecondes à quelques centaines de secondes), mais très intenses (flux à la Terre pouvant atteindre 10^{-5} erg cm^{-2} s^{-1}), et qui apparaissent d'une manière apparemment aléatoire sur la voûte céleste. Caractérisés par l'émission de photons γ d'énergie $E_\gamma > 100$ keV, ces événements justifient pleinement leur nom de sursaut gamma[14], la désignation de "sursauteur gamma" étant réservée aux sites qui en sont la source. Bien que leur éclat maximum outrepasse celui de n'importe quelle autre source gamma, les sursauteurs gamma demeurent sans contrepartie persistante connue dans d'autres registres spectraux, ce qui rend la quête de leur véritable nature encore plus ingrate.

Compte-tenu de l'extrême brièveté des sous-structures qui affectent leurs profils temporels, il nous semble toutefois assez naturel que la section évoquant les sursauts gamma figure dans le chapitre dédié aux sources gamma de nature stellaire. Mais il ne faut pas en conclure que ce faisant nous privilégions quelque interprétation que ce soit du phénomène sursaut gamma. Nous rappelons à cette occasion qu'en dépit de certaines similitudes entre les sursauts gamma proprement dits et ceux produits par les répétiteurs gamma à basse énergie, ces derniers constituent, comme détaillé plus haut, une classe bien à part d'**étoiles à neutrons** probablement isolées. Il faut donc se garder de confondre les deux phénomènes, comme ce fut parfois le cas à une époque

[14] À titre de numéro matricule, on assigne à chaque sursaut gamma sa datation (année, mois, jour) exprimée en temps universel.

où faute d'un volume de données d'une ampleur suffisante, il était difficile d'établir une distinction nette entre ces deux types de sources gamma transitoires.

En combinant une grande sensibilité et une certaine aptitude à localiser les directions d'origine des sursauts gamma dans un champ très vaste, l'expérience Batse a fourni depuis avril 1991, date de sa mise en service à bord de l'Observatoire à Rayons Gamma *Compton*, l'essentiel des données les plus récentes sur les sursauts gamma. On doit donc à Batse la plus grande partie des résultats présentés ci-après, même si d'autres dispositifs expérimentaux y contribuèrent également, soit en confirmant les découvertes de Batse, soit parfois en les complétant par des observations dans d'autres registres spectraux. La place manquant pour citer toutes les expériences ayant participé à l'étude du phénomène sursaut gamma, le lecteur en quête de plus amples détails est invité à consulter les ouvrages mentionnés plus haut en introduction à cette troisième partie consacrée au ciel gamma.

Spécificités temporelles et spectrales des sursauts gamma

Avant la mise en service de Batse, on savait déjà que les sursauts gamma se distinguent par une très grande diversité de leurs **courbes de lumière**, tant du point de vue de la morphologie que de la durée. En décuplant le nombre des spécimens connus, Batse n'a fait que confirmer cette tendance : comme on le constate au vu de la Figure 11.12 qui rassemble les **courbes de lumière** de huit spécimens de sursauts répertoriés dans le *Premier Catalogue Batse de Sursauts Gamma* (Fishman *et al.*, 1994), il est très difficile de classer les sursauts gamma sur la seule base de leur structure temporelle. Il apparaît également en Figure 11.12 que plusieurs courbes de lumière présentent des variations d'intensité sur des échelles de temps très courtes (quelques millisecondes), indiquant par là même la nature extrêmement compacte des sites émissifs.

Les sursauteurs gamma partagent avec certains pulsars, tels que Geminga, la particularité que la quasi-totalité de leur énergie radiative se retrouve dans le domaine des rayons γ. Cette propriété apparaît clairement quand on trace le spectre des sursauts gamma dans un diagramme où l'on porte $N(E) \times E^2$ en fonction de l'énergie E des photons γ, $N(E)$ étant le nombre de photons γ dont l'énergie est comprise entre E et $E + dE$. Les astronomes gamma utilisent volontiers une présentation de ce style[15] afin de mieux visualiser comment varie, en fonction de l'énergie, l'indice spectral d'une émission de nature continue s'étendant sur plusieurs décades, ce qui est généralement le cas des sources de rayons γ cosmiques. On constate ainsi qu'à l'instar de celui de GRB 910503 (Figure 11.13), les spectres en $N(E) \times E^2$ de la plupart des sursauts gamma présentent à une énergie E_C propre à chaque sursaut un maximum qui dénote la bande spectrale où se situe le pic de puissance du sursauteur.

[15] Dénommée également présentation en νF_ν, où F_ν est le flux d'énergie à la fréquence ν. Dans la mesure où l'on peut démontrer que $\nu F_\nu = \lambda F_\lambda$, où F_λ est le flux d'énergie à la longueur d'onde λ, on obtient des spectres d'allures identiques si on exprime l'énergie des photons à partir de leur longueur d'onde, une grandeur couramment utilisée dans maints domaines spectraux.

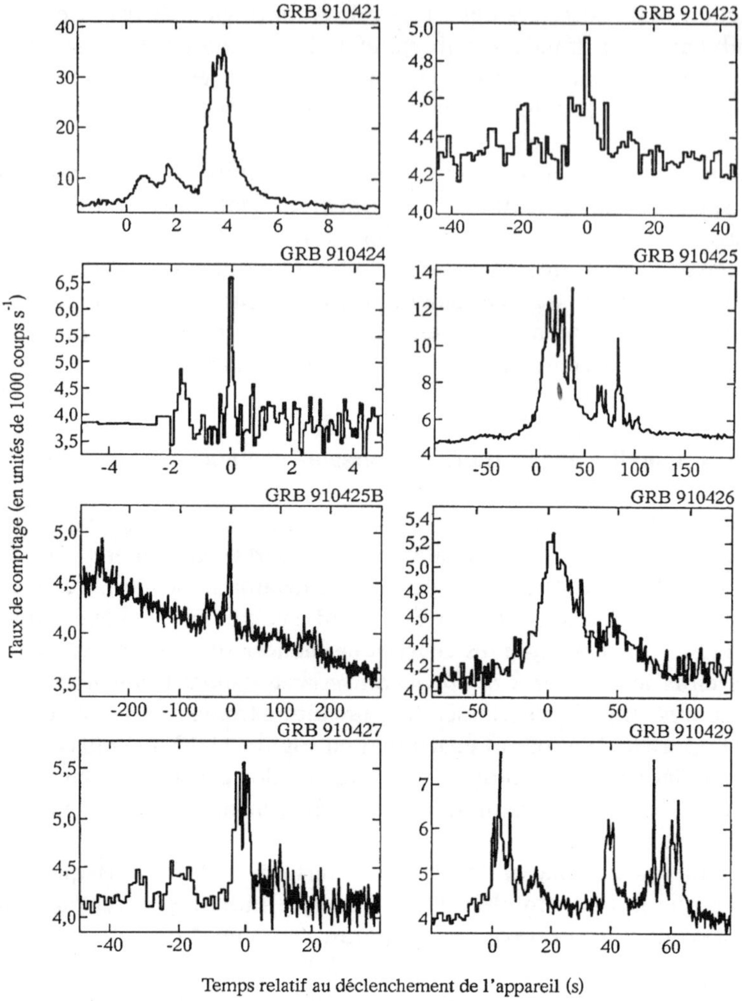

Figure 11.12 Courbes de lumière de huit sursauts gamma détectés en avril 1991 dans la bande 50–300 keV par l'expérience Batse à bord de l'Observatoire à Rayons Gamma *Compton* (d'après Fishman *et al.*, 1994).

L'allure des spectres des sursauts suggère fortement que des mécanismes non thermiques sont à l'origine des émissions observées. Les profils spectraux sont assez bien reproduits par une fonction qui s'exprime comme suit :

$$N(E) = AE^{-\alpha}e^{-E/E_C} \quad \text{pour} \quad E < E_C$$
$$\text{et} \quad N(E) = BE^{-\beta} \quad \text{pour} \quad E > E_C \tag{11.13}$$

avec $\beta > \alpha > 0$. La grande diversité spectrale qui caractérise les sursauts gamma détectés par Batse se traduit donc par une non moins grande disparité d'un spécimen à l'autre des valeurs que prennent les paramètres entrant dans la relation 11.13. On

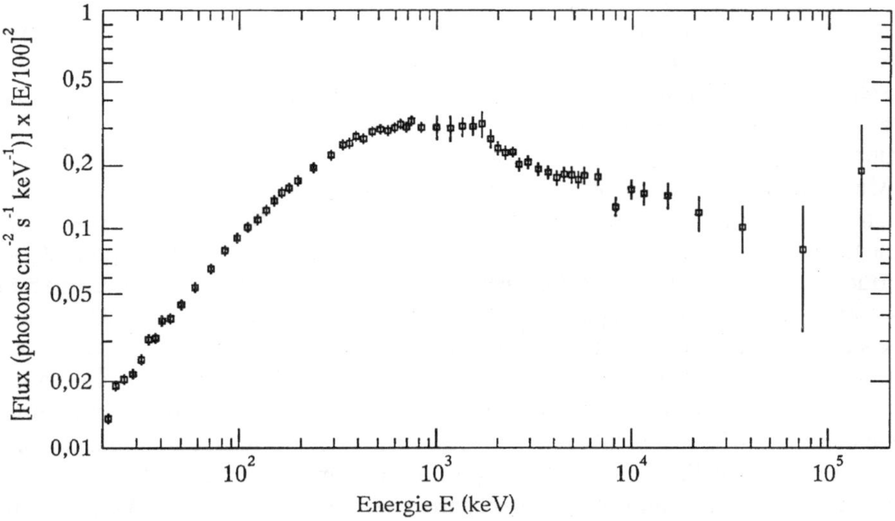

Figure 11.13 Spectre en $N(E) \times E^2$ de GRB 910503 bâti à partir des données recueillies par les quatre expériences embarquées à bord de l'Observatoire à Rayons Gamma *Compton* (d'après Schaefer *et al.*, 1994).

note ainsi que les valeurs de l'énergie E_C à laquelle les sursauteurs gamma rayonnent le plus de puissance s'étagent de moins de 100 keV jusqu'au delà du mégaélectronvolt.

Grâce à leur grand champ de vue, les expériences Comptel et Egret, montées également à bord de l'Observatoire à Rayons Gamma *Compton*, ont été parfois en mesure de compléter les observations de Batse vers les hautes énergies. Comptel détecta ainsi certains sursauts avec $E_C \gtrsim 1$ MeV (Winkler *et al.*, 1992). En dépit d'un champ de vue couvrant environ 5% de la sphère céleste, Egret n'a quant à lui permis de détecter que quelques événements au delà de 30 MeV, ces derniers comptant d'ailleurs parmi les plus intenses des spécimens catalogués par Batse (Dingus *et al.*, 1994). Ce fut par exemple le cas de GRB 910503, un sursaut très intense détecté jusque vers 100 MeV (Figure 11.13).

On ne peut pas exclure que tous les autres sursauts présentent eux-aussi une composante à haute énergie, non détectée pour l'heure en raison du plus faible champ de vue et de la sensibilité limitée des instruments à haute énergie de la présente génération. À noter enfin le cas très surprenant de GRB 940217 : bien que la durée de ce sursaut ne fût que de 180 secondes dans la bande des rayons γ de basse énergie, Egret enregistra jusqu'à 5700 secondes après l'événement des photons d'énergie supérieure à 200 MeV dont les directions d'origine coïncidaient avec celle du sursaut (Hurley *et al.*, 1994).

Propriétés d'ensemble des sursauteurs gamma

En accumulant les détections de sursauts à un rythme jamais atteint auparavant — le premier catalogue Batse de sursauts gamma (Fishman *et al.* 1994) est riche de 260 événements —, l'expérience Batse fut à l'origine d'une profonde remise en cause du modèle **étoile à neutrons** qui avait cours dans les années quatre-vingts s'agissant de la nature des sursauteurs gamma. On avait en effet fini par se convaincre que ces mystérieuses impulsions de photons γ étaient d'une manière ou d'une autre issues d'**étoiles à neutrons** localisées dans le disque de notre propre galaxie (voir Higdon et Lingenfelter, 1990).

Mais on ne disposait alors que de bases de données peu fournies et souvent inhomogènes, donc mal adaptées aux études de nature statistique qui sont le point de départ obligé de toute recherche sur la nature des sursauteurs gamma. Comme évoqué plus haut, le modèle **étoile à neutrons** se trouva d'ailleurs renforcé quand l'un des premiers réseaux interplanétaires de détection de sursauts fournit avec une précision inégalée la direction d'origine de l'événement du 5 mars 1979 qui se trouva coïncider avec celle d'un vestige de supernova. Mais on n'avait pas encore admis à cette époque que l'événement en question avait été produit par le répétiteur gamma à basse énergie SGR 0526 – 66, un type très particulier de source gamma, d'une tout autre nature que celle des sursauteurs gamma de type classique.

Pendant les quinze années qui précédèrent la mise en service de Batse à bord de l'Observatoire à Rayons Gamma *Compton*, le modèle **étoile à neutrons** s'était donc peu à peu imposé. Quand Batse débuta ses observations, on escomptait bien que ce dispositif expérimental à très grand champ, combinant une grande sensibilité et une certaine aptitude à localiser la direction d'origine des sursauts gamma, fournirait sans tarder la base de données propre à démontrer d'une manière statistiquement irréfutable que les sursauteurs gamma, à l'instar des **étoiles à neutrons**, constituent une population d'objets en rapport avec le disque galactique. Or il n'en fut rien : comme l'illustre la Figure 11.14, la répartition sur la voûte céleste des directions d'origine de 1121 sursauts gamma détectés trois années durant par Batse ne présente aucune anisotropie d'ensemble, ni aucune tendance à se rassembler en amas, que ce soit à petite comme à grande échelle (Fishman et Meegan, 1995).

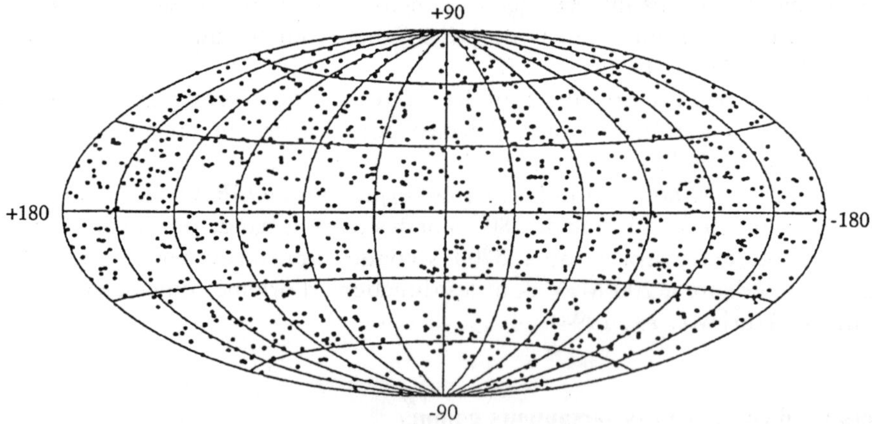

Figure 11.14 Distribution en coordonnées galactiques (longitudes et latitudes galactiques étant exprimées en degrés) des directions d'origine de 1121 sursauts gamma détectés pendant trois années de fonctionnement de l'expérience Batse à bord de *Compton* (d'après Fishman et Meegan, 1995).

Plusieurs critères permettent de vérifier d'une manière plus quantitative qu'il n'existe aucune corrélation entre les directions d'origine des sursauts détectés par Batse et le disque galactique. C'est ainsi que la valeur moyenne de cos θ, ou θ est l'angle entre la direction d'origine du sursaut et celle du centre de la Galaxie, est un paramètre sensible à une éventuelle concentration des sursauteurs gamma vers le centre galactique (s'agissant d'une distribution isotrope, $<\cos\theta> = 0$). Quant à la valeur moyenne de $\sin^2 b$, ou b est la latitude galactique de la direction d'origine du sursaut, il s'agit d'un paramètre sensible à une éventuelle concentration des sursauteurs gamma le long du plan galactique (une distribution isotrope implique $<\sin^2 b> = 1/3$).

Si l'on tient compte du fait que Batse n'observe pas la voûte céleste d'une manière parfaitement uniforme, la mise en pratique des deux critères évoqués ci-dessus renforce quantitativement le sentiment que l'on retire au vu de la Figure 11.14, à savoir que les directions d'origine des sursauts gamma détectés par Batse sont statistiquement compatibles avec l'hypothèse d'une distribution isotrope, caractérisée par $<\cos\theta> = 0$ et $<\sin^2 b> = 1/3$. Il semble donc exclu que les sursauteurs gamma constituent une quelconque population d'astres localisés au sein de notre propre galaxie, sauf à envisager une population ultra-locale, une hypothèse qui n'est pas sans soulever de sérieuses objections, comme précisé plus bas.

L'analyse statistique des sursauts détectés par Batse démontre donc que les sursauteurs gamma se répartissent d'une manière isotrope sur toute la voûte céleste. Il n'en va pas de même s'agissant de leur distribution radiale qui présente un déficit manifeste en spécimens à faibles flux crête. Le flux crête est le nombre ϕ de photons détectés dans une gamme d'énergie donnée pendant un intervalle de temps ΔT donné encadrant l'instant où l'intensité du sursaut atteint sa valeur la plus élevée. Soit $N(>\phi_S)$ le nombre de sursauts détectés par Batse dont les flux crête ϕ sont tels que $\phi > \phi_S$. Si les sursauteurs étaient répartis d'une manière homogène dans un espace euclidien, $N(>\phi_S)$ s'exprimerait en fonction de ϕ_S par la relation suivante :

$$N(>\phi_S) \propto \phi_S^{-3/2} \tag{11.14}$$

Mais s'agissant de sursauts effectivement détectés par Batse, la distribution de leurs flux crête (voir Figure 11.15), si elle semble suivre une loi compatible avec la relation (11.14) dans la région des flux crête les plus élevés, s'en écarte de plus en plus au fur et à mesure que l'on atteint la zone des flux crête les plus faibles. Tout se passe donc comme si la densité spatiale des sursauteurs gamma était globalement uniforme jusqu'à une certaine distance (inconnue) de la Terre et décroissait au delà.

De la nature des sursauteurs gamma

Toute tentative visant à expliquer le phénomène sursaut gamma doit donc proposer, dans l'ordre :

1. Une famille de sites cosmiques dont les propriétés d'ensemble sont compatibles avec celles qui caractérisent les sursauteurs gamma, à savoir une répartition isotrope sur la voûte céleste combinée à une distribution radiale telle que décrite ci-dessus.

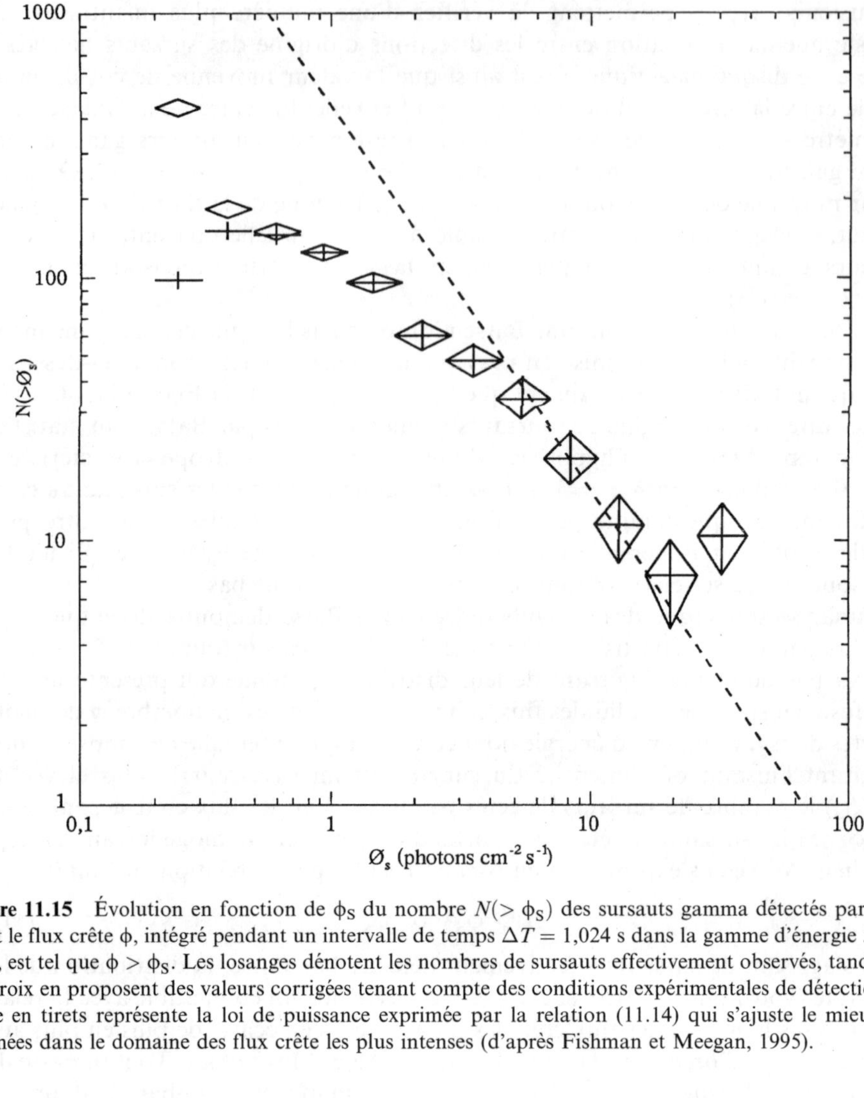

Figure 11.15 Évolution en fonction de ϕ_S du nombre $N(>\phi_S)$ des sursauts gamma détectés par Batse dont le flux crête ϕ, intégré pendant un intervalle de temps $\Delta T = 1{,}024$ s dans la gamme d'énergie 50-300 keV, est tel que $\phi > \phi_S$. Les losanges dénotent les nombres de sursauts effectivement observés, tandis que les croix en proposent des valeurs corrigées tenant compte des conditions expérimentales de détection. La ligne en tirets représente la loi de puissance exprimée par la relation (11.14) qui s'ajuste le mieux aux données dans le domaine des flux crête les plus intenses (d'après Fishman et Meegan, 1995).

2. Une source d'énergie apte à produire les flux observés, compte-tenu de la gamme de distance qu'implique la famille de sites cosmiques choisie.
3. Un mécanisme émissif pouvant reproduire toutes les propriétés temporelles et spectrales des sursauts gamma.

Il faut donc se mettre d'abord en quête d'une population de sites cosmiques qui fait montre d'une répartition isotrope sur la voûte céleste et dont la densité spatiale est uniforme jusqu'à une certaine distance de la Terre et décroît au delà. Même s'il faut exclure toutes les familles d'astres répartis au sein du disque galactique, il se trouve cependant plusieurs populations cosmiques pouvant satisfaire à cette double exigence. Citons ainsi par échelle de distance croissante les populations suivantes :

1. Les petits corps qui composent le **nuage de Oort**, à savoir la structure sphérique la plus externe du système solaire.
2. Les astres qui peupleraient un éventuel halo étendu de notre galaxie (à condition que le rayon de ce halo soit au minimum de 100 kpc).
3. Une population de sites emplissant tout l'univers jusqu'à une distance compatible avec une valeur $z \sim 1$ du **décalage vers le rouge cosmologique**.

Les deux premières propositions soulèvent des objections très sérieuses : absence de processus crédibles propres à produire des impulsions de rayons γ au sein du **nuage de Oort**, et absence de données d'observation justifiant l'existence d'un éventuel halo galactique étendu. La majorité des astrophysiciens s'en remet donc à un nouveau *credo* selon lequel les sursauteurs gamma constituent une population s'étendant jusqu'à des distances cosmologiques. Pour l'essentiel, il s'agit là d'une démarche par défaut, même si les profils temporels des sursauts faibles tels qu'observés par Batse semblent porter l'empreinte de l'effet de dilatation cosmologique qui devrait affecter tous les sursauts produits à $z \sim 1$ (Norris *et al.*, 1995).

Se pose alors la question de la nature de sources à qui l'on demande de débiter pendant une dizaine de secondes une puissance de l'ordre de $10^{51} f$ erg s^{-1} sous forme d'un rayonnement de nature non-thermique, f étant le facteur de focalisation, à savoir la fraction d'angle solide dans lequel les photons sont émis ($f = 1$ dans le cas d'une source émettant dans toutes les directions). Le défi proposé aux astrophysiciens est d'autant plus sévère que l'émission gamma ne doit pas s'accompagner d'émissions d'intensité comparable dans d'autres domaines spectraux. C'est pour cette raison qu'il faut éviter la présence d'une **étoile à neutrons** au voisinage des sites émissifs de sursauts gamma : irradiée par un flux intense de rayons γ, la surface de l'étoile s'échaufferait au point de produire un intense rayonnement X thermique qui n'a jamais été observé (Imamura et Epstein, 1987).

Toujours dans le cadre du modèle cosmologique, et pour peu que les sursauts gamma soient des événements suscités par des objets d'origine stellaire, on s'attend donc à ce qu'ils surviennent au sein de galaxies, à un taux qui serait de l'ordre de $10^{-6}(1/f)$ par galaxie et par an. Rien n'empêche alors d'évoquer comme source d'énergie des phénomènes aussi exceptionnels que la coalescence de deux **étoiles à neutrons** (voir plus haut) ou d'une **étoile à neutrons** et d'un **trou noir**. Ce type d'événement est en effet susceptible de relâcher en une milliseconde environ une quantité d'énergie de l'ordre de 10^{53} ergs. Une grande partie de cette énergie est rayonnée sous forme de neutrinos et d'anti-neutrinos dont unc fraction s'annihile pour constituer un plasma de paires électron-positon en expansion relativiste emportant une quantité d'énergie de l'ordre de 10^{50} ergs.

Même si un tel plasma de paires recèle une quantité d'énergie pouvant s'avérer suffisante (à condition de postuler $f \ll 1$), il reste encore à bâtir un scénario où tout ou partie de cette énergie se retrouve sous la forme d'une émission gamma dont les caractéristiques temporelles et spectrales seraient comparables à celles des sursauts gamma. Or s'agissant d'un plasma de paires en expansion, l'émission de photons se produit dès que sous l'effet de l'expansion, la température T du plasma en question descend à des valeurs telles que $kT \approx 20$ keV (où k est la constante de Boltzmann). Cette situation survient au bout de quelques millisecondes seulement et produit un rayonnement de nature thermique, alors que les sursauts gamma durent beaucoup plus longtemps et que leurs émissions sont de nature non-thermique[16].

À l'instar du type de modèle esquissé ci-dessus, bien d'autres explications du phénomène sursaut gamma, basées sur des scénarios parfois fort différents, s'efforcent de satisfaire aux exigences qu'imposent les observations de Batse. Aucun modèle n'est encore en mesure de fournir une théorie complète de ce qui demeure l'une des plus grandes énigmes de l'astrophysique. Pour y parvenir, il convient d'étoffer encore plus la base de données relative aux sursauts gamma en pratiquant d'une manière systématique des observations simultanées dans d'autres registres spectraux.

Depuis les débuts de l'astronomie gamma spatiale, les observations de type multi-longucur d'onde se sont très souvent révélées décisives pour découvrir la nature des sources de rayons gamma cosmiques. Mais s'agissant de l'étude des sursauteurs gamma, la réalisation d'un tel objectif se heurte encore à des problèmes restés jusqu'à présent sans solution. Toutes les tentatives visant à observer les sursauteurs dans des registres spectraux éloignés du domaine gamma impliquent en effet de mettre en œuvre simultanément deux sortes d'appareils fort dissemblables :

1. Des détecteurs gamma spatiaux à très grand champ, censés procurer en temps réel la direction d'arrivée des sursauts gamma avec une précision meilleure que celle fournie par l'expérience Batse.
2. Une batterie de télescopes terrestres où spatiaux à champ plus réduits opérant dans d'autres bandes spectrales et pouvant se pointer en temps quasi réel dans la direction du sursaut telle qu'estimée par le dispositif précédent.

RÉFÉRENCES

Bignami, G.F., et Caraveo, P.A., (1996). *Ann. Rev. Astron. Astrophys.*, 34: 331.

Blondin, J.M., Kallman, T.R., Fryxell, B.A., et Taam, R.E., (1990). *Astrophys. J.*, 356: 591.

Borner, G., Hayakawa, S., Nagase, F., et Anzer, U., (1987). *Astron. Astrophys.*, 182: 63.

Bouchet, L., Mandrou, P., Roques, J.-P., Vedrenne, G., Cordier, B., Goldwurm, A., Lebrun, F., Paul, J., Sunyaev, R., Churazov, E., Gilfanov, M., Pavlinsky, M., Grebenev, S., Babalyan, G., Dekhanov, I., et Khavenson, N., (1991). *Astrophys. J.*, 383: L45.

Carramiñana, A., Bennett, K., Buccheri, R., Busetta, M., Connors, A., Diehl, R., Hermsen, W., Kuiper, L., Lichti, G.G., Much, R., Ryan, J., Schönfelder, V., et Strong, A., (1995). *Astron. Astrophys.,* 304: 258.

Chambon, G., Hurley, K., Niel, M., Talon, R., Vedrenne, G., Estouline, I.V., et Likine, O.B., (1981). *Solar Phys.*, 69: 147.

Chupp, E.L., Forrest, D.J., Higbie, P.R., Suri, A.N., Tsai, C., et Dunphy, P.P., (1973). *Nature*, 241: 333.

Chupp, E.L., (1984). *Ann. Rev. Astron. Astrophys.*, 22: 359.

[16] Pour surmonter cette contradiction, Meszaros et Rees (1993) proposent que le plasma en expansion interagit avec la matière interstellaire alentour. Les baryons de ce milieu, ayant récupéré sous forme d'énergie cinétique l'énergie contenue dans le plasma en expansion, la restituent ensuite sous forme d'un rayonnement gamma pouvant présenter les propriétés temporelles et spectrales requises.

Crosby, N.B., Aschwanden, M.J., et Denis, B.R., (1993). *Solar Phys.*, 143: 275.
Dingus, B.L., Sreekumar, P., Schneid, E.J., Bertsch, D.L., Fichtel, C.E., Harding, A.K., Hartman, R.C., Hunter, S.D., Thompson, D.J., Mattox, J.R., Hurley, K., Kniffen, D.A., Kanbach, G., Mayer-Hasselwander, H.A., Sommer, M., von Montigny, C., Lin, Y.C., Michelson, P.F., et Nolan, P.L., (1994). *in*: AIP Conference Proceedings 307, *Gamma-Ray Bursts Second Workshop*, éd. G.J. Fishman, J.J. Brainerd et K. Hurley (New-York: AIP Press), 22.
Esposito, J.A., Hunter, S.D., Kanbach, G., et Sreekumar, P., (1996). *Astrophys. J.*, 461: 820.
Evans, W.D., Klebesadel, R.W., Laros, J.G., Cline, T.L., Desai, U.D., Pizzichini, G., Teegarden, B.J., Hurley, K., Niel, M., Vedrenne, G., Estouline, I.V., Kouznetsov, A.V., Zenchenko, V.M., et Kurt, V.G., (1980). *Astrophys. J.*, 237: L7.
Fierro, J.M., Bertsch, D.L., Brazier, K.T., Chiang, J., D'Amico, N., Fichtel, C.E., Hartman, R.C., Hunter, S.D., Johnston, S., Kanbach, G., Kaspi, V.M., Kniffen, D.A., Lin, Y.C., Lyne, A.G., Manchester, R.N., Mattox, J.R., Mayer-Hasselwander, H.A., Michelson, P.F., von Montigny, C., Nolan, P.L., Schneid, E., et Thompson, D.J., (1993). *Astrophys. J.*, 413: L27.
Finogenov, A., Churazov, E., Gilfanov, M., Sunyaev, R., Vikhlinin, A., Dyachkov, A., Khavenson, N., Tserenin, I., Schmitz-Fraysse, M.-C., Denis, M., Roques, J.-P., Mandrou, P., Claret, A., Ballet, J., Cordier, B., et Goldwurm, A., (1994). *Astrophys. J.*, 424: 940.
Fishman, G.J., Harnden Jr., F.R., Johnson III, W.N., Haymes, R.C., (1969). *Astrophys. J.*, 158: L61.
Fishman, G.J., Meegan, C.A., Wilson, R.B., Brock, M.N., Horack, J.M., Kouveliotou, C., Howard, S., Paciesas, W.S., Briggs, M.S., Pendleton, G.N., Koshut, T.M., Mallozzi, R.S., Stollberg, M., et Lestrade, J.P., (1994). *Astrophys. J. Suppl. Series*, 92: 229.
Fishman, G.J., et Meegan, C.A., (1995). *Ann. Rev. Astron. Astrophys.*, 33: 415.
Fowler, W.A., et Hoyle, F., (1964). *Astrophys. J. Suppl. Series*, 9: 201.
Gehrels, N., Leventhal, M., et MacCallum, C.J., (1987). *Astrophys. J.*, 322: 215.
Ghosh, P., et Lamb, F.K., (1979). *Astrophys. J.*, 234: 296.
Goldoni, P., Musso, C., Caraveo, P.A., Bignami, G.F., (1995). *Astron. Astrophys.*, 298: 535.
Goldwurm, A., Ballet, J., Cordier, B., Paul, J., Bouchet, L., Roques, J.-P., Barret, D., Mandrou, P., Sunyaev, R., Churazov, E., Gilfanov, M., Dyachkov, A., Khavenson, N., Kovtunenko, V., Kremnev, R., et Sukhanov, K., (1992). *Astrophys. J.*, 389: L79.
Goldwurm, A., Ballet, J., Laurent, P., Paul, J., Jourdain, E., Bouchet, L., Mandrou, P., Roques, J.-P., Churazov, E., Gilfanov, M., Sunyaev, R., Dyachkov, A., Khavenson, N., Kremnev, R., Sukhanov, K., et Kuleshova, N., (1993). *Astron. Astrophys. Suppl. Series*, 97: 293.
Goldwurm, A., Cordier, B., Paul, J., Ballet, J., Bouchet, L., Roques, J.-P., Vedrenne, G., Mandrou, P., Sunyaev, R., Churazov, E., Gilfanov, M., Finogenov, A., Vikhlinin, A., Dyachkov, A., Khavenson, N., et Kovtunenko, V., (1994). *Nature*, 371: 589.
Harmon, B.A., Wilson, C.A., Zhang, S.N., Paciesas, W.S., Fishman, G.J., Hjellming, R.M., Rupen, M.P., Scott, D.M., Briggs, M.S., Rubin, B.C., (1995). *Nature*, 374: 703.
Hermsen, W., Bloemen, H., Kuiper, L., Swanenburg, B.N., Diehl, R., Lichti, G.G., Schönfelder, V., Strong, A.W., Connors, A., Morris, D., Ryan, J.M., Varendorff, M., Bennett, K., Busetta, M., Carramiñana, A, Winkler, C., et Buccheri, R., (1993). *in*: AIP Conference Proceedings 280, *Compton Gamma-Ray Observatory*, éd. M. Friedlander, N. Gehrels et D.J. Macomb (New-York: AIP Press), 204.
Higdon, J.C., et Lingenfelter, R.E., (1990). *Ann. Rev. Astron. Astrophys.*, 28: 401.
Ho, C., et Arons, J., (1987). *Astrophys. J.*, 316: 283.
Hua, X.M., et Lingenfelter, R.E., (1987). *Solar Phys.*, 113: 229.
Hudson, H.S., Bai, T., Gruber, D.E., Matteson, J.L., Nolan, P.L., et Peterson, L.E., (1980). *Astrophys. J.*, 236: L91.

Hurley, K., Dingus, B.L., Mukherjee, R., Sreekumar, P., Kouveliotou, C., Meegan, C., Fishman, G.J., Band, D., Ford, L., Bertsch, D., Cline, T., Fichtel, C., Hartman, R., Hunter, S., Thompson, D.J., Kanbach, G., Mayer-Hasselwander, H., von Montigny, C., Sommer, M., Lin, Y., Nolan, P., Michelson, P., Kniffen, D., Mattox, J., Schneid, E., Boer, M., et Niel, M., (1994). *Nature*, 372: 652.

Imamura, J.N., et Epstein, R.I., (1987). *Astrophys. J.*, 313: 711.

Iyudin, A.F., Diehl, R., Bloemen, H., Hermsen, W., Lichti, G.G., Morris, D., Ryan, J., Schönfelder, V., Steinle, H., Varendorff, M., De Vries, C., et Winkler, C., (1994). *Astron. Astrophys.*, 284: L1.

Kanbach, G., Bertsch, D.L., Fichtel, C.E., Hartman, R.C., Hunter, S.D., Kniffen, D.A., Kwok, P.W., Lin, Y.C., Mattox, J.R., Mayer-Hasselwander, H.A., Michelson, P.F., von Montigny, C., Nolan, P.L., Pinkau, K., Rothermel, H., Schneid, E., Sommer, M., Sreekumar, P., et Thompson, D.J., (1993). *Astron. Astrophys. Suppl. Series*, 97: 349.

Kanbach, G., (1995). *in: Currents in High-Energy Astrophysics*, éd. M. Shapiro, R. Silberberg et J.P. Wefel (Dordrecht: Kluwer Academic Publishers), 1.

Kitamoto, S., Tsunemi, H., Miyamoto, S., et Hayashida, K., (1992). *Astrophys. J.*, 394: 609.

Kluzniak, W., Ruderman, M., Shaham, J., et Tavani, M., (1988). *Nature*, 336: 558.

Kouveliotou, C., Van Paradijs, J., Fishman, G.J., Briggs, M.S., Kommers, J., Harmon, B.A., Meegan, C.A., et Lewin, W.H.G., (1996). *Nature*, 379: 799.

Kulkarni, S.R., Frail, D.A., Kassim, N.E., Murakami, T., et Vasisht, G., (1994). *Nature*, 368: 129.

Kurfess, J.D., Johnson, W.N., Kinzer, R.L., Kroeger, R.A., Strickman, M.S., Grove, J.E., Leising, M.D., Clayton, D.D., Grabelsky, D.A., Purcell, W.R., Ulmer, M.P., Cameron, R.A., et Jung, G.V., (1992). *Astrophys. J.*, 399: L137.

Laurent, P., et Paul, J., (1994). *Astrophys. J. Suppl. Series*, 92: 375.

Laurent, P., Paul, J., Claret, A., Caraveo, P.A., Schmitz-Fraysse, M.-C., Jourdain, E., Roques, J.-P., Mandrou, P., Churazov, E., Gilfanov, M., Sunyaev, R., Finoguenov, A., Sitdikov, A., Vikhlinin, A., Dyachkov, A., et Khavenson, N., (1994). *Astron. Astrophys.*, 286: 838.

Leikov, N.G., Akimov, V.V., Volzhenskaya, V.A., Kalinkin, L.F., Nesterov, V.E., Galper, A.M., Zemskov, V.M., Oserov, Y.V., Topchiev, N.P., Fradkin, M.I., Tchuikin, E.I., Tugaenko, V.Y., Gros, M., Grenier, I., Bazer-Bachi, A.-R., Lavigne, J.-M., et Olive, J.-F., (1993). *Astron. Astrophys. Suppl. Series*, 97: 345.

Lewin, W.H.G., Van Paradijs, J., Van der Klis, M., (1988). *Space Science Rev.*, 46: 273.

Lin, R.P., Schwartz, R.A., Kane, S.R., Pelling, R.M., et Hurley, K.C., (1984). *Astrophys. J.*, 283: 421.

Lucy, L.B., et White, R.L., (1980). *Astrophys. J.*, 241: 300.

Lund, N., et Brandt, S., (1991). Circulaire U.A.I. no. 5161.

McClintock, J.E., Baylin, C., et Remillard, R., (1992). Circulaire U.A.I. no. 5499.

Makino, F., (1991). Circulaire U.A.I. no. 5161.

Matz, S., Share, G.H., Leising, M.D., Chupp, E.L., Vestrand, W.T., Purcell, W.R., Strickman, M.S., et Reppin, C., (1988). *Nature*, 331: 416.

Mereghetti, S., Caraveo, P.A., et Bignami, G.F., (1994). *Astrophys. J. Suppl. Series*, 92: 521.

Meszaros, P., et Rees, M.J., (1993). *Astrophys. J.*, 405: 278.

Mirabel, I.F., Morris, M., Wink, J., Paul, J., et Cordier, B., (1991). *Astron. Astrophys.*, 251: L43.

Mirabel, I.F., Rodriguez, L.F., Cordier, B., Paul, J., et Lebrun, F., (1992). *Nature*, 358: 215.

Mirabel, I.F., et Rodriguez, L.F., (1994). *Nature*, 371: 46.

Morris, D.J., Bennett, K., Bloemen, H., Hermsen, W., Lichti, G.G., McConnell, M.L., Ryan, J.M., et Schönfelder, V., (1995). *in*: Annals of the New-York Academy of Sciences, Vol. 759, *Seventeenth Texas Symposium on Relativistic Astrophysics and Cosmology*, éd.

H. Böhringer, G.E. Morfill et J.E. Trümper (New-York: The New-York Academy of Sciences), 397.

Murphy, R.J., Ramaty, R., Kozlovsky, B., et Reames, D.V., (1991). *Astrophys. J.*, 371: 793.

Nolan, P.L., Arzoumanian, Z., Bertsch, D.L., Chiang, J., Fichtel, C.E., Fierro, J.M., Hartman, R.C., Hunter, S.D., Kanbach, G., Kniffen, D.A., Kwok, P.W., Lin, Y.C., Mattox, J.R., Mayer-Hasselwander, H.A., Michelson, P.F., von Montigny, C., Nel, H.I., Nice, D., Pinkau, K., Rothermel, H., Schneid, E., Sommer, M., Sreekumar, P., Taylor, J.H., et Thompson, D.J., (1993). *Astrophys. J.*, 409: 697.

Norris, J.P., Hertz, P., Wood, K.S., et Kouveliotou, C., (1991). *Astrophys. J.*, 366: 240.

Norris, J.P., Nemiroff, R.J., Scargle, J.D., Kouveliotou, C., Fishman, G.J., Meegan, C.A., Paciesas, W.S., et Bonnell, J.T., (1995). *Astrophys. J.*, 424: 540.

Pacini, F., (1967). *Nature*, 216: 567.

Paczynski, B., (1971). *Ann. Rev. Astron. Astrophys.*, 9: 183.

Paul, J., Mandrou, P., Ballet, J., Cantin, M., Chabaud, J.-P., Cordier, B., Ehanno, M., Goldwurm, A., Lambert, A., Landé, J., Laurent, P., Lebrun, F., Leray, J.-P., Ména, B., Niel, M., Roques, J.-P., Rouaix, G., Salotti, L., Souleille, P., et Vedrenne, G., (1991). *Advances in Space Research*, 11: (8)289.

Peterson, L.E., et Winckler, J.R., (1959). *J. Geophys. Res.*, 64: 697.

Pollock, A.M.T., (1987). *Astron. Astrophys.*, 171: 135.

Prantzos, N., et Diehl, R., (1996). *Physics Reports*, 267: 1.

Prince, T.A., Ling, J.C., Mahoney, W.A., Riegler, G.R., et Jacobson, A.S., (1982). *Astrophys. J.*, 255: L81.

Pylyser, E.H.P., et Savonije, G.J., (1988). *Astron. Astrophys.*, 208: 52.

Ramanamurthy, P.V., Bertsch, D.L., Dingus, B.L., Esposito, J.A., Fierro, J. M., Fichtel, C.E., Hunter, S.D., Kanbach, G., Kniffen, D.A., Lin, Y.C., Lyne, A.G., Mattox, J.R., Mayer-Hasselwander, H.A., Merck, M., Michelson, P.F., von Montigny, C., Mukherjee, R., Nolan, P.L., et Thompson, D.J., (1995). *Astrophys. J.*, 447: L109.

Ramanamurthy, P.V., Fichtel, C.E., Kniffen, D.A., Sreekumar, P., et Thompson, D.J., (1996). *Astrophys. J.*, 458: 755.

Ramaty, R., Kozlovsky, B., et Lingenfelter, R.E., (1975). *Space Sci. Rev.*, 18: 341.

Ramaty, R., Leventhal, M., Chan, K.W., et Lingenfelter, R.E., (1992). *Astrophys. J.*, 392: L63.

Rappaport, S., Joss, P.C., et Webbink, R.F., (1982). *Astrophys. J.*, 254: 616.

Rodriguez, L.F., Mirabel, I.F., et Marti, J., (1992). *Astrophys. J.*, 401: 205.

Schaefer, B.E., Teegarden, B., Cline, T., Dingus, B.L., Fishman, G.J., Meegan, C.A., Wilson, R.B., Paciesas, W.S., Pendleton, G.N., Band, D.L., Schneid, E.J., Kwok, P.W., Schönfelder, V., Winkler, C., Hermsen, W., Kippen, R.M., (1994). *in*: AIP Conference Proceedings 307, *Gamma-Ray Bursts Second Workshop*, éd. G.J. Fishman, J.J. Brainerd et K. Hurley (New-York: AIP Press), 280.

Shakura, N.I., et Sunyaev, R.A., (1973). *Astron. Astrophys.*, 24: 337.

Shklovskii, I.S., (1967). *Astrophys. J.*, 148: L1.

Strickman, M.S., Grove, J.E., Johnson, W.N., Kinzer, R.L., Kroeger, R.A., Kurfess, J.D., Grabelsky, D.A., Matz, S.M., Purcell, W.R., et Ulmer, M.P., (1993). *in*: AIP Conference Proceedings 280, *Compton Gamma-Ray Observatory*, éd. M. Friedlander, N. Gehrels et D.J. Macomb (New-York: AIP Press), 209.

Sunyaev, R., Kaniovsky, A., Efremov, V., Gilfanov, M., Churazov, E., Grebenev, S., Kuznetsov, A., Melioranskiy, A., Yamburenko, N., Yunin, S., Stepanov, D., Chulkov, I., Pappe, N., Boyarskiy, M., Gavrilova, E., Loznikov, V., Prudkoglyad, A., Rodin, V., Reppin, C., Pietsch, W., Engelhauser, J., Trümper, J., Voges, W., Kendziorra, E., Bezler, M., Staubert, R., Brinkman, A.C., Heise, J., Mels, W.A., Jager, R., Skinner, G.K., Al-Emam, O., Patterson, T.G., et Willmore, A.P., (1987). *Nature*, 330: 227.

12. LES SOURCES GAMMA INTERSTELLAIRES

TRAITS PROPRES AUX SOURCES INTERSTELLAIRES

Comment les définir ?

Les astronomes gamma les qualifient souvent de diffuses, par opposition aux sources liées aux étoiles, réputées ponctuelles, mais cette différenciation ne repose cependant que sur des critères expérimentaux témoignant de la médiocre résolution angulaire des télescopes gamma. Certains types de sources gamma liées aux étoiles concernent des spécimens intrinsèquement diffus, comme par exemple les sources associées aux vestiges de supernova (voir chapitre précédent). Les processus physiques à l'origine de l'émission gamma des sources en question sont d'ailleurs souvent les mêmes que ceux à l'œuvre au sein du milieu interstellaire. En revanche, les télescopes et spectromètres gamma à qui l'on doit l'essentiel des résultats résumés dans ce chapitre présentent des fonctions d'appareil telles qu'ils se sont avérés incapables de résoudre des sources authentiquement interstellaires dont l'extension angulaire est inférieure à 1–2 degrés.

Plutôt que de nous en tenir à une discrimination subjective entre sources ponctuelles et sources diffuses, un classement qui risque d'être remis en cause chaque fois qu'un instrument plus performant est mis en service, nous avons préféré classer les sources de rayons γ cosmiques en fonction de la nature du réservoir d'énergie à l'origine de leur rayonnement. Après avoir ainsi traité au chapitre précédent des différents types de sources gamma dont les ressources en énergie proviennent directement d'un objet céleste de nature stellaire (à quelque stade d'évolution que ce soit), nous abordons dans les pages qui suivent le cas des émissions gamma produites par deux types d'ingrédients répandus dans tout le milieu interstellaire, à savoir d'une part les positons et les radionucléides et d'autre part les particules accélérées à haute énergie qui constituent le rayonnement cosmique galactique.

Il faut d'ailleurs noter que ces ingrédients sont tous, à des degrés divers, d'origine stellaire. C'est le cas des rayons cosmiques, du moins ceux qui contribuent à l'essentiel de l'émission gamma du milieu interstellaire et dont les supernovas seraient les sources principales. C'est également le cas des radionucléides du milieu interstellaire, qu'ils aient été dispersés par des étoiles à perte de masse, des novas ou des supernovas, ou qu'ils soient le produit d'interactions impliquant des rayons cosmiques. Il en va enfin de même des positons, qu'ils aient été produits par la radioactivité β^+ de radionucléides répandus par les étoiles, par décroissance de particules instables issus d'interactions mettant en jeu des rayons cosmiques, voire par certaines étoiles effondrées aptes à confiner des plasmas de paires électron-positon.

La classification que nous proposons ne devrait pas conduire à des ambiguïtés majeures, même quand il est question des plus étendues parmi les sources gamma liées aux étoiles. S'agissant par exemple d'un vestige de supernova, tant que ce dernier ne s'est pas complètement dissous au sein du milieu interstellaire, la source gamma qui lui est éventuellement associée doit être encore classée comme liée à une étoile, puisqu'elle tire parti de l'énergie produite par l'explosion d'une étoile donnée. Il en va de même des sources induites par les radionucléides dispersés lors de certaines phases de l'évolution stellaire : tant que des éléments radioactifs nimbent encore les sites où ils ont été synthétisés, on peut encore parler de sources gamma liées aux étoiles.

Au contraire, après dissipation du vestige de supernova ayant contribué à l'accélération d'un nouveau contingent de particules, ces dernières sont devenues une composante indiscernable du rayonnement cosmique. Une source gamma induite par le rayonnement cosmique galactique doit donc être classée comme interstellaire puisqu'elle tire parti d'une ressource énergétique propre à l'ensemble du milieu interstellaire où elle se situe. Dans le même ordre d'idées, s'agissant de radionucléides dont la durée de vie est assez longue pour qu'ils puissent diffuser loin des sites où ils sont produits, l'émission qui en résulte est sans conteste de nature interstellaire.

Comment les étudier ?

Quand un télescope opérant dans le domaine gamma est en mesure de résoudre une source interstellaire S_γ donnée, les chaînes de traitement qu'il convient de mettre en œuvre pour dépouiller les données ainsi recueillies aboutissent à des résultats souvent très ambigus. On sait en effet que les sources actives dans le domaine gamma produisent très peu de photons, et que faute de dispositif concentrateur, les télescopes gamma offrent des surfaces collectrices en général assez réduites. S'agissant d'une source étendue que l'on peut résoudre en un grand nombre de pixels, la statistique de comptage par élément d'image s'avère souvent si faible que de nombreuses familles de résultats sont parfois compatibles avec un même jeu de données d'observation.

Les astronomes gamma en sont alors réduits à espérer que la source S_γ présente des caractéristiques que l'on peut mesurer au moyen d'observations pratiquées dans d'autres domaines spectraux. Par exemple, dans le cas — fort courant au demeurant — où la source S_γ résulte de l'interaction de particules accélérées avec un gaz interstellaire froid, on dispose de tout un arsenal d'observations pratiquées dans le domaine des ondes radio pour estimer la **densité de colonne** de ce gaz, que l'on suppose pour l'essentiel composé d'atomes d'hydrogène neutre (symbole HI) et de molécules d'hydrogène (symbole H_2).

La **densité de colonne** d'hydrogène neutre N[HI] est déterminée d'une manière assez directe à partir de l'observation de la raie radio à 21 cm de l'atome d'hydrogène. La molécule H_2 en revanche, avec son moment dipolaire nul (la molécule est symétrique), n'émet aucune raie intense dans les domaines radio, infrarouge et visible. L'estimation de la **densité de colonne** $N[H_2]$ de la molécule H_2 passe plutôt par la mesure de l'intensité de l'émission radio millimétrique intégrée dans la raie à

2,6 mm du monoxyde de carbone (symbole CO). Il s'agit d'une molécule asymétrique assez abondante dans les milieux interstellaires froids qui, en raison de son moment dipolaire non nul, est en mesure de rayonner avec beaucoup plus d'intensité que la molécule H_2.

On admet en général que l'intensité de l'émission à 2,6 mm de la molécule CO est reliée à la **densité de colonne** de la molécule H_2 par la relation suivante :

$$X = \frac{N[H_2]}{W[CO]} \tag{12.1}$$

En supposant que la valeur de X est la même partout dans S_γ, les données gamma sont alors analysées en déterminant sur la base de critères statistiques les valeurs les plus probables des coefficients q_γ et I_B aptes à vérifier sur toute l'étendue de S_γ la relation suivante :

$$I_\gamma = \frac{q_\gamma}{4\pi}\left[N[\mathrm{HI}]_F + 2XW[\mathrm{CO}]_F\right] + I_B \tag{12.2}$$

où I_γ est l'intensité du rayonnement gamma mesurée dans un pixel centré sur un point de coordonnées galactiques l et b. L'indice "F" signifie que les deux quantités $N[\mathrm{HI}]_F$ et $W[\mathrm{CO}]_F$ sont calculées en tenant compte de la fonction d'appareil F du télescope gamma par des relations du type :

$$\begin{aligned} N[\mathrm{HI}]_F &= \iint N[\mathrm{HI}](l,b)F(l-l',b-b')dl'\,db' \\ W[\mathrm{CO}]_F &= \iint W[\mathrm{CO}](l,b)F(l-l',b-b')dl'\,db' \end{aligned} \tag{12.3}$$

Le coefficient q_γ entrant dans la relation (12.2) dénote l'émissivité gamma par atome d'hydrogène, incluant la production de photons γ par interactions p–p et par Bremsstrahlung, telles que définies au chapitre 6. Quant au coefficient I_B, il représente un terme de bruit de fond incluant le bruit de l'appareil et toutes les émissions gamma à grande échelle dont les distributions sur la voûte céleste ne varient pas d'une manière appréciable dans la région où s'étend la source S_γ.

SOURCES À SPECTRES CONTINUS LIÉES À LA VOIE LACTÉE

L'émission gamma galactique

La détection du rayonnement gamma de haute énergie ($E_\gamma > 50$ MeV) émis par la Galaxie (Clark *et al.*, 1968) est considérée à juste titre comme le véritable point de départ de l'astronomie gamma spatiale (voir chapitre introductif). Obtenu par un détecteur rudimentaire balayant la voûte céleste, ce premier portrait de l'émission gamma galactique à haute énergie en révélait d'emblée les traits essentiels (Kraushaar *et al.*, 1972) :

1. Une répartition préférentielle des zones émissives dans une bande de ciel alignée le long de la Voie lactée.

2. Une forte dépendance en longitude de l'intensité des zones émissives en question, le maximum d'intensité s'étendant le long de l'équateur galactique jusqu'à environ 30 degrés de part et d'autre de la direction du centre galactique.

Attestée dans ses grandes lignes par tous les balayages de la Voie lactée menés ultérieurement dans la même bande spectrale avec des instruments de plus en plus performants, cette vue d'ensemble fut confirmée également dans la bande des rayons γ de plus basse énergie. Elle implique qu'une large fraction de l'émission observée provient d'une vaste région annulaire, structurée par les bras spiralés de la Galaxie et s'étendant entre 3 et 6 kpc du centre galactique, zone que les astronomes dénomment "l'anneau moléculaire à 4 kpc".

Bien avant la première détection de l'émission gamma galactique, maints astrophysiciens avaient avancé qu'en interagissant avec certains composants du milieu interstellaire, les rayons cosmiques devaient inévitablement produire une abondante émission de photons γ. Les mécanismes suivants avaient alors été proposés comme source potentielle de cette éventuelle émission gamma :

1. La diffusion Compton de photons d'origine stellaire par les électrons du rayonnement cosmique (Feenberg et Primakoff, 1948).
2. La diffusion Compton de photons du **rayonnement fossile** par les électrons du rayonnement cosmique (Gould, 1965).
3. Le Bremsstrahlung des électrons du rayonnement cosmique interagissant avec la matière interstellaire (Hutchinson, 1952).
4. La décroissance des mésons π^0 produits lors des interactions des protons et noyaux à haute énergie du rayonnement cosmique avec la matière interstellaire (Hayakawa, 1952).

Comme détaillé plus bas, les données dont nous disposons à la suite de presque trois décennies d'observations astronomiques dans le domaine gamma suggèrent que les mécanismes énumérés ci-dessus contribuent plus ou moins largement à l'une ou l'autre des composantes spectrales du rayonnement gamma de la Voie lactée, accréditant ainsi la nature interstellaire d'une large majorité de l'émission gamma galactique. Il n'en demeure pas moins qu'une certaine fraction du rayonnement gamma de la Galaxie provient de sites où les processus émissifs ne sont pas directement liés au rayonnement cosmique confiné dans le disque : il s'agit d'une part des sources gamma liées aux étoiles, abordées au chapitre précédent, et d'autre part des sources interstellaires de raies gamma, décrites dans la section suivante.

En raison des performances encore modestes des télescopes gamma, qu'il s'agisse de leur pouvoir séparateur, de leur résolution spectrale et de leur sensibilité, nous sommes encore loin de détenir un inventaire complet des sites en question. Dans bien des cas, il n'a donc pas été possible de soustraire leurs contributions de l'émission générale de la Galaxie. Sauf mention spéciale, nous avons toutefois pris le parti de postuler ci-dessous que l'émission gamma galactique résulte essentiellement de l'interaction des rayons cosmiques avec l'une ou l'autre des composantes du milieu interstellaire.

Structure à large échelle de l'émission gamma galactique

Pendant les quinze premiers mois après sa mise en service en avril 1991 à bord de l'Observatoire à Rayons Gamma *Compton*, l'expérience Egret a mené à bien un premier balayage complet du ciel. Avec une sensibilité qui s'avère supérieure d'un ordre de grandeur à celle de *Sas 2* et de *Cos B*, les deux instruments ayant déjà opéré dans le même régime spectral, Egret a permis de tracer pour la première fois l'image gamma à haute énergie de toute la voûte céleste.

Au vu de la Figure 12.1, on constate au premier coup d'œil que l'émission gamma galactique est sans conteste la source la plus brillante du ciel dans la bande des rayons γ d'énergie supérieure à 100 MeV. Son intensité globale dépasse largement celle des sources qui apparaissent à haute latitude galactique (identifiées pour la plupart avec des AGN, voir chapitre suivant), ainsi que celle des trois sources galactiques les plus brillantes (Geminga, le pulsar du Crabe et le pulsar des Voiles), dont les émissions gamma sont alimentées par le ralentissement de la vitesse angulaire d'**étoiles à neutrons** animées d'un mouvement de rotation rapide (voir chapitre précédent).

On est ainsi en mesure d'apprécier la structure générale de l'émission gamma galactique à haute énergie — une étroite bande émissive alignée le long de la Voie lactée, avec un maximum d'émission dans les régions centrales — découverte près d'un quart de siècle plus tôt grâce au balayage du ciel mené par le satellite *Oso 3* (Kraushaar *et al.*, 1972). On discerne également les aspects principaux de l'émission gamma galactique à haute énergie déjà révélés à la suite des observations conduites par *Cos B* (Mayer-Hasselwander *et al.*, 1982). Les aspects en question s'avèrent pour la plupart corrélés avec les structures à grande échelle les plus proéminentes du disque galactique.

On constate d'abord que l'émission gamma des régions centrales de la Voie lactée, jusqu'à 30–40 degrés de part et d'autre du centre galactique, porte l'empreinte de

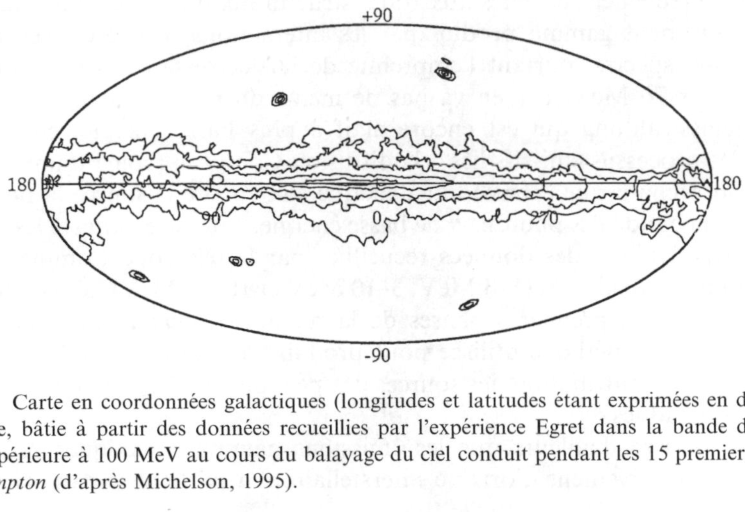

Figure 12.1 Carte en coordonnées galactiques (longitudes et latitudes étant exprimées en degrés) de la voûte céleste, bâtie à partir des données recueillies par l'expérience Egret dans la bande des rayons γ d'énergie supérieure à 100 MeV au cours du balayage du ciel conduit pendant les 15 premiers mois de la mission *Compton* (d'après Michelson, 1995).

l'anneau moléculaire autour duquel s'enroulent les bras spiraux de la Galaxie. On discerne ensuite, à gauche des régions centrales, une zone émissive corrélée avec la région du Cygne (où se développe le bras dit local), et à droite des régions centrales, les deux zones émissives en rapport avec les directions tangentes à deux bras spiralés de la Galaxie. Il s'agit à $l \approx 310°$ du bras intermédiaire, dit Écu-Croix, et à $l \approx 285°$ du bras majeur, dit Sagittaire-Carène. On suit aussi sur la partie gauche de la Voie lactée ($90° < l < 130°$) une bande émissive qui s'aligne le long du bras extérieur, dit de Persée. On repère enfin vers $l \approx 60°$ un minimum d'émission qui se situe dans une direction où la ligne de visée s'aligne entre deux bras majeurs de la Galaxie (Sagittaire-Carène et Persée).

Grâce à la haute sensibilité de détection qu'offre l'expérience Egret, on distingue aussi la texture locale du milieu interstellaire qui apparaît à moyenne latitude galactique, jusqu'à 30 degrés de part et d'autre de la bande émissive centrale. Les régions locales les plus actives se manifestent aux latitudes positives, vers $l \approx 350°$ dans le Serpentaire (au centre de la carte) et vers $l \approx 120°$ dans Céphée (sur la gauche de la carte). On les décèle également aux latitudes négatives, vers $l \approx 210°$ dans Orion (à l'extrémité droite de la carte), et vers $l \approx 160°$ dans le Taureau (à l'extrémité gauche). Nous consacrons plus bas une section de ce chapitre aux cas des sources de nature interstellaire les plus intenses parmi celles liées aux condensations du milieu interstellaire local.

C'est sur la base de cette remarquable identité d'ensemble que la plupart des astrophysiciens s'accordent aujourd'hui pour attribuer l'essentiel de l'émission gamma galactique à haute énergie à des processus mettant en jeu les collisions des rayons cosmiques (électrons, protons et noyaux) avec les particules de la matière interstellaire, qu'il s'agisse du Bremsstrahlung des électrons ou du rayonnement qui résulte des interactions de type *p–p* impliquant les protons et noyaux. En effet, le haut degré de corrélation entre la distribution de la matière interstellaire et celle de l'émission gamma galactique à haute énergie ne favorise pas les processus émissifs liés à la diffusion Compton, mécanismes dont les ingrédients de base — électrons du rayonnement cosmique et champs de rayonnements radio, infrarouges et visibles — sont moins directement corrélés aux traits structuraux du disque galactique.

Le rayonnement gamma produit par les interactions *p–p* se concentre à haute énergie et son spectre, portant l'empreinte de la décroissance des π^0, présente un maximum vers 70 MeV. Il n'en va pas de même du rayonnement interstellaire de nature Bremsstrahlung qui est encore actif à plus basse énergie, comme le sont d'ailleurs les processus émissifs liés à la diffusion Compton (voir Figure 9.5). Il n'est donc pas surprenant que l'émission galactique soit encore la source la plus brillante du ciel dans la bande des photons γ de basse énergie, comme en atteste les trois cartes du ciel bâties à partir des données recueillies par le télescope Comptel dans trois bandes spectrales distinctes (1–3 MeV, 3–10 MeV et 10–30 MeV), d'avril 1991 à août 1994, lors des trois premières phases de la mission *Compton* (Schönfelder *et al.*, 1995), bien que la méthode utilisée pour produire les cartes reproduites en Figure 12.2 privilégie la contribution des sources d'aspect ponctuel et atténue en partie celle des sources étendues.

Rien ne prouve d'ailleurs que les émissions gamma galactiques présentées ci-dessus sont exclusivement d'origine interstellaire, en particulier dans la bande des

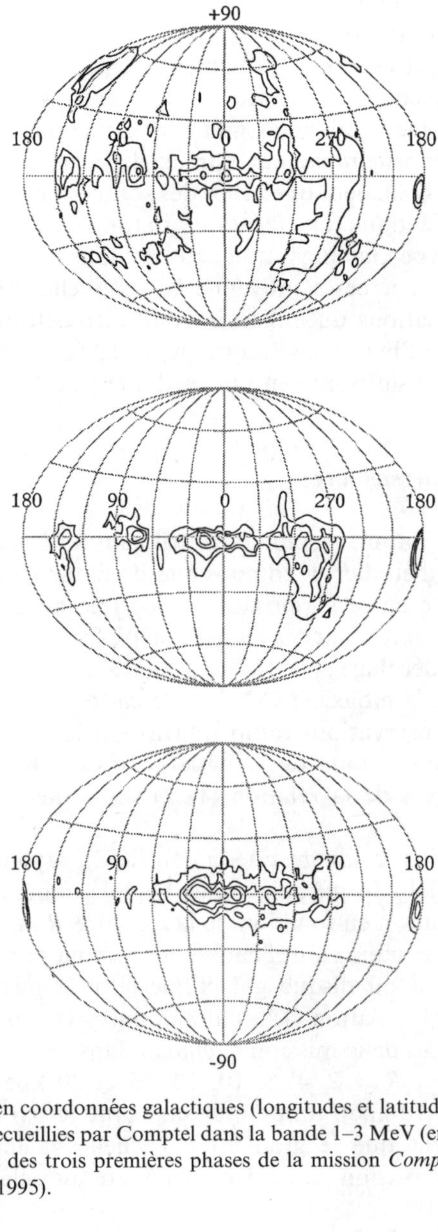

Figure 12.2 Cartes du ciel en coordonnées galactiques (longitudes et latitudes étant exprimées en degrés), bâties à partir des données recueillies par Comptel dans la bande 1–3 MeV (en haut), 3–10 MeV (au centre) et 10–30 MeV (en bas), lors des trois premières phases de la mission *Compton*, d'avril 1991 à août 1994 (d'après Schönfelder *et al.*, 1995).

rayons γ de basse énergie. Il convient à cette occasion de signaler que sur les 129 sources répertoriées dans le deuxième catalogue de sources de rayons γ de haute énergie produit à la suite des observations menées par Egret lors de deux premières phases de la mission *Compton* (Thompson *et al.*, 1995), 71 spécimens restent sans identification notoire avec des objets célestes repérés dans d'autres domaines spectraux. Or dans leur grande majorité, les sources non-identifiées sont très certainement liées au disque galactique, comme en témoignent leur distribution en latitude (Kanbach *et al.*, 1996).

Si l'on excepte quelques sources probablement associées à des vestiges de supernova (voir chapitre précédent), les autres spécimens sans identification formelle répertoriés dans le deuxième catalogue Egret sont d'une nature totalement inconnue. Sur la base de leur luminosité moyenne, estimée d'après leur distribution en latitude, Mukherjee *et al.* (1995) concluent que celles des sources non identifiées qui s'alignent le long de l'équateur galactique (une trentaine au total) ne constituent pas une famille de pulsars gamma, de type Geminga, non détectés dans le domaine radio. Quant aux sources non identifiées repérées à moyenne latitude, elles semblent assez bien corrélées avec des condensations du milieu interstellaire détectées par leurs émissions dans la raie à 21 cm de l'hydrogène atomique (Grenier, 1997), ce qui ne constitue pourtant pas une preuve suffisante en faveur d'une possible nature interstellaire.

De l'émission gamma interstellaire

Même si des sources de nature inconnue contribuent à l'émission gamma de la Voie lactée, il reste possible d'étudier la composante de nature interstellaire du rayonnement gamma galactique en la supposant compatible avec un modèle basé sur la relation (12.2) dont il s'agit d'ajuster les paramètres sur toute la Galaxie. En interprétant les mesures du décalage spectral de la raie à 21 cm de l'hydrogène atomique et de celle à 2,6 mm de la molécule CO dans le cadre de la rotation d'ensemble du disque galactique, les observations radio fournissent le moyen d'estimer la répartition du gaz interstellaire le long de la ligne de visée. On est alors en mesure de déterminer les paramètres de la relation (12.2) sur toute la profondeur du disque galactique.

Certains astrophysiciens estiment que la densité du rayonnement cosmique varie entre le centre et le bord du disque galactique. Un tel gradient de densité doit donc se manifester par une variation en fonction de la distance R au centre de la Galaxie du paramètre $q_\gamma(R)$, défini comme étant l'émissivité gamma par atome d'hydrogène qui prévaut dans un anneau du disque galactique situé à une distance R du centre galactique. En ajustant la relation (12.2) aux données recueillies par Egret au cours des deux premières phases de la mission *Compton* dans les six anneaux compris entre les sept cercles de rayon $R = 2, 4, 8, 10, 12, 15$ et 30 kpc (la distance du centre galactique étant fixée à 10 kpc), tout en laissant libre le paramètre $q_\gamma(R)$, Strong et Mattox (1996) concluent que le gradient à l'échelle galactique du rayonnement cosmique produisant l'émission gamma interstellaire au delà de 100 MeV est assez faible[1] (voir Figure 12.3).

En cantonnant cette fois l'analyse aux deux anneaux incluant le **cercle solaire**, (valeurs de R telles que 8 kpc $< R <$ 12 kpc), mais en l'étendant à plus basse énergie grâce aux données recueillies par Comptel, on peut aussi déterminer l'évolution de

[1] Ce résultat est tout à fait compatible avec celui découlant d'une analyse similaire portant sur les données recueillies par *Cos B* (Strong *et al.*, 1988).

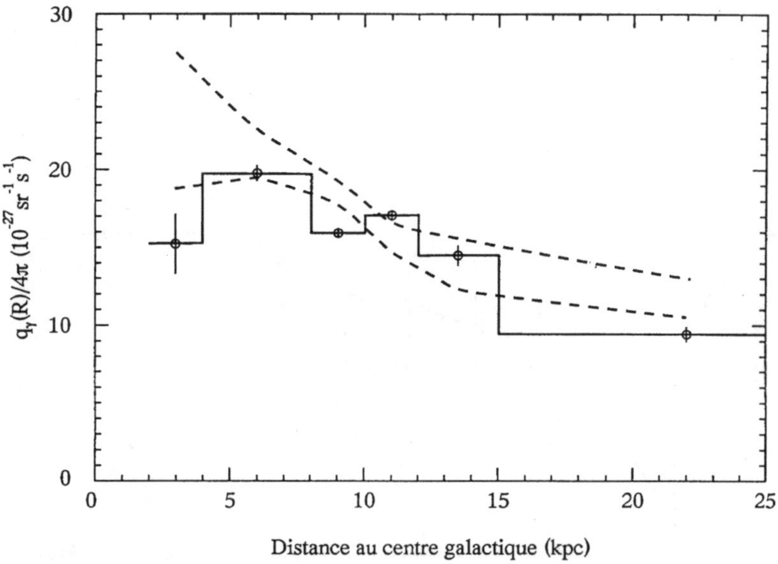

Figure 12.3 L'histogramme dénote la variation en fonction de la distance R au centre de la Galaxie du paramètre $q_\gamma(R)/4\pi$ estimé à partir des données recueillies par Egret au delà de 100 MeV lors des deux premières phases de la mission *Compton*. Les tirets délimitent le domaine le plus probable où évolue le même paramètre $q_\gamma(R)/4\pi$ estimé cette fois à partir des données recueillies par *Cos B* (d'après Strong et Mattox, 1996).

l'émissivité q_γ du milieu interstellaire local en fonction de l'énergie, comme illustré en Figure 12.4. La disparité que l'on observe au delà de 300 MeV entre les résultats qui découlent des données recueillies par *Cos B* et par Egret reflète sans doute le fait que la réponse à haute énergie de l'expérience Egret est mieux évaluée que celle de *Cos B*. En déterminant ainsi l'émissivité gamma du milieu interstellaire proche, les astronomes gamma ouvrent la possibilité d'estimer l'intensité et le spectre des deux composantes locales du rayonnement cosmique qui participent à l'émission gamma galactique : les électrons d'une part et les protons et noyaux d'autre part.

L'énergie de la majorité des protons et noyaux qui contribuent au rayonnement gamma issu de la décroissance des π^0 produits par interactions *p–p* se situe bien au delà du gigaélectronvolt, un domaine où les mesures pratiquées dans le voisinage terrestre ont peu à souffrir des effets de l'activité solaire (voir Figure 5.2). On ne peut donc pas imputer à la méconnaissance du flux des protons et noyaux cosmiques de haute énergie le désaccord que l'on constate en Figure 12.4 entre l'émissivité estimée dans la gamme 1–10 GeV à partir des données recueillies par Egret, et celle que prédit Bertsch *et al.* (1993) sur la base d'une étude du rayonnement gamma issu des interactions *p–p* entreprise par Stecker (1988). Il n'est d'ailleurs pas exclu que des erreurs systématiques de nature expérimentale soient à l'origine de tout ou partie de cette disparité.

La situation est tout autre dans le cas des électrons du rayonnement cosmique. L'énergie de ceux qui contribuent par Bremsstrahlung à l'émission gamma galactique — en particulier dans la bande des rayons γ de basse énergie — est en effet trop

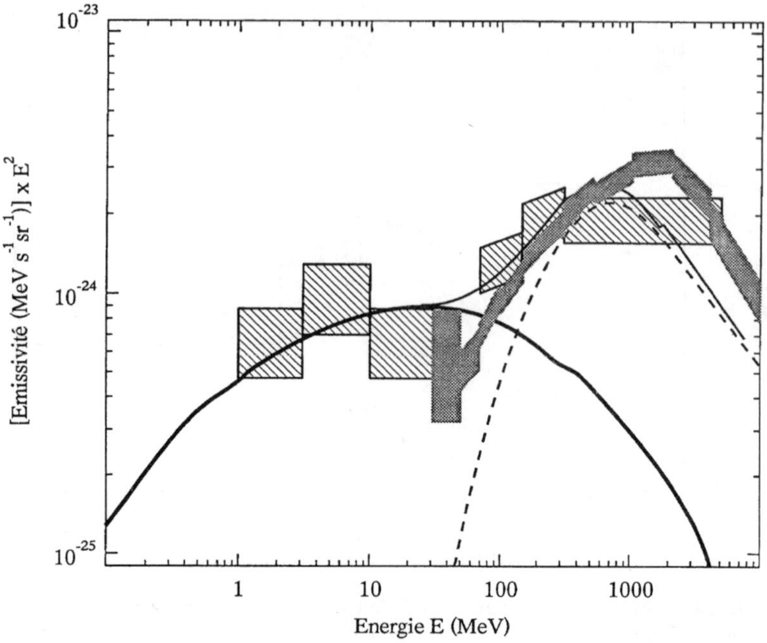

Figure 12.4 Spectre de l'émissivité gamma du milieu interstellaire local (d'après Strong et Mattox, 1996). Les zones hachurées dénotent les valeurs les plus probables de l'émissivité gamma estimées à partir des données recueillies par Comptel (Strong *et al.*, 1995) et par *Cos B* (Strong *et al.*, 1988), les zones en grisé, celles estimées à partir des données recueillies par Egret (Strong et Mattox, 1996). La ligne fine représente une modélisation de l'émissivité gamma du milieu interstellaire qui combine les contributions de nature Bremsstrahlung (Strong et Youssefi, 1995) et de nature *p–p* (Bertsch *et al.*, 1993), représentées respectivement par une ligne épaisse et par des tirets.

basse pour que les électrons en question soient en mesure de pénétrer au sein de l'**héliosphère**, d'où une profonde méconnaissance de leur densité dans le milieu interstellaire local. En interprétant les données relatives à l'émission gamma galactique recueillies par *Cos B*, Cesarsky *et al.* (1978) avaient conclu que la densité locale des électrons cosmiques d'énergie comprise entre 100 MeV et 1 GeV est plus grande que celle déduite des mesures directes menées à proximité de la Terre, ce qui implique un effet de l'activité solaire plus sévère que prévu.

Comme on le constate au vu de la Figure 12.4, l'estimation de l'intensité et du spectre des électrons cosmiques locaux proposée par Strong et Youssefi (1995) implique une émissivité Bremsstrahlung dont la valeur s'adapte assez bien dans la gamme de 10 MeV à 1 GeV à celle déduite des résultats de Comptel, de *Cos B* et d'Egret, compte-tenu, au delà de 30 MeV, de la contribution du rayonnement gamma issu de la décroissance des π^0. À basse énergie au contraire, l'émissivité Bremsstrahlung s'avère quelque peu inférieure à celle déduite des données de Comptel, ce qui suggère une contribution d'autres processus, comme par exemple la diffusion Compton des électrons cosmiques de haute énergie sur le champ de photons infrarouges rayonnés par les poussières interstellaires.

SOURCES DE RAIES GAMMA LIÉES À LA VOIE LACTÉE

Nous abordons dans cette section le cas de sources interstellaires de raies gamma identifiées avec l'un ou l'autre des grands éléments structuraux qui constituent notre galaxie, tels que le disque et le **bulbe galactique**. Le cas des sources de moindre extension angulaire, comme par exemple celle identifiée avec le complexe moléculaire d'Orion, est détaillé dans la section suivante consacrée aux sources gamma liées aux nuages interstellaires.

Émissions dans la raie à 1,809 MeV de l'aluminium 26

Sa découverte remonte aux mesures spectrales effectuées par le spectromètre C 1 monté à bord du satellite américain *H.E.A.O. 3* lors de deux balayages des régions centrales de la Galaxie menées en 1979 et 1980 (Mahonney *et al.*, 1982). Avec l'excellente résolution en énergie que lui assura son détecteur à semi-conducteur germanium, C 1 permit d'identifier formellement la raie à 1,809 MeV produite par la décroissance $^{26}Al \rightarrow ^{26}Mg$ dans le spectre du rayonnement émis par les régions centrales de la Galaxie. Mais en raison de la brièveté des deux observations évoquées ci-dessus (deux semaines chacune), et de la grande ouverture (42 degrés) de son collimateur — l'unique moyen dont il disposait pour estimer la direction d'origine des rayons γ qu'il détectait — C 1 ne fournit aucune information sur l'étendue et, *a fortiori*, sur la structure de la source du rayonnement à 1,809 MeV, au delà de la simple constatation que sa direction coïncidait avec celle des régions centrales de la Galaxie.

Cette première détection d'une raie gamma nucléaire démontrait cependant pour la première fois l'activité des processus de nucléosynthèse au sein de la Galaxie. Plus de douze années plus tard, le télescope Comptel à bord de L'Observatoire à Rayons Gamma *Compton* mesurait la distribution angulaire de l'émission gamma galactique dans la raie à 1,809 MeV de l'aluminium 26 en tirant parti d'un dispositif à diffusion Compton (voir chapitre 3) apte à mesurer la direction d'origine des photons γ avec une résolution angulaire de quelques degrés, et ce dans un vaste champ de vue (un stéradian environ). La Figure 12.5 présente la carte de la Voie lactée bâtie en

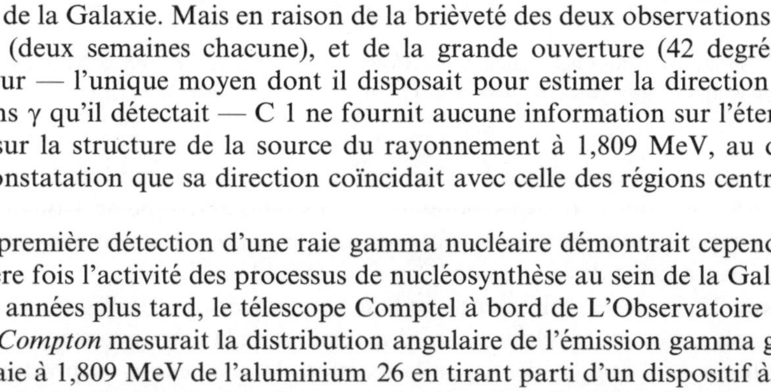

Figure 12.5 Carte en coordonnées galactiques de la Voie lactée, bâtie à partir des données recueillies par Comptel dans une bande de 200 keV centrée à 1,8 MeV au cours des poses où le disque galactique se trouvait dans le champ de l'appareil lors du balayage complet de la voûte céleste conduit pendant les deux premières années de la mission *Compton* (d'après Diehl *et al.*, 1995).

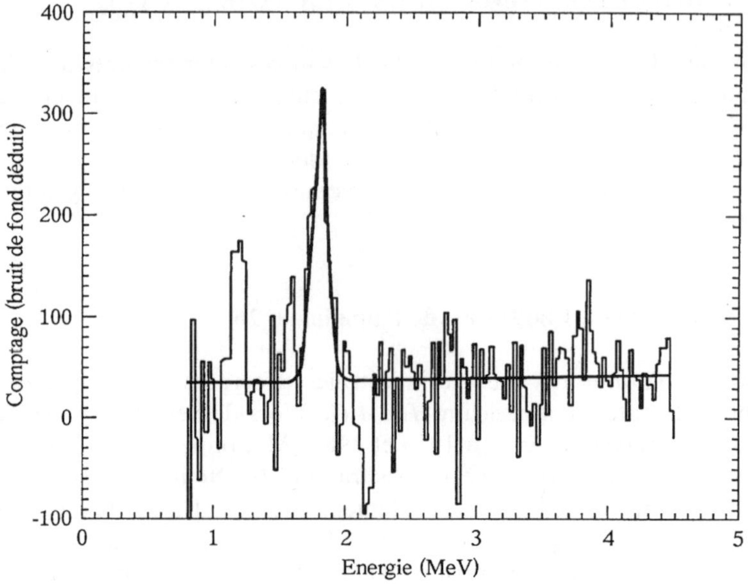

Figure 12.6 Spectre des photons recueillis par Comptel dans des régions de la Voie lactée dont les longitudes galactiques l sont telles que $l > 330°$ et $l < 30°$ (d'après Diehl *et al.*, 1995).

combinant toutes les données recueillies par Comptel dans une bande de 200 keV centrée à 1,8 MeV au cours des poses où le disque galactique se trouvait dans le champ de l'appareil lors du balayage complet de la voûte céleste conduit pendant les deux premières années de la mission *Compton* (Diehl *et al.*, 1995).

La Figure 12.6 atteste clairement que le rayonnement dont la Figure 12.5 détaille la distribution sur la voûte céleste est bien le résultat de la décroissance $^{26}Al \rightarrow {}^{26}Mg$. On constate en effet que le spectre de la fraction de cette émission produite par les régions centrales de la Galaxie présente un pic d'émission dont la largeur et l'énergie du maximum sont toutes deux compatibles avec une raie fine centrée à 1,809 MeV, compte-tenu de la réponse en énergie de l'instrument.

Au vu de la Figure 12.5, il apparaît que l'émission gamma dans la raie à 1,809 MeV provenant des régions intérieures de la Galaxie, si elle semble bien de nature diffuse, s'aligne cependant d'une manière assez irrégulière le long du disque de la Galaxie. Cette constatation, bien qu'assez vague, suffit toutefois à privilégier, parmi les différents sites de production de l'aluminium 26 évoqués au chapitre 10, ceux associés à des étoiles massives. Les sites liés aux étoiles peu massives (comme les novas et les étoiles AGB de petite masse) relâchent en effet peu d'aluminium 26. Il en faudrait donc un très grand nombre pour expliquer le flux de l'émission galactique mesuré dans la raie à 1,809 MeV, ce qui conduirait à une distribution de l'émission bien plus homogène que celle dont Comptel souligne au contraire l'aspect granuleux. Également dans l'hypothèse d'une forte contribution d'étoiles de petite masse, le **bulbe galactique**, qui ne renferme que des étoiles peu massives, devrait apparaître dans la carte produite par Comptel, ce qui n'est pas le cas.

Compte-tenu de la durée de vie de l'aluminium 26, les maximums de la carte de l'émission galactique dans la raie à 1,809 MeV tracée par Comptel révèlent donc l'emplacement sur la voûte céleste des principales zones de la Galaxie où des processus de nucléosynthèse ont été récemment (ou sont encore) à l'œuvre. Il n'est pas possible pour l'instant d'identifier tous ces "points chauds" avec des structures de la Galaxie repérées dans d'autres domaines spectraux. Trois d'entre eux (à $l \approx 32°$, $l \approx 310°$ et $l \approx 285°$) semblent cependant situés dans des directions tangentes à des bras spiraux de la Galaxie que l'on discerne non seulement dans les cartes radio de l'hydrogène ionisé, mais aussi dans celles produites par *Iras* dans l'infrarouge lointain et, comme noté plus haut, dans celles bâties dans la bande des rayons γ de haute énergie.

Le fait que la distribution de l'émission gamma galactique dans la raie à 1,809 MeV présente bien des points communs avec ces trois dernières cartes, toutes censées tracer les sites où se forment les étoiles massives, renforce encore l'hypothèse que de telles étoiles sont bien les sources de l'aluminium 26 interstellaire (Prantzos et Diehl, 1996). Par contre, les points chauds à $l \approx 2°$, $l \approx 346°$ et $l \approx 335°$ ne semblent pas correspondre à des aspects structuraux notoires de la Galaxie intérieure, une région assez mal connue au demeurant. Le premier d'entre eux, qui se situe à 2 degrés du centre galactique, pourrait cependant témoigner d'une activité intense de formation d'étoiles à l'extrémité d'une éventuelle barre galactique (Chen *et al.*, 1995). Cette structure, du type de celle que l'on retrouve dans les galaxies spirales dites "barrées", s'étendrait sur environ 5 kpc et son extrémité la plus proche du Soleil pointerait dans le premier quadrant de la Voie lactée.

Quant aux points chauds que l'on peut noter dans des directions autres que celle des régions intérieures de la Galaxie, ils seraient plutôt les témoins d'astres pas trop distants, aptes à produire et à relâcher de l'aluminium 26 dans leur proche environnement. C'est pour cette raison que le chapitre précédent les signale au titre de source gamma liée à une étoile.

Émissions dans la raie d'annihilation électron-positon

Voilà plus de trente ans que l'on détecte une telle émission dans la direction générale du centre de notre galaxie. C'est en 1970 en effet que Johnson *et al.* (1972) la signalèrent pour la première fois, mais c'est seulement en 1977 que Leventhal *et al.* (1978) mesurèrent avec précision l'énergie pic E_P de la raie, au moyen d'un spectromètre gamma à haute résolution en énergie équipé d'un détecteur à semi-conducteur germanium. La valeur ainsi estimée (à savoir $E_P = 510{,}7 \pm 0{,}5$ keV) établit alors sans conteste que le rayonnement observé était bien produit par un processus d'annihilation de positons à l'œuvre dans la direction des régions centrales de la Galaxie.

L'émission en question fut alors scrutée sans relâche par des spectromètres embarqués à bord de ballons stratosphériques et surtout par des spectromètres montés à bord de véhicules spatiaux, comme les instruments C 1 à bord de *H.E.A.O. 3*, G.R.S. à bord de *S.M.M.* et Osse à bord de l'Observatoire à Rayons Gamma *Compton*, ces deux derniers instruments étant malheureusement équipés de scintillateurs NaI à médiocre résolution en énergie. À noter toutefois la reprise des observations spatiales à haute résolution avec le spectromètre T.G.R.S. embarqué en novembre 1994 à bord du satellite américain *Wind* (Teegarden *et al.*, 1996).

Ces observations (y compris celles menées par T.G.R.S.) sont toutes le fait d'instruments à grand champ, dépourvus de dispositifs aptes à mesurer la direction d'origine des photons γ. En dépit de la méconnaissance de la façon dont les sources de rayonnement d'annihilation se répartissent sur la voûte céleste, Ramaty *et al.* (1994) proposent cependant que l'émission observée combine deux composantes distinctes :

1. Une composante d'intensité variable, qui rassemble l'émission de quelques sources compactes localisées dans les régions centrales de la Galaxie.
2. Une composante émise par une source étendue, qui serait alors produite par l'annihilation de positons injectés dans le milieu interstellaire.

Les indices en faveur d'une ou plusieurs sources variables proviennent d'observations conduites par des détecteurs identiques mesurant des flux différents à des époques différentes. On obtient alors une limite supérieure de la taille de la source en tirant parti de la relation (11.1). Mais s'agissant de la raie d'annihilation émise par les régions centrales de la Galaxie, les mesures sont entachées d'erreurs statistiques et systématiques d'une ampleur telle que l'on peut douter des signes de variabilité suggérés par certaines observations.

À noter cependant que les observations gamma conduites avec le télescope Sigma à bord de *Granat* ont permis de mettre en évidence des processus sporadiques d'annihilation liés à des sources actives dans la bande des photons γ de basse énergie. À l'instar de 1E 1740.7 – 2942, la source localisée au voisinage du centre galactique, des sites de ce type pourraient être à l'origine d'émissions de positons aptes à susciter dans le milieu alentour des raies d'annihilation aussi fines que celles détectées par les expériences de spectroscopie, l'intensité de l'émission pouvant varier au gré de la source excitatrice (voir chapitre précédent).

Quant à la source étendue de nature interstellaire, son existence est attestée par le fait que l'amplitude de la raie d'annihilation croît en fonction de l'ouverture des appareils pointés en direction du centre de la Galaxie, ainsi que par des observations du plan galactique menées de part et d'autre du centre. À la suite d'un balayage des régions centrales de la Galaxie entrepris par Osse, Purcell *et al.* (1993) suggèrent que le rayonnement d'annihilation d'origine interstellaire provient pour l'essentiel d'une zone sphérique dont les dimensions sont compatibles avec celle du **bulbe galactique**. Une autre composante de moindre intensité (environ 20% de la composante sphérique) s'étend également le long de la Voie lactée, jusqu'à 60 degrés de part et d'autre du centre galactique.

On attribue l'origine de la plupart des positons injectés dans le milieu interstellaire aux processus de radioactivité β^+ qui accompagnent les décroissances de radionucléides comme l'aluminium 26, le scandium 44 et le cobalt 56 (Ramaty *et al.*, 1994). S'il s'avère que le rayonnement d'annihilation observé dans la direction des régions centrales de la Galaxie provient du **bulbe galactique**, une région bien tracée par les novas, la majorité des positons devrait plutôt résulter de la décroissance du cobalt 56 et du scandium 44, deux radionucléides que l'on suppose produits en plus grande abondance par les supernovas de type Ia. On estime en effet que la distribution des supernovas de type Ia doit suivre celle des novas, dans la mesure où les deux types d'événements ont pour progéniteurs des **naines blanches** accrétantes.

SOURCES GAMMA LIÉES À DES NUAGES INTERSTELLAIRES

Loin d'être distribuée d'une manière plus ou moins uniforme à l'intérieur du disque galactique, la matière interstellaire a au contraire tendance à se condenser en nuages interstellaires. Il s'agit de milieux froids et denses favorisant la présence de gaz sous forme moléculaire, d'où le nom de "complexes moléculaires géants" que l'on attribue souvent aux spécimens les plus vastes et les plus massifs. Irradiés par le rayonnement cosmique galactique, ces structures doivent donc se manifester par une émission gamma résultant de l'interaction des rayons cosmiques avec la matière interstellaire qui s'y concentre.

Les complexes moléculaires sont également les sites où se forment les étoiles; c'est donc dans leur voisinage immédiat — voire en leur propre sein — que se trouve la majorité des étoiles massives. En raison de leur courte durée de vie, ces dernières n'ont en effet guère le temps de migrer loin du lieu de leur formation. Certains complexes moléculaires combinent donc des sites potentiels d'accélération de particules et les milieux au sein desquels ces particules énergétiques sont susceptibles d'interagir, avant même de diffuser plus loin pour contribuer au rayonnement cosmique galactique. Ces complexes moléculaires, que l'on peut qualifier d'actifs, n'en sont donc que plus aptes à rayonner dans le domaine gamma.

La détection des sources gamma associées aux complexes moléculaires se heurte au fait que ces derniers sont dans leur grande majorité localisés à faible distance du plan galactique. L'émission des complexes les plus proches (*a priori* les plus faciles à détecter) doit alors être recherchée sur un fond constitué par l'émission des spécimens plus lointains. Compte-tenu du médiocre pouvoir séparateur des télescopes opérant dans les bandes du domaine gamma où les complexes moléculaires sont supposés rayonner le plus, la recherche de leur éventuelle émission gamma s'avère souvent très difficile. Les candidats les plus prometteurs sont alors les seuls nuages proches dont la latitude galactique b est telle que $|b| > 10°$, ce qui les écarte notablement du fond galactique.

En raison de leur extension sur la voûte céleste, les sources gamma associées aux complexes moléculaires les plus proches apparaissent le plus souvent comme des zones émissives étendues, où la statistique de comptage par pixel s'avère trop faible pour permettre l'exploitation directe des données recueillies dans le domaine des rayons γ. L'interprétation des données passe alors par la détermination, sur la base de critères statistiques, des valeurs les plus probables des coefficients q_γ et I_B aptes à vérifier la relation (12.2) sur toute l'étendue de la zone en question.

Les émissions gamma du complexe moléculaire d'Orion

Ce complexe moléculaire géant, dont la masse est supérieure à 10^5 $M_\odot$, s'étend à une distance de 500 parsecs environ, vers $l \approx 210°$ et de $b \approx -20°$ à $b \approx -15°$. Le complexe d'Orion répondant bien aux critères de visibilité évoqués ci-dessus, il ne faut pas s'étonner qu'il fût le premier dont on parvint à détecter l'émission gamma à haute énergie, à la suite des observations conduite par *Cos B* (Caraveo *et al.*, 1980). Les données recueillies dans la bande des hautes énergies (E_γ > 100 MeV), que ce soit par *Cos B* (Bloemen *et al.*, 1984) ou par Egret à bord de l'Observatoire à Rayons Gamma *Compton* (Digel *et al.*, 1995), impliquent que la valeur la plus probable de l'émissivité gamma à haute énergie au sein du complexe moléculaire d'Orion est assez comparable à celles déterminées dans la plupart des autres sites galactiques proche du Soleil.

Le rayonnement cosmique galactique est donc apte à pénétrer au cœur des zones les plus denses du complexe d'Orion, et il n'est pas nécessaire d'invoquer une source additionnelle de rayons cosmiques pour rendre compte de l'émission observée dans la bande des hautes énergies. Il n'en va pas de même dans la bande des photons γ de basse énergie (E_γ < 10 MeV) : les données recueillies par Comptel à bord de *Compton* montrent que le complexe moléculaire d'Orion est le siège d'une émission de raies gamma nucléaires dont l'intensité implique une densité de particules accélérées de basse énergie sans doute dix fois plus élevée que dans d'autres sites galactiques proches du Soleil (Bloemen *et al.*, 1994).

Au vu de la Figure 12.7, on constate en effet que le spectre du rayonnement gamma détecté entre 3 et 7 MeV dans la direction du complexe d'Orion porte l'empreinte de deux raies d'émission fortement élargies. Ces dernières peuvent s'interpréter comme résultant de la désexcitation de noyaux de carbone et d'oxygène excités par collisions inélastiques avec des protons et des particules α (des noyaux d'hélium). Les raies gamma en question sont très fortement élargies par **effet Doppler** dans le cas où les particules projectiles (accélérées à grande vitesse) sont des noyaux de carbone et d'oxygène interagissant avec des protons et des particules α au repos. La situation inverse, où les noyaux de carbone et d'oxygène sont au repos, conduit à des raies de désexcitation nettement moins élargies, à l'instar de celles observées dans le spectre des sursauts solaires (voir chapitre précédent).

La grande largeur des raies de désexcitation observées en direction du complexe moléculaire d'Orion suggère donc que ce dernier abrite un site d'accélération à forte **métallicité** qui ne serait apte à accélérer des noyaux qu'à relativement basse énergie (quelques dizaines de mégaélectronvolts par nucléon au maximum). Il convient en effet que l'énergie des particules accélérées soit inférieure à un seuil au delà duquel les interactions de type *p–p* produiraient, par décroissance de pions π^0, un flux de photons γ de haute énergie beaucoup plus intense que celui observé par *Cos B* et Egret (voir ci-dessus). Le fait que l'accélération des particules s'opère dans un environnement à forte **métallicité** suggère qu'il s'agit probablement d'un milieu relâché par une étoile massive, dépouillée par **vents stellaires** de ses couches externes riches en protons.

Le complexe moléculaire d'Orion abrite de nombreuses étoiles jeunes et massives (comme celles du sous-groupe 1c de l'association Ori OB1), les plus massives d'entre

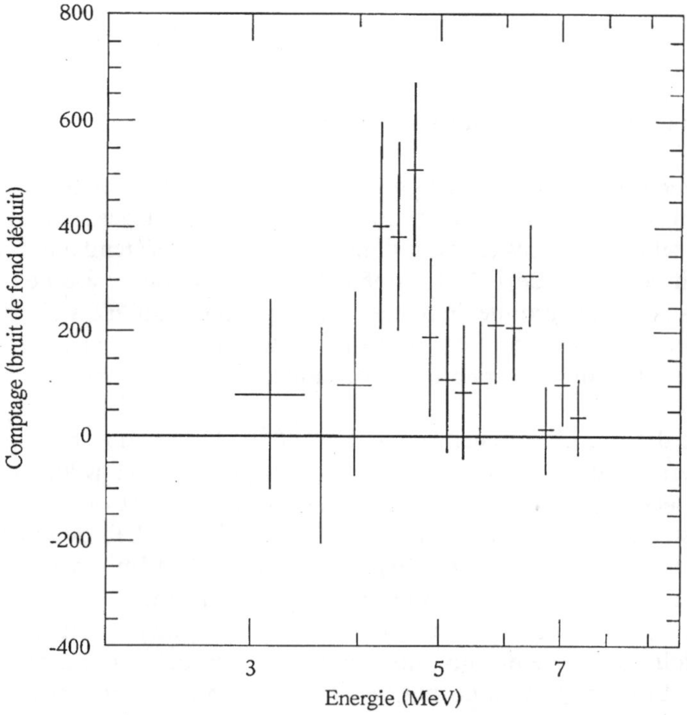

Figure 12.7 Spectre des photons γ de basse énergie recueillis par Comptel de 1991 à 1992 dans une zone de 3° de rayon centrée à $l = 208°$ et $b = -18°$ englobant le complexe moléculaire d'Orion (d'après Bloemen *et al.*, 1994).

elles ayant sans doute déjà atteint la phase supernova. Cassé *et al.* (1995) ont alors postulé qu'une étoile dont la masse initiale était de l'ordre de 60 $M_\odot$ aurait explosé récemment au sein du complexe moléculaire en produisant un flux de particules accélérées. L'étoile en question ayant été dépouillée par **vents stellaires** de la majeur partie de son enveloppe riche en protons, l'explosion répand donc dans le milieu un matériau fortement enrichi en noyaux synthétisés par les cycles de nucléosynthèse qui se sont succédés au cœur de l'étoile. Les noyaux de carbone et d'oxygène ainsi injectés sont alors susceptibles de s'exciter par collisions avec les protons et les particules α du milieu ambiant, produisant l'émission de raies gamma nucléaires observée dans la direction du complexe moléculaire d'Orion.

Cassé *et al.* (1995) attirent également l'attention sur une des conséquences les plus spectaculaires des interactions de particules révélées par l'astronomie gamma au sein du complexe moléculaire d'Orion. Il s'agit de la production massive d'éléments légers (lithium, béryllium et bore), soit par des réactions de spallation impliquant des noyaux de carbone, d'azote et d'oxygène, soit par des réactions de fusion de type $\alpha + \alpha$. En supposant que 25 millions de sites de ce types aient été actifs depuis la formation de la Galaxie — il y en aurait donc une cinquantaine présentement actifs au sein du disque galactique — on est en mesure de mieux comprendre l'abondance des éléments légers (le bore en particulier) telle qu'on la mesure dans le système solaire.

L'émission gamma d'autres nuages interstellaires

Les nuages moléculaires du Serpentaire. Il s'agit de nuages interstellaires qui ne sont probablement pas liés par la gravitation. Ce groupe de nuages répond lui aussi aux critères de visibilité énoncés ci-avant dans la mesure où il s'étend à $b \approx 17°$. Bien que sa masse soit de l'ordre de 10^4 $M_\odot$, une valeur bien inférieure à celle des complexes moléculaires géants, le groupe de nuages du Serpentaire, qui n'est distant que de 150 parsecs environ, apparaît toutefois dans les cartes dressées à partir des observations conduites dans la bande des photons γ de haute énergie par *Cos B* et par Egret (voir Figure 12.1).

L'analyse des données recueilles par Egret dans la direction des nuages moléculaires du Serpentaire (Hunter *et al.*, 1994), suggère que la valeur de l'émissivité gamma au delà de 100 MeV serait 30% plus élevée que dans les autres régions du milieu interstellaire local, une constatation déjà établie par Lebrun et Paul (1985) sur la base des résultats de *Cos B*. Pour expliquer ce surcroît d'émissivité à haute énergie, on évoque souvent la proximité du reste de supernova connu sous le nom de *Loop I*, une structure qui apparait dans les cartes à grande échelle produite dans le domaine des ondes radio. Ce reste de supernova pourrait éventuellement accroître la densité des protons du rayonnement cosmique au sein des nuages moléculaires du Serpentaire.

Les nuages moléculaires dans Céphée. La constellation de Céphée offre aussi l'occasion d'étudier un groupe de nuages moléculaires locaux dont la découverte avait d'ailleurs été suscitée par les observations menées par *Cos B* (Grenier *et al.*, 1989). D'une masse de l'ordre de 10^5 $M_\odot$, ces nuages s'étendent jusqu'à $b \approx 30°$. L'analyse des données recueillies par Egret implique que l'émissivité gamma au delà de 100 MeV au sein de cette structure locale est dans la moyenne des valeurs déterminées dans d'autres sites galactiques proches du Soleil (Digel *et al.*, 1996).

La même région permet également d'observer l'émission gamma à haute énergie de complexes moléculaires plus massifs, situés 2–3 kpc à l'arrière plan, dans une région du disque galactique où se développe le bras de Persée, une des entités qui prolonge la structure spirale du disque galactique au delà du **cercle solaire**. Digel *et al.* (1996) ont pu ainsi mettre en évidence une différence appréciable (un déclin d'un facteur $\approx 1{,}7$) entre la valeur de l'émissivité gamma à haute énergie mesurée dans le milieu local, et celle estimée dans le bras de Persée.

SOURCES EXTRAGALACTIQUES DE NATURE INTERSTELLAIRE

En observant les galaxies les plus proches dans la bande des rayons γ de haute énergie ($E_\gamma > 100$ MeV), les astronomes gamma espéraient bien s'affranchir des difficultés qu'ils rencontrent en étudiant de l'intérieur l'émission gamma de nature interstellaire produite par la Voie lactée. Pratiquées au sein même du disque de la

Galaxie, les observations de l'émission gamma galactique, faute d'un critère de distance, mêlent en effet les contributions de régions de la Voie lactée plus ou moins éloignées de la Terre, ce qui limite les conclusions d'ensemble que l'on peut tirer des études du rayonnement gamma de nature interstellaire.

Toujours en observant les galaxies les plus proches, les astronomes gamma comptaient enfin mettre en pratique le test classique sur l'origine galactique ou métagalactique du rayonnement cosmique, test proposé dès les premières années de l'astronomie gamma spatiale[2] (voir par exemple Ginzburg et Ptuskin, 1976). La question ne se pose pas s'agissant des électrons du rayonnement cosmique : les processus d'interaction Compton mettant en jeu les photons du **rayonnement fossile** contribuent en effet à atténuer très fortement les flux d'électrons éventuellement accélérés dans des sites extragalactiques.

L'émission gamma du Grand Nuage de Magellan

À une distance d'environ 50 kpc, le Grand Nuage de Magellan, la galaxie la plus proche de la notre, se présente sous l'aspect d'une barre très large située au sein d'un disque chaotique plus ténu. La masse de cette petite galaxie irrégulière, calculée à partir de sa courbe de rotation, est environ le vingtième de la masse de notre galaxie. Des observations pratiquées dans la raie à 21 cm de l'atome d'hydrogène et dans la raie à 2,6 mm de la molécule CO (traceur de la molécule H_2) ont permis d'estimer que 10% de la masse du Grand Nuage de Magellan est sous forme gazeuse, une proportion double de celle qui prévaut dans la Galaxie. En traçant le rayonnement radio synchrotron qu'émet le Grand Nuage de Magellan, les radioastronomes ont également estimé la distribution des électrons accélérés qui se propagent en son sein.

Au cours de la première année d'exploitation de la mission *Compton*, l'expérience Egret pointa pendant quatre semaines le Grand Nuage de Magellan. En analysant les données ainsi collectées, Sreekumar *et al.* (1992) ont réussi à détecter le rayonnement gamma de haute énergie (E_γ > 100 MeV) qu'émet une source de nature interstellaire dont l'étendue correspond *grosso-modo* à celle tracée par le rayonnement radio. Cette première détection d'un rayonnement gamma à haute énergie produit par une galaxie dite normale — par opposition aux cas des AGN (voir chapitre suivant) — fournit enfin l'opportunité de mesurer la densité de rayonnement cosmique dans une galaxie autre que la notre.

En comparant les données recueillies par Egret aux prédictions qui résultent de calculs basés sur la relation (12.2), la valeur du flux intégré au delà de 100 MeV rayonné par le Grand Nuage de Magellan ($F_\gamma = 1{,}9 \pm 0{,}4\ 10^{-7}$ photons $cm^{-2}\ s^{-1}$) suggère que la densité de rayons cosmiques y est comparable à celle que l'on mesure dans le milieu interstellaire local. Ce résultat ne permet donc pas de trancher quant à l'origine du rayonnement cosmique. Il est toutefois compatible avec la densité de

[2] Dans l'hypothèse où il est d'origine métagalactique, le rayonnement cosmique est tenu de baigner tout le milieu intergalactique; toutes les galaxies — les Nuages de Magellan en particulier — doivent alors rayonner dans la bande des photons γ de haute énergie en proportion de leur contenu en gaz.

rayons cosmiques que l'on attend au sein du Grand Nuage de Magellan, dans le cas d'un équilibre quasi stable entre la pression de nature attractive induite par la gravitation et les pressions de nature expansive induites par le champ magnétique, le gaz interstellaire et le rayonnement cosmique (Fichtel *et al.*, 1991).

Le cas des autres galaxies proches

En dépit de la mise en service de l'Observatoire à Rayons Gamma *Compton*, le Grand Nuage de Magellan demeure, avec la Voie lactée, la seule galaxie détectée dans le domaine gamma par son émission interstellaire. S'agissant du Petit Nuage de Magellan, distant d'environ 65 kpc, même une non-détection permet cependant de répondre à la question sur l'origine du rayonnement cosmique. Le Petit Nuage de Magellan s'avère en effet très riche en gaz interstellaire, qui représente environ 20% de sa masse. Si le rayonnement cosmique était d'origine métagalactique, un calcul basé sur la relation (12.2) impliquerait donc pour le Petit Nuage de Magellan un flux intégré au delà de 100 MeV de l'ordre de 2,4 10^{-7} photons cm^{-2} s^{-1}, une valeur supérieure à celle mesurée par Egret dans le cas du Grand Nuage qui est moins riche en gaz.

En analysant les données recueillies lors des trois observations menées par Egret au cours de la première année d'exploitation de l'Observatoire à Rayons Gamma *Compton*, Sreekumar *et al.* (1993) ont conclu que la valeur du flux intégré au delà de 100 MeV rayonné par le Petit Nuage de Magellan est inférieure à 0,5 10^{-7} photons cm^{-2} s^{-1}, une limite cinq fois plus basse que la valeur compatible avec une origine métagalactique du rayonnement cosmique. À noter que cette limite est également incompatible avec la densité de rayons cosmiques que l'on attend au sein du Petit Nuage de Magellan dans le cas d'un équilibre quasi stable, ce qui pourrait signifier que le Petit Nuage est une galaxie dans un état de désintégration irréversible (Sreekumar et Fichtel, 1991).

RÉFÉRENCES

Bertsch, D.L., Dame, T.M., Fichtel, C.E., Hunter, S.D., Sreekumar, P., Stacy, J.G., et Thaddeus, P., (1993). *Astrophys. J.*, 416: 587.

Bloemen, J.B.G.M., Caraveo, P.A., Hermsen, W., Lebrun, F., Maddalena, R.J., Strong, A.W., et Thaddeus, P., (1984). *Astron. Astrophys.*, 139: 37.

Bloemen, H., Wijnands, R., Bennett, K., Diehl, R., Hermsen, W., Lichti, G., Morris, D., Ryan, J., Schönfelder, V., Strong, A.W., Swanenburg, B.N., De Vries, C., et Winkler, C., (1994). *Astron. Astrophys.*, 281: L5.

Caraveo, P.A., Bennett, K., Bignami, G.F., Hermsen, W., Kanbach, G., Lebrun, F., Masnou, J.-L., Mayer-Hasselwander, H.A., Paul, J.A., Sacco, B., Scarsi, L., Strong, A.W., Swanenburg, B.N., et Wills, R.D., (1980). *Astron. Astrophys.*, 91: L3.

Cassé, M., Lehoucq, R., et Vangioni-Flam, E., (1995). *Nature*, 373: 318.

Cesarsky, C.J., Paul, J.A., et Shukla, P.G., (1978). *Astrophysics and Space Science*, 59: 73.

Chen, W., Gehrels, N., et Diehl, R., (1995). *Astrophys. J.*, 440: L57.

Clark, G.W., Garmire, G.P., et Kraushaar, W.L., (1968). *Astrophys. J.*, 153: L203.

Diehl, R., Dupraz, C., Bennett, K., Bloemen, H., Hermsen, W., Knödlseder, J., Lichti, G., Morris, D., Ryan, J., Schönfelder, V., Steinle, H., Strong, A., Swanenburg, B.N., Varendorff, M., et Winkler, C., (1995). *Astron. Astrophys.*, 298: 445.

Digel, S.W., Hunter, S.D., et Mukherjee, R., (1995). *Astrophys. J.*, 441: 270.

Digel, S.W., Grenier, I.A., Heithausen, A., Hunter, S.D., et Thaddeus, P., (1996). *Astrophys. J.*, 463: 609.

Feenberg, E., et Primakoff, H., (1948). *Phys. Rev.*, 73: 449.

Fichtel, C.E., Özel, M.E., Stone, R.G., et Sreekumar, P., (1991). *Astrophys. J.*, 374: 134.

Ginzburg, V.L., et Ptuskin, V.S., (1976). *Rev. Mod. Phys.*, 48: 161.

Grenier, I.A., Lebrun, F., Arnaud, M., Dame, T.M., et Thaddeus, P., (1989). *Astrophys. J.*, 347: 231.

Grenier, I.A., (1997). *in* ESA SP-382, Proceedings of the 2nd *INTEGRAL* Workshop on *The Transparent Universe* (Noordwijk: ESA Publications Division), 187.

Gould, R.J., (1965). *Phys. Rev. Lett.*, 15: 511.

Hayakawa, S., (1952). *Prog. Theor. Phys.*, 8: 571.

Hunter, S.D., Digel, S.W., De Geus, E.J., et Kanbach, G., (1994). *Astrophys. J.*, 436: 216.

Hutchinson, G.W., (1952). *Philos. Mag.*, 43: 847.

Johnson III, W.N., Harnden Jr., F.R., et Haymes, R.C., (1972). *Astrophys. J.*, 172: L1.

Kanbach, G., Bertsch, D.L., Dingus, B.L., Esposito, J.A., Fichtel, C.E., Fierro, J.M., Hartman, R.C., Hunter, S.D., Kniffen, D.A., Lin, Y.C., Mattox, J.R., Mayer-Hasselwander, H.A., Merck, M., Michelson, P.F., von Montigny, C., Mukherjee, R., Nolan, P.L., Pohl, M., Schneid, E.J., Sreekumar, P., Thompson, D.J., et Willis, T., (1996). *Astron. Astrophys. Supp. Series*, 120: C461.

Kraushaar, W.L., Clark, G.W., Garmire, G.P., Borken, R., Higbie, P., Leong, C., et Thorsos, T., (1972). *Astrophys. J.*, 177: 341.

Lebrun, F., et Paul, J., (1985). *in*: NASA Conference Publication 2376, Vol. 1, *Proceedings of 19th International Cosmic Ray Conference* (Washington: National Aeronautic and Space Agency), 309.

Leventhal, M., MacCallum, C.J., et Stang, P.D., (1978). *Astrophys. J.*, 225: L11.

Mahonney, W.A., Ling, J.C., Jacobson, A.S., et Lingenfelter, R.E., (1982). *Astrophys. J.*, 262: 742.

Mayer-Hasselwander, H.A., Bennett, K., Bignami, G.F., Buccheri, R., Caraveo, P.A., Hermsen, W., Kanbach, G., Lebrun, F., Lichti, G., Masnou, J.-L., Paul, J.A., Pinkau, K., Sacco, B., Scarsi, L., Swanenburg, B.N., et Wills, R.D., (1982). *Astron. Astrophys.*, 105: 164.

Michelson, P.F., (1995). *in*: NATO ASI Series, Series C: Mathematical and Physical Sciences — Vol. 461, *The Gamma Ray Sky with Compton GRO and SIGMA*, éd. M. Signore, P. Salati et G. Vedrenne (Dordrecht: Kluwer Academic Publishers), 159.

Mukherjee, R., Bertsch, D.L., Dingus, B.L., Kanbach, G., Kniffen, D.A., Sreekumar, P., et Thompson, D.J., (1995). *Astrophys. J.*, 441: L61.

Prantzos, N., et Diehl, R., (1996). *Physics Reports*, 267: 1.

Purcell, W. R., Grabelsky, D.A., Ulmer, M.P., Johnson, W.N., Kinzer, R.L., Kurfess, J.D., Strickman, M.S., et Jung, G.V., (1993). *Astrophys. J.*, 413: L85.

Ramaty, R., Skibo, J.G., et Lingenfelter, R.E., (1994). *Astrophys. J. Suppl. Series*, 92: 393.

Schönfelder, V., Bennett, K., Bloemen, H., Collmar, W., Diehl, R., Hermsen, W., Kuiper, L., Lichti, G., McConnell, M., Ryan, J., Strong, A., et Winkler, C., (1995). *in*: Annals of the New-York Academy of Sciences, Vol. 759, *Seventeenth Texas Symposium on Relativistic Astrophysics and Cosmology*, éd. H. Böhringer, G.E. Morfill, et J.E. Trümper (New-York: The New-York Academy of Sciences), 226.

Sreekumar, P., et Fichtel, C.E., (1991). *Astron. Astrophys.*, 251: 447.

Sreekumar, P., Bertsch, D.L., Dingus, B.L., Fichtel, C.E., Hartman, R.C., Hunter, S.D., Kanbach, G., Kniffen, D.A., Lin, Y.C., Mattox, J.R., Mayer-Hasselwander, H.A., Michelson, P.F., von Montigny, C., Nolan, P.L., Pinkau, K., Schneid, E.J., et Thompson, D.J., (1992). *Astrophys. J.*, 400: L67.

Sreekumar, P., Bertsch, D.L., Dingus, B.L., Fichtel, C.E., Hartman, R.C., Hunter, S.D., Kanbach, G., Kniffen, D.A., Lin, Y.C., Mattox, J.R., Mayer-Hasselwander, H.A., Michelson, P.F., von Montigny, C., Nolan, P.L., Pinkau, K., Schneid, E.J., Stone, R.G., et Thompson, D.J., (1993). *Phys. Rev. Letters*, 70: 127.

Stecker, F.W., (1988). *in*: NATO ASI Series, Series C: Mathematical and Physical Sciences — Vol. 270, *Cosmic Gamma Rays, Neutrinos and Related Astrophysics*, éd. M.M. Shapiro, et J.P. Wefel (Dordrecht: Kluwer Academic Publishers), 85.

Strong, A.W., Bloemen, J.B.G.M., Dame, T.M., Grenier, I.A., Hermsen, W., Lebrun, F., Nyman, L.-Å., Pollock, A.M.T., et Thaddeus, P., (1988). *Astron. Astrophys.*, 207: 1.

Strong, A.W., et Youssefi, G., (1995). *in: Proceedings of 24th International Cosmic Ray Conference*, 3: 48.

Strong, A.W., Bennett, K., Bloemen, H., Diehl, R., Hermsen, W., Schönfelder, V., Stacy, J.G., et Youssefi, G., (1995). *in: Proceedings of 24th International Cosmic Ray Conference*, 2: 234.

Strong, A.W., et Mattox, J.R., (1996). *Astron. Astrophys.*, 308: L21.

Teegarden, B.J., Cline, T.L., Gehrels, N., Palmer, D., Ramaty, R., Seifert, H., Hurley, K.H., Landis, D.A., Madden, N.W., Malone, D., Pehl, R., et Owens, A., (1996). *Astrophys. J.*, 463: L75.

Thompson, D.J., Bertsch, D.L., Dingus, B.L., Esposito, J.A., Etienne, A., Fichtel, C.E., Friedlander, D.P., Hartman, R.C., Hunter, S.D., Kendig, D. J., Mattox, J.R., McDonald, L.M., von Montigny, C., Mukherjee, R., Ramanamurthy, P.V., Sreekumar, P., Fierro, J.M., Lin, Y.C., Michelson, P.F., Nolan, P.L., Shriver, S.K., Willis, T.D., Kanbach, G., Mayer-Hasselwander, H.A., Merck, M., Radecke, H.-D., Kniffen, D.A., et Schneid, E.J., (1995). *Astrophys. J. Supp. Series*, 101: 259.

13. LES NOYAUX ACTIFS DE GALAXIES

Au vu des deux chapitres précédents, compte-tenu de la somme de données que les observations gamma ont permis de recueillir sur des sources localisées dans notre propre galaxie, on serait facilement enclin à considérer le domaine des rayons γ comme limité à l'étude de phénomènes propres à la Voie lactée. Une telle manière de penser (Pinkau, 1979) pouvait être certes de mise quand les astronomes gamma obtinrent leurs premiers résultats : la sensibilité de leurs appareils était alors si médiocre qu'ils ne purent détecter que les sources les plus brillantes du ciel, une sélection qui faisait la part belle aux spécimens les plus proches, c'est à dire ceux qui se trouvent au sein du disque galactique.

À cette époque pourtant, les quelques rares détections de sources gamma extragalactiques suggéraient déjà que le domaine des photons γ doit au contraire permettre plus que tout autre l'observation de phénomènes qui se déroulent très loin de notre galaxie. En détectant l'émission du quasar 3C 273 au delà de quelques dizaines de mégaélectronvolts avec *Cos B* (Swanenburg *et al.*, 1978), ainsi que celle de la galaxie de Seyfert NGC 4151 dans la bande des rayons γ de basse énergie avec un détecteur porté par ballon stratosphérique (Perotti *et al.*, 1981), les pionniers de l'astronomie gamma prouvèrent en effet que le flux reçu à la Terre en provenance de certaines sources extragalactiques peut atteindre le dixième de celui émanant des sources galactiques les plus brillantes, une situation qui ne se retrouve dans aucun autre domaine spectral.

Les observations pratiquées au moyen des grands instruments gamma des années quatre-vingt-dix confirmèrent d'une manière éclatante l'aptitude de l'astronomie gamma à explorer le ciel profond, le seul élément de surprise venant du fait que c'est dans la bande des rayons γ de haute énergie que les observations extragalactiques s'avérèrent en définitive les plus fructueuses. Comme évoqué à la fin du chapitre précédent, les appareils actuellement en service ne sont pas en mesure de détecter l'émission gamma des galaxies "normales", même les plus proches, à l'exception du Grand Nuage de Magellan. À l'instar des étoiles de la Voie lactée, seules des galaxies d'un type particulier produisent des émissions gamma détectables. Il s'agit de spécimens aux dénominations très diverses, mais que les astronomes ont pris l'habitude de regrouper en une famille unique, désignée par le sigle AGN, de l'anglais *Active Galactic Nuclei*, littéralement : « noyaux actifs de galaxies ».

LES DIFFÉRENTS TYPES DE NOYAUX ACTIFS DE GALAXIES

La famille des AGN rassemble une petite fraction (quelques pour cent) de l'ensemble des galaxies qui peuplent l'univers. La diversité des appellations tient à la grande variété des propriétés qui caractérisent les AGN, et au fait que les traits qui les singularisent sont révélés par des observations menées dans des registres spectraux fort différents. L'histoire des AGN remonte aux années quarante, quand Seyfert (1943) remarqua que certaines galaxies se distinguent par un noyau brillant, qui ne se résout pas sur les plaques photographiques, et qui produit un rayonnement très bleu. Guère fréquentées au cours des vingt années suivantes, les galaxies de Seyfert suscitèrent un vaste regain d'intérêt après la découverte des quasars : la très grande majorité des astronomes les considèrent en effet comme des noyaux de galaxies tellement lumineux que leur éclat submerge celui de la galaxie hôte.

Il est maintenant admis qu'une seule et même source d'énergie est à l'origine des phénomènes observés dans tous les AGN : il s'agit de l'énergie gravitationnelle récupérée par accrétion au voisinage d'un objet compact ultra-massif, comme par exemple un **trou noir** dont la masse serait, suivant les cas, de 10^6 à 10^9 $M_\odot$. Comme détaillé dans les pages qui suivent, le rayonnement émis par les AGN est en effet toujours variable, parfois même rapidement variable. L'accrétion de matière par un **trou noir** ultra-massif apparaît alors comme le seul mécanisme apte à convertir la matière en énergie rayonnée avec un rendement tel qu'il puisse opérer dans l'étroit périmètre compatible avec la variabilité des émissions.

Les AGN associés à des galaxies identifiées

Les galaxies de Seyfert. Les noyaux d'intensité variable de ces galaxies de nature spirale présentent dans le visible des spectres à raies d'émission intenses émergeant d'un fond continu apparemment non-stellaire. Les spectres des galaxies de Seyfert de type 1 sont caractérisés par des raies permises larges et par des **raies interdites** fines, au contraire des galaxies de Seyfert de type 2 dont les spectres des noyaux ne présentent que des raies fines. L'absence de raie large dans les spectres des noyaux des Seyfert 2 suggèrent que les sites où elles sont émises sont masqués par un milieu absorbant. La grande variabilité de l'émission des noyaux de galaxies de Seyfert atteste la nature compacte de la source d'énergie qui y est nichée. Comme la **luminosité bolométrique** de ces noyaux est de l'ordre de 10^{46} à 10^{48} erg s^{-1}, la masse de l'objet compact en question doit être de l'ordre de 10^6 à 10^8 $M_\odot$.

Les radio-galaxies. Elles se distinguent par des éjections massives de plasma qui se manifestent sous forme de vastes lobes visibles sur les images produites dans le domaine radio. Les radio-galaxies se retrouvent dans la famille des AGN car seule la présence d'un objet compact ultra-massif est en mesure d'entretenir les débits d'énergie aptes à susciter les phénomènes observés. Les radio-galaxies, qui sont en général de type elliptique, se divisent en deux classes, en fonction de la morphologie et de la luminosité L_R qui les caractérisent dans le domaine radio. D'après Fanaroff et Riley (1974), la première classe, dite de FR 1, comprend les spécimens à luminosité radio modérée ($L_R \leq 5\ 10^{41}$ erg s^{-1}) dont les émissions radio culminent à proximité des contreparties observées dans le visible. Les luminosités radio des galaxies de FR 2 sont plus intenses ($L_R > 5\ 10^{41}$ erg s^{-1}) que celles des galaxies de FR 1, et leurs émissions radio culminent plutôt sur les bords externes des lobes radio.

Les galaxies de type BL Lac. Leurs flux sont extrêmement variables, et leurs spectres ne présentent aucune raie d'émission dans le visible. Leurs émissions sont polarisées, avec des changements de polarisation très rapides, les temps typiques de ces variations étant de l'ordre de la semaine, voire de la journée. Ce type d'AGN tire son nom de BL Lacertæ, un astre longtemps considéré comme une étoile variable, avant que son identification avec une source radio n'attire l'attention des astronomes qui détectèrent alors une nébulosité elliptique nimbant l'astre en question. Dans tous les cas où on a pu détecter la galaxie hôte d'un AGN de type BL Lac, la galaxie s'est révélée de type elliptique.

Les AGN associées à des objets quasi stellaires

Ces objets, désignés en général par le sigle QSO, de l'anglais *Quasi–Stellar Object*, littéralement : « objet quasi stellaire », sont si distants que la galaxie hôte n'est pas résolue. Dans ces conditions, l'émission observée provient essentiellement du noyau central. Comme les spectres des QSO présentent également des raies d'émission larges, la démarcation entre galaxies de Seyfert de type 1 et QSO à luminosité radio modérée (soit la grande majorité des QSO connus) repose essentiellement sur la détection ou non de la galaxie hôte, un biais tenant aux conditions d'observation qui doit peu à peu disparaître avec l'accroissement des performances des télescopes opérant dans le visible.

Les quasars. Les QSO à luminosité radio intense (environ 5–10% des spécimens observés), sont désignés sous le nom de "quasar", une dénomination qui résulte de la contraction des deux premiers termes de l'expression anglo-saxonne *quasi-stellar radio source*, littéralement : « radio-source quasi stellaire ». On observe les quasars jusqu'à des distances caractérisées par un **décalage vers le rouge cosmologique** $z > 4$. En fonction de la fréquence ν du rayonnement émis, les flux radio $S(\nu)$ des quasars suivent une loi de puissance de la forme $S(\nu) \propto \nu^{-\alpha}$. L'extension spatiale de l'émission radio des quasars à spectres "pentus" ($\alpha \leq 0{,}5$) est plus étendue que celle, plus compacte, des quasars à spectres "plats" ($\alpha > 0{,}5$).

Les OVV. Dans le domaine visible, les quasars à spectres plats se révèlent fortement variables, ce qui leur vaut d'être désignés par le sigle OVV, de l'anglais *Optically Violent Variable*, qui peut se traduire par : « violemment variable dans le domaine visible ». Toujours dans le visible, l'émission des OVV s'avère fortement polarisée, tandis que dans le domaine radio, des observations à haute résolution angulaire menées au moyen d'interféromètres à très grande base détectent dans les quasars OVV les manifestations de phénomènes superluminiques (voir chapitre 11).

Les blazars

Les nombreuses similitudes entre les quasars OVV et les galaxies de type BL Lac — y compris les mouvements superluminiques — suggèrent qu'il s'agit là de deux aspects d'un type unique d'AGN, désigné sous le nom de "blazar", une dénomination qui résulte de la contraction de BL Lac et de quasar. Les similitudes entre

OVV et BL Lac s'interprètent en effet dans le cadre d'un modèle unique basé sur la présence de jets qui seraient émis par le noyau actif dans une direction voisine de celle de la ligne de visée. Quant à la différence principale entre OVV et BL Lac, à savoir l'absence de raies d'émission dans les spectres des BL Lac, elles résulteraient soit de l'absence de milieux aptes à émettre de telles raies au voisinage du noyau actif, soit du fait que l'émission du jet, concentrée en direction de l'observateur, submergerait, dans le cas des BL Lac, l'émission isotrope produite par les milieux en question.

Bien que cette courte présentation du bestiaire AGN soit loin d'être complète, une ligne de démarcation semble se dessiner entre d'une part, les spécimens à luminosité radio modérée (environ 95% des AGN), comme les galaxies de Seyfert et la majorité des QSO, et d'autre part ceux à luminosité radio intense (environ 5% des AGN), comme les blazars. On peut alors s'interroger sur la possibilité de rassembler ces deux grandes catégories au sein d'un modèle unique d'AGN avec un **trou noir** ultra-massif suscitant des éjections de matière sous la forme d'un jet, l'intensité de l'émission radio ne dépendant que de l'angle entre la ligne de visée et l'axe du jet. Comme mentionné en fin de chapitre, les observations d'AGN de tous types conduites dans le domaine gamma, dont nous présentons le bilan dans les pages qui suivent, contribuent à renforcer le scénario visant à fournir un cadre unique aux AGN.

L'ÉMISSION GAMMA DES NOYAUX ACTIFS DE GALAXIES

La liste des AGN actifs dans le domaine des rayons γ se scinde en deux groupes distincts selon la bande d'énergie dans laquelle ils sont détectés, suggérant que des mécanismes émissifs fort différents sont à l'œuvre. Les observations pratiquées dans la bande des rayons γ de basse énergie ont en effet permis de découvrir l'émission gamma de plusieurs types d'AGN, dont une large majorité de galaxies de Seyfert, la caractéristique commune de ces dernières étant de se situer à des distances cosmologiques très modérées (caractérisées par un **décalage vers le rouge cosmologique** $z \lesssim 0{,}05$). Les observations menées dans la bande des rayons γ de haute énergie ont révélé au contraire l'émission gamma des seuls blazars, y compris celle de spécimens fort lointains (jusqu'à $z > 2$).

Les AGN actifs dans la bande des rayons γ de basse énergie

Avant l'avènement des grands instruments gamma des années quatre-vingt-dix, des séries d'observations conduites au moyen d'appareils placés à bord de nacelles portées par ballons stratosphériques, ainsi que le balayage de la voûte céleste entrepris par l'expérience A 4 montée à bord du satellite *H.E.A.O. 1* (Levine *et al.*, 1984), avaient permis de détecter les émissions de rayons γ de basse énergie produites par quelques AGN de types divers. Cette courte liste comprenait NGC 4151, une galaxie de Seyfert de type 1 située à une distance $d \approx 20$ Mpc, parfois classée galaxie de Seyfert de type 1.5 pour témoigner de sa nature intermédiaire entre type 1 et type 2, Cen A, une radio-galaxie proche ($d \approx 3{,}5$ Mpc), parfois classée galaxie de

Seyfert de type 2, et 3C 273, un quasar proche ($z \approx 0{,}158$), l'un des premiers que les radioastronomes découvrirent au début des années soixante.

Il ne faut donc pas s'étonner de retrouver ces trois spécimens parmi les AGN dont le télescope Sigma à bord de *Granat* détecta l'émission au delà de 35 keV. Le principal élément de surprise vint plutôt de la difficulté à détecter ceux des AGN dont les observations dans la bande X laissaient à penser qu'ils seraient actifs dans la bande des rayons γ de basse énergie. Les résultats recueillis par l'expérience A 2 montée à bord du satellite *H.E.A.O. 1* (Rothschild *et al.*, 1983) avaient en effet montré qu'en fonction de l'énergie E des photons X, le flux F des galaxies de Seyfert, tel que mesuré entre 2 et 10 keV, suit en moyenne une loi de puissance de la forme $F(E) \propto E^{-\alpha}$, avec $\alpha \approx 1{,}7$. En se basant sur l'extrapolation de cette tendance au delà de la limite de 30 keV que nous avons assignée au domaine gamma, on pouvait envisager, à la fin des années quatre-vingts, qu'il serait possible de détecter l'émission gamma d'un grand nombre de galaxies de Seyfert.

Dans le cas de la galaxie de Seyfert NGC 4151, le spectre bâti avec les données recueillies dans la bande 35–170 keV, à la suite des observations conduites en 1990 et 1991 par Sigma à bord de *Granat*, n'est pas compatible avec l'extrapolation en loi de puissance du spectre établi avec les données recueillies simultanément dans le domaine X par Art-P, lui-aussi monté à bord de *Granat* (Finogenov *et al.*, 1995). Au contraire, comme on peut le constater au vu de la Figure 13.1, c'est un profil prenant en compte une coupure au delà de 50 keV qui s'ajuste le mieux au données recueillies par Sigma. À noter que les flux mesurés avec Sigma au delà de 35 keV, bien que présentant des signes de variabilité (voir Figure 13.1), sont toujours largement inférieurs à celui mesuré plus d'une décennie plus tôt par un détecteur porté par ballon stratosphérique (Perotti *et al.*, 1981).

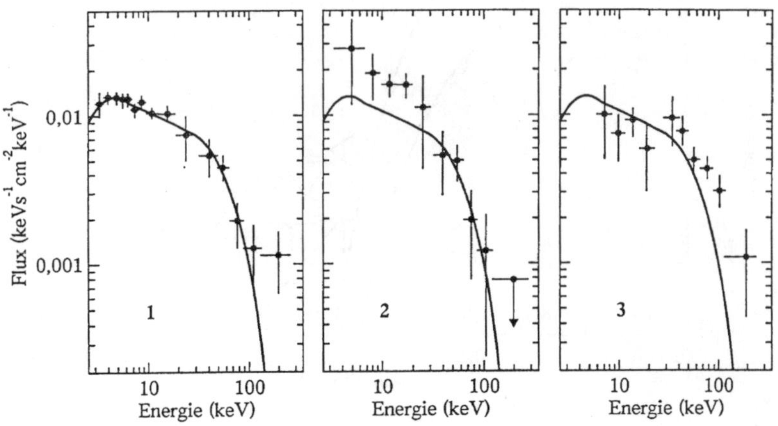

Figure 13.1 Spectres de la galaxie de Seyfert NGC 4151, bâtis au moyen des données recueillies à bord de *Granat* en novembre 1990 (en 1), en juillet 1991 (en 2) et en novembre 1991 (en 3), dans le domaine des rayons X par Art-P et dans le domaine des rayons γ par Sigma, d'après Finogenov *et al.* (1995). Le niveau de confiance des limites supérieures est fixé à 1 σ. Les lignes continues représentent le meilleur ajustement d'un mécanisme de comptonisation aux données recueillies en novembre 1990.

Avec des temps de pose supérieurs à ceux du télescope Sigma, le spectromètre Osse à bord de l'Observatoire à Rayons Gamma *Compton* parvint à détecter, à un niveau de confiance supérieur à 3 σ, l'émission de 18 AGN parmi les 35 spécimens observés durant les deux premières années de la mission *Compton*. Les AGN en question sont surtout des galaxies de Seyfert (14 au total dont 10 classées comme galaxies de Seyfert de type 1). Osse détecta en outre l'émission de trois blazars proches (dont 3C 273), ainsi que celle de Cen A, la radio-galaxie proche classée également galaxie de Seyfert 2. Cen A s'avère d'ailleurs le plus brillant de tous les AGN détectés dans la bande des rayons γ de basse énergie, ce qui permet d'en mesurer la variabilité à court terme avec une assez bonne précision. À la suite des observations menées par Sigma en 1990 et 1991 dans la bande 40-200 keV, Jourdain *et al.* (1993) ont ainsi décelé une chute du flux de Cen A d'un facteur trois en moins de quatre jours.

En combinant l'ensemble des données recueillies par Osse durant les deux premières années de la mission *Compton* en direction d'une sélection de galaxies de Seyfert dont NGC 4151 avait été exclue, Johnson *et al.* (1994) ont bâti le spectre moyen des AGN de ce type. Au vu de la Figure 13.2, on constate que tous les profils proposés pour s'ajuster au spectre moyen des galaxies de Seyfert confirment l'évolution spectrale suggérée par les observations de Sigma de la seule galaxie de Seyfert NGC 4151. On note en particulier qu'en fonction de l'énergie E des photons γ, le flux F des galaxies de Seyfert, tel que mesuré entre 60 et 300 keV, suit en moyenne

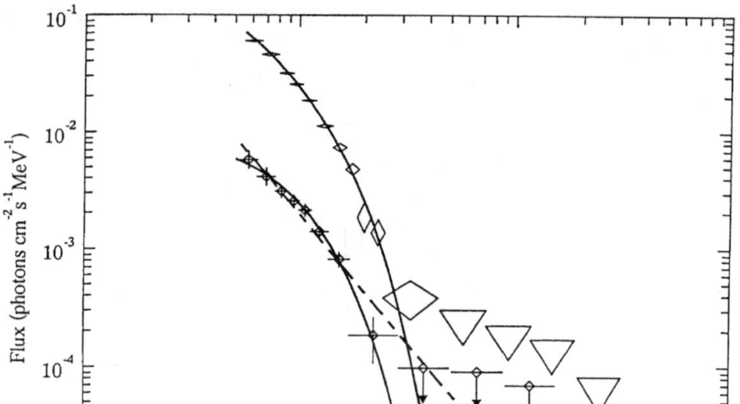

Figure 13.2 Spectre moyen bâti avec les données recueillies par Osse lors des deux premières années de la mission *Compton* en direction de 15 galaxies de Seyfert (petits losanges), comparé à celui de NGC 4151 (losanges). Le niveau de confiance des limites supérieures est fixé à 2 σ. Les lignes continues dénotent les meilleurs ajustements d'un mécanisme de comptonisation à chacun des deux spectres. La ligne en tirets dénote le meilleur ajustement d'une loi de puissance au spectre moyen des galaxies de Seyfert (d'après Johnson *et al.*, 1994).

une loi de puissance de la forme $F(E) \propto E^{-\alpha}$ avec $\alpha \approx 2{,}2$, une valeur notoirement supérieure à celle ($\alpha \approx 1{,}7$) qui prévaut entre 2 et 10 keV.

Les observations conduites par les expériences Comptel et Egret à bord de l'Observatoire à Rayons Gamma *Compton* confirmèrent l'incapacité des galaxies de Seyfert, même les plus proches, à briller au delà de quelques centaines de kiloélectronvolts. Durant les deux premières années de la mission *Compton*, aucune galaxie de Seyfert ne fut en effet détectée au delà de 0,75 MeV, Cen A étant le seul AGN repéré dans la bande 0,75–3 MeV, en combinant les données recueillies par Comptel lors de trois pointages distincts (Collmar *et al.*, 1993). Même si l'on ne détecte pas dans la bande des rayons γ de basse énergie autant de sources extragalactiques que dans le domaine des rayons X, une bonne résolution angulaire s'avère cependant nécessaire s'agissant de spécimens appartenant à des amas de galaxies. Dans ce cas précis, les risques de confusion sont en effet du même ordre que ceux affectant les observations gamma menées en direction des zones les plus encombrées du disque galactique.

L'exemple le plus saillant concerne l'amas de galaxies situé dans la constellation de la Vierge. À la suite des observations menées par les expériences A 2 et A 4 montées à bord du satellite *H.E.A.O. 1*, Lea *et al.* (1981) avaient identifié une composante "dure" dans le spectre du rayonnement émis par l'amas en question. Mais faute de données plus précises quant à sa position, la source de ce rayonnement avait été identifiée avec la galaxie elliptique géante M 87, une source de rayons X "mous" localisée au centre de l'amas. Or il n'en est rien : les images produites avec les données que le télescope Sigma recueillit de 1990 à 1991 témoignent en effet que l'essentiel du rayonnement détecté en direction de l'amas de la Vierge dans la bande des rayons γ de basse énergie provient en fait de NGC 4388, une autre galaxie de l'amas, classée comme galaxie de Seyfert de type 2 (Lebrun *et al.*, 1992).

Les AGN actifs dans la bande des rayons γ de haute énergie

Grâce aux observations conduites depuis 1991 par l'expérience Egret à bord de l'Observatoire à Rayons Gamma *Compton*, la liste des AGN détectés dans la bande des rayons γ de haute énergie, restée pendant une quinzaine d'années limitée à l'unique exemplaire que *Cos B* avait découvert (le quasar 3C 273), est désormais forte de plus de cinquante individus, qui se rangent tous dans la catégorie des blazars. Sur les 129 unités répertoriées dans le deuxième catalogue de sources de rayons gamma de haute énergie établi à la suite des observations menées par Egret lors de deux premières phases de la mission *Compton* (Thompson *et al.*, 1995), 51 spécimens sont en effet associés à des sources radio à luminosité intense (avec des flux $S > 1$ Jy à 5 GHz) et à spectres radio plats. Comme nous l'avons précisé dans la section précédente, il s'agit là d'AGN classés dans la catégorie des blazars.

Cette imposante liste de 51 blazars rassemble la famille la plus nombreuse de sources gamma identifiées avec un même type d'objets célestes. Pour peu que l'on abaisse à $S = 0{,}3$ Jy le seuil au dessus duquel on tient pour confirmées les associations entre sources de rayonnement radio et sources de rayons γ de haute énergie, on peut adjoindre à cet inventaire une douzaine d'autres sources Egret, même s'il s'agit là de corrélations moins affirmées (Fichtel, 1996). S'agissant enfin de sources radio dont le flux $S < 0{,}3$ Jy, les risques de confusions sont si grands qu'il n'est plus possible d'accréditer les corrélations qui se font jour entre sources radio et sources Egret. Ces dernières demeurent donc classées comme non-identifiées, même si plusieurs d'entre elles sont probablement d'authentiques blazars.

Les blazars observés par Egret dans la bande des rayons γ de haute énergie présentent les caractéristiques communes suivantes :

1. Un spectre de photons dont l'allure s'apparente à celle d'une loi de puissance de la forme $F(E) \propto E^{-\alpha}$ sur deux décades du spectre électromagnétique (de 30 MeV à quelques gigaélectronvolts) avec un indice moyen $\alpha \approx 2{,}1$. Seuls quelques spécimens ne suivent pas cette tendance, leurs spectres s'infléchissant aux énergies les plus hautes (von Montigny *et al.*, 1995a).
2. Un haut degré de variabilité, avec des temps caractéristiques τ de quelques semaines à quelques mois s'agissant de la plupart des individus qu'Egret observa à plusieurs reprises. On observe même des temps caractéristiques $\tau \approx 1$ jour dans le cas des spécimens les plus brillants, comme par exemple 3C 279, dont la Figure 13.3 présente la **courbe de lumière** dans la bande des photons γ de haute énergie ($E_\gamma > 100$ MeV) enregistrée par Egret du 16 au 28 juin 1991.
3. Des valeurs de **décalage vers le rouge cosmologique** jusqu'à $z > 2$, ce qui fait des blazars la plus lointaine des familles d'astres actifs dans le domaine gamma. Avec des flux observés au delà de 100 MeV s'étageant de 10^{-7} photons cm^{-2} s^{-1} à quelques 10^{-6} photons cm^{-2} s^{-1}, la luminosité moyenne des blazars dans le domaine des rayons γ de haute énergie est de l'ordre de 10^{45} erg s^{-1}, dans l'hypothèse, justifiée dans la section suivante, où le rayonnement observé n'est émis que dans un fin pinceau soustendant un angle solide $\Omega \approx 10^{-2}$ sr.

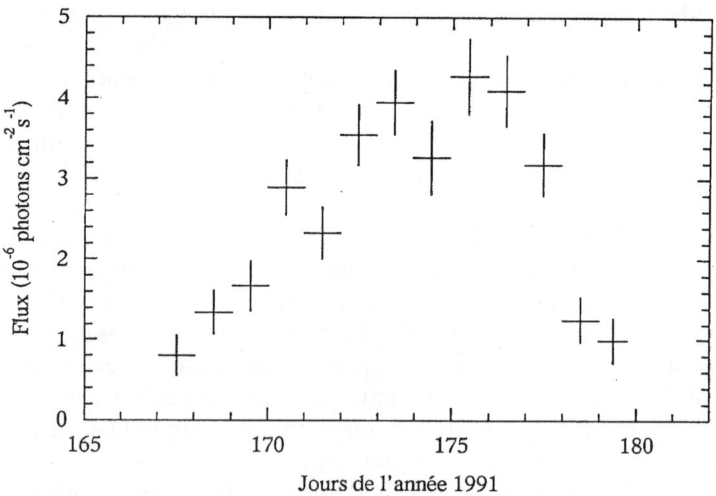

Figure 13.3 **Courbe de lumière** du blazar 3C 279, bâtie à partir des données recueillies du 16 au 28 juin 1991 par Egret dans la bande des photons γ d'énergie supérieure à 100 MeV (d'après Hartman, 1995).

Puisque tant de blazars rayonnent en abondance dans la bande des photons γ de haute énergie, on peut se demander pourquoi certains spécimens ne sont pas répertoriés dans le catalogue Egret. Les individus en question présentent pourtant les caractéristiques radio propres aux blazars gamma, tels que luminosité intense, spectres plats et/ou mouvements superluminiques. L'émission de l'un d'entre eux (PKS 2155 – 304), fut même détectée par Osse dans la bande des rayons γ de basse énergie. Sans invoquer la possibilité que tous les blazars ne réunissent pas les conditions propres à produire un rayonnement gamma intense, on peut imaginer qu'en raison de leur grande variabilité dans le domaine gamma, quelques-uns des individus non détectés par Egret étaient dans un état particulièrement bas quand ils se trouvaient dans le champ de l'instrument.

Une autre possibilité, suggérée par von Montigny *et al.* (1995b), tient aux jets relativistes que l'on met en avant, autant pour expliquer l'émission gamma des blazars que leur émission radio non-thermique (voir section suivante). Au vu des propriétés que les blazars présentent dans le domaine radio, il semble que la structure des jets que produisent certains d'entre eux est telle que le pied du jet — supposé émettre la plus grande partie du rayonnement gamma de haute énergie — ne pointe pas en direction de la Terre. Comme les faisceaux gamma ainsi produits sont fortement collimatés (voir plus bas), un observateur terrestre n'est donc pas en mesure de déceler l'émission gamma des blazars en question, alors qu'il en détecte sans peine le rayonnement radio que les parties supérieures du jet émettent dans un cône de plus grande ouverture.

Grâce au grand nombre de spécimens connus, et surtout grâce au fait que certains sont détectés jusqu'à des distances caractérisées par un **décalage vers le rouge cosmologique** $z > 2$, on peut étudier le comportement dans le passé des blazars actifs dans la bande des rayons γ de haute énergie. C'est ainsi que la similitude entre la distribution en fonction de z des quasars à luminosité radio intense et à spectres radio plats d'une part, et celle des blazars gamma d'autre part, suggère que ces derniers présentent les mêmes indices d'évolution (von Montigny *et al.*, 1995a). Les blazars les plus lointains — et partant les plus jeunes — sont donc les plus lumineux. En revanche, les données collectées par Egret ne permettent pas de mettre en évidence la moindre évolution de l'indice spectral des blazars dans le domaine gamma (Fichtel, 1996).

Les rares détections de blazars à porter au crédit des expériences opérant à plus basse énergie confirment que les spectres de ces derniers présentent une rupture spectrale entre 1 et 30 MeV, avec des changements d'indices spectraux pouvant parfois dépasser 0,5. C'est ainsi qu'en analysant les spectres bâtis avec les données de Comptel, on estime que le seuil en question se situe vers quelques mégaélectronvolts dans le cas de 3C 273, et vers 10–30 MeV dans le cas de PKS 0528 + 134 dont le spectre composite, du domaine des ondes radio jusqu'à la bande des rayons γ de haute énergie, est reproduit en Figure 13.4. Le spectre en question est présenté en νF_ν (où F_ν est le flux d'énergie à la fréquence ν) pour mieux visualiser comment la puissance rayonnée par décade varie en fonction de la fréquence. Il apparaît ainsi que dans leurs phases actives, les blazars émettent beaucoup plus d'énergie dans le domaine des rayons γ que dans n'importe quel autre domaine du spectre électromagnétique.

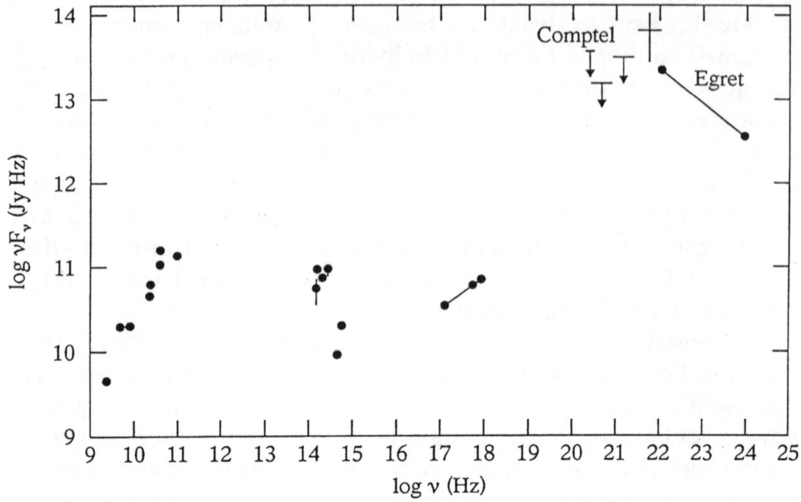

Figure 13.4 Spectre du blazar PKS 0528 + 134, composé à partir de données recueillies dans cinq domaines spectraux (radio, infrarouge, visible, X et gamma). Les observations dans le domaine gamma ont été menées simultanément par Comptel et Egret en mai 1991 (d'après Hartman, 1995).

À noter enfin que certains blazars, détectés à la suite des observations de Comptel, présentent dans la bande 1–30 MeV un excès d'émission dans la zone même où se manifeste la cassure du spectre évoquée ci-dessus. Cet excès prend parfois l'allure d'une "bosse au mégaélectronvolt", une particularité spectrale qui n'est pas sans rappeler une structure similaire souvent observée dans le spectre du rayonnement gamma de fond de ciel (voir chapitre suivant). Ces surcroîts d'émission au mégaélectronvolt semblent toutefois d'une nature particulièrement transitoire, comme en témoigne le cas de PKS 0208 – 512, un blazar connu pour son émission assez persistante dans la bande des rayons γ de haute énergie, à la suite des observations menées par Egret. Bien qu'observé à cinq reprises par Comptel, ce dernier ne se manifesta en effet qu'à deux occasions (en mai et juin 1993) dans la bande 1–3 MeV (Blom *et al.*, 1995).

VERS UN MODÈLE UNIQUE DE NOYAUX ACTIFS DE GALAXIE

Les observations menées dans le domaine gamma renforcent l'hypothèse que l'énergie gravitationnelle récupérée par accrétion au voisinage d'un **trou noir** ultra-massif — dont la masse serait de 10^6 à 10^9 $M_\odot$ — est à l'origine des phénomènes observés dans tous les AGN. Plus que dans tous les autres domaines du spectre électromagnétique, les émissions gamma des AGN sont en effet tout à la fois intenses (jusqu'à 10^{45} erg s^{-1} dans le cas des blazars) et rapidement variables (avec des temps caractéristiques $\tau \approx 1$ jour). L'accrétion de matière par un **trou noir** ultra-massif apparaît donc comme le seul mécanisme apte à relâcher une telle quantité d'énergie dans l'étroit périmètre compatible avec la variabilité des émissions.

En raison même du pouvoir de pénétration des photons γ, l'observation des AGN dans le domaine gamma a permis au regard des astronomes de plonger au cœur même de la source centrale d'énergie. Les résultats de l'astronomie gamma, s'ils ne sont pas toujours en mesure d'expliquer comment l'énergie récupérée par accrétion au voisinage du **trou noir** se retrouve sous forme de rayonnement gamma, offrent cependant une série de nouveaux diagnostics concernant les processus à l'œuvre au sein des AGN. Afin de bien mettre en lumière la contribution des observations gamma aux modèles offrant un cadre unique aux AGN de tous types, nous avons adopté l'approche de Dermer (1995) qui propose de répartir les AGN détectés dans le domaine gamma en deux catégories bien distinctes :

1. Le groupe des AGN dont l'émission gamma n'est détectée que dans la bande des photons γ de basse énergie, et qui comprend surtout des individus à luminosité radio modérée, tels que les galaxies de Seyfert.
2. Le groupe des AGN dont l'émission gamma s'étend à la bande des photons γ de haute énergie, et qui rassemble des individus à luminosité radio intense de type blazars.

L'émission gamma à basse énergie des AGN à luminosité radio modérée

Les observations gamma suggèrent que tous les AGN à émission radio modérée (soit environ 95% des AGN et la grande majorité des QSO), renferment un noyau s'apparentant à celui des galaxies de Seyfert. En photo-ionisant le milieu alentour, l'émission à haute énergie de nature continue de ce noyau, qui s'étend sur tout le domaine des rayons X jusqu'à la bande des rayons γ de basse énergie, produit les manifestations observées dans le domaine visible. C'est justement la diversité de ces manifestations qui contribue à accroître, d'une manière parfois artificielle, le nombre des types d'AGN. S'agissant par exemple des galaxies de Seyfert, il est admis que la discrimination entre les deux types reconnus tient pour l'essentiel à des considérations purement géométriques, telles que schématisées en Figure 13.5.

On suppose en effet que tous les noyaux de type Seyfert sont ceinturés par un vaste tore de gaz et de poussières dont la **densité de colonne** n_H (exprimée en atome d'hydrogène par centimètre carré) est telle que $n_H \gtrsim 10^{24}$ cm^{-2}. Quand la ligne de visée suit une direction proche de celle de l'axe du tore — c'est le cas lorsqu'on observe une galaxie de Seyfert de type 1 — l'observateur est en mesure d'observer le rayonnement émis dans le visible par les régions les plus centrales. Il peut en particulier détecter l'émission des nuages à grande vitesse qui seraient les sites émissifs des raies d'émission larges qui caractérisent les galaxies de Seyfert 1. Les sites en question sont par contre irrémédiablement masqués si le tore massif intercepte la ligne de visée, comme dans le cas d'une observation conduite en direction d'une galaxie de Seyfert de type 2.

Forts de leur pouvoir de pénétration, les photons γ de basse énergie que produisent les noyaux des galaxies de Seyfert traversent sans interagir le tore massif évoqué ci-dessus. La démarcation entre les deux types de galaxies de Seyfert est ainsi beaucoup moins marquée dans le domaine gamma que dans les autres secteurs du

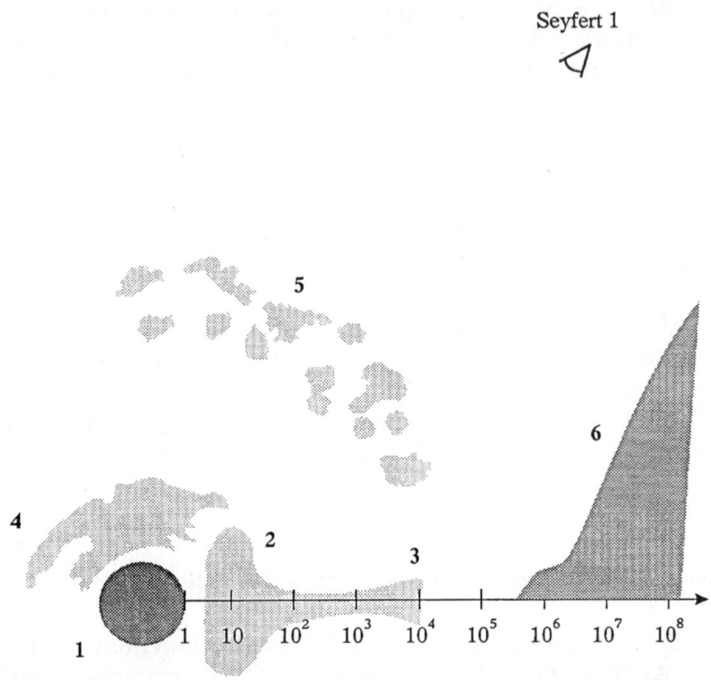

Figure 13.5 Coupe schématique simplifiée d'un AGN à luminosité radio modérée, avec en 1 le **trou noir** ultra-massif, en 2, 3 et 4 la zone interne (chaude), la zone périphérique (froide) et la couronne du disque d'accrétion, en 5 les nuages à grande vitesse, sites de l'émission des raies larges, et en 6 le tore massif de gaz et de poussières, site de l'émission des raies étroites. L'échelle de distance qui figure dans le plan du disque est exprimée en **rayons de Schwarzschild** R_s, soit $R_s \approx 10^{-5}$ pc dans le cas d'un trou noir de 10^8 $M_\odot$ (d'après Dermer, 1995).

spectre électromagnétique. L'astronomie gamma offre donc la possibilité de pratiquer un sondage au plus profond des noyaux de galaxies de Seyfert. Mais en raison des performances limitées des télescopes gamma opérant dans la bande des rayons γ de basse énergie, les astronomes gamma n'ont pu détecter que les spécimens situés à des distances caractérisées par un **décalage vers le rouge cosmologique** $z \lesssim 0{,}05$.

Avec une atténuation exponentielle dans la première décade du domaine gamma, qui n'est pas sans rappeler le cas des étoiles accrétantes de la Galaxie, les spectres gamma des noyaux de type Seyfert suggèrent que des mécanismes thermiques à émission de nature quasi isotrope sont également à l'œuvre. Comme détaillé au chapitre 8, l'émission des AGN dans la bande des rayons γ de basse énergie peut s'interpréter en terme de processus de comptonisation actifs dans un disque de matière accrétée par un **trou noir** ultra-massif. En fonction de l'angle de visée, on s'attend cependant à détecter certaines particularités spectrales, comme par exemple un maximum vers 50–100 keV dans le spectre en ${}_\gamma F\gamma$ de certaines galaxies de Seyfert de type 2, où le vaste tore de gaz et de poussières ceinturant le noyau serait assez massif pour atténuer le flux des photons d'énergie $E_\gamma \lesssim 100$ keV.

En combinant des données recueillies à des époques différentes, par *Ginga* dans le domaine des rayons X, et par Osse dans la bande des rayons γ de basse énergie, Zdziarski *et al.* (1995) ont également identifié dans le spectre moyen des galaxies de Seyfert une émission par réflexion qui culmine vers 30 keV. Cette composante, qui résulterait de la comptonisation de photons émanant du disque ceinturant le **trou noir** central, contribue à l'accroissement l'indice spectral moyen des galaxies de Seyfert au delà de 50 keV.

L'émission gamma à haute énergie des AGN à luminosité radio intense

De l'avis général, la présence d'un jet de matière émis en direction de l'observateur par un noyau de type Seyfert suffit à expliquer la différence entre AGN à émission gamma de basse énergie (donc à luminosité radio modérée), et AGN à émission gamma de haute énergie (donc à luminosité radio intense). Le fait que les AGN rayonnent des photons γ de haute énergie implique que les photons en question doivent être produits sous la forme d'un faisceau fortement collimaté. C'est en effet de cette manière que les photons γ de haute énergie peuvent se soustraire aux interactions de nature photon-photon actives au sein des sites émissifs, là même où les champs des photons cible sont suffisamment denses et où l'énergie des photons cible en question favorise les interactions avec des photons du domaine gamma.

Les manifestations superluminiques que l'on observe dans certains spécimens prouvent sans conteste que les AGN sont aptes à produire des jets de matière se propageant à des vitesses proches de la célérité de la lumière. Or même si dans son propre système de référence le jet en question rayonne d'une manière isotrope, il n'en subit pas moins, pour un observateur extérieur, un processus de collimation relativiste qui atténue par un facteur δ l'émission produite dans une direction faisant un angle θ avec la direction de propagation du jet. Le facteur δ s'exprime par la relation suivante (d'après Mattox *et al.*, 1993) :

$$\delta = [\Gamma(1 - \beta\cos\theta)]^{-1} \tag{13.1}$$

où Γ est le facteur de Lorentz du jet et où $c\beta$ est la vitesse d'ensemble du jet (c étant la célérité de la lumière). Ainsi collimatés par la propagation à des vitesses relativistes du milieu qui les émet, les photons γ de haute énergie rayonnés par les jets parviennent à émerger sans interagir du champ de photons X qui baigne le milieu en question. L'émission de photons γ de haute énergie pourrait résulter d'interactions Compton impliquant des électrons relativistes transportés par les jets qui communiquent leur énergie à des photons UV émis par le disque d'accrétion ceinturant le **trou noir** central.

L'émission gamma à haute énergie ainsi produite est donc tout naturellement collimatée dans la direction même du jet. Comme schématisé en Figure 13.6, la détection du rayonnement gamma à haute énergie émis par de tels AGN est alors fonction de conditions purement géométriques, telles que l'angle entre la direction du jet et la ligne de visée. On comprend alors pourquoi on ne détecte dans la bande des rayons γ de haute énergie que les seuls blazars, c'est à dire les AGN dont les jets

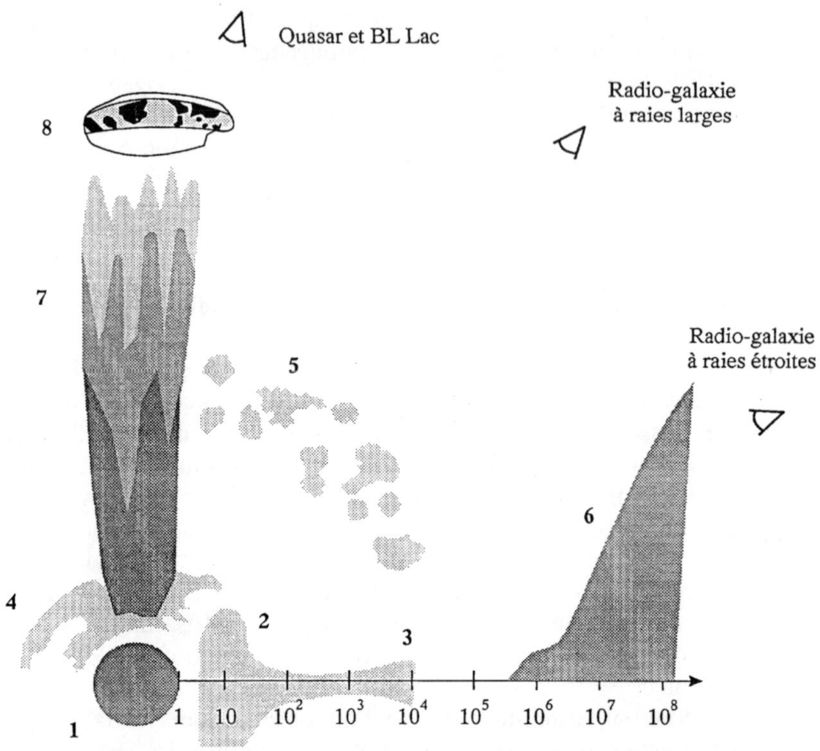

Figure 13.6 Coupe schématique simplifiée d'un AGN à luminosité radio intense. En plus des composants déjà répertoriés en Figure 13.5, on trouve en 7 le jet émetteur de rayonnements radio et gamma collimatés et en 8 le lobe radio. L'échelle de distance qui figure dans le plan du disque ne concerne pas le lobe radio localisé beaucoup plus loin du trou noir central. À noter que les nuages à grande vitesse (schématisés en 5) pourraient être absents dans le cas des AGN de type BL Lac (d'après Dermer, 1995).

pointent en direction de l'observateur. Les spécimens observés sous des angles plus importants (les radio-galaxies par exemple) ne laissent alors apparaître que le noyau de nature Seyfert; on explique ainsi pourquoi les radio-galaxies en question ne manifestent que les seules caractéristiques propres aux galaxies de Seyfert.

RÉFÉRENCES

Blom, J.J., Bennett, K., Bloemen, H., Collmar, W., Diehl, R., Hermsen, W., Iyudin, A.F., Schönfelder, V., Stacy, J.G., Steinle, H., Williams, O.R., et Winkler, C., (1995). *Astron. Astrophys.*, 298: L33.

Collmar, W., Diehl, R., Lichti, G.G., Schönfelder, V., Steinle, H., Strong, A. W., Bloemen, H., Den Herder, J.W., Hermsen, W., Swanenburg, B.N., De Vries, C., McConnell, M., Ryan, J., Stacy, G., Bennett, K., Williams, O.R., et Winkler, C., (1993). *in*: AIP Conference Proceedings 280, *Compton Gamma-Ray Observatory*, éd. M. Friedlander, N. Gehrels et D.J. Macomb (New-York: AIP Press), 483.

Dermer, C.D., (1995). *in*: NATO ASI Series, Series C: Mathematical and Physical Sciences — Vol. 461, *The Gamma Ray Sky with Compton GRO and SIGMA*, éd. M. Signore, P. Salati et G. Vedrenne (Dordrecht: Kluwer Academic Publishers), 39.

Fanaroff, B.L., et Riley, J.M., (1974). *Mon. Not. R. Astr. Soc.*, 167: 31P.

Fichtel, C., (1996). *Astron. Astrophys. Supp. Series*, 120: C23.

Finogenov, A., Churazov, E., Gilfanov, M., Pavlinsky, M., Sunyaev, R., Apalkov, Yu., Grebenev, S., Lagunov, I., Ballet, J., Bond, I. A., Cordier, B., Lebrun, F., Jourdain, E., Roques, J.-P., Mandrou, P., et Vedrenne, G., (1995). *Astron. Astrophys.*, 300: 101.

Hartman, R.C., (1995). *in*: NATO ASI Series, Series C: Mathematical and Physical Sciences — Vol. 461, *The Gamma Ray Sky with Compton GRO and SIGMA*, éd. M. Signore, P. Salati et G. Vedrenne (Dordrecht: Kluwer Academic Publishers), 89.

Johnson, W.N., Grove, J.E., Kinzer, R.L., Kroeger, R.A., Kurfess, J.D., Strickman, M.S., McNaron-Brown, K., Grabelsky, D.A., Purcell, W.R., Ulmer, M.P., et Jung, G.V., (1994). *in*: AIP Conference Proceedings 304, *The Second Compton Symposium*, éd. C.E. Fichtel, N. Gehrels et J.P. Norris (New-York: AIP Press), 515.

Jourdain, E., Bassani, L., Roques, J.-P., Mandrou, P., Ballet, J., Claret, A., Laurent, P., Lebrun, F., Finogenov, A., Churazov, E., Gilfanov, M., Sunyaev, R., Dyachkov, A., Khavenson, N., Sukhanov, K., et Kremnev, R., (1993). *Astrophys. J.*, 412: 586.

Lea, S.M., Reichert, G., Mushotzky, R., Baity, W.A., Gruber, D.E., Rothschild, R., et Primini, F.A., (1981). *Astrophys. J.*, 246: 369.

Lebrun, F., Ballet, J., Paul, J., Laurent, P., Jourdain, E., Bassani, L., Roques, J.-P., Mandrou, P., Finogenov, A., Sunyaev, R., Churazov, E., Gilfanov, M., Khavenson, N., Kovtunenko, V., Kremnev, R., et Sukhanov, K., (1992). *Astron. Astrophys.*, 264: 22.

Levine, A.M., Lang, F.L., Lewin, W.H.G., Primini, F.A., Dobson, C.A., Doty, J.P., Hoffman, J.A., Howe, S.K., Scheepmaker, A., Wheaton, W.A., Matteson, J.L., Baity, W.A., Gruber, D.E., Knight, F.K., Nolan, P.L., Pelling, R.M., Rothschild, R.E., et Peterson, L.E., (1984). *Astrophys. J. Suppl. Series*, 54: 581.

Mattox, J.R., Bertsch, D.L., Chiang, J., Dingus, B.L., Fichtel, C.E., Hartman, R.C., Hunter, S.D., Kanbach, G., Kniffen, D.A., Kwok, P.W., Lin, Y.C., Mayer-Hasselwander, H.A., Michelson, P.F., von Montigny, C., Nolan, P.L., Pinkau, K., Schneid, E., Sreekumar, P., et Thompson, D.J., (1993). *Astrophys. J.*, 410: 609.

Von Montigny, C., Bertsch, D.L., Chiang, J., Dingus, B.L., Esposito, J.A., Fichtel, C.E., Fierro, J.M., Hartman, R.C., Hunter, S.D., Kanbach, G., Kniffen, D.A., Lin, Y.C., Mattox, J.R., Mayer-Hasselwander, H.A., Michelson, P.F., Nolan, P.L., Radecke, H.D., Schneid, E., Sreekumar, P., Thompson, D.J., et Willis, T., (1995a). *Astrophys. J.*, 440: 525.

Von Montigny, C., Bertsch, D.L., Chiang, J., Dingus, B.L., Esposito, J.A., Fichtel, C.E., Fierro, J.M., Hartman, R.C., Hunter, S.D., Kanbach, G., Kniffen, D.A., Lin, Y.C., Mayer-Hasselwander, H.A., Michelson, P.F., Nolan, P.L., Radecke, H.D., Schneid, E., Sreekumar, P., Thompson, D.J., et Willis, T., (1995b). *Astron. Astrophys.*, 299: 680.

Perotti, F., Della Ventura, A., Villa, G., Di Cocco, G., Bassani, L., Butler, R.C., Carter, J.N., et Dean, A.J., (1981). *Astrophys. J.*, 247: L63.

Pinkau, K., (1979). *Nature*, 277: 17.

Rothschild, R.E., Mushotzky, R.F., Baity, W.A., Gruber, D.E., Matteson, J.L., et Peterson, L.E., (1983). *Astrophys. J.*, 269: 423.

Seyfert, C.K., (1943). *Astrophys. J.*, 97: 28.

Swanenburg, B.N., Bennett, K., Bignami, G.F., Caraveo, P., Hermsen, W., Kanbach, G., Masnou, J.-L., Mayer-Hasselwander, H.A., Paul, J.A., Sacco, B., Scarsi, L., et Wills, R.D., (1978). *Nature*, 275: 298.

Thompson, D.J., Bertsch, D.L., Dingus, B.L., Esposito, J.A., Etienne, A., Fichtel, C.E., Friedlander, D.P., Hartman, R.C., Hunter, S.D., Kendig, D.J., Mattox, J.R., McDonald,

L.M., von Montigny, C., Mukherjee, R., Ramanamurthy, P.V., Sreekumar, P., Fierro, J.M., Lin, Y.C., Michelson, P. F., Nolan, P.L., Shriver, S.K., Willis, T.D., Kanbach, G., Mayer-Hasselwander, H.A., Merck, M., Radecke, H.-D., Kniffen, D.A., et Schneid, E.J., , (1995). *Astrophys. J. Supp. Series*, 101: 259.

Zdziarski, A.A., Johnson, W.N., Done, C., Smith, D., et McNaron-Brown, K., (1995). *Astrophys. J.*, 438: L63.

14. LE RAYONNEMENT GAMMA DE FOND DE CIEL

Les astronomes gamma détectent depuis l'aube de l'astronomie gamma spatiale une intense émission d'apparence diffuse et d'aspect isotrope qu'ils ont baptisée "rayonnement gamma de fond de ciel". Comme signalé dans le chapitre introductif, on décela le rayonnement en question dès le début des années soixante, dans les données recueillies par des expériences de télédétection du sol lunaire. Ce fut d'ailleurs la première découverte d'un rayonnement gamma provenant d'une source extérieure au système solaire. À l'époque, on avait suggéré que ce rayonnement était plutôt d'origine interstellaire. En raison de son apparente isotropie, la plupart des astrophysiciens admettent aujourd'hui que le rayonnement gamma de fond de ciel est produit par des sources réparties d'une manière plus ou moins homogène dans tout l'univers.

OBSERVATIONS DU RAYONNEMENT GAMMA DE FOND DE CIEL

Spectroscopie du rayonnement gamma de fond de ciel

La Figure 14.1 présente le spectre du rayonnement gamma de fond de ciel bâti en compilant un choix de données recueillies au cours des années soixante-dix et quatre-vingts. Ce spectre n'inclut donc pas les résultats de l'Observatoire à Rayons Gamma *Compton* que nous évoquons ci-après. Au vu de cette présentation en νF_ν — où un spectre de photons en loi de puissance d'indice $\alpha = 2$ se présente sous la forme d'une droite horizontale — on constate que le spectre du rayonnement gamma de fond de ciel se redresse à partir de quelques centaines de kiloélectronvolts (avec $\alpha < 2$) au point de présenter vers 1–3 MeV une structure spectrale connue sous le nom de "bosse au mégaélectronvolt". Dans la décade suivante (10–100 MeV), la pente du spectre s'infléchit à nouveau (avec $\alpha > 2$), au point que l'émission de nature interstellaire de notre propre galaxie, dont le spectre est plus "dur", domine progressivement le rayonnement de fond de ciel, ce qui rend l'étude de ce dernier de plus en plus délicate.

La Figure 14.1 démontre également que les émissions cumulées des galaxies de Seyfert, telles qu'estimées par Zdziarski *et al.* (1995), s'ajustent assez bien aux résultats des observations du rayonnement de gamma de fond de ciel menées à basse énergie ($E_\gamma < 300$ keV). À plus haute énergie ($E_\gamma > 10$ MeV), les résultats détaillés au chapitre précédent suggèrent que les émissions cumulées des blazars doivent aussi contribuer d'une manière significative au rayonnement gamma de fond de ciel. Reste l'épineuse question de la bande intermédiaire et de la bosse au mégaélectronvolt,

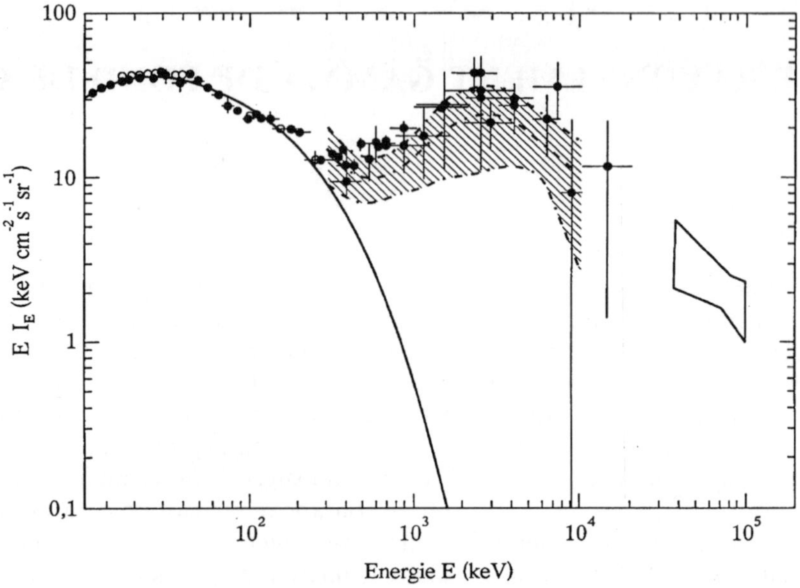

Figure 14.1 Données sur le rayonnement gamma de fond de ciel recueillies au cours des années soixante-dix et quatre-vingts. Les meilleurs résultats obtenus à basse énergie, d'après Gruber (1992), sont représentés par des disques pleins. Le polygone d'erreur tracé dans la décade des hautes énergies confine les données recueillies par *Sas 2* (Fichtel *et al.*, 1978). La zone hachurée encadre les résultats des missions *Apollo* portant sur la bosse au mégaélectronvolt (Trombka *et al.*, 1977), dont la courbe médiane en points et tirets représente le meilleur ajustement. La courbe continue dénote l'estimation de la contribution cumulée des galaxies de Seyfert proposée par Zdziarski *et al.* (1995).

cette structure spectrale dont la détection supposée orienta pendant plus de deux décennies la presque totalité des études portant sur l'origine du rayonnement gamma de fond de ciel.

La bosse au mégaélectronvolt

Elle fut discernée dès le début des années soixante, dans les données recueillies par les expériences de télédétection du sol lunaire placées à bord des sondes américaines *Ranger 3* et *Ranger 5* (Metzger *et al.*, 1964). À l'instar de nombreux instruments qui seront utilisés ultérieurement pour mesurer le rayonnement gamma de fond de ciel, les détecteurs montés à bord des sondes *Ranger* étaient de type phoswich, un dispositif réputé pour présenter un bruit de fond relativement faible (voir chapitre 6).

Tout au long des années soixante-dix, la bosse au mégaélectronvolt fut décelée dans la plupart des spectres produits à la suite de séries d'observations menées par de nombreuses expériences spatiales, comme par exemple le détecteur à grand champ équipé d'un scintillateur NaI monté sur le satellite *E.R.S. 18*, ou les détecteurs équipés d'un scintillateur NaI cylindrique de 7 cm de hauteur et de 7 cm de diamètre embarqués à bord des modules *Apollo*. La bosse au mégaélectronvolt, très apparente dans le spectre bâti à partir des données recueillies par *E.R.S. 18*, l'est déjà beaucoup moins dans celui produit à la suite de la mission *Apollo 15*.

Peu pratiquée pendant les années quatre-vingts — celles de disette pour toute l'astronomie gamma — l'observation du rayonnement gamma de fond de ciel reprit grâce au télescope Comptel monté à bord de l'Observatoire à Rayons Gamma *Compton*. Avec son dispositif de détection à diffusion Compton qui lui assure un très bas bruit de fond (voir chapitre 3), Comptel assigna au flux de l'émission gamma de fond de ciel une valeur qui s'avère, dans la bande 1–10 MeV, un ordre de grandeur plus faible que celle estimée dans la même bande par les expériences équipées de détecteurs à scintillation à bord des sondes *Ranger* et des modules *Apollo* (Kappadath *et al.*, 1995).

Avec les données de Comptel, le spectre du rayonnement gamma de fond de ciel s'étend désormais sans rupture de pente apparente, de quelques centaines de kiloélectronvolts jusqu'au delà de 10 MeV. La bosse au mégaélectronvolt, qui se manifeste dans les données recueillies par tous les instruments à scintillateurs, ne serait donc qu'un artefact résultant d'une mauvaise prise en compte du bruit de fond des appareils.

La prise en compte du bruit de fond des appareils

Il est vrai que le rayonnement gamma de fond de ciel est particulièrement difficile à mesurer avec des appareils à scintillateurs. Même avec des détecteurs de type phoswich, le taux de comptage induit au sein de détecteurs à scintillation par l'environnement radiatif (voir chapitre 5) domine en effet celui qui résulte du rayonnement gamma de fond de ciel. Comme ce dernier est isotrope, on ne peut pas séparer la composante cosmique de celle due au bruit de fond autrement qu'en occultant le champ de vue de l'instrument, un procédé qui n'est d'ailleurs pas sans effet sur le bruit de fond lui-même. En fin de compte, pour estimer le spectre de la composante d'origine cosmique, on est tenu d'étudier avec la plus grande minutie les processus qui concourent au bruit de fond des appareils, afin de mieux soustraire cette contribution aux spectres observés.

C'est dans la bande spectrale où l'on détecte la bosse au mégaélectronvolt que les rayons cosmiques baignant tout équipement spatial produisent un maximum de raies gamma nucléaires, que ce soit dans le détecteur lui-même, ou dans tous les matériaux situés à proximité. Ce fut surtout le cas des appareils placés à bord des sondes lunaires : ils furent en effet exposés aux rayons cosmiques, hors de la protection que le champ magnétique terrestre assure aux équipements opérant en orbite basse. Pour identifier la composante de bruit de fond affectant les spectres fournis par les appareils censés détecter le rayonnement gamma de fond de ciel, il faut donc estimer tous les processus nucléaires qui se produisent dans le détecteur et dans les matériaux alentour. On peut ainsi séparer, du moins en théorie, la contribution des photons du rayonnement gamma de fond de ciel de ceux issus des interactions nucléaires locales.

Dès le début des années soixante-dix, on avait déjà compris la nécessité de prendre en compte l'émission produite au sein des détecteurs lors d'observations conduites dans le domaine des rayons γ de basse énergie. En s'appuyant sur des simulations de type Monte-Carlo, complétées par des mesures pratiquées auprès d'accélérateurs de particules, Fishman (1972) montra ainsi que la bosse au mégaélectronvolt observée dans le spectre bâti à partir des données recueillies par *E.R.S. 18* résultait probablement de la radioactivité induite dans le détecteur lui-même par le passage des protons cosmiques. Une situation semblable prévalant dans le cas des détecteurs embarqués à bord des sondes *Ranger* et des modules *Apollo*, l'essentiel de la bosse au mégaélectronvolt ne serait donc bien qu'un artefact, ce que confirme aujourd'hui les mesures de Comptel.

Pour minimiser l'influence des matériaux proches du détecteur, en particulier ceux qui constituent le véhicule spatial lui-même, les équipes en charge des appareils placés à bord des modules *Apollo* avaient monté le détecteur sur un bras mobile afin de l'éloigner d'un vaisseau spatial particulièrement imposant, et des sources intenses de photons γ parasites que les rayons cosmiques y produisent. Dans le cas de la mission *Apollo 15*, le bras en question se déploya jusqu'à éloigner le détecteur à 7,60 m du véhicule cosmique. Ce procédé, même s'il atténua fortement le bruit de fond dû au module lunaire, ne put rien contre les photons γ parasites induits dans le milieu détecteur lui-même et dans son proche environnement. On explique ainsi pourquoi la bosse au mégaélectronvolt est toujours présente, bien que de faible ampleur, dans le spectre du rayonnement gamma de fond de ciel produit à la suite de la mission *Apollo 15*.

ORIGINE DU RAYONNEMENT GAMMA DE FOND DE CIEL

Il n'entre pas dans le cadre de cette monographie de détailler toutes les théories ayant tenté d'expliquer l'origine du rayonnement gamma de fond de ciel, surtout que la plupart d'entre elles furent élaborées avant les récents résultats de Comptel remettant en cause la fameuse bosse au mégaélectronvolt. La liste présentée ci-dessous n'a donc pas d'autre but que de rappeler quelques processus parmi ceux avancés le plus souvent pour produire un rayonnement gamma d'apparence isotrope. On a ainsi tour à tour envisagé :

1. Le rayonnement de raies gamma nucléaires résultant d'explosions de supernovas situées dans des galaxies lointaines (Clayton *et al.*, 1969).
2. Le rayonnement émis par diffusion Compton d'électrons accélérés par des radiogalaxies (Brechter et Morrisson, 1969).
3. Le rayonnement, décalé vers le rouge, résultant de la décroissance de π^0 produits par interaction de particules à l'aube de l'univers (Stecker *et al.*, 1971).
4. Le rayonnement de nature Bremsstrahlung d'électrons énergétiques dans le milieu intergalactique (Arons *et al.*, 1971).
5. Le rayonnement émis par une population de galaxies particulières (Bignami *et al.*, 1979).

Les interprétations de nature cosmologique, souvent motivées par des données qui témoignaient de la présence d'une bosse au mégaélectronvolt, furent très en vogue pendant les années soixante-dix. À la suite des premières détections de sources gamma extragalactiques, elles cédèrent progressivement le pas à des interprétations plus prosaïques, basées sur le cumul des émissions de certaines familles d'objets répandus dans tout l'univers.

Une émission vestige des premiers âges de l'univers ?

Les premières observations du rayonnement gamma de fond de ciel suscitèrent un grand nombre de travaux théoriques, dont la plupart postulaient une origine cosmologique du rayonnement en question. Ces travaux s'appuyaient sur le fait que les rayons γ (surtout quand ils sont d'assez basse énergie) sont tellement pénétrants qu'ils peuvent se propager sur de très longues distances, sans risquer d'être absorbés. On peut alors envisager la détection de photons γ produits par des objets de plus en plus lointains, donc émis à des époques de plus en plus reculées. Rien n'empêche alors d'observer l'univers primordial dans le domaine des photons γ, pour peu que les premières phases de l'univers soient en mesure d'en produire en quantité suffisante.

Un des modèles les plus représentatifs de cette époque fut proposé par Stecker *et al.* (1971), qui assimilèrent la bosse au mégaélectronvolt à un rayonnement fortement décalé vers le rouge émis par la désintégration de pions π^0. La décroissance des π^0 au repos produit en effet deux photons γ de 70 MeV environ, et pour peu qu'une grande quantité de pions soit produite lors de phases de l'univers primordial caractérisées par un **décalage vers le rouge cosmologique** $z \approx 100$, la plus grande partie du rayonnement gamma émis à cette époque serait désormais concentré au mégaélectronvolt. Quant aux pions π^0 en question, ils seraient l'un des sous-produits des annihilations massives qu'impliquent les modèles d'univers où matière et antimatière coexistent à parts égales. Mais bien avant que l'existence de la bosse au mégaélectronvolt ait été remise en cause, cette interprétation avait pâti des difficultés rencontrées par les modèles d'univers symétriques.

Les émissions cumulées des AGN ?

Un nouveau type d'interprétation émergea à la fin des années soixante-dix, lorsque une observation menée avec un détecteur gamma porté par ballon stratosphérique permit de découvrir, dans le secteur du mégaélectronvolt, un excès de photons en provenance de la galaxie de Seyfert NGC 4151 (Perotti *et al.*, 1981). Cette détection apportait en effet un semblant de preuve à la suggestion que la bosse au mégaélectronvolt pourrait provenir de l'émission d'une famille d'AGN aptes à produire une intense émission gamma au mégaélectronvolt. Les modèles à base d'AGN (Bignami *et al.*, 1979) prirent alors progressivement le pas sur les thèses cosmologiques.

Le besoin d'obtenir plus d'informations sur l'émission des AGN dans le secteur du mégaélectronvolt se fit plus pressant à la suite des observations conduites par l'expérience C 4 à bord du satellite *H.E.A.O. 1* (Baity *et al.*, 1984), et surtout à la suite de celles menées par le télescope Sigma à bord de *Granat* (Jourdain *et al.*, 1992). Les données ainsi recueillies impliquaient en effet que l'émission gamma de NGC

4151 ne s'étendait guère au delà de 100 keV. Il devint alors difficile d'expliquer la bosse au mégaélectronvolt par des modèles à base d'AGN, à moins de supposer que les galaxies de Seyfert présentent deux états distincts d'émission : un état "haut" où elles sont très actives dans le secteur du mégaélectronvolt, et un état "bas" où elles ne contribuent plus dans cette même gamme d'énergie.

L'interprétation de la bosse au mégaélectronvolt s'en trouva donc très dépendante du taux d'occurrence de ces deux états, une situation qui affaiblissait la crédibilité des modèles à base d'AGN. Les données recueillies peu de temps après par l'expérience Osse à bord de l'Observatoire à Rayons Gamma *Compton* confirmèrent l'impuissance des galaxies de Seyfert à émettre au delà de 100 keV. En sommant toute les observations conduites de 1991 à 1993 par Osse en direction d'un assortiment de galaxies de Seyfert, Johnson *et al.* (1994) établirent en effet que les galaxies de Seyfert ne produisent aucune émission détectable au mégaélectronvolt, en contradiction avec l'hypothèse d'une bosse au mégaélectronvolt due aux émissions cumulées des galaxies de Seyfert dans cet hypothétique état haut.

Mais dans le même temps, les observations de Comptel attestèrent que la bosse au mégaélectronvolt n'est sans doute qu'un artefact. Plus rien ne s'oppose donc à ce que la totalité du rayonnement gamma de fond de ciel s'explique par les émissions cumulées des galaxies de Seyfert (à basse énergie) combinées à celle des blazars (à haute énergie), avec au mégaélectronvolt une éventuelle contribution des supernovas de type Ia (Zdziarski, 1996). Cette dernière se justifie en effet dans la région du mégaélectronvolt, les émissions cumulées des blazars ne pouvant pas prendre le relais de celles des galaxies de Seyfert en deçà de quelques mégaélectronvolts.

Il convient toutefois de noter que si tous les blazars rayonnaient en permanence avec la même intensité que les spécimens repérés par l'expérience Egret à bord de l'Observatoire à Rayons Gamma *Compton* (voir chapitre précédent), le ciel serait alors environ cent fois plus brillant dans la bande des rayons γ de haute énergie qu'il ne l'est en réalité. Une modélisation correcte du rayonnement gamma de fond de ciel dans cette bande spectrale doit donc impérativement intégrer le caractère hautement variable de l'émission gamma des blazars, et la nature fortement collimatée du rayonnement qu'ils produisent. Il convient enfin de s'interroger sur le fait que les spectres des blazars, tels qu'observés par Egret dans la bande des rayons γ de haute énergie, semblent plus durs que celui du rayonnement de fond de ciel (Michelson, 1995; Hartman 1995).

RÉFÉRENCES

Arons, J., McCray, R., et Silk, J., (1971). *Astrophys. J.*, 170: 431.

Baity, W.A., Mushotzky, R.F., Worral, D.M., Rothschild, R.E., Tennant, A.F., et Primini, F.A., (1984). *Astrophys. J.*, 279: 555.

Bignami, G.F., Fichtel, C.E., Hartman, R.C., et Thompson, D.J., (1979). *Astrophys. J.*, 232: 649.

Brechter, K., and Morrison, P., (1969). *Phys. Rev. Letters*, 23: 802.

Clayton, D.D., et Silk, J., (1969). *Astrophys. J.*, 158: L43.

Fichtel, C.E., Simpson, G.A., et Thompson, D.J., (1978). *Astrophys. J.*, 222: 833.

Fishman G.J., (1972). *Astrophys. J.*, 171: 163.
Gruber, D.E., (1992). *in: The X-Ray Background*, éd. X. Barcons et A.C. Fabian (Cambridge: Cambridge University Press), 44.
Hartman, R.C., (1995). *in*: NATO ASI Series, Series C: Mathematical and Physical Sciences — Vol. 461, *The Gamma Ray Sky with Compton GRO and SIGMA*, éd. M. Signore, P. Salati et G. Vedrenne (Dordrecht: Kluwer Academic Publishers), 89.
Johnson, W.N., Grove, J.E., Kinzer, R.L., Kroeger, R.A., Kurfess, J.D., Strickman, M.S., McNaron-Brown, K., Grabelsky, D.A., Purcell, W.R., Ulmer, M.P., et Jung, G.V., (1994). *in*: AIP Conference Proceedings 304, *The Second Compton Symposium*, éd. C.E. Fichtel, N. Gehrels et J.P. Norris (New-York: AIP Press), 515.
Jourdain, E., Bassani, L., Bouchet, L., Mandrou, P., Ballet, J., Lebrun, F., Paul, J., Laurent, P., Churazov, E., Gilfanov, M., Sunyaev, R., Dyachkov, A., Khavenson, N., Chulkov, I., Kuznetzov, A., et Novikov, B., (1992). *Astron. Astrophys.*, 256: L38.
Kappadath, S.C., Ryan, J., Bennett, K., Bloemen, H., Forrest, D., Hermsen, W., Kippen, R.M., McConnell, M., Schönfelder, V., Van Dijk, R., Varendorff, M., Weidenspointer, G., et Winkler, C., (1995). *in: Proceedings of 24th International Cosmic Ray Conference*, 2: 230.
Metzger, A. E., Anderson, E.C., Van Dilla, M.A., et Arnold, J.R., (1964). *Nature*, 204: 766.
Michelson, P. F., (1995). *in*: NATO ASI Series, Series C: Mathematical and Physical Sciences — Vol. 461, *The Gamma Ray Sky with Compton GRO and SIGMA*, éd. M. Signore, P. Salàti et G. Vedrenne (Dordrecht: Kluwer Academic Publishers), 159.
Perotti, F., Della Ventura, A., Villa, G., Di Cocco, G., Bassani, L., Butler, R.C., Carter, J.N., et Dean, A.J., (1981). *Astrophys. J.*, 247: L63.
Stecker, F.W., Morgan Jr., D.L., et Bredekamp, J., (1971). *Phys. Rev. Letters*, 27, 1469.
Trombka, J.I., Dyer, C.S., Evans, L.G., Bielefeld, M.J., Seltzer, S.M., et Metzger, A.E. , (1977). *Astrophys. J.*, 212: 925.
Zdziarski, A.A., Johnson, W.N., Done, C., Smith, D., et McNaron-Brown, K., (1995). *Astrophys. J.*, 438: L63.
Zdziarski, A.A., (1996). *Mon. Not. R. Astr. Soc.*, 281: L9.

CONCLUSION. L'ASTRONOMIE GAMMA DU FUTUR

Les quelques années qui nous séparent du prochain millénaire ne seront pas de trop pour prendre la mesure exacte du volume de résultats obtenus depuis le renouveau de l'astronomie gamma spatiale, qui avait été entamé en 1990 avec les premières observations de Sigma à bord de *Granat*, et qui fut consolidé en 1991 quand l'Observatoire à Rayon Gamma *Compton* fut enfin mis en service. Compte-tenu de la longévité des grands instruments des années quatre-vingt-dix, dont certains sont en mesure d'observer le ciel gamma jusqu'après l'an 2000, nous pouvons donc envisager sans trop de risques la prolongation d'une fructueuse récolte de données que complètent deux nouvelles missions spatiales entreprises dans la deuxième moitié de la décennie.

Les objectifs principaux de ces deux nouvelles missions se situent principalement dans le domaine des rayons X, mais elles n'en renforcent pas moins la collecte des données dans la première décade du domaine gamma. C'est ainsi que le satellite américain *Rossi X.T.E.* (Bradt *et al.*, 1993), en orbite depuis novembre 1995, met en œuvre un ensemble de détecteurs phoswich à collimateurs opérant par la méthode du "on-off" dans la bande 20–200 keV. Quant au satellite italien *Beppo Sax* (Scarsi, 1993), lancé en avril 1996, il emporte d'une part un réseau de détecteurs phoswich à collimateurs oscillants, aptes à localiser les sources actives dans la bande 15–300 keV, et d'autre part un détecteur à gaz à haute pression qui offre dans la bande 3–120 keV une résolution en énergie cinq fois meilleure que celle des scintillateurs NaI, avec à 60 keV un pouvoir de résolution $E/\Delta E \approx 30$.

La moisson de résultats à venir sera peut être moins pléthorique que celle déjà engrangée pendant la première moitié de la décennie. Elle n'en apportera pas moins les avancées que l'on peut prédire à la lumière des résultats dont les chapitres précédents présentent la synthèse. Nous envisageons ainsi une meilleure connaissance du milieu interstellaire, quand paraîtront les cartes bâties avec l'ensemble des données recueillies par l'expérience Egret à bord de l'Observatoire à Rayon Gamma *Compton*. Grâce à la grande sensibilité de cet instrument, nous pourrons en effet définir les contours de l'émission gamma galactique avec une précision telle que nous obtiendrons de nouvelles données sur le couplage entre le rayonnement cosmique et la matière interstellaire.

Les progrès les plus significatifs résulteront toutefois d'observations de type multi-longueur d'onde des sites émissifs déjà identifiés, ou qui le seront dans les prochaines années. Il est en effet plus que probable que de telles études seront à même de déboucher sur des résultats tout aussi spectaculaires que la découverte des microquasars de la Galaxie, la mise en évidence de la nature pulsar de Geminga, ou la confirmation du phénomène blazar.

Le mérite principal de ce nouvel âge d'or de l'astronomie gamma spatiale est d'avoir révélé l'extraordinaire potentiel d'un domaine spectral longtemps considéré comme n'étant accessible qu'à de seuls spécialistes, plus motivés par l'attrait de l'inconnu que par des études détaillées de sites dont la nature était très souvent — et demeure parfois — des plus énigmatiques.

Reconnue désormais comme une branche à part entière de l'astronomie, l'observation du ciel gamma ne devrait plus connaître dans les années à venir de nouvelles époques de disettes aussi sévères que celle des années quatre-vingts. En Europe, sous l'impulsion de l'A.S.E. (l'Agence Spatiale Européenne), on a déjà mis en chantier les instruments qui opéreront au cours de la prochaine décennie dans la bande des rayons γ de basse énergie. Aux États-Unis, on ébauche un nouveau concept d'instrument agissant à haute énergie qui pourrait être prochainement soumis à la Nasa (*National Aeronautic and Space Agency*, l'Agence Spatiale Américaine).

Science spatiale par nécessité, si l'on excepte le domaine encore exploratoire des très hautes énergies, l'astronomie des rayons γ doit se plier aux règles qui régissent les projets scientifiques les plus ambitieux, ce qui exclut toute forme d'improvisation. Il ne faut donc pas s'étonner que les télescopes gamma qui entreront en service au début du prochain millénaire soient déjà très largement figés, quand leur réalisation n'a pas déjà commencé. En témoigne la section suivante où sont esquissées les grandes missions d'astronomie gamma spatiale de la prochaine décennie, qu'elles soient déjà approuvées ou en cours d'évaluation. Les laboratoires d'astronomie des hautes énergies n'en préparent pas moins les concepts des instruments qui leur succéderont à l'horizon 2020. Nous en fournissons un bref aperçu dans la dernière section de ce chapitre, tout en évoquant ce que pourraient être alors les grands enjeux de l'astronomie gamma spatiale.

LES MISSIONS GAMMA DE LA PROCHAINE DÉCENNIE

À basse énergie : ouvertures codées et détecteurs à semi-conducteurs

La finesse des images produites avec les données collectées par le télescope Sigma depuis 1990 à bord du satellite russe *Granat* démontre que les dispositifs à ouverture codée sont les plus efficaces pour pratiquer des observations dans la bande des rayons γ de basse énergie. Il ne faut donc pas s'étonner que des appareils à ouverture codée, dont le principe s'inspire de celui de Sigma, soient à la base de la mission *Integral* (*International Gamma-Ray Astrophysics Laboratory*), la prochaine mission d'astronomie gamma à basse énergie de l'A.S.E. L'innovation se situera plutôt au niveau des détecteurs sensibles à la position qui équiperont les instruments. Cette nouvelle génération d'appareils généralisera en effet l'usage des détecteurs semi-conducteurs, pour obtenir une meilleure résolution spectrale tout en conservant une bonne résolution angulaire.

La mission *Integral* a été sélectionnée en juin 1993 par le Comité des Programmes Scientifiques de l'A.S.E. Pour maintenir son coût dans les limites de celui d'une mission moyenne de la programmation à long terme de l'A.S.E. (le programme Horizon 2000), *Integral* profitera d'un véhicule spatial identique à celui de la mission *X.M.M.* (la future mission d'astronomie X, une des quatre pierres angulaires du programme Horizon 2000), et d'un lancement par une fusée Proton fournie par la R.K.A. (l'Agence Spatiale Russe). La réalisation des équipements scientifiques et du centre des données scientifiques est à la charge des états membres de l'A.S.E. Les instruments furent sélectionnés lors du premier semestre de 1995, en réponse à un appel d'offre émis en juillet 1994. Le lancement du satellite est prévu au début de la prochaine décennie.

Integral a pour but principal l'exploration approfondie des sites célestes émissifs dans la bande spectrale de 15 keV à 10 MeV. La mission est basée sur la mise en œuvre simultanée du télescope Ibis (*Imager on Board the Integral Satellite*), apte à fournir des images à haute résolution angulaire et une information spectrale à moyenne résolution, et du spectromètre Spi (*Spectrometer for Integral*) chargé de la spectroscopie gamma à très haute résolution. La mission *Integral* inclut également les deux instruments complémentaires Jem-X (*Joint European Monitor*) et O.M.C (*Optical Monitor Camera*), opérant respectivement dans la bande des rayons X au delà de 2–3 keV et dans le domaine visible, de 550 à 850 nm. La nature observatoire de la mission repose sur l'I.S.D.C. (*Integral Science Data Center*) dont la tâche principale sera de permettre aux non-spécialistes de mener des observations dans la bande spectrale d'*Integral*.

Le télescope Ibis. L'objectif prioritaire d'Ibis, conçu par un consortium de laboratoires presque exclusivement européens[1], est de fournir une localisation précise des sources dans la bande de 15 keV à 5 MeV, assortie d'une estimation de leur spectre et d'une mesure de leur variabilité. Combinant le meilleur de Sigma (l'ouverture codée pour produire des images fines du ciel), et le meilleur de l'expérience Comptel à bord de l'Observatoire à Rayons Gamma *Compton* (la signature Compton pour rejeter le bruit de fond), Ibis offre un excellent compromis masse/performance s'agissant d'un télescope opérant dans la bande des rayons γ de basse énergie. Doté d'un pouvoir séparateur comparable à celui de Sigma, Ibis fera en effet montre d'une sensibilité accrue d'un ordre de grandeur et d'une couverture spectrale plus étendue.

Ibis comprend deux plans détecteurs de grande surface (3000 cm^2), montés à 10 cm l'un de l'autre. Le plan détecteur supérieur (Lebrun *et al.*, 1995) est une nappe de semi-conducteurs CdTe conférant à Ibis un seuil de détection vers 15 keV, un atout déterminant au vu des résultats de Sigma et de l'Observatoire à Rayons Gamma *Compton*. L'excellente résolution spatiale de cette couche détectrice — la taille des éléments CdTe est de 4 mm — sera décisive pour localiser les sources avec précision. Compte-tenu des qualités de spectrométrie gamma du CdTe, Ibis fera montre d'une

[1] Istituto di Astrofisica Spaziale, Frascati, Istituto di Tecnologie e Studio sulle Radiazioni Extraterrestri, Bologne, Istituto di Fisica Cosmica ed Applicazioni Informatica, Palerme, Italie; Service d'Astrophysique du Commissariat à l'Énergie Atomique, Saclay, France; Université de Valence, Espagne; Université de Tübingen, Allemagne; Université de Bergen, Norvège; Institut de Recherche Spatiale, Institut Copernicus, Varsovie, Pologne; Nasa Marshall Space Flight Center, Huntsville, États-Unis.

bonne sensibilité aux raies fines, en particulier dans la bande 15–100 keV où l'on s'attend à rencontrer certaines raies nucléaires clé, comme les raies à 68 et 78 keV que produit la désintégration du titane 44 (voir chapitres 9 et 11).

Le plan détecteur inférieur est formé d'une mosaïque de scintillateurs CsI couplés à des photodiodes. Un masque codé à base d'éléments de tungstène, monté à 3,1 m du plan de détection, procure à Ibis un pouvoir séparateur de 12 minutes d'arc et un champ de vue à mi-sensibilité de 350 degrés carrés. Un blindage passif, en forme de pyramide tronquée, joint les plans de détection et l'ouverture codée afin de réduire le bruit de fond induit par le rayonnement de basse énergie émis en dehors du champ de vue. Un blindage actif, constitué de panneaux de scintillateurs BGO (germanate de bismuth), couvre la base et les côtés de l'ensemble de détection pour atténuer le bruit à haute énergie. L'usage en coïncidence des deux plans détecteurs permet d'identifier la signature de l'interaction Compton, contribuant ainsi à accroître la sensibilité d'Ibis à haute énergie.

Le spectromètre Spi. Motivés par les résultats de l'Observatoire à Rayons Gamma *Compton* relatifs aux sources interstellaires de raies gamma, les laboratoires européens et américains[2] impliqués dans la conception du spectromètre Spi ont adopté un champ de vue le plus vaste possible au détriment du pouvoir séparateur, l'effort portant avant tout sur la résolution en énergie dans la gamme 15 keV–10 MeV. Le plan détecteur de Spi est constitué d'un réseau hexagonal de 19 semi-conducteurs de germanium couvrant une surface utile de 500 cm^2. Les détecteurs germanium sont montés dans un cryostat qui les maintient à une température de 85 kelvins par une combinaison de dispositifs réfrigérants actifs et passifs. Les qualités de spectrométrie du germanium confèrent à Spi un pouvoir de résolution $E/\Delta E \approx 650$ à 1,33 MeV, quinze fois meilleur que celui du spectromètre Osse à bord de l'Observatoire à Rayons Gamma *Compton*.

Le spectromètre Spi comporte lui aussi un masque codé à base d'éléments de tungstène monté à 1,7 m du plan de détection. Ce dispositif lui procure un pouvoir séparateur assez modeste ($\sim$ 2 degrés), bien meilleur toutefois que celui du spectromètre Osse, ainsi qu'un champ de vue à mi-sensibilité de 490 degrés carrés. Un ensemble de scintillateurs BGO enveloppe presque complètement le dispositif de détection afin de réduire le bruit de fond de l'appareil. On peut envisager ainsi une sensibilité de détection des raies gamma les plus fines accrue de plus d'un ordre de grandeur par rapport à celle du spectromètre Osse. En se prolongeant loin au dessus du plan de détection, ce blindage actif contribuera également à réduire la susceptibilité du spectromètre aux rayonnements émis en dehors du champ de vue de l'appareil.

Toute la panoplie des sites actifs de la Galaxie sera un objectif de choix pour *Integral* : citons par exemple les sources interstellaires de la Voie lactée connues pour

---

[2] Centre d'Étude Spatiale des Rayonnements, Toulouse, Service d'Astrophysique du Commissariat à l'Énergie Atomique, Saclay, France; Max Planck Institut für Extraterrestrische Physik, Garching bei München, Allemagne; Université de Valence, Espagne; Istituto di Fisica Cosmica e Tecnologie Relative, Milan, Italie; Université de Louvain-la-Neuve, Belgique; Université de Birmingham, Royaume-Uni; Université de Californie, San-Diego, Université de Berkeley, Nasa Goddard Space Flight Center, Greenbelt, États-Unis.

émettre un spectre de raies gamma (**bulbe galactique**, régions internes de la Galaxie, nuages d'Orion), les étoiles effondrées (**étoiles à neutrons** et **trous noirs**), les sites où sont relâchés des produits récents de nucléosynthèse (étoiles évoluées, novas, supernovas), et toutes les sources transitoires, comme les novas gamma qui compterons parmi les cibles de choix d'une telle mission. Avec des instruments aussi sensibles, surtout dans la partie basse énergie de leur domaine spectral (moins de 100 keV), l'étude des AGN les plus actifs dans le domaine des rayons γ de basse énergie, à savoir les galaxies de Seyfert, s'avérera certainement beaucoup plus fructueuse que celle pratiquée par Sigma et par l'Observatoire à Rayons Gamma *Compton*.

À haute énergie : tirer le meilleur parti de l'effet de paire

Les résultats remarquables des observations menées par l'expérience Egret à bord de l'Observatoire à Rayons Gamma *Compton* ont relancé l'étude d'un nouveau concept de télescope opérant dans la bande des rayons γ de haute énergie, le régime spectral où l'effet de paire est le principal mécanisme de détection. Les équipes scientifiques en charge de ces nouveaux développements se sont assignés l'objectif d'améliorer les performances des détecteurs (sensibilité, pouvoir séparateur), sans accroître d'une manière exagérée les dimensions des appareils. Il convient en effet de ne pas outrepasser les masses et les volumes compatibles avec les capacités d'emport des moyens d'accès à l'espace (fusées et navettes), tout en relevant toujours le même défi, à savoir identifier les photons γ de haute énergie parmi un flux de particules chargées dix mille fois plus abondant.

En raison de la sélection de la mission *Integral* par l'A.S.E., les laboratoires européens se sont naturellement tournés dans leur grande majorité vers le développement d'appareils opérant dans la bande des rayons γ de basse énergie. C'est donc aux États-Unis que l'on pousse le plus activement l'étude des nouveaux types d'instruments aptes à prendre la suite d'Egret dans le régime spectral où l'effet de paire est dominant. Le concept le plus élaboré à ce jour, connu sous le nom de Glast (*Gamma-ray Large Area Space Telescope*), tirera parti de l'effet de paire au moyen d'un empilement de nappes de silicium en bande, aptes à détecter les couples électron-positon et à en mesurer les trajectoires. Monté au dessous de l'empilement, un épais calorimètre à très grand pouvoir d'arrêt complétera le dispositif expérimental pour mesurer l'énergie emportée par la paire électron-positon (Wood, 1995).

Par rapport aux appareils à chambres à étincelles du type Egret, les nappes de silicium en bande de Glast offrent les avantages suivants :

1. Mesurer les trajectoires des particules avec une précision améliorée d'un ordre de grandeur, ce qui permet d'envisager un accroissement substantiel de la résolution angulaire.
2. Détecter les particules chargées avec une efficacité très voisine de 100%, ouvrant ainsi la possibilité d'utiliser la première nappe de l'empilement pour rejeter les événements induits par des particules chargées, sans faire usage d'un vaste dôme d'anticoïncidence enveloppant le volume de détection.

3. Éviter l'emploi des détecteurs à gaz, difficiles à mettre en œuvre dans l'espace, et dont l'utilisation lors de missions spatiales de longue durée impose la consommation régulière de fluides, un facteur qui contribue à limiter la durée de vie de la mission.

Glast fera massivement appel à l'électronique embarquée afin de sélectionner les seuls événements induits par les authentiques photons γ. On espère ainsi atteindre 80% de l'efficacité théorique des 12 plans convertisseur (0,5 longueur de radiation au total) avec un bruit de fond résiduel à 100 MeV de l'ordre de de 10^{-6} cm^{-2} s^{-1} sr^{-1} (soit environ 1/20 du flux de l'émission diffuse mesurée à haute latitude galactique). Devant opérer de 10 MeV à 300 GeV, sans souffrir de l'effet d'auto-restriction qui limite les performances d'Egret au delà du gigaélectronvolt, Glast présentera donc sur toute la gamme spectrale envisagée une efficacité à peu près constante et une résolution angulaire $<\theta>$ optimale : pour un photon d'énergie E_γ se présentant dans l'axe de l'empilement, on prévoit $<\theta> \approx 6{,}6°$ pour $E_\gamma = 25$ MeV et $<\theta> \approx 20'$ pour $E_\gamma = 1$ GeV.

La version de base du projet Glast comporte un réseau de 49 empilements distincts de 13 nappes de silicium en bande, de 576 cm^2 de surface chacune. L'ensemble de détection occupe ainsi un volume de 170 cm × 170 cm × 80 cm pour une masse totale d'environ 3000 kg (due pour une large part à la présence du calorimètre), ce qui permet la mise en orbite de l'appareil avec un lanceur moyen de la classe Delta 2. Compte-tenu de son grand volume de détection, et de son très vaste champ de vue (couvrant 45% de la voûte céleste), Glast devrait détecter, par intervalle de temps équivalent, autant de photons d'énergie $E_\gamma > 1$ GeV que l'expérience Egret en détecte s'agissant de spécimens d'énergie $E_\gamma > 100$ MeV. On peut raisonnablement envisager que ce projet, bien soutenu par l'ensemble de la communauté des astronomes des hautes énergies, sera bientôt sélectionné par la Nasa pour un lancement au cours de la prochaine décennie.

ET APRÈS ?

Bases lunaires et concentrateurs gamma

Dans la bande des rayons γ de haute énergie, les performances envisagées des nouveaux concepts expérimentaux s'approchent peu à peu des limites théoriques assignées à un détecteur de volume et de masse donnés. Il sera certes toujours possible de bâtir des dispositifs de plus en plus vastes et massifs, encore faudra-t-il trouver les vaisseaux spatiaux capables de les embarquer. C'est pourquoi les astronomes gamma envisagent sérieusement de s'établir un jour sur la Lune, tout comme nombre d'astronomes opérant à d'autres longueurs d'onde (voir en fin de chapitre la "rubrique pour en savoir plus"). Ce sera peut être le cas au milieu du siècle prochain, époque à laquelle la base lunaire pourrait bien abriter de vastes réseaux de détecteurs de type Glast.

D'ici là, la station spatiale *Alpha* — si toutefois sa réalisation se poursuit — pourra accueillir des équipements de grand volume et de grande masse. Mais en raison de son architecture et de son mode opératoire, la station spatiale *Alpha* ne se présente pas comme un site bien adapté à l'observation astronomique. Sauf à recourir à des dispositifs autonomes de pointage, les instruments d'astronomie qui prendront place à bord de la station spatiale seront en effet régulièrement masqués par le disque terrestre, et surtout par la structure même de la station. Il ne faut donc pas s'étonner que les astronomes hésitent à embarquer des télescopes à bord d'*Alpha*. Le seul projet gamma envisagé pour l'instant à bord de la station spatiale consiste à détecter les photons γ de haute énergie au moyen d'un équipement *a priori* conçu pour identifier les particules d'anti-matière du rayonnement cosmique[3].

Dans leurs concepts actuels, les instruments opérant dans la bande des rayons γ de basse énergie ne disposent pas non plus de grandes possibilités d'évolution. Les télescopes gamma à basse énergie sont en effet en butte à un bruit de fond tel que leur sensibilité ne s'accroît qu'en proportion de la racine carrée de la surface de détection. Il en va tout autrement de leur masse, dominée par celle des équipements aptes à réduire le bruit en question — à savoir les blindages, passifs ou actifs —, qui s'accroît comme la surface de détection. Même si les dispositifs à ouverture codée offrent la possibilité de produire des images d'une finesse remarquable, les télescopes gamma à basse énergie qui succéderont à ceux devant prendre place à bord du satellite *Integral* devront mettre en œuvre des processus expérimentaux radicalement nouveaux pour relever les défis que le siècle prochain ne manquera pas de poser aux astronomes gamma.

Au premier rang des nouveaux concepts d'observation gamma à basse énergie qui seront peut être à l'œuvre à l'horizon 2020, on trouvera sans doute des dispositifs à concentrateurs du type de ceux décrits au chapitre 1. La concentration du rayonnement sur un détecteur de petites dimensions se présente en effet comme le moyen le plus prometteur pour accroître d'une manière très significative le rapport signal sur bruit. La réduction du volume des détecteurs s'accompagnant d'une diminution comparable du bruit, les astronomes gamma pourront ainsi tirer le meilleur parti de détecteurs de plus en plus performants, s'agissant de leurs résolutions tant spatiales que spectrales. Pour y parvenir, il convient cependant que les futurs télescopes à concentrateurs puissent opérer dans une gamme spectrale qui ne soit pas aussi restreinte que dans le cas des concepts actuellement envisagés.

Les enjeux de l'astronomie gamma du vingt et unième siècle

Que seront les enjeux de l'astronomie gamma du siècle prochain ? Parmi les questions restées sans réponse à la suite des observations menées par les astronomes gamma à la fin du vingtième siècle, citons pêle-mêle celles touchant à la nature des sursauteurs gamma, celles relatives à l'origine des rayons cosmiques, celles ayant trait à l'accélération des particules dans les jets (qu'ils soient produits par des AGN ou par des étoiles accrétantes de la Galaxie), celles tenant à l'émission gamma des disques d'accrétion. S'agissant des sursauteurs gamma, un début de réponse sera

[3] Il s'agit de l'expérience A.M.S. (*Anti-Matter Spectrometer*).

peut-être fourni dans les prochaines années par des petites missions dédiées à cette question.

Il ne fait cependant aucun doute que les missions à venir n'épuiseront pas le sujet et qu'elles ne manqueront pas de poser de nouvelles séries de questions, comme c'est la règle chaque fois que des appareils plus performants sont mis en service. Il faudra alors que l'astronomie gamma se dote d'un outil universel apte à sonder tous les sites cosmiques actif à haute énergie. En se basant sur les premiers résultats enregistrés en cette fin de vingtième siècle, il est raisonnable de prévoir que dans les décennies à venir, la raie à 511 keV, signature de l'annihilation des positons, sera amenée à jouer dans l'exploration de l'univers un rôle semblable à celui que tient depuis les années cinquante la raie radio à 21 cm produite par l'atome d'hydrogène.

Cela tient d'abord au caractère universel de la raie d'annihilation : dans la mesure où l'émission à 511 keV permet de repérer sans ambiguïté les sites de production massive de positons, la raie à 511 keV doit tracer la grande majorité des astres où des phénomènes à haute énergie sont à l'œuvre. On la détecte depuis quelques temps déjà dans les éruptions solaires et dans le milieu interstellaire des régions centrales de la Galaxie. On vient de la mettre en évidence dans des sources gamma accrétantes. On la détectera bientôt dans l'émission des AGN. L'intérêt des observations dans la raie à 511 keV résulte aussi du fait que la matière est particulièrement transparente dans cette gamme spectrale : peu de sites émissifs à 511 keV échapperont à l'observation.

Enfin la détection d'une raie ne se contente pas de signer un processus physique déterminé. En mesurant sa largeur, on estime l'agitation thermique du milieu. En mesurant son décalage spectral, on détermine la vitesse d'ensemble du site émissif par rapport à l'observateur. Il s'agit là d'un paramètre clé pour la mise en évidence d'éventuels mouvements orbitaux et pour l'estimation de la distance, qu'il s'agisse d'un site galactique (par le biais de la rotation du disque galactique), ou d'un site extra-galactique (par l'estimation du **décalage vers le rouge cosmologique**). Sans oublier qu'un fort décalage vers le rouge trahit aussi la présence d'un astre compact au voisinage du milieu émissif. En bref, l'étude d'une raie spectrale, irremplaçable diagnostic des milieux émissifs, est le fondement de l'astrophysique.

Suivant en cela une évolution naturelle qui les mènera d'une astronomie de type exploratoire vers une astrophysique aux conclusions de plus en plus convaincantes, les astronomes gamma du vingt et unième siècle auront donc avant tout pour tâche de déterminer la nature des astres qui peuplent ce ciel gamma dont les instruments de la prochaine décennie auront permis de poursuivre l'exploration.

RÉFÉRENCES

Bradt, H.V., Rothschild, R.E., et Swank, J.H., (1993). *Astron. Astrophys. Suppl. Series*, 97: 355.

Lebrun, F., Leray, J.-P., Laurent, P., Cordier, B., et Mandrou, P., (1995). *in: Imaging in High Energy Astronomy*, éd. L. Bassani et G. Di Cocco (Dordrecht: Kluwer Academic Publishers), 339.

Scarsi, L., (1993). *Astron. Astrophys. Suppl. Series*, 97: 371.

Wood, K. S., (1995). *in: Imaging in High Energy Astronomy*, éd. L. Bassani et G. Di Cocco (Dordrecht: Kluwer Academic Publishers), 287.

POUR EN SAVOIR PLUS

Future Astronomical Observatories on the Moon, (1986). NASA CP-2489 (Washington: NASA Scientific and Technical Information Office).

Imaging in High Energy Astronomy, éd. L. Bassani et G. Di Cocco, 1995 (Dordrecht: Kluwer Academic Publishers).

GLOSSAIRE

Ce glossaire sélectif fournit une brève définition de quelques termes courants d'astronomie et d'astrophysique que nous avons utilisés dans la présente monographie (termes apparaissant en caractères gras). Pour de plus amples informations sur les éléments d'astronomie en question, nous renvoyons les lecteurs à des ouvrages spécialisés, comme *Le grand atlas de l'astronomie*, 1993 (Paris : Encyclopædia Universalis).

Bulbe galactique. On désigne ainsi le renflement central de notre galaxie, un sphéroïde dont le rayon $R \approx 1$ kpc. Englobant le noyau galactique, il se situe à une distance $R_0 \approx 8$ kpc du Soleil dans la direction des constellations du Sagittaire et du Serpentaire. Composé surtout d'étoiles, sa masse $M_B \approx 10^{10} M_\odot$ représente une fraction non négligeable de toute la masse "visible" de la Galaxie. On ne sait pas encore si ce bulbe est une entité à part entière de la Galaxie, ou une région de transition entre le noyau et le halo. Il abrite toutefois une population stellaire à nulle autre pareille où prédominent des sujets assez vieux : aucune étoile n'y est âgée de moins de cinq milliards d'années.

Cercle solaire. Cercle imaginaire tracé dans le plan galactique autour du centre dynamique de la Galaxie, et dont le rayon R_0 est égal à la distance entre le Soleil et le centre galactique. L'Union Astronomique Internationale recommande $R_0 = 8{,}5$ kpc, mais les estimations les plus récentes favorisent $R_0 \approx 8$ kpc.

Courbe de lumière. Évolution en fonction du temps du flux recueilli en direction d'une source cosmique. Dans le cas d'une source périodique, le même terme désigne la courbe représentant l'évolution du flux en fonction de la phase bâtie en comptabilisant dans un même canal les données enregistrées tout au long de l'observation à des phases identiques.

Couronne solaire. Haute atmosphère du Soleil qui s'étend à plus de dix rayons solaires au-dessus du bord. Il s'agit d'un milieu de faible densité, porté à très haute température, et partagé d'une façon quelque peu arbitraire entre couronne interne, jusqu'à environ deux rayons solaires au-dessus du bord, et couronne externe au delà. La densité ρ du milieu décroît assez lentement avec l'altitude ($\rho \approx 10^8$ atomes cm^{-3} dans la couronne interne et $\rho \approx 10^5$ atomes cm^{-3} à quatre rayons solaires au-dessus du bord), tandis que la température T, qui culmine à une valeur $T \approx 1{,}5\ 10^6$ K dans la couronne interne, se maintient à une valeur $T \approx 10^6$ K dans la couronne externe.

Décalage vers le rouge cosmologique. Décalage, dû à l'expansion de l'univers, du spectre d'un objet extragalactique, défini par $z = (\lambda_0 - \lambda_1)/\lambda_1$, où λ_1 est la longueur d'onde d'une raie spectrale émise par l'objet en question et λ_0 la longueur d'onde à laquelle la même raie spectrale est détectée par un observateur terrestre. Selon une interprétation désormais classique, tant que la valeur de z n'est pas trop élevée, le **décalage vers le rouge cosmologique** est relié à la distance D de l'objet par la relation $z \approx DH_0/c$ où H_0 est la constante de Hubble et c la célérité de la lumière.

Densité de colonne. Rapport — exprimé le plus souvent en atome d'hydrogène par centimètre carré — entre la masse et la section d'une colonne qui s'étend entre l'observateur et un site céleste donné.

Effet Doppler ou Doppler-Fizeau. Modification de la fréquence d'un signal due au mouvement relatif de la source et de l'observateur. S'agissant d'une source qui se déplace à une vitesse u petite devant la célérité c de la lumière, et qui émet un rayonnement électromagnétique de longueur d'onde λ_0, l'observateur (supposé au repos) perçoit le rayonnement à une longueur d'onde λ qui diffère de λ_0 par un décalage $\Delta\lambda = u/c$. On dénomme décalage vers le rouge le décalage de signe positif qui prévaut dans le cas d'un éloignement de la source.

Étoile à neutrons. État d'une étoile où la pression de Fermi des neutrons contrebalance l'effondrement gravitationnel. La masse d'une étoile à neutrons ne peut pas dépasser une masse limite $M_L \approx 2-3M_\odot$ au delà de laquelle seul l'état **trou noir** est possible.

Fluence. Quantité totale d'énergie reçue par unité de surface en provenance d'un site d'émission transitoire pendant toute la durée de l'événement.

Géante rouge. Phase d'évolution d'une étoile au sein de laquelle les sites de réactions de fusion de l'hydrogène (ou de l'hélium) se sont déplacées vers une couche enveloppant le noyau stellaire, à la suite d'une période de contraction gravitationnelle de ce dernier. La pression qui s'exerce sur l'enveloppe s'accroît au point que son rayon augmente jusqu'à atteindre cinquante fois sa valeur initiale. La surface de l'étoile est alors telle qu'en dépit de sa plus grande luminosité, elle est tenue de rayonner une lumière plus rouge que pendant la phase où elle se situait sur la **séquence principale**.

Héliosphère. Région située autour du Soleil (appelée également cavité solaire), à l'intérieur de laquelle tout le système solaire est immergé; sa limite se situe là où le **vent solaire** s'oppose au milieu interstellaire.

Limite de Chandrasekhar. Masse limite M_C d'une **naine blanche** au delà de laquelle le poids des couches externes devient tel qu'il n'y a plus d'équilibre possible entre les forces de gravité et la pression de Fermi des électrons devenus relativistes. On admet en général que $M_C = 1{,}44M_\odot$. Lorsque sa masse dépasse la limite en question, une **naine blanche** s'effondre en une **étoile à neutrons**.

Lobe de Roche. Lieu des points où s'équilibrent les attractions gravitationnelles induites par deux astres en orbite l'un autour de l'autre.

Luminosité bolométrique. Puissance totale qu'un astre rayonne par émission d'ondes électromagnétiques sur l'ensemble du spectre.

Magnitude. Échelle logarithmique permettant de mesurer l'éclat d'un astre dans un domaine spectral particulier (dénommée **magnitude visuelle** s'agissant du domaine visible), ou sur l'ensemble du spectre électromagnétique (**magnitude bolométrique**). La définition de la **magnitude apparente** m d'un astre s'exprime par la relation $m - m_0 = 2{,}5 \log E_0/E$, où E est l'éclat de l'astre, m_0 et E_0 étant la magnitude et l'éclat d'un astre donné pris comme référence. Quant à la **magnitude absolue** M de l'astre en question, elle s'énonce par la relation $M - m = 5 - 5 \log d$, où d est la distance de l'astre exprimée en parsecs.

Métallicité. Proportion (noté Z) d'éléments autres que l'hydrogène et l'hélium présents dans un milieu cosmique donné.

Mouvement propre. Mouvement angulaire apparent d'une étoile sur la sphère céleste.

Naine blanche. État d'une étoile où la pression de Fermi des électrons contrebalance l'effondrement gravitationnel. La masse d'une **naine blanche** ne peut pas dépasser la limite de Chandrasekhar $M_C \approx 1{,}44 M_\odot$ au delà de laquelle l'étoile s'effondre en **étoile à neutrons**.

Optiquement épais (mince). S'agissant d'un rayonnement électromagnétique de longueur d'onde λ, se dit d'un milieu dont le facteur d'absorption a_λ est voisin de l'unité. Soit dE_a l'énergie absorbée par un élément de surface dS recevant une énergie incidente dE_i sous forme de rayonnement électromagnétique de longueur d'onde comprise entre λ et $\lambda + d\lambda$, le facteur d'absorption a_λ est défini par $a_\lambda = dE_a/dE_i$. De la même manière, un milieu où le facteur d'absorption a_λ est voisin de zéro est dit optiquement mince.

Parallaxe annuelle. Angle sous lequel on verrait depuis un astre situé hors du système solaire, une base perpendiculaire à la ligne de visée de longueur égale au demi-grand axe a de l'orbite terrestre ($a = 1{,}496\ 10^{13}$ cm).

Périastre. Point de la trajectoire d'une étoile en **système binaire** où celle-ci se trouve au plus près de son compagnon.

Photosphère solaire. La plus profonde des couches observables du Soleil; épaisse de quelques centaines de kilomètres, elle produit la plus grande partie du rayonnement émis par le Soleil.

Raie interdite. Il s'agit d'une raie très difficile à produire en laboratoire, émise à la suite d'une transition de très faible probabilité — et que l'on dit donc interdite — entre deux niveaux d'énergie d'un atome. Dans un milieu de très faible densité, le niveau supérieur de la transition interdite étant peuplé par collision avec les électrons libres, le niveau en question ne se désexcite que très lentement par collision et n'a pas d'autre choix que de se désexciter en émettant un photon, en dépit de la faible probabilité de cet événement.

Rayon de Schwarzschild. Rayon critique $R_S = 2GM/c^2$ (ou G est la constante de la gravitation et c la célérité de la lumière) en deçà duquel un corps de masse M devient un **trou noir**.

Rayonnement fossile. Rayonnement réparti de manière isotrope dans l'univers. Identique à celui d'un corps noir porté à une température $T \approx 2{,}7$ K, le rayonnement fossile est considéré comme portant témoignage d'une phase très chaude de l'univers primitif.

Séquence principale. Région du diagramme Hertzprung-Russel (où les étoiles sont réparties en fonction de leur magnitude absolue et de leur couleur) qui rassemble les étoiles dont le cœur assure la luminosité par le truchement des réactions de fusion thermonucléaire de l'hydrogène.

Système binaire. Système constitué de deux étoiles qui suivent chacune une trajectoire elliptique autour de leur centre de gravité commun.

Trou noir. État d'un objet céleste dont le rayon est inférieur à son **rayon de Schwarzschild** et qui creuse dans la structure même de l'espace-temps un trou si profond que rien, même un rayon lumineux, ne peut s'en échapper.

Vent solaire (ou stellaire). Flux de particules émis par le Soleil et les étoiles tout au long de leur évolution. Le débit $\dot{M}$ du vent produit par le Soleil est $\dot{M} \sim 10^{-14} M_\odot\ an^{-1}$, tandis que celui qu'émettent certaines étoiles massives (les étoiles de **Wolf-Rayet** par exemple) atteint $\dot{M} \sim 10^{-5} M_\odot\ an^{-1}$. Les particules du vent se propagent à une vitesse $u \sim 400\ km\ s^{-1}$ dans le cas du Soleil et $u \sim 3000\ km\ s^{-1}$ dans le cas de certaines étoiles massives.

Wolf-Rayet (étoiles de). type d'étoiles dont les astronomes français Charles Wolf et Georges Rayet furent les premiers à décrire les propriétés. Il est généralement admis qu'il s'agit d'étoiles massives dans la phase de combustion de l'hélium qui, ayant perdu leur atmosphère, font apparaître à leur surface des milieux dont la composition chimique s'est profondément modifiée sous l'effet des réactions de fusion thermonucléaire.

INDEX